"十四五"普通高等教育本科部委级规划教材

食品生物技术

Shipin Shengwu Jishu

尹永祺 方维明◎主编

中国纺织出版社有限公司

内 容 提 要

本书介绍了食品生物技术的研究历史和发展动态,系统论述了基因工程、细胞工程、蛋白质分子进化及代谢工程、酶工程、发酵工程等技术的基本原理和方法及其在食品原料生产、加工、制造和食品安全及品质控制中的应用概况,特别阐述了食品生物技术在食品产业中的综合利用范例。本书可作为本科院校、高等职业院校食品及相关专业的教材,亦可作为食品生产企业、食品科研机构相关人员的参考书。

图书在版编目(CIP)数据

食品生物技术 / 尹永祺,方维明主编. --北京:中国纺织出版社有限公司,2021.4

"十四五"普通高等教育本科部委级规划教材

ISBN 978 - 7 - 5180 - 8186 - 8

Ⅰ.①食… Ⅱ.①尹… ②方… Ⅲ.①生物技术—应用—食品工业—高等学校—教材 Ⅳ.①TS201.2

中国版本图书馆 CIP 数据核字(2020)第 220424 号

责任编辑:闫 婷 潘博闻 责任校对:王花妮
责任印制:王艳丽

中国纺织出版社有限公司出版发行
地址:北京市朝阳区百子湾东里 A407 号楼 邮政编码:100124
销售电话:010—67004422 传真:010—87155801
http://www.c-textilep.com
中国纺织出版社天猫旗舰店
官方微博 http://weibo.com/2119887771
北京通天印刷有限责任公司印刷 各地新华书店经销
2021 年 4 月第 1 版第 1 次印刷
开本:787×1092 1/16 印张:17.5
字数:344 千字 定价:49.80 元

普通高等教育食品专业系列教材
编委会成员

《食品生物技术》编委会成员

前　言

食品生物技术是生物技术在食品原料生产、加工和制造中应用的一个重要学科,其利用基因工程、细胞工程、蛋白质工程、酶工程以及发酵工程等生物技术对食品以及食品原料进行研究及加工处理或制造,对现代食品产业的健康发展和改革升级起到强力的支撑作用。本书是为食品科学与工程、食品质量与安全、农产品加工与贮藏等相关专业学生编写的教材,也可供其他专业学生、教师和科技工作者参考。

本书以分子生物学发展为基础,从食品工程角度出发,系统阐述基因工程、细胞工程、蛋白质分子进化及代谢工程、酶工程及发酵工程的基本原理及其与食品工业的相互关系,同时介绍了生物技术在食品安全和食品加工中的综合利用以及转基因食品的发展与安全。本书绪论由尹永祺和方维明编写,第二章由刘梦培编写,第三章由周小伟编写,第四章由刘俊和蒋长兴编写,第五章由刘国艳编写,第六章由饶胜其和郭月英编写,第七章由高璐和余晓红编写,第八章由尹永祺和杨正飞编写,第九章由刘根梅编写。

本书在编写过程中参考了国内外许多作者的著作和文章,在此特表示衷心的感谢。限于编写人员的水平和经验有限,本书中难免会有一些缺陷甚至错误之处,恳请专家和广大读者予以指正,以便进一步修改完善。

目 录

第一章　绪论

第一节　食品生物技术概念及其发展史

一、食品生物技术概念

（一）生物技术

生物技术（biotechnology）的概念伴随着人类对生命的本质及生命规律的认识的加深而深化。1919 年，匈牙利农业经济学家 Karl Ereky 首创生物技术这一名词，并认为"凡是以生物机体为原料，不论其用何种生产方法进行产品生产的技术即为生物技术"。20 世纪 50 年代后，人们实现了 DNA 重组技术并成功生产了重组胰岛素和重组人生长激素等基因工程产品，从而人们将发酵技术、酶催化技术、生物转化技术和原生质体融合技术等技术排除，认为生物技术只应包括基因工程等一类具有现代生物技术内涵或以分子生物学为基础的技术。目前，国际上广泛认可 1982 年国际经济合作与发展组织提出的定义：生物技术是应用自然科学和工程学的原理，依靠生物作用剂的作用将生物物料进行加工以提供产品和为社会服务的技术。这里的生物作用剂可以是酶、整体细胞或多细胞生物体，如游离或固定化的酶、细胞或动、植物；提供的产品包括粮食、医药、食品、化工原料、能源、金属等；为社会提供的服务包括疾病的预防、诊断与治疗、环境污染的检测和治理等。由此定义可看出生物技术不是一个独立的学科而是一套技术或手段。目前，已逐步形成一系列生物技术分支学科，其中包括医药生物技术、食品生物技术、农业生物技术、环境生物技术和化工生物技术等。

（二）食品生物技术

食品生物技术（food biotechnology）是生物技术在食品原料生产、加工和制造中应用的一个学科。它包括了食品发酵和酿造等最古老的生物技术加工过程，也包括了应用现代生物技术来改良食品原料的加工品质的基因、生产高质量的农产品、制造食品添加剂、植物和动物细胞的培养以及与食品加工和制造相关的其他生物技术，如酶工程、蛋白质工程和酶分子的进化工程等。

二、食品生物技术发展阶段

食品生物技术是一门既有古老历史又有崭新内容，在当代发展迅速的科学技术和生产工艺，其发展可分为传统食品生物技术和现代食品生物技术两个阶段。

（一）传统食品生物技术

传统食品生物技术包括酿造、酶制剂、味精和氨基酸生产技术等，被广泛应用于生产多种食品，如面包、奶酪、啤酒、葡萄酒以及酱油、醋、米酒和发酵乳制品。

传统生物技术从史前时代起就一直为人们所开发利用，并造福人类。公元前 6000 年，古埃及人和古巴比伦人就已开始酿造啤酒，我国也在石器时代后开始用谷物酿酒。埃及人则在公元前 4000 年就开始用酵母菌发酵生产面包。在公元前 221 年，秦朝初期我国人民已能掌握传统发酵技术用以制作豆腐、酱油和醋，并一直沿用至今。1885 年法国科学家 L. Pasteur 证实发酵是由微生物引起的，并建立了微生物纯种培养技术，从而为发酵技术的发展提供了理论基础，使发酵技术纳入了科学的轨道。该阶段食品生物技术的主要技术特征是发酵过程为非纯种微生物自然发酵，生产过程简单，对设备要求不高，规模一般不大，主要产品有酱油、醋、酒、泡菜、干酪、酸乳、面包酵母等。

到 20 世纪 20 年代，工业生产中开始采用大规模的纯种培养技术生产化工原料丙酮、丁醇。50 年代，在青霉素大规模发酵生产的带动下，发酵工业和酶制剂工业迅速发展并广泛应用于食品加工。这一时期的主要技术特征是利用了微生物的纯培养技术、深层通气搅拌培养技术、代谢控制发酵技术等技术；出现了次级代谢产物产品，如各种抗生素的生产；生产规模大（单细胞蛋白工厂的气升式发酵罐的容积已超过 2 000m³），产品既包括初级代谢产物（氨基酸、酶制剂、有机酸等），也包括次级代谢产物（抗生素、一些多糖等）。

（二）现代食品生物技术

现代食品生物技术是基于 20 世纪 70 年代初在分子生物学、生化工程学、微生物学、细胞生物学和信息技术等学科基础上形成的现代生物技术而发展起来的综合性技术。现代食品生物技术利用近代发酵技术、酶技术、基因工程技术生产食品原料（葡萄糖、麦芽糖、果葡糖浆等）、食品添加剂（活性干酵母、味精等氨基酸，柠檬酸等有机酸，天然微生物色素，鸟苷酸等核苷酸，黄原胶等微生物多糖，维生素、食品用酶制剂、乳酸链球菌素等）和食用益生菌等产品。

1944 年，Avery 等阐明了 DNA 是遗传信息的携带者。1953 年，Watson 和 Crick 提出了 DNA 的双螺旋结构模型，阐明了 DNA 的半保留复制模型，从而开辟了分子生物学研究的新纪元。1961 年，M. Nirenberg 等破译了遗传密码，揭开了 DNA 编码的遗传信息是如何传递给蛋白质这一秘密。基于上述基础理论的发展，1973 年，Boyer 和 Cohen 建立了 DNA 体外重组技术，标志着基因工程技术的开始。重组技术使得食品生物技术中生物转化这个环节的优化过程变得更为有效，而且它所提供的方法不仅可以分离到那些高产量的微生物菌株，还可以人工制造高产量的菌株。原核生物细胞和真核细胞都可以作为生物工厂来生产胰岛素、干扰素、生长激素和病毒抗原等大量的外源蛋白；DNA 重组技术还可以简化许多有用化合物和大分子的生产过程。植物和动物也可以作为天然的生物反应器，用来生产新的或改造过的基因产物。其后，随着细胞融合技术及单克隆抗体技术的相继成功，并实现了动植物细胞的大规模培养，同时固定化生物催化剂也得到广泛应用，新型反应器不断涌现，形成了具有划时代意义的现代生物技术。

第二节 食品生物技术基本特征及其研究内容

一、食品生物技术基本特征

食品生物技术如同生物技术一样是所有自然学科中涵盖范围最广的学科之一。它以分子生物学、细胞生物学、微生物学、免疫学、生理学、生物化学、生物物理学、遗传学、食品营养与毒理学等几乎所有生物学科的次级学科为支撑；又结合化学、物理学、化学工程学、数学、微电子技术、计算机技术、信息学等非生物学科，同时还应用了大量的现代化高新仪器及分析检测技术，如电子显微镜、液质联用仪、气质联用仪、DNA 序列分析仪等。因此，食品生物技术既是边缘性学科，又属知识密集型的应用学科，是一门多学科相互渗透的综合性学科。

食品生物技术与食品产业紧密相关，其对食品产业结构渗透性较强、关联度较高，而传统的食品加工关联度较低。食品生物技术贯穿整个食品工业产业链：原材料阶段，利用基因工程等进行新品种培育、品质改良并提高产量；产品加工阶段，通过发酵工程、酶工程等促使食品加工工艺高效化、提高产品附加值，提高农产品的利用率以及提高食品的保健功能；产品储藏和运输阶段，减少产品的损失并提高产品质量管理的效率和保证食品质量和安全性，此外，还利用食品生物技术对食品生产中的废弃物（纤维素、脂肪和蛋白质等）进行综合化利用，提高资源的利用率并减少环境污染。

二、食品生物技术研究内容

现代食品生物技术发展很快，已经形成以基因工程、细胞工程、蛋白质工程、酶工程和发酵工程为主体的综合技术体系。

（一）基因工程

基因工程（genetic engineering）也称遗传工程或重组体 DNA 技术，是在体外将异源DNA（目的基因）与基因载体（质粒、病毒等）重组成复制子并转移至宿主细胞的过程。它是以分子生物学为基础，以 DNA 重组技术（或称克隆技术）为手段，实现动物、植物、微生物等不同种之间的基因转移或 DNA 重组。

目前基因工程在改善食品原料品质、改革传统的发酵工业、改善食品品质和加工特性、增强果蔬食品的储藏性和保鲜性能、生产保健食品与特殊食品等领域发挥着重要的作用。利用基因工程已培育出多种优良品种，包括油菜新品种（高不饱和脂肪酸和高油酸含量）、番茄新品种（高固体含量、增强风味）和玉米新品种（高直链淀粉含量、低胶凝温度以及无脂肪的甜玉米）等；改革传统发酵工业方面，面包酵母等工程菌的应用提高了发酵产品质量，同时已工业化生产蛋白酶、纤维素酶、果胶酶和植酸酶等；改善食品品质和加工性能方面最典型体现在酱油和啤酒的酿造中，利用基因工程分别提高了酱油中氨基酸含量、降低啤酒中双乙酰含量,从而提高产品风味;利用基因工程中的反义基因技术使番茄的成熟期和储藏期得到延长,耐储存草莓、香蕉和芒果等果蔬的研究也在持续进行;此外,利用基因工程技术从植物细胞中制造出更多有益于人类健康的保健因子,从而生产保健食品,也可以用来生产特殊食品,如选育出具有抗肝炎功能的番茄可产生类似乙肝疫苗的效果等。

(二)细胞工程

细胞工程(cell engineering)是指以细胞为基本单位,在体外条件下进行培养、繁殖或人为地使细胞的某些生物学特性按人们的意志发生改变,从而达到改良生物品种和创造新品种,加速动物或植物个体的繁殖,或获得某些有用的物质的技术。它包括了动物和植物细胞的体外大量培养技术、细胞融合技术(也称细胞杂交技术)、细胞拆分、染色体工程和繁殖生物学技术等。

动、植物细胞培养技术是当今细胞工程的发展重点,与微生物细胞培养一样,人工控制条件下在生物反应器中大规模培养获得人类所需要的各种食品产品及保健产品,而且可缩短生产周期,不受地理环境和气候影响。目前利用细胞融合技术已培育出番茄、马铃薯、烟草和短牵牛等杂种植株;利用植物细胞培养可以获得许多特殊的产品,如生物碱类、色素、激素、抗肿瘤药物等;利用动物细胞培养可以大规模地生产药品,如干扰素、人体激素、疫苗和单克隆抗体等。

(三)蛋白质工程

蛋白质工程(protein engineering)是20世纪80年代初诞生的一个新兴生物技术领域,它是以蛋白质结构和功能的研究为基础,运用遗传工程的方法,借助计算机信息处理技术,从改变或合成基因入手,定向地改造天然蛋白质或设计全新的人工蛋白质分子,使之具有特定的结构、性质和功能,能更好地为人类服务的一种生物技术。蛋白质工程是继基因工程以后又一个可根据人们的意愿改造天然生物大分子,甚至可以设计和创造全新的非天然的生物大分子的生物技术。蛋白质工程可赋予蛋白质特殊的性质和功能,满足人们在某些特定条件下的特殊需要。通常蛋白质工程以基因操作为基础,是基因工程技术的发展和延伸,所以又被称为"第二代遗传工程"。

目前,蛋白质工程通过定位突变和体外定向进化等方法,有数十种蛋白质分子经过这种改造,达到了提高蛋白质的稳定性(溶菌酶引入二硫键和磷酸丙糖异构酶转化氨基酸残基)、消除酶的被抑制特性(枯草芽孢杆菌蛋白酶)、增强酶的特异性(支链淀粉酶)和提高酶的催化能力(嗜热脂肪芽孢杆菌的 Tyr - tRNA 合成酶)等目的。此外,蛋白质工程还可应用于蚕丝蛋白和螺旋藻蛋白等功能性食品的开发应用。

(四)酶工程

酶工程(enzyme engineering)是指利用酶、细胞器或细胞所具有的特异催化功能,对酶结构进行修饰改造,并借助于生物反应器和工艺优化过程,有效地发挥酶的催化特性来生产人类所需产品的技术。它包括酶制剂的制备、酶的固定化、酶的修饰与改造及酶反应器等方面内容。

生产营养成分丰富和比例合理的食品,是食品企业的根本目的,而食品工业常用的高温高压或者酸碱处理常会造成营养成分的损失。酶处理通常在温和条件下反应,可以较好地保持食品的营养成分,节约能源和保护环境。相较化学和合成防腐剂,酶制剂用于食品保鲜不会造成食品的污染,并且使用简单热处理方法便可使酶失活,反应进程容易控制,并可最大限度地保持食品原有的营养和风味。同时糖化酶、α-淀粉酶、蛋白酶、果胶酶和脂肪酶等规模化生产的酶被广泛应用于乳品、肉制品、果蔬和焙烤等食品加工,在提高产品质量、降低成本、节约原料和能源、保护环境等方面发挥着重要作用。酶工程还用于低聚果糖、天冬氨酸、L-苹果酸、阿斯巴甜、芳香剂、抗氧化剂以及乳化剂等食品添加剂的生产。此外,酶工程在食品工厂废弃物处理、食品检测、去除食品中抗营养物质等方面也有应用。

(五)发酵工程

发酵工程(fermentation engineering)也称微生物工程,是指采用现代工程技术手段,利用微生物的生长繁殖和代谢活动,为人类生产所需产品,或直接把微生物应用于工业生产过程的技术。发酵工程的应用,即采用现代发酵设备,使经优选的细胞或经现代技术改造的菌株进行扩大培养和控制性发酵,获得工业化生产预定的食品或食品的功能成分,并可以提高发酵食品的质量、安全性和产品一致性。发酵工程处于食品生物工程的中心地位,大多数生物工程的目标产物都是通过发酵工程来实现的。

微生物发酵生产食品有着独有的特点:繁殖过程快,营养物质简单,易于实现工业化生产。在发酵过程中,微生物生长和代谢会产生复杂的代谢物质。这些代谢物,包括分解碳水化合物、蛋白质和脂质的酶,维生素,抗菌物质(如细菌素,溶菌酶),凝胶形成剂(如黄原胶),氨基酸(如谷氨酸和赖氨酸),有机酸(如柠檬酸,乳酸)和风味化合物(例如酯和醛)等。

(六)生物工程下游技术

生物技术产品一般存在于一个复杂的多相体系中,通常需经过分离和纯化等过程,才能制得符合使用要求的产品。因此由生物自然产生的或由微生物菌体发酵的、动植物细胞组织培养的、酶反应生成的各种生物工业生产过程获得的生物原料,都需要经过提取分离、加工并精制目的成分,最终使其成为产品,通常这种分离技术称为生物工程下游技术,也称为下游工程或下游加工过程。生物工程下游技术主要包括大分子物质提取、分离及纯化技术、沉淀技术、浓缩技术、膜分离技术、各种色谱技术、各种电泳技术以及产品的浓缩、结晶、干燥等技术。

生物工程下游技术是实现生物工程产业化的关键步骤,如超临界流体萃取可用于香精香料的提取、生理活性物质的提取以及中药有效成分的分析等。超滤技术可用于牛奶加工中从乳清中分离蛋白质和低相对分子质量的乳糖,也可用于氨基酸生产、抗生素回收,还可用于咖啡中脱除咖啡因等。

这些工程技术之间并不是各自独立的,它们相互联系相互渗透。其中基因工程技术是核心技术,能带动其他技术的发展,如通过基因工程对细菌或细胞改造后获得的工程菌或细胞都需要通过发酵工程或细胞工程来生产有用的物质。而通过基因工程技术可对酶进行改造从而增加酶的产量、提高酶的稳定性以及提高酶的催化效率等。

第三节　现代食品生物技术发展方向

生物技术在食品工业上的应用,不仅满足于解决可能出现的全球粮食危机的问题,更重要的是,它能满足人们对食物感官舒适、营养丰富、功能全面的要求。我国食品生物技术产业历经数十年的发展,在技术进步、产业成熟度、骨干企业发展、产品国际化、带动关联产业发展以及提高国民生活质量等方面已取得长足进步,成为中国生物技术应用领域中经济和社会效益贡献最大的产业之一。作为一项极富潜力和发展空间的新兴技术,食品生物技术有以下发展趋势。

一、开发新的食品、添加剂和酶制剂

未来食品生物技术有助于实现食品的多样化,如生产特定的营养保健食品,开发功能食品和特殊用途食品如医学食品、军事食品等,此外,还可生产品种多样的食品添加剂和生产食品工业用酶制剂。

(一)功能性食品

我国功能食品产业具有西方国家无可比拟的资源优势和经验累积。尽管世界卫生组织正式确定的药用植物达2万种,然而只有200多种进行过较为详尽的研究,而我国中草药种类已超过6 000种,加之中医药学理论指导,这为有中国特色的保健食品开发提供了无可比拟的资源优势。中国的功能性食品经历了30多年的发展,已经形成了自身完整的产业链和具有行业特色的运营模式。20世纪80年代,保健食品年产值只有十几亿元,而2013年保健食品与营养品产值已经超过3 000亿元。

利用日益成熟的转基因技术、克隆技术、正在加速发展的基因组学技术和蛋白质组学技术、生物信息技术、生物芯片技术、干细胞组织工程等关键技术,开发食物新资源、改造传统食品产业,使食品往健康、功能化方向发展,提高国民健康水平。同时需注重基于大数据分析的保健功能产品的研发,移动互联技术的普及为大健康工程的实现提供了可能。在大数据时代,健康食品的研发工作不再是简单的配方调配,而是以数据分析为基础,连接用户健康需求、科学支撑、产品设计与用户反馈的方式。例如,软件公司开发的疾病预测工具,可以提供热点地图式的发病分布图,人们可清楚地看到国内糖尿病高发地区,进而可结合这些地区人们的饮食习惯,开发低GI(血糖生成指数)食品和辅助降血糖食品。互联网技术和生物传感器的突破给健康大数据的收集提供了便捷,而这些数据能够产生价值的关键是整合和分析。目前,大数据的利用在健康食品研发领域的利用较少,而这也正是未来食品生物技术在功能食品创新生产的关键点。

健康食品从过去简单营养素的添加或强化,发展到对功能性的研究追求,这其中融合

了食品科学、生命科学、工程学等多个学科。未来健康食品产业的发展更是以食品生物技术发展为前提,这不仅能促进健康食品产业升级,而且能促进普通食品的健康化,将对整个食品行业的升级起到至关重要的作用。

(二)转基因食品

人类利用转基因技术不仅能够生产出口味更佳的食品,而且能够抗病虫害、抵御旱涝灾害、便于储运,大大降低成本,产量的提高尤其适合人口众多的发展中国家。因此,转基因食品带来的巨大社会经济效益显而易见。目前,经基因工程或其他生物技术改造或正在改造的物种,除水稻、小麦、玉米、油菜、大豆、番茄等大宗农产品以及奶牛、羊等畜产品之外,还包括人参、西洋参、甘草、黄连等药用植物和一些濒危物种上。特别是体细胞无性繁殖技术的成熟和发展,将在数量上以指数增加的方式为食品工业提供大量的原料。

未来食品生物技术不仅有助于实现食品的多样化,而且有助于生产特定的营养保健食品,达到治病健身的功效。在协调与环境粮食生产方式方面,生物技术将使农作物更好地适应于特定的环境,从而降低化学农药的使用量。

(三)食品添加剂

目前,国际上对食品添加剂的品质要求是:使食品更加天然、新鲜;追求食品的低脂肪、低胆固醇、低热量;增强食品储藏过程中品质的稳定性;不用或少用化学合成的添加剂。因此,今后要从两方面加大开发的力度:一是用生物技术生产的产品代替化学合成的食品添加剂,迫切需要开发的有天然调味剂、天然抗氧化剂、天然防腐剂、天然抗菌剂、天然色素、天然香料等;二是要大力开发功能性食品添加剂,如具有免疫调节、延缓衰老、抗疲劳、调整肠胃功能的食品添加剂。目前天然绿色食品添加剂由于价格昂贵以及在大批量生产中还存在诸多问题,投入商业生产的仅有一部分。随着社会的发展,天然添加剂一定会越来越多地被应用于食品生产中。

(四)酶制剂

酶制剂的生产与应用是食品领域生物技术的一个重要方面。目前发现的酶约3000种,但得以应用的只有200余种,工业化生产的仅20种左右。因此,酶制剂(尤其是微生物酶)的开发蕴藏着巨大的发展潜力。我国酶制剂产量已不少,精制或高活性的品种少且单调,应用面受到很大限制,在提高现有酶种的质量、增加新品种方面亟待加强研究。利用特定位点诱发突变、原生质体融合和重组DNA技术进行食品加工用重要酶制剂筛选和改造、生物大分子的酶法改性修饰技术、酶的固定化技术、多酶协同技术、酶反应器设计与优化、酶反应分离耦合技术等研究,进一步推进食品产业进步。

二、提升食品加工制造水平

食品工业的发展趋势是充分利用生物资源丰富和多样性的优势,将现代生物技术与轻工、食品制造技术相结合,并开发出新一代生物技术产品,同时加强对传统生产技术的改造,重点放在节粮、节能、缩短生产周期、减少污染方面。促使生物技术、智能技术等贯穿从原料加工到食品安全消费的各个环节。促进各种高新技术如电子技术、生物技术、新材料等基础科学技术以及纳米技术、超临界提取、分子蒸馏、超微粉碎、超高温瞬时杀菌等尖端技术在食品工业生产和产品研发中的广泛应用。

在现代杀菌与无菌包装技术方面，需要围绕高效和对食品组分与功能影响小的现代杀菌和杀菌与无菌包装一体化，研究超高压、高压脉冲电场、高压脉冲光、辐照、高密度 CO_2 等冷杀菌技术及在食品产业化应用，同时加速研究开发相匹配的大型智能化 UHT 灭菌、微波杀菌和膜除菌等杀菌装备。

在食用纳米材料领域主要是以提高营养物的稳定性和靶向输送为目标，注重研究纳米食品、纳米食品配料和添加剂的结构控制，纳米复合包装材料，纳米检测技术等；食品和营养素经纳米化产生的新功能和新特性，如生物利用率、靶向性、缓释性、生物活性（抗氧化、抗突变、抗肿瘤等）等，以及纳米食品及配料的规模化生产技术与设备等。

最终，通过加速新材料技术、生物技术、海洋技术、新能源技术等高新技术在食品加工中的研究，应用高新技术改造传统技术，以提高食品质量、生产效能、资源利用率和减少食品加工对环境的影响，推进传统食品生物制造业结构优化升级，推进食品生物技术产业进步。

三、加强食品质量与安全控制

工业革命推动了人类社会以前所未有的速度向前发展，同时也带来日益严重的环境污染问题。空气污染、水质污染、土壤污染、热污染和放射性污染等直接威胁食品原料生产。同时，为了追求经济利益，养殖业和种植业中存在滥用生长激素、抗生素和化肥等现象，并导致了严重后果。因此，食品质量与安全问题存在于从农田到餐桌的整个食品供应链，食品质量与安全过程控制技术主要关注四方面问题：一是食品加工过程中可能产生哪些有害物质；二是食品成分的安全性；三有害物质的检测技术；四是有害物质的风险评估方法。

相应的需要注重展开研究食物天然成分和外源添加成分的安全性、食品各种组分在加工过程中的变化及其对安全性的影响，并明确超高压、脉冲电场、微波、超声波等新技术对于食品组分、食源性致病微生物和酶等的影响及控制能力。同时，促进离线快速检测技术和在线实时无损检测技术研究，建立有害物质来源的快速鉴定模型、农产品是否污染快速判别模型、含量测定模型，建立风险评估技术以及食品微生物污染的溯源技术。此外，需要促进绿色样品快速前处理技术，包括加速溶剂萃取、固相微萃取、超声萃取与超临界流体技术、亚临界水萃取技术、分子印迹技术和印迹材料在样品前处理中的应用等技术研究，并且研发与推广食品污染物快速检测技术及产品，包括农兽药残留、致病微生物、生物毒素等现场快速检测的技术和设备，以及以纳米分子印迹为基础的检测技术和新型传感器快速检测技术等。未来食品生物技术将在食品质量与安全控制中发挥不可取代的作用。

四、推动食品工业可持续发展

生物技术是保证食品工业可持续发展应用范围最广、最为重要的单项技术，不仅可促进食品资源高效化利用和绿色加工，同时在控制水污染、治理大气污染、有毒有害物质的降解、可再生资源的开发、环境监测、污染环境的修复以及清洁生产等与食品工业可持续发展密切相关的各方面均发挥极其重要的作用。

未来应加强生物技术在食品加工下脚料高效利用方面的研究，包括从小麦麸皮、稻草秸秆、玉米芯和花生粕等农业废料中提取功能性低聚糖、多肽、膳食纤维、抗性糊精等高附加值产品，从畜禽毛发、皮、血液和骨骼中提取有效活性成分，研制果蔬酶液化提汁与澄清、膜技术过滤与浓缩、冷冻浓缩等技术与装备，以及利用水酶法等非溶剂制油和绿色提油溶剂生产功能性油脂和结构脂质等。

生物技术在处理污染物时，最终产物大都是无毒无害且性质稳定的物质，如二氧化碳、水、氮气、甲烷等。因此，它是一种安全而彻底的消除污染的方法，特别是现代生物技术的发展，大大强化了生物处理过程，使其具有更高效率、更低成本和更好的专一性，未来在粮油加工中可开展薯渣高效脱水、薯渣节能干燥、固体废弃物无害化处理、废气冷凝回收、废水中蛋白质回收和利用等技术与装备的研究开发。此外，用生物制品取代化学药物、人工合成物等有助于把人类活动产生的环境污染降至最低水平，使经济发展进入可持续发展的轨道。最具代表性的是生物可降解的食品包装材料、薄膜，还有生物农药、农用化学品等。

随着各种生物技术手段和方法的成熟与完善，生物技术将对人类的健康做出更大的贡献，生物技术在食品工业中的应用也越来越广阔。

第二章　基因工程技术与食品工业

第一节　基因工程概述

随着生物化学、遗传学和分子生物学等基础学科的发展,以及物理学、化学等实验技术与生命科学的深入结合,基因工程在20世纪70年代初蓬勃发展起来。基因工程使生命科学经历了革命性变化,其出现是20世纪生物学的重大事件。综观科学的发展史,生命科学的发展与技术的发展密切相关,分子生物学甚至整个现代生物科学的各种进展,都得益于该技术的进步。可以说,以分子克隆为核心的基因工程是许许多多的技术中对人类影响最深远的一项。因为它的出现使人类进入了按照自己的意愿改造生物和创建新生物的时代,对人类社会有着深远影响。

基因工程作为生物技术的核心,已成为现代高新技术的重要标志之一。高新技术革命的蓬勃发展不仅推动着工业革命的进程,而且正以前所未有的新型技术冲击着人们的原有观念。作为这场革命重要组成部分的生物技术,也正受到世界各国政府和社会各界的重视,形成了全球性的"生物技术热"。各国政府竞相制定发展计划,投入巨额资金,实行优惠政策,促进生物技术的发展。以生物技术产品为开发对象的公司、企业,在世界各国如雨后春笋般地建立起来,一个新兴的高技术生物产业已经形成。

当代人类社会所面临的人口增加、食品短缺、资源匮乏、环境污染的加剧、疑难病的诊断和治疗等重大问题,都在不同程度上依赖于生物技术的发展和应用。因为生物技术能利用生物资源的可再生性,在常温常压下生产药品;能节约能源和资源、减少环境污染;能"创造"动植物优良新品种,改善作物品质,增加作物产量,开辟食物新来源;能解决疑难病的诊断和治疗难题,并能对相关的传统行业技术改造和产业结构调整产生极其深远的影响。所以,生物技术蕴藏着巨大的经济潜力和社会效益。生物技术的发展,虽然仅有20多年的历史,但已在世界范围内给医学带来了一场革命性的变化,给农业带来了新的绿色革命,使轻工、食品、环保、海洋、能源开发等有关领域得到了前所未有的发展。

一、基因工程的概念与特点

一般认为,基因工程是把生物的DNA通过载体导入到特定受体细胞,保持稳定存在和表达的技术。也就是有目的地通过分子克隆技术,人为地改造基因的结构、改变生物遗传性状的系列过程。

根据侧重点的不同,基因工程的概念有狭义和广义两个层面的含义。狭义的基因工程侧重于基因重组、分子克隆和克隆基因的表达,即所谓的上游技术。广义的基因工程更侧重于以产品为目标,指基因重组技术的产业化设计和应用,即所谓的下游技术。早期,人们主要从狭义方面理解基因工程。因此,对分子克隆、DNA 重组、基因工程等名词区分得并不严格。随着基因工程应用方向的发展,基因工程与分子克隆、DNA 重组的概念才有明显区别。但是基因工程的核心仍然是分子克隆技术。

基因工程的特点是:①属于分子水平上 DNA 转移过程和细胞水平上的表达;②基因的切割、连接等操作靠酶学方法;③基因工程整个过程体现不同种间进行无性繁殖,即为克隆过程;④在体外建立无性繁殖体系,易于产业化和规模化,对人类健康和经济建设的发展产生巨大作用。

二、基因工程的要素及主要内容

(一)基因工程的要素

基因工程的操作使基因从一种生物转移到另一种生物,涉及供体、受体和载体 3 种基本要素。①供体是来自某一生物的 DNA 或人工合成的 DNA,一般称为外源 DNA;②受体是指接受外源 DNA 的细胞,如细菌、酵母或哺乳动物细胞;③载体是运输 DNA 的工具,是经过遗传学改造的质粒、噬菌体或病毒。载体的 DNA 与外源 DNA 在体外构成重组体的形式,把外源 DNA 送入受体细胞。

(二)基因工程的主要内容

一个完整的基因工程操作过程一般包括以下几个阶段(见图 2 - 1):①获得所需的目的基因;②把目的基因与所需的载体连接在一起,即重组;③把重组载体导入宿主细胞;④对目的基因的检测与鉴定;⑤目的基因在宿主细胞的表达。

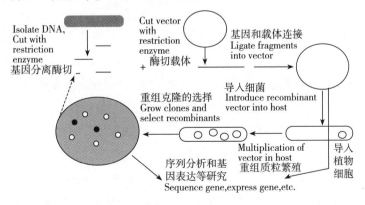

图 2 - 1　基因工程的基本流程

外源 DNA 被载体导入受体后要稳定存在和表达,因而涉及几个基本点:①载体起着关键作用,载体具有复制、在单一酶切位点重组外源 DNA、携带选择性标记并使受体细胞显示标记活性的能力,表达型载体有驱动外源基因表达的能力;②外源 DNA 在受体细胞内进行 DNA 合成,甚至 RNA 和蛋白质的合成,是构成重组细胞区别于非重组细胞的基础,也是克隆筛选的基础,受体细胞不是被动的,只有匹配的细胞才能承担受体的角色;③DNA 的碱基配对原则构成分子杂交、cDNA 合成、DNA 修饰和连接、DNA 标记等技术的基础;④外源基因的表达不仅要求其 DNA 保持稳定,还要满足转录和翻译的条件,基因要在启动子及各种调控元件的有效控制和驱动之下。可控制的细胞复制和外源基因高效表达是基因工程产业化的基本要求。

三、基因工程的应用性研究

基因工程的产业化方向主要在下列几方面。

(一)基因工程药物

1982 年,在美国诞生了世界上第一种基因工程药物——重组人胰岛素。至今已有 100 多种的基因工程药物问世,已成为世界各国政府和企业投资研究开发的热点领域。现已研制出的基因工程药物主要有 3 类:①基因重组多肽和蛋白质类药物如干扰素、人生长激素、肿瘤坏死因子、人表皮生长因子;②酶类基因工程药物,包括尿激酶原、天冬酰胺酶、超氧化物歧化酶等,开发成功的数十种药品已广泛应用于治疗癌症、肝炎、发育不良、糖尿病和一些遗传病,并形成了一个独立的新型高科技产业;③重组抗体,特别是人源化抗体。

(二)基因诊断

人们利用基因工程技术探明致病基因的结构和功能,有助于了解致病机制,建立基因诊断、治疗技术。基因诊断直接从 DNA 水平监测人类遗传性疾病的基因缺陷,因而比传统的诊断手段更加可靠。在基因诊断技术中,基因探针检测准确而灵敏,它利用 DNA 碱基互补的原理,采用已知的带有标记的 DNA 通过核酸杂交方法检测未知基因。目前各种遗传病、传染病、肿瘤等的诊断都离不开聚合酶链式反应(PCR)技术的应用。

(三)转基因植物

自从 1983 年转基因烟草和转基因马铃薯获得成功后,基因工程技术在农业上的应用日趋完善。在提高植物抗性、改良作物品质以及作为生物反应器生产有用化合物等方面发展十分迅速。在提高抗性方面开展了多项工作,包括抗多种病毒、抗细菌和抗真菌、抗虫、抗除草剂、抗逆等。在改进作物品质方面,把豆科储藏蛋白基因转入谷类植物,把豆科、谷类作物的储藏蛋白基因转入牧草等。

(四)转基因动物

转基因动物的研究要比转基因植物更困难。现在已有转基因的牛、羊、猪、鸡、鱼等。将牛的基因导入猪体内,得到的转基因猪具有生长快、个体大、瘦肉率高、饲料利用率高等特性,具有明显的经济效益。转基因动物的另一重要方向是把动物体作为生物反应器,生产基因工程疫苗如重组乙肝疫苗、生长因子、红细胞生成素(EPO)、血清蛋白素(HSA)等。

(五)其他领域的应用研究

基因工程在其他领域的应用研究主要有酶制剂、能源工程、环保工程等方面。通过基因操作技术,改造和生产各种工业用酶,提高它们的耐热性与活性水平。在能源工业中,发展了生物能源,已利用重组 DNA 技术生产酒精代替石油。将酵母中与乙醇生产途径相关的基因导入大肠杆菌(途径工程,被认为是第三代基因工程),使大肠杆菌能利用甘蔗、玉米渣、木薯粉作为发酵乙醇的原料,发酵生产乙醇。在环保工业中,通过基因工程技术,构建能分解烃苯环、杂环化合物的微生物,使这些能降解有机污染物的工程菌株可应用于环保工业。

四、基因工程的发展

基因工程的出现一方面引起了人们的极大关注和担忧,另一方面吸引了许多科学家参与到这一崭新的研究领域。在基因工程诞生的最初几年,为了消除人们对这一技术的恐慌和忧虑,科学家们对重组 DNA 所涉及的载体和受体系统进行了有效的安全性改造,包括噬菌体 DNA 载体的有条件包装、质粒载体的转移性改造及受体细胞遗传重组和感染寄生缺陷突变株的筛选,同时还建立了一套严格的 DNA 重组实验室设计与操作规范,这些改造工作实际上加速了基因工程的发展。基因工程是在分子生物学等学科基础上发展起来的,其发展和这些学科的发展相关,反之它也促进着生命科学各学科的研究与应用。同时这门技术巨大的潜在的商业价值引来众多的投资者,使 DNA 重组技术迅速发展,进入商业化应用。所以基因工程的大发展也就是它在多学科以及商业上的应用发展。

基因工程要有基因才能完成工程化基因应用于研究和生产,而基因的分离和识别又需要基因工程的手段。基因是遗传信息的载体,而遗传信息决定了生物的特征与形态,可以说没有基因就没有生命。在基因工程研究发展中值得一提的是 1985 年提出的人类基因组计划(Human Genome Project,HGP),这一计划是应用基因工程技术揭示人类所有的遗传结构,包括所有的基因(特别是疾病相关基因)和非编码序列。1990 年,被称为生命科学领域"阿波罗登月计划"的国际人类基因组计划开始启动,历经 10 余年时间,耗资约 30 亿美元,至 2000 年的 6 月,人类基因组工作框架图得以正式发布。这一框架图包含了人类基因组 97% 以上的信息,医学专家通过分析每个基因的功能及其在染色体上的位置,从分子水平深入了解各种疾病的发生机制,从根本上获得治疗的方法;同时也有助于认识正常的生物结构和功能,解释一系列生命现象的本质。中国作为参与此计划唯一的发展中国家,测定人类基因组全部序列的 1% ,也就是 3 号染色体上短臂端粒区的 3 000 万个碱基对的 DNA 序列测定,为这一研究做出了重要贡献。人类基因组计划的实施就是利用基因工程手段来实现的。反过来也极大地推动了对基因和基因组结构和功能的认识,加速了基因工程的发展和应用。

随着计算机技术的发展,基因工程和计算机结合是一种必然的趋势。通常所说的基因工程是操作单个或数个完整的基因,其产品是由外源基因编码的具有天然属性的蛋白质,操作的层次未深入到基因内部。而蛋白质结构的研究及与计算机相结合使人们能直接操作或改造单个或几个单核苷酸,产生结构改变的功能不同的新型蛋白质,能满足人们的不同需求。

随着时间的推移,基因工程技术在农业、林业、医药、食品、环保等领域的研究和应用取得了很大的进展,既为工、农业生产和医药卫生等开拓了新途径,又给高等生物的细胞分化、生长发育、肿瘤发生等基础研究提供了有效的实验手段。在传统工业中,基因工程技术的运用可降低损耗、提高产量,同时还能减少污染,如今生物工业成为现代产业革命的重要组成部分。在农业生产中,转基因植物在抗病毒、抗虫、抗除草剂和品种改良等方面都取得了引人注目的成果,有的已被广泛应用于生产实践,使得相关农作物的产量得以显著提高。在生命科学领域,人们可以利用基因工程技术探明致病基因的结构和功能,了解致病机制;建立基因诊断、治疗技术,并已开发出基因工程药物和疫苗广泛应用于临床,为疾病的预防、治疗提供了新方法,给患者带来了福音。

DNA 重组技术在食品工业中有广泛的应用,通过 DNA 重组技术获得转基因植物,能使食品原料得以改良,营养价值大为提高,而且谷氨酸、调味剂、人工甜味剂、食品色素、酒类和油类等也都能通过基因工程技术生产。豆油中富含反式脂肪酸或软脂酸,摄入后会增加冠心病的发生率。美国研究人员利用基因工程技术,挑选出合适的基因和启动子,以此来改造豆油中的组分。不含软脂酸的豆油可用作色拉油,富含 80% 油酸的豆油可用于烹饪,而含 30% 硬脂酸的豆油则适于做人造黄油及使糕饼松脆的油。现在市场中有多种这类基因工程产品,基因工程改造后的豆油的品质和商品价值都大大提高。在食品酸味剂方面,柠檬酸是很重要的一类。目前柠檬酸生产菌主要是黑曲霉。国外正研究通过基因工程手段用酵母和细菌来生产柠檬酸。工程菌的使用使乳酸、苹果酸等有机酸的产量也在逐年增加。现在国外用发酵法和酶法生产的氨基酸多达数十种。产量最大的氨基酸为谷氨酸和赖氨酸。目前国外正在积极利用基因工程和细胞融合技术改造产生苏氨酸和色氨酸的生产菌,经改造的工程菌已正式投产,其氨基酸产量大大超过一般菌的生产能力。这些技术无疑给食品行业带来了全新的挑战和机遇。

第二节　基因工程工具酶和载体

一、工具酶

基因工程主要涉及基因操作的反应过程,包括对 DNA 进行剪切、连接、聚合、水解、修饰等生物化学反应。绝大多数反应是酶催化的,这些酶称为工具酶。因此,工具酶在基因工程技术中占有重要地位。下面介绍几种基因工程中常用的限制性内切酶。

(一)限制性内切核酸酶

1.限制性内切核酸酶的种类

几乎所有种类的原核生物都能产生限制酶。根据结构和功能特性,可将 DNA 限制性内切核酸酶分为三类,即Ⅰ型酶、Ⅱ型酶和Ⅲ型酶(见表 2-1)。Ⅰ型和Ⅲ型限制性内切核酸酶在同一蛋白酶分子中兼有甲基化酶及依赖 ATP 的限制性内切核酸酶活性,但其识别与切割位点不固定。所以这类酶在基因工程中应用价值不大。而Ⅱ型限制性内切核酸酶因其切割 DNA 片段活性和甲基化作用是分开的,而且核酸内切作用又具有序列特异性,故在基因克隆中广泛使用。即通常所指的限制性内切核酸酶都是指 II 型酶。限制性内切核酸酶能识别双短 DNA 中的特异性序列,通过切割双链 DNA 中每条链上的磷酸二酯酶而消化 DNA,有人形象地将它比喻为基因工程的手术刀,是基因工程中不可缺少的工具酶。

表 2 - 1　限制性内切核酸酶的类型

主要特性	I 型	II 型	III 型
限制修饰	多功能	单功能	双功能
蛋白结构	异源三聚体	同源二聚体	异源二聚体
辅助因子	ATP Mg^{2+} SAM	Mg^{2+}	ATP Mg^{2+} SAM
识别序列	TGAN8TGCT	旋转对称序列	GAGCC
	AACN6GTGC		CAGCAG
切割位点	距识别序列 1kb 处随机性切割	识别序列内或附近特异性切割	距识别序列下游 24 ~ 26bp 处

2. 限制性内切核酸酶的特征

限制性内切核酸酶具有 4 个基本特征:

(1)每种酶都有特异的识别序列　限制性内切核酸酶的最大优点就是它们能够在 DNA 上的相同的位置切割。这个特性是基因分析及其表达等众多技术的基础。不同的限制性内切核酸酶,不仅识别序列不一样,而且识别的碱基数目也不同,识别序列为 4、5 或 6 个碱基对。一般来说,识别序列的碱基对越多,则这种酶在 DNA 上出现的频率越低。不同生物其碱基含量不同,酶识别位点的分布及频率也不同。一些限制性内切核酸酶识别切割序列是 4 个碱基而不是通常的 6 个碱基序列,这样就可以在更多的位点切割。因为 4 个碱基序列的出现频率更高,每 4^4 – 256 个碱基出现　次,而 6 个碱基长度的序列则是 4^6 = 4096 个碱基出现一次。一些限制性内切核酸酶,如 Not I,识别 8 个碱基序列,所以,其切割频率更小,故称为稀有切割者。

(2)同位酶　即识别相同的序列但切割位点不一样,如 Sma I 和 Xma I 识别的序列同为 CCCGGG,而切割位置不同,Sma I 为 CCCGGG,Xma I 为 CCCGGG 同位酶,即识别位点不同但切出的 DNA 片段具有相同的末端序列。

(3)限制性内切核酸酶识别序列具有 180° 旋转对称的回文结构　回文结构是指顺看反看都一样的句子。DNA 的回文结构也是顺看反看都一样,应注意要从两个方向来读(5′→3′),意味着上面的链必须从左往右读,下面的链从右往左读。切开的 DNA 末端有平头末端和黏性末端(双链 DNA 的一条链突出,如 5′或 3′突出末端),在适当的温度下,两个互补黏性末端能退火形成双链分子,使两个不同的 DNA 分子之间的缝合更加快速简便。

(4)限制性内切核酸酶 Hpa II 和 Msp I 是同位酶,切割同样的 DNA 靶子序列 CCGG,但对这个序列的甲基化状况有不同的限制性反应　Msp I 切割所有状态下的 CCGG 序列,不论甲基化还是非甲基化,而 Hpa II 仅切割非甲基化的 CCGG 四聚体。故 Msp I 被用来识别所有的 CCGG 序列,从而确定它们是否甲基化。

3.影响限制性内切核酸酶酶切的反应条件

与其他酶反应一样,应用各种限制性内切核酸酶酶切 DNA 时需要适宜的反应条件。

(1)温度 大部分限制性内切核酸酶最适反应温度为 37℃,但也有例外,如 Sma I 的反应温度为 25℃。降低最适反应温度,导致只产生切口,而不是切断双链 DNA。

(2)盐离子浓度 不同的限制性内切核酸酶对盐离子强度(Na^+)有不同的要求,一般按离子强度不同分为低、中、高 3 类。Mg^{2+} 也是限制性内切核酸酶酶切反应所需。

(3)缓冲体系 限制性内切核酸酶要求有稳定的 pH 环境,这通常由 Tris – HCl 缓冲体系来完成。

(4)反应体积和甘油浓度 商品化的限制性内切核酸酶均加 50% 甘油作为保护剂,一般在 – 20℃下储藏。在进行酶切反应时,加酶的体积一般不超过总反应的 10%,若加酶的体积太大,甘油浓度过高,则会影响酶切反应。

(5)限制性内切核酸酶反应时间 通常为 1h。但大多数酶活性可维持很长的时间,进行大量 DNA 酶解反应时,一般需酶解过夜。

(6)DNA 的纯度和结构 一个酶单位定义为在 1h 内完全酶解 1μg λ 噬菌体 DNA 所需的酶量。DNA 样品中所含蛋白质,有机溶剂及 RNA 等杂质均会影响酶切反应的速度和酶切的完全程度,酶切的底物一般是双链 DNA,DNA 的甲基化位置会影响酶切反应。

(二)DNA 聚合酶

DNA 聚合酶以一条 DNA 为模板通过聚合作用把脱氧核苷酸加到双链 DNA 分子的 3′ – OH 端而合成新的 DNA。人们已在许多生物中发现了各种不同的 DNA 聚合酶,这些酶在 DNA 复制和修复过程中起着重要作用。目前在基因工程中常用的 DNA 聚合酶是大肠杆菌 DNA 聚合酶 I 及由此酶改造而来的 Klenow 大片段酶。这里主要说明这两种酶。

大肠杆菌 DNA 聚合酶 I 是由一条约 1 000 个氨基酸残基的多肽链形成的单一亚基蛋白,分子质量为 10^9 Da,具有 3 种不同的酶活性:①以 4 种脱氧核苷酸(dATP、dGTP、dCTP 和 dTTP)为原料,在一定的缓冲液条件下,该酶的 5′→3′聚合酶活性能把这些脱氧核苷酸加到双链 DNA 分子的 3′ – OH 端而合成新的 DNA 片段;②5′→3′DNA 外切酶活性能从双链 DNA 一条链的 5′末端开始切割降解双螺旋 DNA,释放出单核苷酸或寡核苷酸。这种切割活性要求 DNA 链处于配对状态且 5′端必须带有磷酸基团;③3′→5′外切酶活性,即在 DNA 合成中识别错配的碱基并将它切除。大肠杆菌 DNA 聚合酶 I 主要用于 DNA 切口平移中标记 DNA 探针。

用蛋白酶处理大肠杆菌 DNA 聚合酶 I 产生两个片段,一个小片段带有 5′→3′DNA 外切酶活性,而另一个较大的片段失去了 5′→3′DNA 外切酶活性,但保留了另两种活性,即 5′→3′聚合酶活性和 3′→5′外切酶活性,这个大片段被称为 Klenow 大片段酶。其被广泛用于各种克隆实验中,比如随机引物标记 DNA 探针和 DNA 末端标记,末端终止法测定 DNA 序列,cDNA 合成小催化第二链的合成,补平 3′凹端等。

(三)DNA 连接酶

用限制性内切核酸酶切割不同来源的 DNA 分子,再重组则需另一种酶完成这些杂合分子的连接和封合,这种酶就是 DNA 连接酶。在双链 DNA 中,连接酶能催化具有邻近 $3'-OH$ 和 $5'-P$ 的单链形成磷酸二酯键。因此,该酶可促使具有互补性末端或平头末端的载体和供体 DNA 片段结合或连接,形成重组 DNA 分子。在基因工程使用的连接酶主要有大肠杆菌连接酶和 T4 噬菌体 DNA 连接酶。这种反应是一种吸能反应,需要提供能量的辅助因子,大肠杆菌连接酶利用 NAD^+ 作为能源,而 T4 噬菌体 DNA 连接酶则是以 ATP 作为辅助因子。这两种连接酶都能连接黏性末端和平头末端的 DNA 分子,但 T4 DNA 连接酶应用得更广泛。连接反应的效率主要取决于反应混合物中 DNA 末端的浓度。这些末端可能发生分子间或分子内的相互连接,分别产生寡聚线性或环状连接产物。然而,试验中还是有必要对选择的连接反应条件进行测定,以确认分子环接发生的程度。作为一般规则,在做插入到环状质粒载体上的克隆实验时,载体和要插入的片段越大,连接反应中的 DNA 浓度就要越小,以有利于最有效的插入和连接。

噬菌体基因克隆实验中,一个 DNA 片段常须插入到两个不同的噬菌体"臂"之间,因而需要 3 种分子的连接。与质粒克隆载体相比,实验中必须增大 DNA 浓度。在连接前,用碱性磷酸酶处理载体 DNA,以避免首尾相互连接,因而有利于得到含有插入片段的转化子,但并没有改变有利于环接的最佳浓度。对于 DNA 片段的亚克隆试验,一般插入片段与载体的分子比值为 1:1 或 2:1 较合适,这取决于克隆的总体大小,因为供体 DNA 通常都已经高度富集了所需 DNA 顺序。

(四)RNA 聚合酶

RNA 聚合酶是依赖于 DNA 模板合成 RNA 的酶。商品化 RNA 聚合酶的来源主要有 3 种:①沙门氏菌噬菌体 SP6;②大肠杆菌噬菌体 T3;③大肠杆菌噬菌体 T7。

1. RNA 聚合酶一般特性

RNA 聚合酶要求含有特定启动子的双链 DNA,不需要引物,以其中一条链为模板合成互补的 RNA。它们的最小启动子长度为 21bp,对其他启动子的亲和性非常低,因此表现出很好的特异性。

合成 RNA 的聚合反应不需要辅助因子,在体内只对少数基因能进行高效转录。离体条件下,其他基因 DNA 也可以在这些启动子控制下高效合成 RNA,在 37℃ 的反应速率是大肠杆菌 RNA 聚合酶的 10 倍左右。

2. 3 种 RNA 聚合酶有独特的性能

这 3 种 RNA 聚合酶只对它相应的启动子有严格的识别能力。例如,SP6 的 RNA 聚合酶识别双链 DNA 模板上相应噬菌体特异性的启动子,并沿此双链 DNA 模板起始 RNA 的合成。把外源 DNA 克隆到专门的质粒载体内,并位于 SP6 启动子的下游。在离体条件下,这个 RNA 聚合酶可以大量合成与外源 DNA 中一条链互补的 RNA。在一些专用的载体内,改变上游启动子的方向,使外源 DNA 双链的任一条链作为模板,合成互补的 RNA。T3 和

T7 RNA 聚合酶的情况与 SP6 RNA 聚合酶的情况相似,这两种酶识别双链 DNA 模板上相应的特异件启动子,沿着双链 DNA 模板起始 RNA 的合成。

3. RNA 聚合酶的应用

①合成单链 RNA,用放射性标记的^{32}P – a – NTP 掺入 RNA,可作为杂交探针;②合成外源目的基因体外转录产物,作为体外翻译系统中的 mRNA 或体外剪接反应的底物;③在大肠杆菌、酵母中,用 T7 转录系统表达克隆化的外源目的基因。

(五)其他工具酶类

1. 碱性磷酸酶

碱性磷酸酶催化去除一些底物(包括 DNA、RNA 和脱氧核糖核苷三磷酸)的 5′端磷酸基团。目前有细菌碱性磷酸酶(BAP),它来源于大肠杆菌和小牛肠道碱性磷酸酶(CIP),它是从小牛肠中分离出来的。分子生物学中,常在 γ – ^{32}P 磷酸和多核苷酸激酶在 5′端标记 DNA 或 RNA 之前,进行碱性磷酸酶处理。在 DNA 连接之前也常用它处理克隆载体以防止载体自身连接,因而增加了在随后得到重组子的比例,而用于外源 DNA 片段的末端处理则能有效的避免不同外源片段之间的连接。小牛肠碱性磷酸酶比细菌碱性磷酸酶用得多,因其可在 65℃加热 45min 失活,而细菌碱性磷酸酶则较耐高温,不易失活。小牛肠碱性磷酸酶活性通常比细菌碱性磷酸酶高很多。当第一次用碱性磷酸酶时,通常要检查酶的活性。碱性磷酸酶在 pH 8 条件下活性很好,可使去除 5′端磷酸基的反应与限制性内切核酸酶酶解同时进行。碱性磷酸酶可被无机磷酸强烈抑制。

2. 末端脱氧核苷酸转移酶

末端脱氧核苷酸转移酶(TdT)是从小牛胸腺中分离纯化出来的。它不需要 DNA 模板,不论是双链 DNA 还是单链 DNA,在一定条件下,能够将脱氧核苷酸,沿着 5′→3′的方向逐个加到 DNA 链的 3′ – OH 末端。该酶在人工黏性末端构建中常使用,因为反应液中只有一种核苷酸时,TdT 能在 DNA 一条链的末端形成寡聚核苷酸同聚物。

3. T4 多核苷酸激酶

T4 多核苷酸激酶是核酸的一种磷酸化酶,催化底物 ATP 的 γ – 磷酸基团转移到 DNA 或 RNA 的 5′ – OH 基上。在基因工程操作中出现两种反应:①前向反应,用于 DNA 或 RNA 5′端的标记反应,催化 γ – ^{32}P – ATP 的 γ 位 ^{32}P 转移到无磷酸基的 DNA 5′ – OH 端。②磷酸交换反应。在底物 ATP 过量的条件下,DNA 的 5′ – P 基通过 ADP,与 ATP 的 γ 位磷酸基进行交换反应。如果底物是 γ – ^{32}P – ATP,交换反应使 DNA 或 RNA 的 5′端放射性标记。T4 多核苷酸激酶主要用于 DNA 片段的 5′端标记,特别在 DNA 化学测序和 S1 核酸酶分析中广泛用于 5′端高比强放射性标记。

4. 核酸酶

核酸酶是一组成员广泛的核酸水解酶类,底物为核酸(DNA 或 RNA)。它们对 DNA 或 RNA 水解能力有侧重,有外切酶或内切酶。在基因工程中常用的有如下几种:

(1)核酸酶 S1 是作用于单链 DNA 或 RNA 的一种内切酶。酶切后产生双链 DNA 和

5′-核苷酸。对双链核酸(dsDNA、dsRNA 和杂合双链 DNA - RNA)不敏感。在基因工程中主要用于 3 方面:①水解发夹环结构,在双链 cDNA 合成时打开发夹环;②双链 DNA 的黏性末端或单链突出,S1 酶切后去单链,但不一定能形成很好的平头末端;③用于分析 DNA - mRNA 杂交体,即 S1 酶切分析。

(2)DNase Ⅰ　来自牛胰,是 DNA 内切酶,优先从嘧啶核苷酸位置水解双链或单链 DNA。在 Mg^{2+} 存在下,独立作用于每条单链 DNA,随机切断 DNA。在 Mg^{2+} 存在时,可以在两条链大致相同的位置切断双链,产生平头或 1~2nt 突出的 DNA 片段。DNase Ⅰ酶主要用于:①切口平移的 DNA 标记;②DNase Ⅰ足迹法,分析蛋白质与 DNA 的结合;③截短 DNA 链。

(3)RNaseA　来自牛胰,是 RNA 内切酶,优先从嘧啶核苷酸的 3′端位置切断 RNA,双链中未杂交的 RNA 片段。

(4)外切核酸酶 Ⅲ　催化从双链 DNA 的 3′-OH 端内陷或平头末端逐一水解,外切单核苷酸,而对有 3′-OH 端突出双链 DNA 没有外切活性。底物为线状双链 DNA,或者带有切口、缺口的环状 DNA。外切核酸酶Ⅲ还对无嘌呤 DNA 具有特异性核酸内切酶的活性、RNaseH 活性、3′-磷酸酶去 3′-P 的活性。外切核酸酶Ⅲ主要用于 DNA 的部分截短,进行标记、定向缺失和定向突变。

(5)RNaseH　是 AMV 反转录酶和其他某些酶附带的活性。已有从反转录酶中分离纯化的商品酶。RNaseH 只对杂合双链 DNA - RNA 中的 RNA 进行内切,对双链 DNA 或 RNA 都没有作用。RNaseH 酶主要应用于 cDNA 第一链合成后水解除去 mRNA。

二、载体

外源基因 DNA 本身进入细胞的概率极低,在新细胞内不能进行复制和功能表达。这是因为外源基因 DNA 不带有新细胞的复制系统,不具备在新细胞内有功能表达的调控系统。这样的外源基因 DNA 随着细胞分裂势必丢失。在分子克隆中,常用运载工具把外源 DNA 片段导入宿主细胞,使之持续地复制和稳定地表达。这种携带外源目的基因或 DNA 片段进入宿主细胞,并能复制、表达的运载工具称为基因工程载体,简称载体。载体的本质是 DNA 分子。基因工程所用的载体都是经人工改造过的质粒、噬菌体或病毒 DNA 分子,它们不但能与外源 DNA 连接,还能感染宿主细胞,利用载体本身的复制系统使外源 DNA 在新的宿主细胞内复制,保持稳定存在。

尽管载体的来源、结构、功能和特性有很大差别,但作为分子克隆载体,它们具有一般的共同特性。①在宿主细胞中具有独立复制的能力,载体 DNA 是单个复制单位,在宿主细胞中可运行复制起始位点,为外源基因在宿主细胞内提供了复制和保持稳定的功能。一般而言,要求载体在宿主细胞中松弛性复制,高拷贝数有利于载体的制备,同时还使外源基因数增加,有利于剂量效应。②含有多种限制性内切酶的单一切点,它们位于载体 DNA 内不影响复制、生长的非必要区域,在这些切点内允许外源 DNA 插入,进行连接、重组,减少载体内限制性内切酶酶切位点的数量,只保留单一切点,增加非必要区段酶切位点的种类,这是载体构建早期常遇到的问题。③具有选择标记,载体携带各种提供选择的标记,如营养缺陷型、抗药性、显色反应、噬菌斑形成能力等,这是重组载体被识别、筛选的指示特征。④载体应尽可能减少分子大小,有利于分离纯化,提高外源 DNA 的容纳量。

目前在基因工程制药中常用的基因克隆载体主要有 4 类:细菌质粒、λ 噬菌体、M13 噬菌体和黏粒。下面加以简单介绍。

(一)质粒

质粒(plasmid)是存在于微生物细胞染色体外的小型闭合环状双链 DNA 分子,能够进行独立复制并保持恒定遗传的复制子。质粒基因对细菌生长是非必需的,但却能决定细菌的一些重要特性。据此,可以借助质粒使带进细胞的基因表达其遗传信息,改变或修饰寄主菌原有的代谢产物或产生新的物质。因此,细菌质粒是基因工程中主要的克隆载体。

1. 质粒 DNA 的分子特性

质粒不仅在遗传特性方面与寄主染色体不同,而且在分子特性上也有别于寄主染色体,因此,利用这些特性的差异可以对质粒 DNA 进行分离和检测。

DNA 分子有线状与环状两种形式,而环状 DNA 的双链闭合后,又可以有两种构型:一种是共价闭合环(Covalently Closed Circular,简称 CCC)或称闭合环(CC)分子,也称超螺旋(SC)、超卷曲或超线圈的构型,这是具有三级结构扭曲紧张性的分子,从不同属细菌中分离到的所有质粒,似乎都具有共价闭合环状 DNA 分子。另一种松弛型的分子叫开放环(Open Circular,简称 OC)分子。当闭合环一条链的某一处受到切割,和它相对的链上就可自由旋转,分子内的扭曲消除而成为松弛的开放环构型。若质粒 DNA 经过适当的限制酶切割之后,发生双链断裂而形成线性分子,则称为 L 构型(见图 2 - 2)。

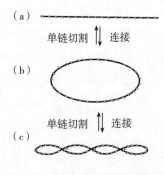

图 2 - 2　质粒 DNA 的分子构型
(a)松弛线性的 L 构型;(b)松弛开环的 OC 构型;(c)超螺旋的 SC 构型

ccDNA 分子的特性:①呈平面结构的染料会引起质粒 ccDNA 的形态和沉降常数发生变化;②由于 MDNA 双链完全紧压闭合成环,插入的染料量与 ocDNA 或线性 L DNA 相比要小,密度较大;③ccDNA 不易随 pH 或温度上升而发生双链的解离。

2.质粒 DNA 的相对分子质量和拷贝数

使用电子显微镜、超离心、琼脂糖凝胶电泳等方法中的一种,分析由氯化铯—溴化乙锭密度梯度平衡离心法制备的 ccDNA,以已知相对分子质量的 DNA 校正,都可测出质粒 DNA 的相对分子质量。质粒 DNA 分子的大小一般相当于病毒或线粒体中 DNA 的大小,而比细菌染色体小得多(大肠杆菌染色体 DNA 相对分子质量为 2.5×10^9)。按质粒 DNA 相对分子质量的大小,大致可分为两类:一类是相对分子质量较小的,为 $(2 \sim 5) \times 10^6$,即 $3 \sim 7$kb,一般为非自我传递性;第二类相对分子质量较大,可达 $(5 \sim 10) \times 10^7$,$70 \sim 150$kb,具有传递能力,并有大小约 2×10^7 的 tra 操纵子结构,占据质粒 DNA 的大部分。

3.质粒 DNA 的复制

按质粒复制所受控制的方式和寄主细胞所含质粒拷贝数的多少,可将质粒分为严紧型和松弛型两种复制型。

严紧型指的是质粒 DNA 复制的启动,受寄主细胞不稳定的复制起始蛋白质控制,它的复制必须在一定的细胞周期内与寄主细胞染色体同步进行,染色体不复制时质粒也不复制,即质粒复制通常是在严紧控制下进行。严紧型质粒在细胞中以低拷贝数存在,每个细胞只有 $1 \sim 2$ 个同样的质粒,如 F 质粒、pSC101 质粒等。松弛型指的是质粒 DNA 复制的启动,由质粒编码基因合成的功能蛋白质调节,与在寄主细胞周期开始时合成的不稳定复制起始蛋白质无关。在整个细胞周期中质粒均可随时复制,在细胞生长静止期染色体复制已停止时,质粒仍能继续复制,即质粒复制是在松弛控制下进行的。

松弛型质粒在细胞中以高拷贝数存在,每个细胞有 $10 \sim 200$ 个质粒。当用蛋白质合成抑制剂(氯霉素)处理寄主细胞,使染色体 DNA 复制受阻的情况下,质粒仍可继续扩增,每个细胞的质粒拷贝数可扩增多达数千个。

不同质粒 DNA 的复制特性,无论在酶学方面还是在机制方面。概括起来主要有如下几点:

(1)复制方向性 已经观察到质粒 DNA 的复制可以分为纯单向性的(如 Col EI)和纯双向性的(如 F 质粒)两种形式。单向性复制的质粒,是从一个固定的复制起始点开始纯单向性地进行复制,经过一个周期的复制之后,便在起始点处终止复制。双向性复制的质粒,是从一个复制起始点开始纯双向性地进行复制。双向性复制的质粒有两种不同的终止类型:一是待双向生长的复制叉同时到达同一位点时,才发生复制的终止;二是具有一个固定的复制终止位点,但有时是一个复制叉先于另一个复制叉到达复制终止位点。

(2)复制方式 绝大多数已经研究过的质粒复制的方式都是按照蝶状模型进行的,此种复制方式最早于动物病毒中发现。在局部复制的分子中,复制部分的 DNA 区段双链是解开的,通常按"θ"字母形式进行复制,但未复制部分的 DNA,则仍然保持着超螺旋的结构。当复制周期完成时,由于 DNA 促旋酶作用的结果,在超螺旋的 DNA 分子中,必定会有一个环被切开。因此,经过了一个复制循环之后,便会产生出一个缺口的分子和一个超螺旋的分子。随后这个缺口的分子也会被封闭而形成超螺旋的结构。

（3）质粒非必要区 典型的质粒包含必要区和非必要区两部分。在必要区中具有与质粒 DNA 复制有关的基因，它们对质粒的存活及复制功能极为重要；在非必要区里，有直接影响细胞表现，如接合转移、对毒物的抗性等性状的基因存在。

（4）DNA 聚合酶的利用 绝大多数大肠杆菌质粒 DNA 都是利用 Pol Ⅲ聚合酶进行链的延长合成，仅在前体片段合成中才利用 Pol Ⅰ聚合酶；但另外一些质粒，例如 ColE1 在它的 DNA 链的延长合成中，则是利用 Pol Ⅰ聚合酶。

（5）对寄主酶的依赖性 有些质粒完全利用寄主细胞所提供的核酸酶进行复制它们自身也编码若干种核酸酶，直接参与 DNA 的复制。

（二）λ 噬菌体载体

1.λ 噬菌体的基本特征

有侵染力的 λ 噬菌体的相对分子质量为 31×10^6，是中等大小的温和噬菌体，由一个直径约 55nm 的正二十面体头部和一条长约 150nm、粗约 12nm 的尾部构成。头部含有一条线状的 DNA 分子，长度约只有 T 偶数噬菌体的四分之一（约 48kb），包裹在头部外壳蛋白的这条 DNA 通过尾部被注入细菌细胞。

在 λ 噬菌体线性双链 DNA 分子的两端，各有一条由 12 个核苷酸组成的彼此完全互补的 5′单链突出序列，即通常所说的黏性末端（见图 2 - 3）。

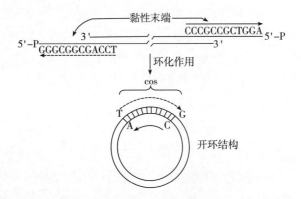

图 2 - 3 λ 噬菌体线性 DNA 分子的黏性末端及其环化作用

2.λ 噬菌体 DNA 的复制

线状的 λDNA 侵入大肠杆菌 K12 细胞时，首先环合成为环状 DNA，两边黏性末端配对，结合形成的缺口由 DNA 连接酶封闭。λ 噬菌体感染寄主细胞之后，λDNA 可选择溶源或溶菌两条途径之一。究竟是发生溶菌反应还是溶源反应，这要由 CI 基因和 cro 基因编码的蛋白质同 λ 噬菌体的两个操纵基因（OL,OR）之间的相互作用来决定（见图 2 - 4）。

当进入溶源化途径时，环状 λDNA 与寄主 DNA 在附着位点（att 位点）上联会、断开、交换并重新接合，结果整个 λDNA 插入（整合）寄主染色体 DNA 中，成为原噬菌体 DNA，并随着寄主染色体 DNA 一起复制，此时，只有 CI 基因得以表达，合成一种可以使参与溶菌周期活动的所有基因失去活性的蛋白质。

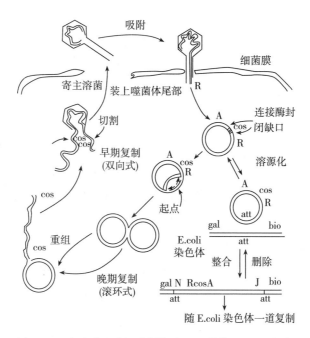

图 2 - 4　在溶菌和溶源化周期中 λ 噬菌体 DNA 的复制

当进入溶菌途径时,环状 λDNA 先进行早期双向复制形成子代环状 DNA,再进行晚期滚环式复制,形成串连线状 λDNA 多连体。在包装头部蛋白质外壳时,由剪切酶切割成为单体的子代线状 λDNA。在 λ 噬菌体头部装配上后部成为完整子代,便产生溶菌酶裂解寄主菌而释放出来。

3. λ 噬菌体的应用

λ 噬菌体载体应用十分广泛,最主要的有:①基因组文库的构建,早期,大容量载体尚未开发时,基因组文库主要以 λ 噬菌体载体进行克隆;②大容量载体(如 YAC、BAC 以及 cosmid)的基因文库进行筛选时,用置换型的 λ 噬菌体载体对基因组大片断进行亚克隆;③用插入型或置换型 λ 噬菌体载体进行 cDNA 文库的构建;④构建 cDNA 的表达型重组克隆,采用 λZip 等载体可以通过 T7 和 SP6 RNA 聚合配合成 RNA,或使用产生融合蛋白的载体进行免疫筛选。

(三)M13 噬菌体载体

1. M13 基因组

M13 噬菌体含有长度 6407 个核苷酸的单链 DNA 基因组。它与 fd、fl 噬菌体同属丝状噬菌体家族,基因组中 5 个基因编码衣壳蛋白,围绕(+)DNA 装配成丝状噬菌体颗粒。M13(以及 fd、fl)只感染大肠杆菌雄性(F′)细菌,不裂解宿主细胞,甚至可以在继续生长和分裂着的宿主细胞中释放出来。

2. DNA 复制

感染时,单链 DNA 基因组转变为复制型(RF)的双链环状结构,以 θ 型复制。当细胞内 RF - DNA 达到约 200 拷贝数时,RF - DNA 中(+)DNA 被单链特异性的 DNA 结合蛋白结合,阻断(−)DNA继续复制合成。这时双链的RF型以滚动环方式产生单链子代(+)DNA。结果只能以(−)DNA为模板,不断复制合成新的(+)DNA。M13噬菌体只含有环状单链DNA,但在复制过程中仍以双链DNA为中间体,存在于细胞内。

3.M13载体的应用

M13载体,由于具有RF DNA和单链DNA,主要有以下应用。①用于克隆和分离单链的外源DNA片段。以前,从双链DNA分离出单链是非常复杂的过程,而自从M13载体开发之后,就变得相当简便。只要把外源DNA以两端不同的黏性末端定向地插入一对M13载体,就可以分别合成外源DNA的两条单链DNA。②用于DNA的末端终止法序列测定。③合成^{32}P标记的单链DNA。M13载体的重组DNA与一个特定引物结合,并且有前体^{32}P−a−dNTP存在时,以插入的外源DNA为模板,合成^{32}P标记的单链DNA。此标记的单链DNA可以作为分子杂交探针,对分析真核细胞特定基因的mRNA表达有重要意义。

(四)噬菌粒载体

1.噬菌粒特征

噬菌粒载体是在单链DNA噬菌体基础上,由质粒载体和单链噬菌体复制起始位点结合而形成的一种载体系列。这种载体集质粒和丝状噬菌体载体的有利特性于一身,具有噬菌体和质粒的双重特征,所以称为噬菌体质粒即噬菌粒。

噬菌粒有以下特征:①双链DNA稳定、产量高,具有质粒的特性,基因操作方便;②与M13等单链噬菌体载体相比,噬菌粒分子质量都比较小,大约为3kbp,克隆能力大,容易在体外操作,可用来制备长达10kbp外源DNA的单链或双链DNA等;③应用噬菌粒可直接进行克隆DNA片断的序列测定,省去从质粒到噬菌体这一烦琐又费时的亚克隆步骤。因此,噬菌粒在分子克隆研究中应用广泛。

2.pUC118/119

pUC118和pUC119是比较完善的噬菌粒载体,保留了pUC118/pUC119的优点,增加了M13的复制起始位点、终止位点以及包装必需的序列。与M13丝状噬菌体共感染后,被包装在噬菌体颗粒中。克隆的外源DNA可以像质粒一样复制,形成大量的双链DNA,也可以从感染的宿主细胞中产生单链DNA拷贝。利用此载体可以直接对克隆的DNA片段进行核苷酸序列测定。载体还带有多克隆位点,分子量小,拷贝数高,克隆操作简单。

第三节　基因工程的基本技术

一、目的基因的制取

目前制取基因工程药物目的基因主要是采用构建基因文库法和酶促合成法,尤其是后一种方法采用得更加普遍。

(一)构建基因文库法分离目的基因

由于目的基因仅占染色体 DNA 分子总量极其微小的比例,需经过扩增才有可能分离到特定的含有目的基因的 DNA 片段,故必须先构建基因文库(gene library),或称为 DNA 文库。

1.构建基因文库法分离目的基因的基本步骤

此法实质上是利用基因工程技术分离目的基因,大致步骤是:①从供体细胞或组织中制备高纯度的染色体基因组 DNA;②用合适的限制酶把 DNA 切割成许多片段;③DNA 片段与适当的载体分子在体外重组;④重组载体被引入受体细胞群体中或被包装成重组噬菌体;⑤在培养基上生长繁殖成重组菌落或噬菌斑,即克隆;⑥设法筛选出含有目的基因 DNA 片段的克隆。

当用上述方法制备的克隆数多到足以把某种生物的全部基因都包含在内时,这一组克隆 DNA 片段之集合体,就称为该生物的基因文库;在理想的情况下,一个完整的基因文库应该含有染色体基因组 DNA 的全部序列。有了基因文库,在分离目的基因时就可以从文库中筛选而不必重复地进行全部操作了。

以 λ 噬菌体为载体构建真核基因组 DNA 文库的基本步骤(见图 2-5):①用一种或两种限制酶消化 λ 噬菌体置换型载体,选用适当方法将 λ 载体左、右臂与中间部位的填充片段分离开;②用一种或几种限制酶部分消化高相对分子质量的真核基因组 DNA,再用凝胶电泳或密度梯度离心法分离出适宜长度的 DNA 片段;③λ 噬菌体载体臂与真核 DNA 片段连接成较长的多联体,随后利用体外包装系统装入 λ 噬菌体头部,成为有感染力的重组噬菌体;④重组噬菌体通过在大肠杆菌中生长而得以扩增,获得基因组 DNA 文库。

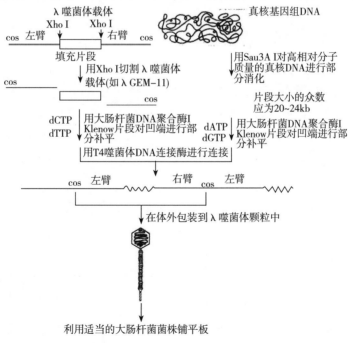

图 2-5　真核基因组 DNA 文库的构建

2.真核基因组 DNA 文库的构建过程

一个典型真核基因组 DNA 文库的构建过程(见图 2 - 6),涉及如下技术问题。

(1)从细胞中分离制备高相对分子质量和高纯度的基因组 DNA　通常是在有 EDTA 及 SDS 一类的去污剂存在下用蛋白酶 K 消化细胞,使 DNA 从细胞中释放出来,随后用酚抽提,加 RNA 酶(RNaseA)去除 RNA,低分子量杂质则用透析法去除。这一方法获得的 DNA 大小适用于在 λ 噬菌体载体上构建基因组 DNA 文库。

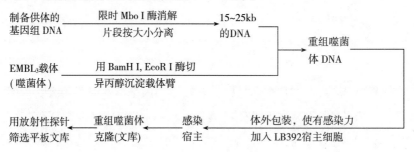

图 2 - 6　在噬菌体载体 ENBL₃ 中制备基因组文库流程

另一种方法是用蛋白酶 K 消化,用高浓度甲酰胺使 DNA - 蛋白质复合物解离,通过火棉胶袋透析除去残存的蛋白酶 K。该法省去有机溶剂抽提的步骤,故获得的 DNA 相对分子质量非常大,适于用黏粒载体构建基因组 DNA 文库所要求的 DNA 长度。

(2)高分子量基因组 DNA 的限制酶部分消化　不同的克隆载体接受外源 DNA 的能力不同,而且也都有一定的限定范围。因此,高相对分子质量的染色体基因组 DNA 分子,必须先片段化成适于克隆的 DNA 片段群体。这样的 DNA 片段群体,既可以通过机械切割,也可以用限制酶消化染色体基因组 DNA 获得。

(3)含目的基因 DNA 片段的分部分离与富集　在有些特殊情况下,如事先已经测定了含有目的基因克隆片段的大小,在克隆之前,先对片段化的供体 DNA 群体进行按大小的分部分离,则会明显提高克隆基因的分离频率。在实验室中,通常是使用琼脂糖凝胶电泳或蔗糖梯度离心进行 DNA 片段的分部分离。

为了分离某种特定目的基因,而目的基因的全序列又是位于一条 DNA 片段上,而不是分布在彼此交叠的数种片段上,那么它的序列片段就能够被适当地富集起来。经限制酶消化的基因组 DNA 片段,通过凝胶电泳或蔗糖梯度离心之后,不同长度的 DNA 片段便会按大小顺序彼此分开。根据事先已测定的编码目的基因克隆片段的相对分子质量大小,从电泳凝胶的相应谱带上或蔗糖梯度的相应部位,收集 DNA 片段,便达到富集目的基因 DNA 片段的要求,克隆这种基因的实验程序就会比较简单快速。

(4)基因组 DNA 片段与 λ 载体连接并包装成基因文库　先制备噬菌体载体臂(λ 噬菌体的左右端):以 λEMBL3 载体 DNA 为例,经 BamH Ⅰ 酶切以释放出中央部分的可置换片段,接着用第二种限制酶 EcoR Ⅰ 切去该片段的 BamH Ⅰ 黏性末端(14bp 片段),使之在后续的连接反应中失活,并用异丙醇沉淀除去 14bp 片段,使之不与基因组 DNA 片段竞争连接进入载体臂。在经预试验确定基因组 DNA 片段与 λ 载体臂最适比率的基础上使用 DNA 连接酶,将两者以最适比率连接。连接产物(重组 λ 噬菌体 DNA)再与一种商品包装抽提物混合,在体外进行包装成为重组 λ 噬菌体(文库)。

(5)从基因文库中分离筛选含有目的基因的重组克隆 对于编码产物是已知的目的基因,可以应用互补的核苷酸序列作探针进行直接分离。这种序列可以从已测序的同源基因获得,或根据纯化的蛋白质产物的氨基酸序列推导。用含有重组噬菌体的包装抽提物铺平板,所产生的噬菌斑可直接采用杂交的方法进行筛选。具体过程是:取一定量已测过滴度的包装混合液(含重组噬菌体)或事先经扩增的文库与一定量用于接种的宿主菌(如 LB392 细胞)混合,感染吸附并制成 LB 顶层琼脂,倾于 LB 琼脂平板上均匀铺开(铺 50~100 个平板),培养至形成噬菌斑以备筛选。

由基因组文库筛选阳性克隆时,首先将噬菌斑转移到硝酸纤维素薄膜(NC 膜)上,吸附在 NC 膜上的噬菌体 DNA 经变性、洗涤、干燥等处理,然后再于杂交缓冲液中与放射性探针进行杂交,由膜的放射自显影确定阳性克隆(噬菌斑)位置,从而筛选出含有目的基因 DNA 的重组噬菌体克隆。

(二)酶促合成法制取目的基因

该法是以某一目的基因的 mRNA 为模板,用反转录酶先合成其互补 DNA(cDNA)的第一链,再酶促合成双链 cDNA。这是制取真核生物目的基因常用的方法,也是制取多肽和蛋白质类生物药物目的基因应用最广的一种方法。

1. 真核生物细胞中的 mRNA

酶促合成法的前提是必须首先获得某目的基因对应的 mRNA。在哺乳动物中,平均每个细胞约含 $10^{-5}\mu g$ 总 RNA,每克细胞可分离出 5~10mg RNA,但其中的 rRNA 占 80%~85%,tRNA 占 10%~15%。而 mRNA 仅占总 RNA 的 1%~5%,而且 mRNA 分了种类繁多(1 万~3 万种),核苷酸序列各不相同,大小从数百至数千碱基不等。因此,要从中分离纯化目的 mRNA,难度不亚于分离目的基因。绝大多数真核细胞的 mRNA 分子在其 3′端均有一多聚腺苷酸残基组成的尾,可吸附于寡脱氧胸苷酸纤维素上。根据此特性,可用亲和层析法从总 RNA 中分离纯化 mRNA。由此得到的异源性 mRNA 分子集群的总体,实际上可编码细胞内所有的多肽。

2. 从构建的 cDNA 文库中筛选目的 cDNA

以生物体内各种 mRNA 分子为模板,在反转录酶和其他一系列酶的作用下,合成 cDNA 分子,并将 cDNA 与载体 DNA 进行体外重组,然后去包装转染或转化宿主细胞,得到一群重组 DNA 的噬菌体或细菌克隆,从而构建成某种生物的 cDNA 文库,再通过合适的手段从 cDNA 文库中筛选获取某目的 cDNA,也可用于研究生物的基因结构与功能。构建 cDNA 文库的主要步骤是:

(1)真核细胞总 RNA 的分离 为了获得高质量的真核细胞总 RNA,必须最大限度地降低细胞破碎过程中所释放的内源性 RNA 酶(RNase)的活性,同时,应避免偶然引入外源性 RNA 酶对 RNA 制品的污染。RNA 的分离提取方法很多,目前主要采用一步法抽提总 RNA。原理是:高浓度强变性剂异硫氰酸胍和 β-巯基乙醇能迅速破坏细胞结构,使 RNA 从细胞中释放出来,同时使细胞内各种 RNase 失活,保护 RNA 免于被降解。细胞裂解液通过酚、氯仿等有机溶剂处理,再经离心,使 RNA 与其他细胞组分(核 DNA、蛋白质、细胞残片)分离开来,得到纯化的总 RNA。

操作方法:称取新鲜组织 100mg,边加液氮边研成粉末状→转入匀浆器中,加入溶液 D (内含:异硫氰酸胍、β-巯基乙醇、十二烷基肌氨酸钠、柠檬酸钠)匀浆→转移至离心管、依次加入乙酸钠、酚、氯仿和异戊醇→剧烈振荡,置冰浴于 4℃ 10 000g 离心 20min→吸出上清液,加入异丙醇,-20℃沉淀 1~2h→离心弃上清液,沉淀溶于溶液 D 中→再重复抽提沉淀一次→沉淀用乙醇洗涤、晾干→电泳检测。

(2)mRNA 的分离纯化与分析　分离纯化的基本程序如下:①将悬浮于稀碱液的 Oligo (dT)-纤维素装入层析柱;②用 1×加样缓冲液洗柱至流出液 pH<8.0;③用无菌水溶解 RNA,加入等体积的 2×加样缓冲液,上柱吸附并收集流出液;④收集的流出液再重新上柱一次,并再收集流出液;⑤用 1×加样缓冲液洗柱,分部收集洗出液并测定,直至 OD_{260} 为 0;⑥用洗脱缓冲液洗脱 mRNA,分部收集洗脱液并测定 OD_{260};⑦在收集的 mRNA 中加入乙酸钠溶液和冷乙醇,于 4℃离心回收 mRNA;⑧用 70% 乙醇洗涤沉淀,离心并晾干沉淀;⑨用少量水重溶 mRNA,加 3 倍体积乙醇,于 -70℃保存备用。

常用 Northern 杂交(RNA 印迹法)测定总 RNA 或 Poly(A)RNA 样品中特定 mRNA 分子的大小和丰度。方法是:将 RNA 在含有甲醛或含有乙二醛—二甲基亚砜(DMSO)的变性琼脂糖凝胶上进行电泳,使其按分子大小相互分开,随后将变性 RNA 从凝胶转移至硝酸纤维素滤膜或尼龙膜上。转移方法有毛细洗脱法、真空转移法和电印迹法。由于 RNA 经过变性处理后能牢固结合于膜上,故可与放射性标记的 DNA 或 RNA 探针进行杂交和放射自显影,杂交的敏感度较高,甚至含量仅占总 mRNA 0.001% 以下的 mRNA 组分也可迅速地检出并加以定量。

(3)cDNA 文库的构建　在 λ 噬菌体中构建 cDNA 文库最常用的基本步骤是:

cDNA 第一链的酶促合成:合成 cDNA 第一链是以 mRNA 为模板,用反转录酶在 Oligo (dT)引导下来催化合成反应(见图 2-7)。

有两种不同的商品化反转录酶,即禽源和鼠源反转录酶,催化合成 cDNA 时的最适 pH、盐浓度和温度各不相同:禽源为 pH 8.3,42℃;鼠源为 pH 7.6,37℃。最常用的引物是 12~18 个核苷酸长的 Oligo(dT),反应混合物中可加入大大过量的引物,以使每个 mRNA 分子结合几个 Oligo(dT)分子。通常反应体系中加入一种 RNA 酶抑制剂,以最大限度减少 RNA 酶污染而产生的破坏作用。此外,当使用鼠源反转录酶(合成温度较低,37℃)时,在反应前用氢氧化甲基汞处理 mRNA,使其二级结构区发生变性,有助于反转录反应的顺利进行。

cDNA 第一链的合成程序如下:在灭菌微量离心管中混合下列物质(置于冰上):mRNA

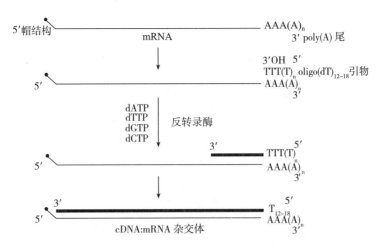

图 2-7　利用 Oligo(dT)引物和反转录酶合成 cDNA 第一链

(1mg/mL)10μL；Oligo(dT)(1mg/mL)10μL；1mol/L Tris-HCl(pH 7.6)2.5μL；1mol/L KCl 3.5μL；250mmol/L MgCl$_2$ 2 μL；dNTP 混合物(各 5mmol/L) 10μL；0.1 mol/L 二硫苏糖醇(DTT)2 μL；RNA 酶抑制剂 25U，加水至总体积为 48 μL。加入 2 μL 鼠源反转录酶，于 4℃混匀之；于 37℃温育 1h，贮存于 4℃。根据小规模反应结果，计算 cDNA 第一链的合成量(通常接近 mRNA 质量的 50%)。

cDNA 第二链的合成：现在构建 cDNA 文库大多采用置换反应合成 cDNA 第二链，因为采用该法可直接利用第一链反应产物 cDNA：mRNA 杂交体，无须进一步处理和纯化，也不必使用 S1 核酸酶切割单链发夹环，且该反应非常有效。原理是：利用 cDNA：mRNA 杂交体为切口平移反应的模板，由 RNaseH 在 mRNA 链上进行切割而产生一系列 RNA 引物，再由 *E. coli* DNA 聚合酶 I 对这些引物以切口平移反应合成 cDNA 第二链(见图 2-8)。

置换合成法的程序如下：于第一链反应的混合液中直接加入下列试剂后，于 16℃温育 4h：10mmol/L MgCl$_2$ 70μL、2mol/L Tris-HCl(pH 7.4) 5μL、[α-^{32}P]Dctp 10μL、1 mol/L (NH$_4$)$_2$SO$_4$ 1.5μL、RNA 酶 H(1 000u/mL) 1μL、*E. coli* DNA 聚合酶 I(1 万 U/mL)4.5μL；加入下列试剂后，于室温温育 15min：50mmol/L NAD 1μL、*E. coli* DNA 连接酶(10×10^{4}U/mL) 1μL、T4 噬菌体多核苷酸激酶(3 000U/mL)1μL；加入 5μL 0.5mol/L EDTA(pH8.0)终止反应(吸取小量样品计放射性活度)，用等体积酚：氯仿抽提之；通过 sepHadexG-50 离心柱层析(分离 dNTP 与 cDNA)。用乙醇沉淀洗脱的 cDNA，离心回收沉淀的 cDNA。

双链 cDNA 与载体 DNA 的连接：将双链 cDNA 连接到质粒载体或 λ 噬菌体载体的方法有很多种，最主要的有：同聚物加尾法、合成接头或衔接头法(这些方法将在目的基因与克隆载体的体外重组中加以详述)。

λ 噬菌体体外包装及感染构建 cDNA 文库：将重组 DNA 包装入 λ 噬菌体并转染适当宿主的方法或重组质粒转化到受体细胞的方法将在重组克隆引入受体细胞一节详细介绍。

目的 cDNA 克隆的筛选：组建 cDNA 文库的目的在于分离筛选出对应于各种稀有

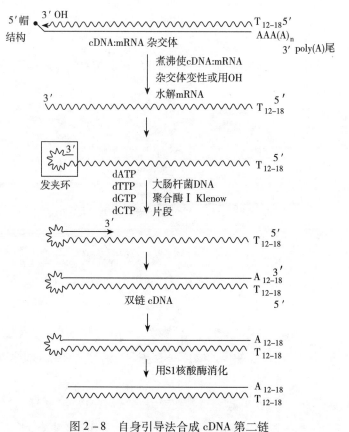

图 2 – 8 自身引导法合成 cDNA 第二链

mRNA 的目的 cDNA,因此,必须筛选数目大的重组克隆。从 cDNA 文库筛选目的 cDNA 的方法通常有下列 3 种:核酸杂交法;特异性抗原的免疫学检测法;cDNA 克隆的同胞选择法。

3. RT – PCR 法合成目的 cDNA

这是近年来发展起来的一种获取真核生物目的 cDNA 的简便、快捷而高效的酶促合成法。该法将反转录反应与聚合酶链式反应结合,直接从提取的细胞总 RNA 中酶促合成目的 cDNA,已在基因工程中得到广泛应用。

采用反转录 – 聚合酶链式反应(RT – PCR)技术合成目的 cDNA 的一般程序为:①从真核生物组织或细胞中提取纯化总 RNA;②在 Oligo(dT)的引导下,以总 RNA 中的总 mRNA 为模板,在反转录酶的作用下,合成总 cDNA 的第一链;③以两个引物所结合的单链 cDNA (靶序列)为模板,在 Taq 聚合酶的作用下进行 PCR 扩增,合成双链目的 cDNA。

二、目的基因与质粒载体的体外重组

DNA 体外重组是将目的基因(外源 DNA 片段)用 DNA 连接酶在体外连接到合适的载体 DNA 上,这种重新组合的 DNA 称为重组 DNA。

DNA 体外重组技术,主要是依赖于限制酶和 DNA 连接酶的作用。在选择外源 DNA 同载体分子连接反应的程序时,一般需要考虑下列 3 个因素:①实验步骤尽可能简单易行;

②连接形成的接点序列,应能被某种限制酶重新切割,以便回收插入的外源 DNA 片段;
③对转录和翻译过程中密码结构的阅读应不发生干扰。下面主要以目的基因与质粒载体
的连接为例。依据外源 DNA(目的基因)片段末端的性质,以及质粒载体与外源 DNA 上限
制酶切位点的性质,可选择采用下列几种方法来进行外源 DNA 片段与质粒载体的连接。

(一)黏性末端连接法的一般程序

具黏性末端的 DNA 片段的连接比较容易,也比较常用。一般程序是:选用一种对载体
DNA 只具唯一限制位点的限制酶(如 EcoR Ⅰ)作位点特异切割,经此酶消化之后就会形成
全长的具黏性末端的线性 DNA 分子,再将外源 DNA 大片段也用同一种限制酶作同样消
化,随后把这两种经过酶切消化的外源 DNA 和载体 DNA 混合起来,并加入 DNA 连接酶,
由于它们具有同样的黏性末端,因此便能够退火形成双链结合体。其中的单链缺口经 DNA
连接酶封闭之后便产生出稳定的杂种 DNA 分子(见图 2 - 9)。

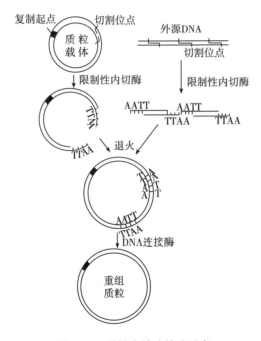

图 2 - 9　黏性末端连接法示意

(二)定向克隆法

当质粒载体和外源 DNA 片段用同样的限制酶切割时,所形成的 DNA 末端能够彼此退
火,并被 T4 连接酶共价连接,形成重组体分子。但由此引导的外源 DNA 片段的插入,可以
有两种彼此相反的取向,不便于基因克隆。当用两种不同的限制酶(如用 BamH Ⅰ 和 Hind
Ⅲ)消化外源 DNA 时,可以产生带有非互补突出末端的外源 DNA 片段,此种片段可采用所
谓的定向克隆法,即只以一个方向很容易地将其插入到同样用 BamH Ⅰ 和 HindⅢ消化而产
生相匹配黏端的载体(见图 2 - 10)。该法的优点是由于载体片段两突出末端不互补,不能
自身环化,因而转化 *E.coli* 的效率极低,但与外源 DNA 片段定向重组率却较高(见图 2 - 11)。

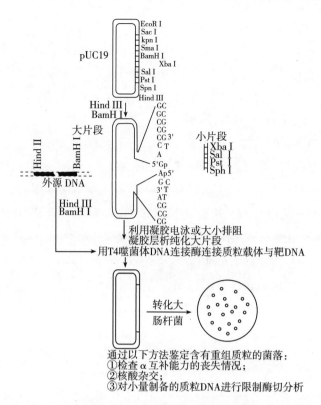

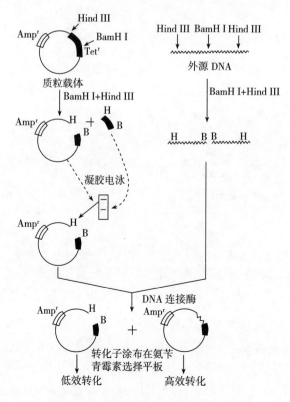

图 2 - 10　质粒载体的定向克隆

图 2 - 11　外源目的 DNA 片段定向克隆

在制备定向克隆载体时应注意几个问题:①用两种不同限制酶消化后,应通过凝胶电泳或大小排阻凝胶层析纯化载体大片段,以便与切下来的小片段分开;②应尽量避免使用在多克隆位点上彼此直接相邻的限制酶切位点;③必须检查两种限制酶对载体的消化是否完全。

(三)平末端连接法

某些限制酶切割后产生平末端的 DNA 片段,如由 mRNA 为模板反转录合成的 DNA 片段具有平末端的结构,PCR 扩增也能产生平末端的 DNA 片段。因此常须进行平末端 DNA 片段之间的连接。只要两个 DNA 片段均为平末端,不管是用限制酶切割后产生的,还是用其他方法产生的,都同样可以进行连接,但是只能用 T4 噬菌体 DNA 连接酶。虽然 T4 噬菌体 DNA 连接酶具有催化平末端 DNA 片段互相连接这种极为有用的酶学特性,然而,平末端连接为低效反应,连接效率比起带有突出互补末端的 DNA 低得多,而且重组之后一般不能原位删除。因此,平末端的外源 DNA 片段与载体连接时,要求具备以下 4 个条件:①极高浓度的 T4 噬菌体 DNA 连接酶;②高浓度的平末端外源 DNA 和质粒 DNA;③低浓度(0.5mmol/L)的 ATP;④不存在亚精胺一类的多胺。若在连接反应混合物中加入适量的凝聚剂(如聚乙二醇),可使连接反应在连接酶和 DNA 浓度不高的条件下进行。这些凝聚剂有两个作用,一是可使平末端 DNA 的连接速率加大1~3个数量级,二是可以改变连接产物的分布,使 DNA 分子内连接受到抑制,所形成的连接产物都是分子间连接的产物。

待连接的两种 DNA 片段中,当一种 DNA 片段只有平末端,而另一 DNA 片段具有黏性末端时,无法用 DNA 连接酶催化连接。或虽然待连接的两种 DNA 片段都具有黏性末端,但不是互补黏性末端,同样不能用 DNA 连接酶催化连接。这两种情况下,前者可以先用 S1 核酸酶除 DNA 片段的黏性末端,修饰成平末端的片段;后者可以先用 S1 核酸酶将两种 DNA 片段都修饰成平末端片段,然后再以平末端连接方法进行连接。

(四)同聚物加尾法

末端脱氧核苷酸转移酶(TdT)的作用底物可以是具 3′-OH 末端的单链 DNA 片段,也可以是具 3′-OH 突出末端的双链 DNA 片段。如果在反应液中用 Co^{2+} 代替 Mg^{2+},平末端 DNA 片段也可以作为底物,而且 4 种 dNTP 中任何一种都可以作为反应的前体。在不需要模板链的存在下,TdT 就能够将脱氧核苷酸加到 DNA 分子的 3′-OH 基团上。当反应物中只存在一种脱氧核苷酸的条件下,便能够构成由同一种类型的核苷酸组成的尾巴。例如,在由带 3′-OH 单链末端的双链 DNA、dATP 和 TdT 组成的反应混合物中,DNA 分子的 3′-OH末端将会出现单纯由腺嘌呤脱氧核苷酸组成的 DNA 单链延伸。这样的延伸片段,称为 poly(dA)尾。

相反,如果在反应混合物中加入的是 dTTP 而不是 dATP,那么这种 DNA 分子的 3′-OH 末端将会形成 Poly(dT)尾。Poly(dA)尾同 poly(dT)尾是互补的。因此,任何两条 DNA 分子,只要分别获得 Poly(dA)和 Poly(dT)尾,就会彼此连接起来。所加的同聚物尾的长度并没有严格的限制,但一般 10~30 个残基就已足够。这种连接方法叫作同聚物加尾法。

同聚物加尾法就是利用 TdT 催化 dNTP 加到单链或双链 DNA 3′-OH 端的能力,在目的 DNA 和质粒载体上加入互补同聚物,两者再通过互补同聚物之间的氢键形成可转化大肠杆菌的开环重组分子(见图 2-12)。

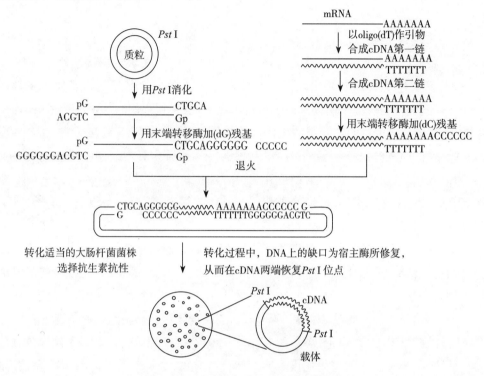

图 2-12 同聚物加尾法克隆双链 cDNA

(五)人工接头连接法

人工接头是化学合成的两个自相互补的核苷酸寡聚体(10~12bp),而两个寡聚体可形成带一个或一个以上限制酶切位点的平末端双链寡核苷酸短片段(见图 2-13)。人工接头的 5′末端先用多核苷酸激酶处理使之磷酸化,再通过 T4 DNA 连接酶的作用使人工接头与待克隆的平末端 DNA 片段连接,接着用适当的限制酶消化 DNA 分子和克隆载体分子,使二者都产生出彼此互补的黏性末端,这样便可以按照常规的黏性末端连接法,将待克隆的 DNA 片段同载体分子连接起来。

EcoR 1
```
CCG|AATTCGG

GGCTTAA|GCCC
```

Hpe II BamH I Hpa II
```
C|CG|GATC|CGG

GGC|CTAG|GC|C
```

Hind III Alu I
```
CCA|AG|CT|TGG

GGT|TC|GA|ACC
```

图 2-13 三种化学合成的人工接头

三、重组克隆载体引入受体细胞

带有外源目的 DNA 的重组分子在体外建成之后,需导入适当的寄主细胞中进行繁殖,才能够获得大量纯的重组 DNA 分子,这一过程即为基因扩增。只有将携带某一目的基因的重组 DNA 引入适当的受体(宿主)细胞中,进行增殖并获得表达,才算实现目的基因的克隆。

(一)基因工程受体细胞

目前,以微生物为受体细胞的基因工程技术最为成熟,在生物制药中已得到广泛应用。现有的重组克隆载体受体系统主要有大肠杆菌系统、酵母系统、枯草杆菌系统。

受体细胞必须具备以下特性:①具有接受外源 DNA 的能力;②一般为限制酶缺陷型;③一般为 DNA 重组缺陷型;④不适于在人体内或在非培养条件下生存;⑤其 DNA 不易转移;⑥重组 DNA 分子的转化或转染。

(二)重组体 DNA 分子的转化或转染

重组 DNA 转化到大肠杆菌细胞中的效率与其感受态有关。感受态就是细菌吸收转化因子(DNA)的生理状态。细菌在低温下经 $CaCl_2$ 溶液处理,细胞膨胀成球形,提高了膜的通透性,转化混合物中的 DNA,形成抗 DNase 的羧基—钙磷酸复合物,粘附于细胞表面,经 42℃短时间热冲击处理,使受体细菌中诱导产生一种短暂的感受态。在此期间它们能够摄取各种不同来源的 DNA,如 λ 噬菌体 DNA 或质粒 DNA 等。冷冻不仅增加感受态的量,而且可延长感受态的时间。由于感受态细胞的增加从而提高了转化效率。

有两种途径可以得到大肠杆菌感受态细胞的贮存物。第一种是直接向供应商购买贮存的感受态细菌,一般每微克质粒 DNA 可产生 10^8 个以上的转化菌落。这些产品非常可靠但价格昂贵。第二种是在实验室自行制备新鲜的感受态细胞。

下面介绍几种大肠杆菌感受态细胞的制备和重组质粒 DNA 的转化方法。

1. 氯化钙制备新鲜的感受态细胞

该方法完全适用于大多数大肠杆菌菌株,并且具有简单快速、重复性好的优点。常用于成批制备感受态细菌,这些细菌可使每微克质粒 DNA 产生将近 10^7 个转化菌落,转化效率足以满足所有在质粒中进行的常规克隆的需要。该法制备的感受态细胞可贮存于 -70℃,贮存时间过长会在一定程度上影响转化效率。程序如下:①在一个装有 100mL LB 培养基的 1L 锥形瓶中,接入一个受体菌单菌落(37℃平板培养 16~20h),置 300r/min 的旋转式摇床上于 37℃振摇培养约 3h(活菌数不超过 10^8 个/mL);②将菌液转移到 50mL 无菌聚丙烯管中,置冰上冷却至 0℃;③于 4℃以 4 000r/min 离心 10min,弃上清液,回收细胞;④于冰浴上以 10mL 用冰预冷的 0.1mol/L $CaCl_2$ 重悬每份沉淀细胞;⑤同上法离心,弃上清液以回收细胞;⑥每份细胞沉淀(50mL 原菌液)以 2mL 用冰预冷的 0.1mol/L $CaCl_2$ 重悬;⑦从每管中各吸取 200μL 细胞悬液到微量离心管中,每管加入 10μL 重组质粒 DNA,轻轻旋转混匀,置于冰中 30min;⑧将离心管放入 42℃水浴,静置 1.5min,立即移至冰浴中冷却

1～2min；⑨每管加入800μL SOC培养基，置37℃摇床上温育45min，使细菌复苏；⑩取适量已转化的细胞涂布于含有20mmol/L MgSO₄和相应抗生素的SOC琼脂平板表面，待液体被吸收后倒置平皿，于37℃培养12～16h后可长出转化菌落。

2.用复合剂制备感受态细胞

该法是使上述大肠杆菌菌株暴露于组合的二价阳离子（$MnCl_2$和$CaCl_2$）中更长时间，并且用氯化六氨合高钴、DMSO、DTT（二硫苏糖醇）等试剂复合处理细菌以提高转化效率，但作用机制尚不清楚。所得到的新鲜感受态细胞可立即用于转化，也可分装成小份贮存于-70℃备用。该方法比较复杂，只有在需要很高转化率的少数情况下才考虑采用，在大多数情况下采用第一种方法已满足要求。

当使用重组DNA分子进行转化时，转化的频率比单纯载体分子一般要下降10^2～10^4倍。为了提高转化的频率，必须采取必要的措施，抑制那些不带有外源DNA插入片段的载体分子形成转化于菌落。提高转化频率的措施有：①应用碱性磷酸酶处理法，可以阻止不带有DNA插入片段的载体分子发生自身再环化作用，从而破坏其转化功能；②用环丝氨酸富集法，使那些只带有原来质粒载体的细菌致死，同样也可以达到抑制这些不含有DNA插入片段的载体分子形成转化子（菌落）。该法是依据外源DNA片段的插入作用，导致质检的某种基因失活这一原理建立的。

3.高压电穿孔转化法（电转化法）

该法既可用于将DNA导入真核细胞，也可用于转化细菌。通过优化各个参数（包括电场强度、电脉冲长度和DNA浓度等），每微克DNA可以得到10^9～10^{10}个转化体，是用化学方法制备感受态细胞转化率的10～20倍。当电场强度和脉冲长度以一定方式组合而使细胞死亡率在50%～75%时，转化效率可达到最高。据报道，线状λ噬菌体DNA的转化效率仅为小质粒超螺旋DNA的0.1%，而质粒的大小对转化效率影响不大。

制备用于电转化法的细胞要比制备感受态细胞容易得多，大致过程是：将培养至对数中期的细菌加以冷却、离心，用低盐缓冲液洗涤并回收细胞。用10%甘油重悬细胞，于冰上速冻后置于-70℃贮存（有效期6个月以上）。进行电转化时，将融解后的细胞悬液与重组质粒DNA混合（20～40μL），移入一个预冷的样品槽内，在0～4℃下用较高的场强进行电转化。

四、含目的基因重组体的筛选与鉴定

从通过转化或转染获得的细胞群体中选择出含有目的基因的重组体，是基因工程操作中一项十分重要的工作。由于目的基因与载体DNA连接时，限制酶切片段是大小不一的混合物，连接的产物除了带有目的基因的重组载体DNA外，还混杂有其他类型的重组载体DNA。此外，在转化（或转导）子群体中还有仅是质粒DNA或染色体DNA转化而成的菌落。因此，必须从群体中分离筛选出带有目的基因的重组体（即特定的目标重组体）。至于采用何种筛选方法更合适，这在很大程度上与所采用的克隆设计方案有关。下面介绍几种最常用的筛选方法。

(一)抗生素抗性基因插入失活法

很多质粒载体都带有 1 个或多个抗生素抗性基因标记,在这些抗药性基因内有酶的识别位点。当用某种限制酶消化并在此位点插入外源目的 DNA 时,抗药性基因不再被表达,称为基因插入失活。因此,当此插入外源 DNA 的重组质粒载体转化宿主菌并在药物选择平板上培养时,根据对该药物由抗性转变为敏感,便可筛选出重组转化子(重组体)。

以大肠杆菌质粒 pBR322 为例(见图 2-14),该质粒载体上具有 Amp^r 和 Tet^r 双抗药性标记。当它与外源目的基因重组时,若用 BamHI 限制酶切割,则外源目的基因插入后,造成 Tet^r 基因失活,转化后的受体细胞(重组菌)不能在含有 Tet 的培养基上生长,只能在含有 Amp 的培养基上生长,以此选择 Amp^r、Tet^r 的重组细胞(见图 2-15)。反之,若在重组时用 Pst I 酶切割质粒 pBR322,则目的基因插入后,Amp^r 基因失活,转化后可选择 Tet^r、Amp^r 的重组细胞。具体方法(以外源基因插入 BamH I 位点为例):由于外源基因的插入,使 Tet^r 失活,变为对四环素敏感,但对氨苄西林的抗性并没有失活,故将转化的细胞涂在含有氨苄西林的培养基上,先淘汰大部分非转化子细胞,然后再将在含 Amp 培养基上生长的菌落(一些含有重组质粒,而另一些只含自身环化的质粒),用无菌牙签挑在含有四环素的培养基上。在此培养基上不能生长的菌落,即为外源基因插入质粒 Tet^r 基因的 BamH I 位点的重组菌。

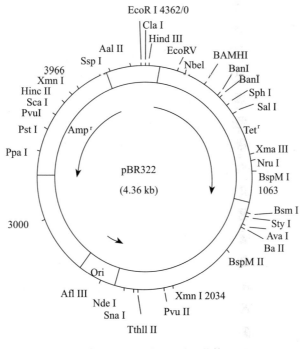

图 2-14　pBR322 质粒载体

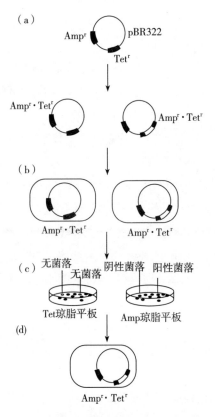

图 2 - 15　抗生素抗性基因插入失活法筛选重组体

(二)β - 半乳糖苷酶基因插入失活法

许多载体(如 pUC 系列)都带有一个来自大肠杆菌的 Lac 操纵子 DNA 区段(见图 2 - 16),其中含有 β - 半乳糖苷酶基因(LacZ)的头 146 个氨基酸的编码信息(LacZ′)和调控序列(LacI),还插入了一个多克隆位点(但不破坏读框)。这一区段编码 β - 半乳糖苷酶 N 端的一个片段(但无酶活性)。而宿主细胞可编码 β - 半乳糖苷酶 C 端部分片段(也无酶活性),但两者之间可以实现基因内互补(称为 α 互补),从而融为一体,形成具有酶活性的蛋白质。由 α 互补而产生的 Lac⁺ 细菌在有诱导物异丙基 - β - D - 硫代半乳糖苷(IPTG)和生色底物 5 - 溴 - 4 - 氯 - 3′ - 吲哚 - β - D - 半乳糖苷(X - gal)存在下形成蓝色菌落。

然而,当外源 DNA 片段插入到质粒的多克隆位点后,使 LacZ 的 N 端片段失活,破坏了 α 互补作用。因此,带有重组质粒的细菌将产生白色菌落,从而仅需通过目测就可识别并筛选出可能带有重组质粒的转化子菌落。具体操作方法如下:①在含相应抗生素的 LB 琼脂平板上加入 40μL X - gal 贮存液(以 20mg/mL 溶于二甲基甲酰胺中)和 4μL IPTG 溶液(200mg/mL);②将溶液均匀涂布于平板表面,置 37℃ 数小时至溶液消失;③将 100μL 待检细菌悬液涂布于培养基表面,待吸收后倒置于 37℃ 培养 12 ~ 16h;④将平板在 4℃ 放置数小时以使蓝色充分显现,有 LacZ 酶活性的菌落外周呈深蓝色,中间淡蓝色,而带有重组质粒的细菌菌落呈白色,挑取白色菌落。

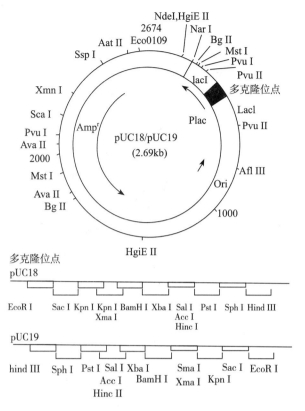

图 2 - 16　pUC18 和 pUC19 质粒载体及其多克隆位点

（三）快速细胞破碎与凝胶电泳筛选法

重组转化子中，外源目的基因片段已插入质粒载体，即重组质粒的相对分子质量比非重组质粒要大。为了证明重组质粒在相对分子质量上的增加，就要对转化子中重组质粒 DNA 的大小进行测定，以便筛选出重组转化子。

在快速细胞破碎法中，需配制破碎细胞缓冲液，其中含有十二烷基硫酸钠（SDS）和乙二胺四乙酸（EDTA）。SDS 能溶解膜蛋白使细胞破裂，并解聚核蛋白，还能与蛋白质结合成复合物，使蛋白质沉淀；EDTA 能螯合金属离子，防止 DNAase 对 DNA 的降解作用。细胞破碎后经高速离心，去除细胞碎片和大部分的染色体 DNA 和 RNA 蛋白，得到含有质粒 DNA 的上清液。将上清液（单菌落溶菌物），直接进行点样凝胶电泳和分离测定。在琼脂糖凝胶电泳上分离的各种成分中，有染色体 DNA、不同大小的质粒 DNA 以及 RNA，均可肉眼观察或拍照。一个单菌落会有大量的质粒 DNA，可在染色体 DNA 前面形成一条独立的电泳谱带。

质粒 DNA 的电泳迁移率与其相对分子质量大小成比例。因此，那些带有外源 DNA 插入序列的相对分子质量较大的重组体 DNA，在凝胶中的迁移速度就要比不具有外源 DNA 插入序列的相对分子质量较小的质粒 DNA 小。据此，可较易检测出含有重组质粒的菌落，即具外源 DNA 插入序列的相对分于质量较大的质粒。

快速细胞破碎与凝胶电泳筛选法的操作步骤如下(见图2-17)：①将培养的转化子菌液涂布在已打格编号的抗药性LB平板上(含对照菌)37℃培养16~18h；②用无菌牙签分别刮菌苔到加有50~100μL破碎细胞缓冲液的Eppendorf管中；③各管置37℃水浴中保温15min,于15 000r/min离心15min；④吸出各管上清液点样电泳(不加EB)数小时；⑤取出电泳凝胶,浸于含EB的电泳缓冲液中染色15~30min；⑥在紫外灯下观察质粒迁移距离并拍照。

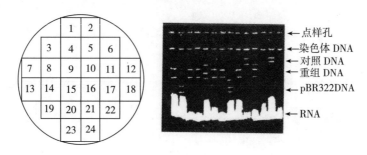

（a）转化子菌落涂布图　　（b）快速细胞破碎法电泳图

图2-17　快速细胞破碎与凝胶电泳筛选

五、目的基因在宿主细胞中的表达

基因重组的主要目的是要使目的基因在某一种细胞中能得到高效表达,即产生人们所需要的目的基因产物,如多肽、蛋白质类药物。基因表达是指结构基因在调控序列的作用下转录成mRNA,经加工后在核糖体的协助下又翻译合成蛋白质,再在受体细胞中经修饰而显示出相应的功能。从基因到有功能的产物这整个转录、翻译以及所有加工过程就是基因表达的过程,是在一系列酶和调控序列的共同作用下完成的。

基因表达在原核生物和真核生物中是有区别的,在原核生物系统中,基因表达是以操纵子形式进行的。当操纵子的调节基因与RNA聚合酶作用时,结构基因则开始转录成相应的mRNA,与此同时,mRNA立即与核糖体结合翻译出相应的多肽或蛋白质,转录完毕翻译也完成,随之mRNA被水解；而在真核生物系统中,转录是在核内进行的,先生成hnRNA,再加工去掉内含子,外显子相连接,修饰5′和3′末端形成mRNA。而mRNA只能在细胞质中的核糖体翻译成多肽或蛋白质,再经加工、糖化、形成高级结构。可见整个基因表达过程极其复杂。

最早应用且应用最为普遍的表达体系是原核细胞(主要是大肠杆菌)。下面着重介绍外源目的基因在原核细胞中的表达。

（一）原核基因表达载体的构成

在基因工程中,表达载体扮演着十分重要的角色。它负责克隆目的基因,指导目的基出在宿主体内的转录和翻译。原核表达载体要完成这些功能,必须具备以下3个系统(见

图 2 – 18)。

1. DNA 复制及重组载体的选择系统

该系统与普通的克隆载体一样,由复制起始位点(ori)和选择性标记基因来完成。复制子是一段包含复制起始位点(ori)和有关序列在内的 DNA 片段。原核基因表达载体一般是质粒载体,含有能在大肠杆菌中有效复制的复制子。常见的复制子有 p15A、CoiEI 和 pSC101 等。在同一大肠杆菌细胞内,含同一类型复制子的不同质粒载体不能共存,但含不同类型复制子的不同质粒载体则可以共存于同一细胞中。如载体还装配有其他生物的 ori,则可在不同生物宿主中进行载体 DNA 复制,这类载体称为穿梭载体。

为从大量的细胞群体中将被转化的重组细胞分离出来,在构建基因表达载体时必须加上选择性标记,使得重组转化体产生新的表型。对于大肠杆菌表达载体来说,一般选择抗生素抗性基因作为选择标记基因,常见的有抗氨苄西林、四环素、氯霉素和链霉素等抗性基因。大肠杆菌表达载体上一般都带有一个以上的抗生素抗性基因。

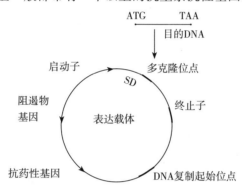

图 2 – 18　原核基因表达载体的构成示意图

2. 外源目的基因的转录系统

该系统包括启动子、抑制物基因和转录终止子。启动子和终止子因宿主的不同而有差别,往往在不同的宿主中表达的效率也不一样,特别是原核生物和真核生物宿主间完全不同,相互间不能通用。

(1)启动子　外源目的基因转录的起始是基因表达的关键。选择可调控的强启动子是构建一个理想表达系统首先要考虑的问题。启动子是一段能被宿主 RNA 聚合酶特异性识别和结合并指导目的基因转录的 DNA 序列,是基因表达调控的重要元件。启动子位于基因的上游,其序列长度因生物的种类而异。当 RNA 聚合酶定位并结合到启动子序列上时,便可启动基因的转录。启动子具有序列特异性、启动的方向性、作用的位点特异性和种属特异性等特征。

(2)抑制物基因　抑制物基因产物是一种控制启动子功能的蛋白质,对启动子的起始转录功能产生抑制作用。适当的诱导条件可使抑制物失活,启动子功能重新恢复。通过抑制物基因产物使目的基因在宿主培养到最佳状态时进行转录,保证转录有效进行,特别是表达产物对宿主有害时,控制转录时机尤其重要。理想的可调控的启动子在细胞生长的初期往往不表达或低水平表达,而当细胞增殖达到一定的密度后,在某种特定的诱导因子(如温度、光和化学药物等)的诱导下,RNA 聚合两才开始启动转录,合成 mRNA。

(3)转录终止子 是一段终止 RNA 聚合酶转录的 DNA 序列。转录启动后,RNA 酶沿 DNA 链移动,持续合成 RNA 链,直到遇到转录终止信号为止。转录终止子的功能不同于启动子,但它对基因的正常表达有重要意义。它使转录在目的基因之后立刻停止,避免作多余的转录以节省宿主内 RNA 的合成底物,提高目的基因的转录量。另一方面,正常转录终止子的存在对外源基因的表达同样起着非常重要的作用,它能防止产生不必要的转录产物,有效控制目的基因 mRNA 的长度,提高 mRNA 的稳定性,避免质粒上其他基因的异常表达。

3. 蛋白质的翻译系统

翻译是 mRNA 指导多肽链合成的过程,翻译的起始需多种因子协同作用。在原核细胞中影响翻译起始的因素有:起始密码子、核糖体结合位点(SD 序列)、起始密码与 SD 序列之间的距离和碱基组成、mRNA 的二级结构、mRNA 上游的 5′端非翻译序列和蛋白编码区的 5′端序列等。蛋白质的翻译系统主要包括:核糖体结合位点(SD 序列)、翻译起始密码子和翻译终止密码子。

(二)常见的原核细胞表达载体系统

目前较为广泛应用的原核细胞表达载体系统主要包括以下 3 种:

1. P_{lac} 启动子表达载体系统

P_{lac} 表达系统是以大肠杆菌乳糖操纵子调控机制为基础设计和构建的表达系统。大肠杆菌乳糖操纵子的启动子 P_{lac},控制乳糖代谢 3 种酶基因 Z、Y、A 的表达,受阻遏蛋白 i 基因产物 I 蛋白的负调控,当阻遏蛋白 I 与乳糖或乳糖的类似物(如异丙基 $-\beta-D-$ 硫代半乳糖苷,IPTG)结合时,便发生结构改变,导致对 P_{lac} 启动子阻遏作用的消失,P_{lac} 恢复功能,启动转录,并表达产生控制乳糖代谢的 3 种酶。

2. P_L 和 P_R 启动子表达载体系统

P_L 和 P_R 启动子是大肠杆菌 λ 噬菌体中控制早期转录的启动子,P_L 和 P_R 表达载体系统是以该启动子构建的高效表达载体。在野生型 λ 噬菌体中,P_L 和 P_R 启动子的转录与否决定 λ 噬菌体进入裂解循环或溶源循环。λ 噬菌体 P_E 启动子控制的 CI 基因表达产物是 P_L 和 P_R 启动子转录的阻遏物,而 CI 阻遏物的表达和在细胞中的浓度,取决于宿主与噬菌体因子之间的复杂平衡关系。

3. T7 噬菌体启动子表达载体系统

T7 噬菌体 RNA 聚合酶是一种活性很高的聚合酶,能选择性地激活 T7 噬菌体启动子的转录。其合成 mRNA 的速率,相当于大肠杆菌 RNA 聚合酶的 5 倍。利用大肠杆菌 T7 噬菌体转录系统元件构建的表达载体系统,具有很高的表达能力。在大肠杆菌宿主细胞中,受 T7 噬菌体启动子控制的基因,在 T7 噬菌体 RNA 聚合酶存在下,能实现高效表达。

(三)外源目的基因在原核细胞的表达形式

外源目的基因在原核细胞中的表达形式包括形成包涵体、融合蛋白、寡聚型外源蛋白、整合型外源蛋白、分泌型外源蛋白5种。其表达产物可能存在于细胞质、细胞周质和细胞外培养基中。

1. 包涵体

包涵体是外源基因的高表达产物在原核细胞中积累的水不溶性蛋白质结构。包涵体主要由外源基因高表达蛋白产物组成,也含有受体细胞本身的其他表达产物。包涵体具有正确的氨基酸序列,但因其空间构象错误,故一般没有生物学活性。

2. 融合蛋白

将外源目的蛋白基因与受体菌自身蛋白基因重组,但不改变两个基因的阅读框,以这种方式表达的蛋白质称为融合蛋白。融合蛋白由位于氨基端的原核蛋白,能被蛋白酶或溴化氰裂解的序列,以及目的蛋白3部分组成。融合蛋白与单独表达的外源蛋白相比具有以下优点:①稳定性较好;②表达效率较高;③较易分离纯化。

3. 寡聚型外源蛋白

在构建外源蛋白表达载体时,将多个外源目的蛋白基因串联在一起,克隆在质粒载体上,以这种方式表达的外源蛋白称为寡聚型外源蛋白。不同外源基因以多分子线性重组的方式通常有3种:①多表达单元的重组;②多顺反子重组;③多编码序列重组。

4. 整合型外源蛋白

将要表达的外源基因整合至染色体的非必需编码区,使之成为染色体结构的一部分而稳定地遗传,以此种方式表达的外源蛋白即为整合型外源蛋白。实现外源基因与宿主染色体整合是根据DNA同源交换的原理,因此在待整合的外源基因两侧必须分别组合一段与染色体DNA完全同源的序列。此外,还必须将可控的表达元件和选择标记基因连接在一起。

5. 分泌型外源蛋白

外源基因的表达产物,通过运输或分泌的方式穿过细胞膜进入培养基中,即为分泌型外源蛋白。在大肠杆菌中的分泌、表达包括翻译和翻译后的运输两个过程。外源基因以分泌型蛋白表达时,需在N端加入由15~30个氨基酸组成的信号肽序列。在信号肽N端的最初几个氨基酸为极性氨基酸,中间和后部为疏水性氨基酸,它们对蛋白质分泌到细胞膜外起决定性作用。当蛋白质分泌到位于大肠杆菌细胞内膜与外膜之间时,信号肽可被信号肽酶所切割。以分泌型蛋白的形式表达外源基因具有以下优点:①可使蛋白质能按适当方式折叠,有利于形成正确的空间构象,获得较好生物学活性或免疫原性的蛋白质;②分泌到细胞外周质的蛋白质产物较稳定,不易被细胞内蛋白酶降解,不含氨基端甲硫氨酸;③简化了发酵后处理的纯化工艺。

(四)在原核细胞中高效表达目的基因

1. 高效表达外源基因的基本策略

大肠杆菌表达系统是目前应用最广泛的原核细胞表达系统。在大肠杆菌中高效表达外源基因须采取以下基本策略：

（1）优化表达载体的构建　为了提高外源基因的表达效率，在构建表达载体时，必须着重对决定转录起始的启动子序列和决定 mRNA 翻译的 SD 序列进行优化设计。

（2）提高稀有密码子的表达频率　大肠杆菌基因对某些密码子的使用表现了较大的偏爱性，在几个同义密码中往往只有一个或两个被频繁使用。同义密码子的使用与细胞内相应 tRNA 的丰度呈正相关，稀有密码子的 tRNA 在细胞内的丰度很低。在 mRNA 的翻译过程中，往往会由于外源基因中含有过多的稀有密码子而使细胞内稀有密码子的 tRNA 供不应求，最终使翻译过程终止或发生移码突变。通过点突变等方法，可将外源基因中的稀有密码子，转换为在大肠杆菌细胞中高频出现的同义密码子。

（3）构建基因高表达受体菌　大肠杆菌缺乏复杂的翻译后加工和蛋白质折叠系统，不具备类似真核细胞的亚细胞结构和表达产物稳定因子；大量的异源重组蛋白质在大肠杆菌细胞中形成高浓度微环境，导致蛋白质分子之间的作用增强。这些都是造成重组异源蛋白质在大肠杆菌中不稳定的原因。为了使外源基因高效表达，必须构建适合作为外源基因表达的受体菌株。常用的大肠杆菌基因表达受体菌株有：BL21、HMS174、M5219、RB791 等。

（4）提高外源基因表达产物的稳定性　大肠杆菌中含有多种蛋白水解酶，某些外源基因的表达产物会被宿主细胞的蛋白水解酶识别而降解。因此，需采取多种措施提高外源蛋白在大肠杆菌细胞内的稳定性。常用的方法包括：采用分泌型表达系统、构建包涵体表达系统等。

（5）优化工程菌的发酵过程　在进行工业化生产时，工程菌株发酵过程的优化设计和控制，对外源基因的高效表达至关重要。发酵过程的优化主要包括以下几个方面：选择合适的发酵系统或生物反应器；合理设计培养基的营养成分与细胞生长的关系；调节发酵系统中合适的溶氧、pH 和温度等条件，控制细胞的生长速度和代谢活动；优化外源基因表达条件，提高菌体浓度和表达水平，从而提高外源基因表达产物的总量。

2. 目的基因表达水平的提高与检测

克隆化目的基因表达水平不高的原因可能是 RNA 不稳定、过早终止、无效翻译及蛋白质不稳定等。若通过脉冲追踪实验确定蛋白质不稳定，则可考虑使用蛋白酶缺陷型菌株或在培养和收获细胞期间使用蛋白酶抑制剂。多数情况下，蛋白质不稳定问题可以通过提高目的蛋白的合成量加以克服。下面提出的几种方法有利于提高目的基因的表达水平即外源目的蛋白的合成水平，如运用定点诱变技术使核糖体结合位点周围的碱基对发生突变、试用不同表达水平的大肠杆菌宿主菌株等方法。

构建含有转录与翻译起始信号和目的基因的重组质粒并导入大肠杆菌表达目的蛋白之后，可用下列方法检测克隆化目的基因的表达水平即目的蛋白的产量，如采用 SDS 聚丙烯酰胺凝胶电泳和放射自显影，检测在诱导前后的重组细胞中目的蛋白的表达量是否提高；通过测定蛋白质的活性以评估活性蛋白的合成产量；利用 β - 半乳糖苷酶活性进行表达检测。

第四节　基因工程常规技术

克隆基因,表达应用基因,载体和工具酶是 DNA 重组技术的基本工具,除这些工具外,还需要各种精巧的实验方法和设计策略才能分离基因和工程基因。这些实验技术的发明和改进,为基因工程的创立与发展及广泛应用奠定了强有力的技术基础。常规的重组 DNA 技术的基本方法主要有凝胶电泳、核酸分子杂交、PCR 扩增、DNA 测序、生物芯片技术等。

一、凝胶电泳技术

采用琼脂糖凝胶或聚丙烯酰胺凝胶等作为支持介质的区带电泳法称为凝胶电泳,其中聚丙烯酰胺凝胶电泳(Polyacrylamide gel electrophoresis,PAGE)普遍用于分离蛋白质及较小分子质量的核酸。而琼脂糖凝胶孔径较大,对一般蛋白质不起分子筛作用,但能很好地分离大分子核酸,在 DNA 重组技术和核酸研究中得到广泛应用。琼脂糖是从红色海藻产物琼脂中提取的一种线状高聚物。将一定量的琼脂糖粉和一定体积的缓冲溶液混合加热溶化,然后倒入制胶槽中、冷却凝固后形成胶状电泳介质,不同浓度的琼脂糖密度不同。

凝胶电泳技术的分离原理是:在电场的作用下,DNA 分子在琼脂糖凝胶中移动时,有电荷效应和分子筛效应。前者由 DNA 分子所带电荷量的多少而定,后者则主要与 DNA 分子的大小及其构型有关。DNA 分子在通常使用的缓冲溶液中带负电荷,所以在电场中向正极移动。在凝胶电泳中,DNA 分子的迁移速度与其分子质量的对数值成反比关系,大分子质量的 DNA 在电泳时移动慢,这样能将不同大小的 DNA 分开。如将已知含有不同大小 DNA 片段的标准样品作电泳对照,那么可以在电泳后计算出待测样品的分子质量。

检测原理是溴化乙锭(EB)在紫外光照射下能发射荧光,当用 EB 对 DNA 样品染色时,加入的 EB 插入 DNA 分子中形成荧光结合物,荧光的强度与 DNA 含量成正比,如将已知浓度的标准样品作电泳对照,就可以估计出待测样品 DNA 的浓度。可直接在琼脂糖凝胶中加入 EB,电泳过程中 DNA 和 EB 结合,电泳结束后直接在紫外光下检测;也可以在电泳后进行染色再检测。电泳后的琼脂糖凝胶在凝胶成像系统中进行拍照打印或贮存在计算机中。由于 EB 的毒性很大,目前已有大量无毒的荧光染料 Gelred、Gelgreen 等代替 EB,但其原理相同。

除样品 DNA 的大小外,琼脂糖凝胶电泳的分辨能力同凝胶的类型和浓度、凝胶电泳的缓冲液、电泳时的电压、以及电泳时间等有很大的关系。不同浓度的琼脂糖凝胶和要分辨的 DNA 片段大小之间的关系见表 2 - 2。琼脂糖凝胶电泳能分辨大小在 0.1 ~ 60kb 的 DNA 片段;而要分辨较小分子质量的 DNA 片段,需用聚丙烯酰胺凝胶,它的分辨率在 0.001 ~ 1kb。一般而言,琼脂糖浓度低,大 DNA 片段分辨清楚,而小片段形成扩散带;反之琼脂糖浓度高,小 DNA 片段形成狭窄带,而大片段则分辨不清。

表 2-2　不同浓度的琼脂糖凝胶分辨 DNA 片段的能力

凝胶浓度	DNA 片段的大小/kb
0.3% 琼脂糖	10~60
0.7% 琼脂糖	1~20
1.0% 琼脂糖	0.5~8
1.2% 琼脂糖	0.4~6
1.5% 琼脂糖	0.2~5
2.0% 琼脂糖	0.1~3

琼脂糖凝胶电泳常用的缓冲液的 pH 在 8.0 左右,离子强度为 0.02~0.05。实验室常用的缓冲液有硼酸盐缓冲液(TBE)和醋酸缓冲液(TAE)。TBE 比 TAE 的缓冲能力大。对于高分子质量的 DNA,TAE 的分辨率要高于 TBE;而对于低分子质量的 DNA 样品,则 TAE 要低一些。高度混合的 DNA 样品如真核生物基因组 DNA 酶切样品的电泳,最好用 TAE 作为电泳缓冲液。为了防止电泳两极缓冲液 pH 和离子强度的改变,可定期更换缓冲液或在每次电泳后合并两极槽内的缓冲液,混合后再用。

在用琼脂糖凝胶电泳测定 DNA 分子大小时,应尽量减少电荷效应、使分子的迁移速度主要由分子受凝胶阻滞程度的差异所决定,这样 DNA 片段的迁移率与电压成正比,DNA 片段能得到很好的分辨。增加凝胶的浓度和适当降低电压,可以在一定程度上降低电荷效应而使分子筛效应相对增强而提高分辨率。

除了通常的标准琼脂糖外,基因工程实验中也经常使用经过羟乙基化修饰的低熔点琼脂糖,这种琼脂糖结构比较脆弱,在较低的温度下会熔化,可用于从凝胶中快速回收 DNA 片段。也可以在这种凝胶中直接进行一些 DNA 操作,如酶切等。

二、杂交技术

双链 DNA 在一定条件下能够变性和复性,为 DNA 杂交技术的基础。DNA 杂交技术是分子克隆的核心技术之一,主要有 Southern 杂交、Northern 杂交、Western 杂交和菌落原位杂交等。

(一)探针与探针标记

杂交的主要目的是为了检测出同源 DNA 序列,而为达到这一目的,要有标记的探针。带有能检测的标记物的 DNA 或 RNA 称为探针。使 DNA 或 RNA 带有可检测的标记物的过程称为探针标记。标记探针的策略多种多样,但最终目的都是用标记的核苷酸代替 DNA或 RNA 上原有的核苷酸。

1. 切口平移标记

控制 DNase I 的浓度,就可在双链 DNA 分子的一条链的有限位置上打开切口,形成3′-OH 末端(这条链即成为引物)和 5′-P 末端。DNA 聚合酶 I 结合至这个双链 DNA 的切口处,其 5′→3′的核酸外切酶活性将 DNA 一条链的核苷酸逐个切除,同时暴露出另一条单链 DNA。这条 DNA 链可以作为合成 DNA 的模板,DNA 聚合酶 I 的 5′→3′的 DNA 聚合功能把带有标记物的 dNTP 逐个加在引物链的 3′ - OH 末端,结果使一条 DNA 的切口从左到右沿着 DNA 平移,这就叫切口平移(nick translation)(见图 2 - 19)。

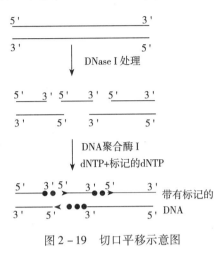

图 2 - 19　切口平移示意图

2. 随机引物标记

能与任何 DNA 模板的多个位点配对互补的多个不均一序列寡聚核苷酸 DNA 片段称为随机引物。DNA 聚合酶 IKlenow 大片段能在随机引物的引导下以带有标记物的 dNTP 为原料合成新的与模板 DNA 互补的探针。随机引物标记法优于切口平移标记法,其仅需要一种酶,所以更为简单,而且条件易于控制,同时探针长度较为均一,杂交重复性好。

(二)Southern 杂交

用标记的 DNA 或 RNA 探针对附着于膜上的 DNA 进行杂交来检测被转移的 DNA 片段,与探针有同源性的 DNA 片段在膜上的位置可以通过特定的检测方法如放射自显影或显色而显示。Southern 杂交能否检出杂交信号取决于很多原因,包括目的 DNA 在总 DNA 中所占的比例、探针的大小和标记效率、转移到滤膜上的 DNA 量及探针与靶 DNA 之间的同源情况等。存在于人基因组中的单拷贝序列现在能通过 Southern 杂交技术检测。

(三)Northern 杂交

Northern 杂交是相对于 Southern 杂交而命名。它们主要区别在 Southern 杂交技术是以 DNA 为对象,而 Northern 杂交是以 RNA 为对象。DNA 是双链分子,DNA 片段在凝胶电泳分离后,须再用碱处理凝胶变性 DNA。RNA 一般是单链但其分子中存在二级结构,也必须除去。不过 RNA 不能用碱处理,因为碱会导致 RNA 水解。所以在 Northern 印迹时,一般进行 RNA 变性电泳,在分离 RNA 的同时消除 RNA 中的二级结构,而且保证 RNA 完全按照分子的大小分离。RNA 变性电泳方法主要有 3 种:甲醛变性电泳、羧甲基汞变性电泳和乙二醛变性电泳,电泳后的转移与 Southern 转移的方法相同。

（四）Western 杂交

Western 杂交法以蛋白质为对象。用 SDS 聚丙烯酰胺凝胶电泳分离蛋白质,然后将蛋白质从凝胶转移到一种固相支持物上,通过抗体与附着于固相支持物上的靶蛋白所呈现的抗原抗体特异性反应进行检测。该技术广泛用于基因在蛋白质水平上的表达研究。

（五）菌落(噬菌斑)原位杂交

菌落(噬菌斑)原位杂交法是直接以菌落或噬菌斑为对象来检测重组子的技术,它能从成千上万个重组子中迅速检测出与探针序列同源的重组子。由于检测的对象是菌落或噬菌斑,所以转移过程与直接的 DNA 或 RNA 转移不同。在含有选择性抗生素的琼脂平板上放一张硝酸纤维素滤膜,将菌点在硝酸纤维素滤膜上倒置平板,于 37℃ 培养至菌落生长到 0.5~1.0mm。也可以先在平板上生长细菌再通过影印将菌落转移到硝酸纤维素滤膜上。用 0.5mol/L NaOH 裂解菌落释放变性的 DNA 并使 DNA 结合于硝酸纤维素滤膜上。用 Tris – HCl(pH 7.4) 中和 pH 并转移到一张干的滤纸上,置于室温20~30min,使滤膜干燥。将滤膜夹在两张干的滤纸之间,在真空烤箱于 80℃ 烘烤 2h,固定 DNA。杂交方法同 Southern 杂交。

三、PCR 技术

聚合酶链式反应(Polymerase chain reaction,PCR)技术始于 20 世纪 70 年代早期,由 Khorana 与他的同事最先提出,作为一种降低化学合成基因工作量的策略。但当时处于基因序列分析方法尚未成熟,热稳定 DNA 聚合酶尚未开发以及寡聚核苷酸引物合成还在手工及半自动合成阶段,因此用 PCR 大量合成基因的想法显得不切实际。所以,Khorana 的想法很快就被淡忘。当这项技术用现在的名字被重新出现并付诸实践已是 15 年以后的事情了。发明人 Kary Mullis 及他的 Cetus 公司的同事们,首次报道了用大肠杆菌 DNA 聚合酶 I Klenow 片段体外扩增哺乳动物单拷贝基因。即便如此,在热稳定 DNA 聚合酶尚未发现之前,PCR 终究还是一种中看不中用的实验室方法。当嗜热水生菌来源的热稳定 DNA 聚合酶得到应用后,PCR 的效率大幅增加,并趋于自动化。因此,到了 20 世纪 80 年代末,PCR 已经成为遗传和分子分析的一个最重要的技术。

（一）PCR 技术的基本成分

PCR 技术高效、快速、敏感且简单易行,原理并不复杂。PCR 的成分包括:待扩增的 DNA(模板)、一对寡聚核苷酸引物、耐高温的 *Taq* DNA 聚合酶、4 种脱氧核苷酸的混合物及反应缓冲液。PCR 的模板是含有待扩增序列的 DNA 或从 mRNA 反转录的 cDNA,这个技术对模板样品要求很低,甚至没有必要对待扩增的模板进行分离纯化即可直接用于反应扩增。PCR 需要的 DNA 量也非常少,在一般的实验中,少于 100ng 的 DNA 就可作为模板进行 PCR,甚至可以扩增单个 DNA 分子。

1. *Taq* DNA 聚合酶

在早期进行的 PCR 反应中,是由大肠杆菌 DNA 聚合酶 I 的 Klenow 大片段完成的,但这种酶对热敏感，在双链 DNA 解链所需的温度条件下会被破坏掉。所以每一轮循环在变性和退火后都需通过人工不断补充新鲜的聚合酶。这样的实验过程不仅操作烦琐费时而且反应低效浪费金钱。此外，Klenow 大片段酶的最佳聚合反应温度为 37℃，在这样低温条件下，容易促使 DNA 引物与模板序列之间形成非专一的碱基错配，或易受某些 DNA 二级结构的影响，使扩增反应混合物产生出非特异性的 DNA 条带，降低了 PCR 产物的特异性。

耐高温的 *Taq* DNA 聚合酶最初是 Erlich 于 1986 年从一种生活在温度高达 75℃ 的热泉中的细菌，即水生嗜热菌（*Thermus aquaticus*）中分离出来的。它的 DNA 聚合酶在如此高的温度下能很好的工作，在 94℃ 也能稳定较长时间，在 95℃ 下半衰期长达 38min。1988 年，Saiki 等成功地将热稳定的 *Taq* DNA 聚合酶应用于 PCR 扩增，提高了反应的特异性和敏感性，是 PCR 技术走向实用化的一次突破性进展。在补加 4 种脱氧核苷三磷酸（dATP、dGTP、dTTP 和 dCTP）的反应体系中，*Taq* DNA 聚合酶能以高温变性的靶 DNA 为模板分别从结合在扩增区段两端的引物为起点，按 5′→3′ 的方向合成新生互补链 DNA。这种 DNA 聚合酶具有耐高温的特性，其最适的活性温度是 72℃，连续保温 30min 仍具有相当高的活性，而只在比较宽的温度范围内保持催化 DNA 合成的能力，因此，*Taq* DNA 聚合酶只需要在 PCR 反应开始时加一次就能在整个扩增循环中保持活性，满足 PCR 反应全过程的需要。这样就可通过编程控制 PCR 循环仪的反应温度和反应时间，使操作过程完全自动化。

随着 *Taq* DNA 聚合酶的发现和使用，PCR 的敏感性和特异性也得到了极大提高。如用大肠杆菌 DNA 聚合酶，在低温下，引物与目的序列退火的特异性不高。在 PCR 的早期循环中出现不正确的合成片段，将在之后的循环中得到高效扩增。而 *Taq* DNA 聚合酶耐热的性质，使得反应中引物与退火温度较高、结合的特异性大大增加，被扩增的片段也能保持很高的正确性。如果使用热启动技术，PCR 的特异性可以得到进一步的提高。方法是将样品加热到 80℃ 或更高，然后再加最后一种反应成分，如 *Taq* 酶，接着将样品加热到 94℃ 直接开始 PCR 循环。这样既能提高反应特异性又能提高扩增效率。*Taq* DNA 聚合酶具有类似脱氧核酸末端转移酶的功能，可在新合成双链产物的 3′ 端加上 poly（dA）尾，这是一个非模板依赖的碱基合成。利用这种持性可以构建 dT - 载体克隆带 dA 尾的产物。

在 100μL 反应体系中，一般所需 *Taq* DNA 聚合酶的用量为 0.5～5U，酶浓度过高，可引起非特异性产物的扩增，浓度过低则扩增产物量减少。*Taq* DNA 聚合酶可在 -20℃ 贮存至少 6 个月。

2. PCR 引物

所谓 PCR 扩增引物，是指与待扩增的靶 DNA 区段两端序列互补的人工合成的寡聚核苷酸短片段，通常为 15～30 个核苷酸构成。它包括引物 1 和引物 2，即 5′ 端 DNA 序列互补的寡聚核苷酸和 3′ 端 DNA 序列互补的寡聚核苷酸两种。这两种引物在模板 DNA 上结合点之间的距离决定了扩增片段的长度。实验表明，1kb 之内是理想的扩增跨度，2kb 左右还是有效扩增跨度，而超过 3kb 则不能得到有效的扩增，而且较难获得一致的结果。

一般而言，引物设计的正确与否是 PCR 扩增成败的关键因素。引物如果太短，就可能同非靶序列杂交,而得出非预期的扩增产物。根据概率估算,17个核苷酸所组成的引物平均要在 1.5×10^{10} bp上才会有一个结合位点,其长度超过人类基因组DNA总长度的5倍。所以用17个核苷酸的引物对人类基因组进行PCR就有可能获得单一的扩增带,而引物过长往往会降低其与模板的杂交效率,从而降低PCR反应效率。引物的设计在PCR反应中极为重要。

要保证PCR反应准确、特异、有效地对模板进行扩增,引物设计要遵守以下几条原则:①引物碱基G+C含量以45%~55%为宜,G+C太少扩增效果不佳,如太多则易出现非特异条带,ATCG最好是随机分布,以避免5个以上的嘌呤或嘧啶核苷酸的成串排列;②引物的长度为15~25个核苷酸;③ T_m 值高于55℃;④引物扩增跨度以300~500bp为宜,特定的 *Taq* 酶可以扩增至10kb的长片段;⑤引物3′端的碱基、特别是最末及倒数第二个碱基,应严格要求配对,以避免末端碱基不配对而导致PCR失败;⑥引物自身配对(特别是引物的3′端)形成的茎环结构,茎的碱基对数不大于3;⑦避免引物内部出现二级结构,引物不能含有自身互补序列,避免两条引物间互补,特别3′端的互补,否则会形成引物二聚体,产生非特异的扩增条带;⑧引物的特异性,引物应与核苷酸序列数据库的其他序列物明显有同源性;⑨引物中有或能加上合适的酶切位点,被扩增的靶序列最好有适宜的酶切位点,以便酶切分析或分子克隆。

引物贮备液浓度一般为20μmol/L,使用浓度一般为1μmol/L,这一浓度足以完成30个循环的扩增反应。过高,会出现非特异序列扩增及增加引物二聚体的产生且不经济;过低,则PCR的效率低。

在PCR反应中选择引物并非一定要与DNA完全配对,有时需要使用兼并引物,即一类由多种核苷酸组成的混合物,彼此有一个或数个核苷酸的差异。比如,通过氨基酸顺序推测引物,就需要合成兼并引物,兼并引物还可以检测一个已知基因家族的新成员,或检测种间的同源基因。兼并引物PCR过程中容易与模板错配,产生非特异扩增带。因此,常通过调节退火温度避免错配。退火温度高,错配率会降低,但退火温度过高,则影响引物与模板的结合。

3. 反应缓冲液

Mg^{2+} 可显著影响PCR的产量及产物特异性,一般用量为1.5mmol/L。过高则易出现非特异扩增,过低则酶活性显著下降。明胶、BSA、Tween及DTT对酶有一定的保护作用。Tris-HCl(pH8.3)提供缓冲环境。dATP、dGTP、dCTP和dTTP贮备液浓度均为5mmol/L,保存于-20℃,使用浓度为200μmol/L,过高则反应速度下降,过低则特异性下降。

(二)PCR技术的原理和过程

PCR反应有以下几个关键条件:①变性温度和时间,保证模板DNA解链完全是保证整个PCR扩增成功的关键,一般为94℃ 90s;②复性温度和时间,PCR反应的特异性取决于复性过程中引物与模板的结合,一般为40~60℃,温度越高、产物的特异性也越高,时间一般为30~60s;③延伸温度和时间,*Taq* 酶最适作用温度为70~75℃,小于1kb的片段一般

1～2min就足够,而大片段需延长时间;④循环数,在 25～30 个循环内,扩增 DNA 增加明显,以指数方式增加,后进入相对稳定状态,因为,此时引物和 dNTP 下降,*Taq* 酶活性下降,高浓度的产物可能降低 *Taq* 酶的延伸和加工能力,扩增产物(焦磷酸盐和 DNA)也有阻碍作用,所以一味增加循环次数只会增加非特异扩增。

通过加热,使双链 DNA 分子接近沸点温度时分离成两条单链 DNA,然后 DNA 聚合酶以单链 DNA 为模板并利用反应混合物产的 4 种 dNTP(脱氧核苷三磷酸)为原料从该起点开始合成新的 DNA 互补链。此外,DNA 聚合酶也需 DNA 引物启动或引导新链的合成。待扩增的 DNA 片段的两条链都可以作为合成新生互补链的模板分别与两对引物配对结合,由于在 PCR 反应中所选用的引物都是按照与特定扩增区段两端序列彼此互补的原则来设计的,所以新生 DNA 链的合成都是从引物的退火结合点开始,分别延伸并超过另一条链上的另一个引物的位置,所以新合成的链也有两个引物的合成位点,然后反应混合物经高温

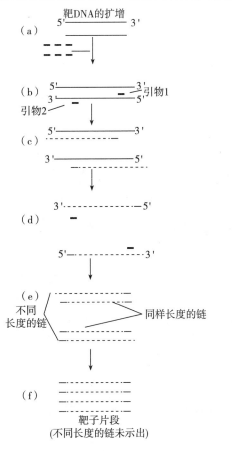

图 2-20　聚合酶链式反应示意图

(a)模板双链 DNA 分子,反应混合物加热后发生链变性分离;(b)引物结合至待扩增的靶 DNA 区段两端的配对位点上;(c)*Taq* 聚合酶以单链 DNA 为模板在引物的引导下利用反应混合物中的 dNTP 合成互补的新链 DNA;(d)将反应混合物再次加热,使旧链和新链 DNA 变性分离,再一次和引物退火;(e)*Taq* 聚合酶再合成新的 DNA 片段;(f)大量同样长度的扩增 DNA 片段。

变性使新旧两条链分开,作为下一轮反应的模板,低温退火与引物结合,之后在适温下延伸,这三步反应组成一个周期。在适当的条件下,这种循环不断反复,前一个循环的产物可以作为后一个循环的模板 DNA 参与 DNA 的合成,使产物 DNA 的量按指数方式 2^n 扩增。理论上经过 30 次循环反应,便可使靶 DNA 即两条引物结合位点之间 DNA 区段的拷贝数得到 10^9 倍的扩增,但实际 DNA 扩增倍数为 $10^6 \sim 10^9$。而且只有到了第三循环才开始产生出两条和靶 DNA 区段完全相同的双链 DNA 分子(见图 2 – 20),进一步循环才开始产生出靶 DNA 区段呈指数加倍。最后形成的扩增产物中,原来的 DNA 链及不同延伸长度的 DNA 链的比例已可忽略不计。

经过 30 次循环扩增之后产生靶 DNA 的量,足以满足任何一种分子生物学研究需要。包括直接的 DNA 序列的测定和克隆的需要。研究表明,从 $50\mu L$ 扩增后的反应混合物中,取 $5\mu L$ 样品经琼脂糖凝胶电泳之后,在紫外光下便可观察到清晰的靶 DNA 条带。即便只含有一个拷贝的靶 DNA 分子,也能被有效地扩增而检测到,因此,PCR 技术能从极微量的样品中通过扩增获得大量的目的 DNA 片段。正因为 PCR 技术具有如此高的扩增敏感性,所以其已经成为分子生物学及基因工程中非常有用的实验手段。

四、荧光定量 PCR

通过荧光染料或荧光标记的特异性探针,对 PCR 产物进行标记跟踪,实时在线监控反应过程,结合相应的软件可以对产物进行分析,计算待测样品的初始模板量。荧光定量 PCR 仪是一种带有激发光源和荧光信号检测系统的 PCR 仪,通常配有电脑系统及相应分析软件。1992 年,Higuchi 等首次报道,使用 EB 内插染料法插至双链 DNA,经改装的带有冷 CCD 的 PCR 仪检测样品的荧光强度(PCR 循环 = 双链 DNA = 染料 = 荧光),后用与双链 DNA 有更强结合力的 SYBR green I 取代 EB。1996 年,Perkin – Elmer 公司开发了 Taqman 探针的荧光定量 PCR 技术,1996 年,Roche 公司开发了 Fret 探针的荧光定量 PCR 技术,1997 年 Oncor 公司开发了通用引物 Molecular Beacon 探针的荧光定量 PCR 技术。

(一)荧光定量 PCR 标记方法

1. 内插染料(SYBR green I)

双链 DNA(dsDNA)的内插染料是一种能插入双链 DNA 并发出强烈荧光的化学物质,其荧光强度的增加与 dsDNA 的数量成正比。如 SYBR green I 染料,当没有结合双链 DNA 时,只发出相对弱的荧光。一旦插入双链 DNA 时,荧光信号将会大幅增强,从而根据荧光信号的增强来计算 PCR 扩增产物的增加。

2. 双标记探针(taqman probe)

探针是 5′端标记荧光分子(如荧光素),在 3′端或在内标记一个吸收或淬灭荧光的分子(如 TAMRA),这样 5′端激发出的荧光会被 3′端的分子淬灭或吸收。所以开始时,仪器并不能检测到荧光。由于 Taq 聚合酶同时具有 5′端外切酶的活性,在 PCR 反应的延伸阶段,Taq 酶会把 5′端的荧光分子切下,使其于 3′端吸收或淬灭荧光的分子分开,仪器可检测到荧光信号。每个循环,随着 PCR 扩增产物的增加,荧光信号会增强,从而根据荧光信号的增强来计算 PCR 扩增产物的增加量。

3. 分子信标(molecular beacon probe)

独特的茎环结构由非特异的茎相特异的环组成,探针的 5′端标记荧光分子,3′端标记一个吸收或淬灭荧光的分子。自身环化时仪器检测不到荧光,在 PCR 反应的退火阶段,探针因与模板链杂交而打开,使 5′端荧光分子与 3′端吸收或淬火荧光的分子分开,仪器可检测到荧光信号。每一个循环,随着 PCR 扩增产物的增加,荧光信号会增强,从而根据荧光信号的增强来计算 PCR 扩增产物的增加量。

(二)荧光定量实时分析的优点

荧光定量实时分析主要有以下几点:①全封闭的 PCR 过程,无须凝胶电泳,无须后处理;②采用 dUTP – UNG 酶防污染,有效降低污染机会;③实时在线监控,对样品扩增的整个过程进行实时监控、观察产物的增加,直观地看到反应的对数期;④降低反应的非特异性,使用引物和荧光探针同时与模板特异性结合,提高了 PCR 反应的特异性;⑤增加定量的精确性,在样品扩增反应的最佳时段(对数期)进行采集数据,而不是传统的终点法;⑥线性关系直接,到达阈值的循环数和样品的起始模板浓度之间具有线性关系;⑦结果分析更加快捷方便。

五、DNA 测序

DNA 测序是 DNA 分析的一个基本内容。对于在分子水平上研究基因的结构和功能关系等有着十分广泛的实用价值。

(一)Sanger 双脱氧链终止法

这个方法是由英国剑桥大学分子生物学实验室的生物化学家 Sanger 等发明的一种简单快速的 DNA 测序方法。基本原理是利用 DNA 聚合酶合成 DNA,DNA 聚合过程中在特异性的核苷酸位置终止反应而进行测序。反应的终止依赖于反应底物 2′,3′ – 双脱氧核苷三磷酸(ddNTP),它们与 DNA 聚合反应所需的底物 2′ – 脱氧核苷三磷酸(dNTP)的结构相同,只在 3′位是氢原子而不是羧基(见图 2 – 21)。在 DNA 聚合酶作用下它们都能通过其 5′三磷酸基团掺入正在增长的 DNA 的链中,形成磷酸二酯键。由于 ddNTP 缺乏 3′羟基而不能同后续的 dNTP 或 ddNTP 形成磷酸二酯键,因此一旦 ddNTP 掺入 DNA 的新生链中,聚合反应就会立即终止,即在本来应是某个 2′ – 脱氧核苷三磷酸(dNTP)掺入的位置上,发生了特异性的链终止效应。如果在 4 个反应管中,同时加入一种 DNA 合成的引物和待测序的 DNA 模板、DNA 聚合酶 I、4 种脱氧核苷酸三磷酸(dTTP、dATP、dGTP、dCTP),并且在这 4 个管中分别加入 4 种不同的 2′,3′ – 双脱氧核苷三磷酸(ddNTP)(ddTTP、ddATP、ddGTP、ddCTP),另外引物应有标记。那么经过反应后,将会产生出不同长度的 DNA 片段混合物。它们都具有同样的 5′末端,带有 ddNTP 的 3′末端。将这些混合物加到变性凝胶上进行电泳分离,可以获得一系列不同长度的 DNA 谱带。最后再通过放射自显影术,检测单链 DNA

片段的放射性带。最后在放射性 X 光底片上,直接读出 DNA 序列。

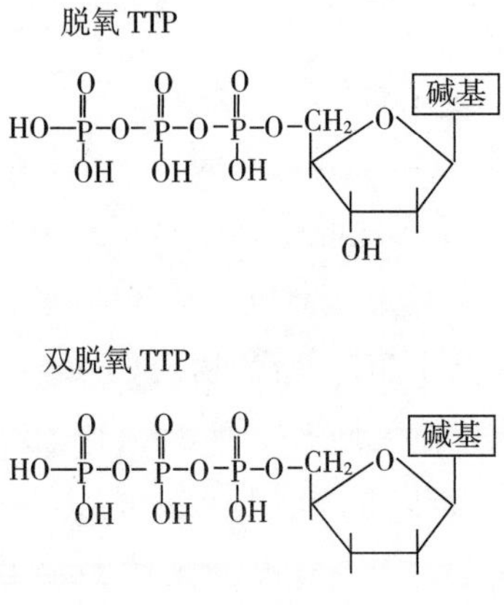

脱氧 TTP

$$HO-\overset{\overset{O}{\|}}{\underset{OH}{P}}-O-\overset{\overset{O}{\|}}{\underset{OH}{P}}-O-\overset{\overset{O}{\|}}{\underset{OH}{P}}-O-CH_2$$ 碱基

OH

双脱氧 TTP

$$HO-\overset{\overset{O}{\|}}{\underset{OH}{P}}-O-\overset{\overset{O}{\|}}{\underset{OH}{P}}-O-\overset{\overset{O}{\|}}{\underset{OH}{P}}-O-CH_2$$ 碱基

图 2 - 21　脱氧核苷酸及双脱氧核苷酸结构比较

(二)Maxam - Gilbert 化学修饰法

1977 年,美国哈佛大学的 Maxam 和 Gilbert 发展出了一种以化学切割为基础的 DNA 序列分析法,这种方法也称为 Maxam - Gilbert DNA 序列分析法。它的基本原理是用特殊的化学试剂处理末端放射标记的 DNA 片段,造成碱基的特异性切割,由此产生一组不同长度的 DNA 片段,然后利用电泳分离分析断裂片段的大小,放射自显影,观察显影图谱确定 DNA 序列。Maxam - Gilbert DNA 序列分析法所用的 DNA 片段,可以是单链也可以是双链。在进行碱基特异的化学切割反应之前,需要先对待测的 DNA 片段末端进行标记。首先用碱性磷酸酶除去磷酸基团,用 T4 激酶标记其末端。然后将双链 DNA 分子变性得到两条单链,回收其中一条单链分子,分装在 4 个反应试管中,每管含有不同的特定化学试剂,只要严格控制反应条件,就可以使各管中的 DNA 单链分子在特定的碱基位点上发生降解并断裂。化学试剂硫酸二甲酯作用鸟嘌呤和腺嘌呤,特异性地断裂嘌呤处的磷酸二酯键,但控制反应的温度和时间,可以选择性地断裂鸟嘌呤而不降解腺嘌呤。化学试剂肼作用胸腺嘧啶和胞嘧啶,但在高浓度盐下,只选择性地破坏胞嘧啶。

与 Sanger 的双脱氧链终止法相比,Maxam - Gilbert DNA 化学修饰法具有以下优点:不需要进行体外酶促反应,而且只要有 3′末端标记的或 5′末端标记的 DNA,不管是双链还是单链,均可以采用此法进行核苷酸序列分析。而对于一种给定的 DNA 分子和一种可以切割该 DNA 的核酸内切酶,则可以用 Maxam - Gilbert DNA 法从限制酶的切割位点开始,按两个相反的取向至少可以测定出 250 个核苷酸的顺序。另外,采用不同的末端标记法,如 3′末端标记或反向的 5′末端标记,可以同时测定出彼此互补的两条 DNA 链的核苷酸顺序,这样便可以互作参照进行核查。不过,如同双脱氧链终止法一样,Maxam - Gilbert DNA 法的主要限制因素还是在于序列胶的分辨能力。虽然对于大分子量 DNA 片段的序列测定而言,化学修饰不如双脱氧链法方便有效,发展速度也没有后者迅速,但至今在相当多的研究工作中仍然被采用。

六、生物芯片

生物芯片是 20 世纪 80 年代末,随着人类基因组计划的顺利进行而诞生的一项在分子生物学领域中迅速发展起来的新技术,它将细胞、蛋白质、DNA 及其他生物组分,通过微加工技术和微电子技术集中点在一个小的固体芯片表面,以实现对它们的准确、快速、大信息量的检测分析。生物芯片主要分为基因芯片(gene chip)和蛋白质芯片(protein chip)。生物芯片的主要特点是高通量、微型化和自动化。芯片上集成的成千上万的密集排列的分子微阵列,能够使人们在短时间内分析大量的生物分子,快速准确地获取样品中的生物信息,效率是传统检测手段的上千倍。所以是继大规模集成电路之后的又一次具有深远意义的科学技术革命。

(一)基因芯片

基因芯片,又称 DNA 芯片、DNA 阵列,具体地说,也就是在玻片、硅片、薄膜等载体很小的基质表面上有序地、高密度地(点与点之间的距离一般小于 $500\mu m$)排列、固定了大量的靶 DNA 片段或寡核苷酸片段。这些被固定的 DNA 分子在基质上就形成了高密度 DNA 微阵列,因此,基因芯片也称基因微阵列。根据固定在玻片上的 DNA 类型,基因芯片可以分为 3 种。核酸分子经过标记作为探针,与固定在载体上的 DNA 进行杂交。杂交信号通过扫描仪而输入计算机,利用特定的软件分析每个杂交位点的信号强度判断靶分子的数量和与探针的同源性,进而获取样品的序列信息从而对基因序列及功能进行大规模、高密度地研究。杂交形式属于固—液杂交,与膜杂交相似。基因芯片主要利用芯片技术中信息的条约化和平行处理原理,具有无可比拟的高效、快速和多参量的特点,是传统生物技术如检测、杂交、分型和 DNA 测序的一次重大创新和突破。目前市场上最主要的产品是以点样等方法制备的用于基因表达的中、低密度基因芯片。

(二)蛋白质芯片

蛋白质芯片是以蛋白质代替 DNA 作为检测对象,与在 mRNA 水平上检测基因表达的基因片不同,它直接在蛋白质水平上检测基因表达模式,在基因表达研究中比基因芯片有着更加直接的应用前景。它的基本原理是将各种蛋白质有序地固定于载玻片等介质载体上成为检测的芯片,然后,用标记了特定荧光物质的抗体与芯片作用,与芯片上的蛋白质相配匹的抗体将与其对应的蛋白质结合,抗体上的荧光将指示对应的蛋白质及其表达的数量。在将未与芯片上的蛋白质互补结合的抗体洗去之后利用荧光扫描仪或激光共聚焦扫描技术,测定芯片上各点的荧光强度,通过荧光强度分析蛋白质与蛋白质之间相互作用的关系,由此达到测定各种基因表达功能的目的。为了实现这个目的,首先必须通过一定的方法将蛋白质固定于合适的载体上,同时能够维持蛋白质天然构象,也就是必须防止其变性以维持其原有的特定生物的活性。另外,由于生物细胞中蛋白质的多样性和功能的复杂性,开发和建立具有多样品处理能力、能够进行快速分析的高通量蛋白质芯片技术特有利于简化和加快蛋白质功能研究的进展。

第五节　基因工程在食品工业中的应用

一、基因工程在植物类食品中的应用

转基因技术可使植物具有抗病虫害的能力,具有深远的经济意义。目前正在研制的转基因植物旨在改变作物抗虫性、抗病性、抗逆性以及其他农艺性状。

(一)抗虫性转基因研究

研究最清楚的杀虫蛋白就是苏云金芽孢杆菌(*Bacillus Thurigiensis*)的 δ - 内霉素(Bt. 毒蛋白)。其作为生物杀虫剂在农业(也称为有机农业)、林业以及防止蚊虫传播疾病中已经使用多年,杀虫活性具有非常高的专一性,对非目标昆虫、鸟类和哺乳类动物不具有任何毒性。除了已经商业化生产的 Bt 转基因玉米、马铃薯、棉花和番茄外,抗虫转基因水稻(*cry* I Ab 和 *cry* I Ac)、大豆(*cry* I Ac)、油菜籽(*cry* I Ac)和茄子(*cry* Ⅲ B)也相继被培育出来。而在美国,抗虫的向日葵、莴苣、葡萄柚、甘蔗、苹果、胡桃、葡萄和花生都正处于田间试验当中。

(二)抗病转基因研究

1. 病毒抗性

获得抗病毒植物的途径之一是将该病态自身的部分基因片段(病原介导的抗性)导入植物,最常用的方法是在植物中表达病毒的外壳蛋白基因。外壳蛋白转基因技术也被应用于其他植物的抗病毒研究,例如,被应用于水稻、李子树、番茄、豌豆和花生等。此外,通过导入外壳蛋白基因培育的抗病毒转基因小麦、大豆、甘柚、黄瓜、甘薯和葡萄柚已经在美国开始了田间试验。

2. 真菌抗性

真菌抗性可以通过激活植物自身的特殊防卫机制而获得,这种防卫机制之一就是所谓的过敏反应(HR),它通过形成坏死斑而将病原限制在某个侵染区域内。过敏反应会诱导许多防卫信号分子的产生,例如水杨酸、乙烯和植保菌素。在水稻中,分别引入几丁质酶基因或类甜蛋白蛋白基因,可以增加对水稻纹枯病的抗性。而在组成型表达几丁质酶和防卫相关蛋白基因的转基因水稻上则观察对水稻稻瘟病抗性的提高。植物致病相关蛋白已经应用于黄瓜、油菜籽、番茄、小麦、葡萄和橘子的抗真菌研究当中。

3. 细菌抗性

细菌抗性研究不如病毒和真菌抗性研究进展快,部分原因是细菌病害只在某些作物上成为比较严重的问题,如马铃薯、番茄、水稻以及某些果树。

(三)抗逆境转基因研究

植物对逆境做出的反应往往是很复杂的,属数量遗传性状,在这一过程中可能涉及多种基因的作用。上述基因的表达会导致低分子量化合物的积累。例如,渗透压调节分子的产生、胚发育后期富含蛋白质的合成以及解毒酶的激活等。Bajaj 认为,甜菜碱脯氨酸或腐胺都是渗透压调节分子,将合成这些渗透压调节分子的酶的基因导入到水稻中发现,转基因植株对盐和干旱的抵抗能力有所增强。在水稻中以组成型方式表达燕麦精氨酸脱羧酶基因会严重影响植株的发育,而当精氨酸脱羧酶基因在脱落酸诱导型启动子的调控下表达时,转基因水稻在高盐条件下产量有一定程度的提高。

高盐对植物产生的不利影响表现在两个方面:一是由于水缺乏造成渗透压的改变;另一个是多余的钠离子会对重要的生化反应产生影响。为了对付高盐环境,植物应该有能力使用其他离子调节渗透压,通过这些离子的重新分配以便将钠离子排到细胞外。在最初的转基因研究中,那些调控离子转移的基因被采用。例如,转基因番茄在表达一个液泡 Na^+/H^+ 反向运输蛋白后,即使在 200mmol 氯化钠存在的情况下,仍可以生长、开花和结果。酵母 HAL1 基因在转基因番茄中的表达对提高抗盐能力有同样的作用,它是通过减少钾离子的损失以及减少细胞内的钠离子起作用。

(四)增加营养品质转基因研究

1. 提高水稻和小麦中的铁含量

Goto 等人已将大豆铁蛋白基因导入水稻,该基因受水稻种子特异性表达启动子 Glu – B1 所控制。与野生型对照水稻种子相比,转基因水稻种子中的铁元素含量增加了 3 倍。同样地,铁元素含量的增加也同样出现在表达菜豆铁蛋白的转基因水稻种子内,而且该基因为另外一个启动子 Gt – 1′调控。

为了提高铁的吸收,不仅需增加食物中铁元素的含量,还要改善铁元素在人肠道中的吸收率,有两种方法已经被采用。首先,植酸是铁元素吸收的主要抑制因子,其含量可以通过引入烟曲霉的热稳定性植酸酶基因所降低。转基因水稻植酸酶的活性至少增加了 2 倍,而其中有一个品系稻米中的植酸酶活性增加了 130 倍。其次,半胱氨酸多肽的存在被认为有利于铁元素吸收,因此,在水稻中表达富含半胱氨酸类金属硫蛋白基因后,转基团水稻种子中的半胱氨酸含量大大增加。基于上述情况,可认为高植酸酶水稻(可造成铁元素含量增加)以及富含半胱氨酸水稻在改善铁元素供应方向有潜在价值,特别对于以稻米为主食的人群是这样。

2. 改善马铃薯的氨基酸组成

马铃薯只含有少量的人体必需氨基酸,如赖氨酸、色氨酸、甲硫氨酸和半胱氨酸。为改善马铃薯的营养价值,源自千穗谷的一个非过敏性球蛋白基因被转移到马铃薯内。该种子特异性球蛋白分别在一个马铃薯块茎特异性和一个组成型的启动子的调控下表达,结果发现两种转基因马铃薯块茎在总蛋白含量上均增加了 35% ~ 45%,在必需氨基酸方面也有相应增加。此外,马铃薯块茎数目增加了 2 倍,而马铃薯块茎产量增加了 3.0 ~ 3.5 倍。

3. 在甜菜中生产"低热能"糖分

Koops 等已经培育出一种新的甜菜品种,该甜菜可产生一种低热能的甜味剂——果聚糖。为达到上述目的,他们将菊芋中的 1 – 蔗糖:蔗糖 – 果糖基转基酶基因(1 – SS)导入甜菜中,而该酶可将蔗糖转化为果聚糖。短链的果聚糖虽然在甜度上与蔗糖相仿,但它却不能提供任何能量,因为人体内缺乏能分解和利用果聚糖所必需的酮类。长链的果聚糖能够形成乳化液,具有像脂肪一样的质地,而且还能促进消化道内有益细菌的生长。转基因甜菜根部所产生的糖的总量并未改变,但由于 1 – SS 的表达,导致储存的蔗糖 90% 转变为果聚糖。在室温生长条件下,"果聚糖甜菜"发育正常根部干物质的重量与野生型甜菜的相同。转基因甜菜每克鲜重含有 110μmol 的果聚糖,提取这种化合物具有经济价值。

4. 提高小麦谷蛋白含量以改善烘烤品种

小麦面粉的面包烘烤质量取决于小麦中含有的高分子量麦谷蛋白。与小麦不同的是,其他禾谷类作物并不含有麦谷蛋白。麦谷蛋白由 6 个基因共同编码,其总含量就与这些基因的表达水平成正比。现已证实面团的质量会受编码麦谷蛋白基因的数量以及表达水平的影响,当某些麦谷蛋白基因被导入缺失这些基因的小麦品系中后,面团的品质将会显著地得到改善。上述转基因技术也同样适用于那些烘烤品质比较好的小麦品系,这样做的结果通常可使麦谷蛋白的含量超过总蛋白含量 10% 的最高值。例如,专门用于制作面包和意大利空心粉的硬粒小麦在导入高分子量的麦谷蛋白亚基因之后品质有了一定的改善。

5. 无子水果和蔬菜

植物没经过受精也同样能够结实,而且这样的果实不含有种子,这种性状是消费者乐意接受的。为了能达到单性结实的目的,通常采用的方法是用合成的牛生长激素处理花芽。基因工程方法也能得到与植物激素类似的作用,只需在胚珠中表达能够提高生长激素含量以及活性的基因即可。Rotino 和他的同事们将丁香假单胞菌的 iaaM 基因置于金鱼草 DemfH9 启动子控制之下,因为该启动子是一个胚珠表达特异性启动子。用上述载体转化烟草和茄子后,其中转基因茄子即使在阴性对照植株不能结实的恶劣条件下也能坐果,而且果实的体积和重量与转基因植株或对照植株在授粉条件下所产生的果实是相同的。

6. 开发和生产新一代食品

经过脱色、除臭和精制处理的烹饪用豆油常需要被还原处理,以延长其储藏时间及提高其在烹调时的稳定性。但这种还原作用却导致豆油中富含反式脂肪酸,而反式脂肪酸摄入人体后,会增加罹患冠心病的可能性。作为精制豆油的色拉油,虽然没有经过还原作用,但其中却富含软脂酸,而软脂酸的摄入也能导致冠心病的发生。因此,选择合适的目的基因和启动子,通过重组 DNA 技术来改造豆油的组分,转基因豆油现已投放市场。其中,有的豆油不含软脂酸,可用作色拉油;有的富含 80% 油酸,可用于烹饪;有的含 30% 以上的硬脂酸,适用于人造黄油以及使糕饼松脆的油。利用基因工程改造的豆油的品质和商品价值大大提高。

二、基因工程在动物性食品中的应用

转基因动物尚未达到高等转基因植物的发展水平,但人们仍设法用它来表达高价值蛋白质。转基因技术在家畜及鱼类育种上初见成效。中科院水生生物研究所在世界上率先进行转基因鱼的研究,成功地将人生长激素基因和鱼生长激素基因导入鲤鱼,育成当代转基因鱼,其生长速度比对照快,并从子代测得生长激素基因的表达。中国农大生物学院瘦肉型猪基因工程育种取得初步成果,获得第二、三、四代转基因猪215头。我国已生产出生长速度快、节约饲料的转基因鱼上万尾,为转基因鱼的实用化打下基础。1997年9月上海医学遗传研究所与复旦大学合作的转基因羊的乳汁中含有人的凝血因子,既可以食用,又可以药用,使人类药物研究迈出了重大的一步。目前基因工程在动物性食品中的应用有以下几方面。

(一)改善生长速度和饲料转化效率

家畜生长速度与饲料转化效率受多种遗传因子调控,其中编码生长调节激素的基因最令人感兴趣。在生长激素释放因子(GHRH)及其拮抗物——牛生长激素释放抑制因子(SRIF)共同作用下,控制家畜体内生长因子的分泌。生长激素发挥作用需高度依赖动物体内的代谢环境,低血糖的情况下导致分解反应,在高能量存在的情况下催化合成反应,而后者主要受类胰岛素生长因子1(IGF-1)控制。Palmiter等人发现表达过量的生长激素的转基因小鼠生长速度比对照小鼠快,体型也大很多。有许多转基因猪和转基因绵羊相继被培育出来,在强启动子的调控下,它们分别表达出人、牛、猪或大鼠的生长激素逐出。表达高水平生长激素的转基因猪生长速度加快,饲料转化率也有提高。生长激素水平的提高对转基因猪最显著的影响是在猪达到出栏标准时猪肉中的脂肪含量降低。但人们也发现,生长激素在猪体内以组成高效的方式表达会引起许多病态反应。携带有促进生长基因的转基因反刍动物,如牛、绵羊和山羊也已经培育出来。

改变动物生长特性的其他途径涉及肌细胞本身的分化过程。例如,鸡 $c-ski$ 原癌基因可以诱导肌原细胞的分化。这种肌肉分化基因被导入猪和牛体内后,与在生长激素转基因研究中所观察到的现象类似,既有严重的副作用产生,也有无不利影响的报道。肌肉抑制素,有时也被称为生长和分化因子,是一种骨骼肌发育负调控因子。该基因的缺失或无意义突变在牛身上可导致肌肉量增加2倍。通过基因打靶所产生的肌肉抑制素缺陷型小鼠,其肌肉量和脂肪含量比野生对照鼠增加2倍,它为肌肉抑制素缺陷型牛的培育提供分子生物学方面的证据。在另一个基因导入研究中,肌肉抑制素基因的反义过量表达也同样能够促进肌细胞的发育并导致生长特性的改善及肌肉量的增加。因此,肌肉抑制素基因可能是家畜基因打靶和新功能获得研究中一个较好的候选对象。

(二)改善牛奶成分

改进牛奶加工品质的研究包括改变酪蛋白含量和引进新的蛋白质成分。人乳蛋白基因的引进或用人的基因更换掉牛的基因也许在生产人乳替代品方面会起到重要作用。牛奶和人乳有相当大的区别,因此牛奶并不是婴儿的理想食品来源。牛奶可以通过增加乳清蛋白的含量而在营养上更加接近人乳,还比如可增加微生物拮抗蛋白——乳铁蛋白和溶菌酶的含量。近年来,已经有关于利用转基因牛在牛奶大规模生产人乳铁蛋白的报道。

乳糖是牛奶的一个主要糖原,它是由乳糖合成酶复合体合成的,该复合体由半乳糖基

转移酶和 α-乳白蛋白所构成。婴儿期断奶以后肠内乳糖水解酶的生理性下调,使大多数成年人因对乳糖消化不良而产生肠消化紊乱。低乳糖牛奶可通过反义 RNA 技术部分抑制 α-乳白蛋白基因的表达或在乳腺内特异性表达肠乳糖酶而分泌。增加乳糖含量有益于幼儿。在一个增加牛奶产量及乳糖含量的研究中,牛乳球蛋白基因被导入猪体内进行表达,然而,该外源蛋白表达水平并不足以引起断奶猪仔生长速度的加快。

(三)改善动物的抗病性

动物健康状况得以改进不仅对生产有利,而且对提高动物的繁殖能力也有益。家畜疾病敏感程度的降低对维持动物健康、提高经济效益都有益。通过转基因技术增强家畜抗病能力的研究已经不少。无论是体细胞基因转移技术或是生殖系统基因导入的方法,向家畜中引入新的抗病基因应使其具备生殖传代的能力。体细胞基因转移技术主要应用在 DNA 疫苗研究方面,专门针对动物抗病性、能够传代的生殖系统基因导入虽然也有报道,但抗病能力是否真正得到提高的最有力证据,即用病原进行攻毒试验的研究却至今未发现。

(四)改变生化代谢途径

通过转基因的方法可以将遗传物质跨物种间转移。将功能性启动子与其他非哺乳动物的基因相连,然后导入家畜体内表达以改变某个生化代谢途径。为解决养猪过程中所产生的猪粪便对环境的污染问题,人们便将大肠杆菌的植酸酶基因导入猪唾液腺内表达,所获得的转基因猪能够消化利用以植酸形式存在的磷元素,而植酸是猪饲料中磷最丰富的存在形式。最终结果是转基因猪粪便中的排出量大大下降。引入新的生化代谢途径以改善某种营养成分利用率是一项极富挑战性的任务,而营养成分利用率则是动物生产的限制性因素。有计划将真核生物的基因导入反刍动物体内以便直接合成半胱氨酸、苏氨酸和赖氨酸,或引入整个乙醛酸循环以将瘤胃中的主要代谢产物——乙酸转化为葡萄糖,但上述试验迄今均未获得成功。

(五)改善羊毛生产

通过转基因技术提高半胱氨酸供给量而达到改善羊毛生产的目的。然而,当将细菌中的半胱氨酸合成基因导入到绵羊体内时,羊毛产量并没有提高,这可能是因为转基因的表达并不足以影响到早已存在的相同的生化代谢循环。改善羊毛质量的第二个途径是改变羊毛纤维的蛋白质组成。编码羊毛丝状角蛋白中间体的基因被导入绵羊中表达,结果发现羊毛纤维的超微结构确实发生了改变,但羊毛的加工品质却没有发生有益的变化。

三、基因工程在微生物中的应用

发酵工业的关键步骤之一是如何获取优良菌株,除常用的诱变、杂交和原生质体融合等传统方法外,与基因工程结合,大力改造菌种,给发酵工业带来了生机,如能表达目的基因的"基因工程菌"的开发。微生物的遗传变异性及生理代谢的可塑性都是其他生物难以比拟的,故其资源的开发有很大的潜力。下面介绍基因工程在微生物中的几方面应用。

（一）酿酒酵母菌株

1. 啤酒

在过去的 20 多年里，人们对啤酒酵母的遗传改造做了大量的研究。现在筛选出的菌株能发酵多种来源的碳水化合物，其絮凝性状也发生了改变，而且，所生产出的啤酒可以具有不同的口味。

（1）碳水化合物的利用　酿酒酵母只能利用单己糖、双己糖和三己糖。为了能够利用和分解代谢其他的寡聚物，如糊精或 β - 葡聚糖，通常选用以下几种不同的途径，即表达不同来源的葡萄淀粉酶和 β - 葡聚糖酶基因。β - 葡聚糖的消除使得啤酒的滤透性增加，因此，它就成为一个既能扩大底物应用范围又能改善啤酒生产工艺的实例。

（2）絮凝沉淀　一个好的酿酒酵母应该能够形成絮凝沉淀，因为这是在发酵临近结束时对酒液进行澄清最为经济和有效的方法。酿酒酵母之所以产生絮凝沉淀，完全取决于该菌株是否为新絮凝因子（New Flo）表现型。Flo1 基因可编码一个细胞表面蛋白，通过导入源自实验室酵母菌株的 Flo1 基因，工业酵母的絮凝能力已得到改善，在整个发酵过程中都可以观察到絮凝沉淀现象，这才致细胞数量下降和发酵时间延长。使用生长时期特异性启动子 HSP30，经过证实可以对 Flo1 基因的表达进行调控，基因的高效表达控制在生长的末期时稳定。

（3）口味　基因工程还可用于改变啤酒的口味，可以将一些多余化合物消除掉，如双乙酰和硫化氢，还可以使一些与口味有关的化合物如二氧化硫保持稳定。双乙酰是啤酒口味不够纯正的一个主要原因，它是缬氨酸生物合成途径中的一个产物。在发酵过程中，α - 乙酰乳酸通过自发氧化作用形成双乙酰，然后通过酵母细胞扩散进入正在发酵的麦芽汁中。新制备的"绿色"啤酒需要经过一个既费时又费成本的后熟阶段，在这个过程中，双乙酰被缓慢转化成丙酮和 2,3 - 丁二醇，这两种产物比双乙酰具有口味感。有许多方法可以避免冗长的后熟过程，关键是要减少双乙酰的形成。例如，通过导入异源的 α - 乙酰乳酸转化为丙酮，从而将后熟时间由几个星期缩短为几小时。构建重组酵母以减少硫化氢生成量的研究已证明是成功的，结果显示它可以缩短后熟所需要的时间和成本。一个比较有希望的途径是首先将硫酸盐代谢途径中的 MET25 基因置于糖酵解途径中的组成性启动子控制之下，然后将它们导入酿酒酵母的核糖体 DNA 中。使用这种方法，中试发酵试验证实硫化氢的含量比野生型酵母降低很多。

啤酒口味要保持一定的稳定性，取决于它所含的二氧化硫水平。改变二氧化硫的含量，已有多种基因工程的方法，如表达硫酸盐代谢途径中的各种基因。有些基因可改变代谢的方向，朝有利于增加二氧化硫含量的方向发展，如表达 MET3 和 MET14。也有人试图让 MET32 和 MET10 基因失活，而后一种办法似比前几种方法更有希望获得成功。

2. 葡萄酒

将重组技术应用于葡萄酒酵母的目的是改善其发酵特性、加工效率以及独特的口味。

（1）发酵特性　为了扩大碳源和氮源的同化范围及克服分解代谢物阻遏现象，基于对糖酵解和氮代谢途径所涉及的相关酶催化活性的了解，人们已开展过多种的探索和研究。为了更有效地利用糖分，有一个研究将所有参与糖酵解途径的酶都过量表达，但乙醇的含量并未得到提高。而另一个试验中，由于 HXT 通透酶基因家族的基因被表达，使得葡萄糖的吸收特异性地增加了。此外，在脯氨酸利用途径的去调控研究中发现，它可以克服分解代谢物阻遏并成功地提高氮源利用率（在厌氧发酵条件下，脯氨酸不被代谢利用）。

（2）加工效率　葡萄酒需经过精制和澄清阶段才能完成全部的加工过程，其间要减少某些化合物的含量。例如，多聚糖对葡萄汁和葡萄酒的澄清和稳定性都会产生不利的影响，因此，异源性或同源性的基因被表达以使酶能够将果胶质、葡聚糖及半纤维素（主要是木聚糖）降解。近来，在一个啤酒酵母菌株中表达一个内源性的 PGU1 基因，发现该葡萄酒的过滤时间有了显著缩短。这个重组菌株能够分泌有活性的内聚半乳糖醛酸酶，而该酶可以成为其他来自真菌的果胶酶的替代品。

（3）独特的口味　葡萄酒口味及其他触觉感官的改善与葡萄中萜类化合物、挥发性酯类以及甘油含量的高低密切相关，还有就是最后葡萄酒酸度的调节。萜类化食物是葡萄酒中理想的挥发性物质，也是葡萄的次生代谢产物，而这些萜类化合物绝大多数是以它们的前体化合物——非挥发性的 O-葡萄糖苷形式存在的。通过将异源的长枝木霉的 β-1,4-葡聚糖酶基因导入列葡萄酒酵母菌株中表达，葡萄酒的香味增加了，这可能是由于糖基化的香味化合物前体水解后造成的。在发酵初期所形成的酯类化合物含量变化非常大，这些化合物构成了独特的水果香味，其合成则需要乙酰转移酶的参与。由 ATF1 所编码的乙醇乙酰基转移酶（AAT）是啤酒酵母中研究得最清楚的酶之一，将 ATF1 基因置于组成型的 PGK1 启动子控制之下，然后导入商业化葡萄酒酵母中表达，使葡萄酒的口味有所改善，原因是增加了理想酯类化合物的合成。

甘油是非挥发性的化合物，主要与其他感官有关，如甜味、滑腻感、持久感以及葡萄酒的整体感观。表达甘油的研究目的是改善葡萄酒的感官。对于白葡萄酒而言尤其如此，这是因为它的甘油含量比红葡萄酒要低；Remize 和他的同事们的研究表明，在表达 GDP1 基因的同时，让 ALD7 基因失活，可使甘油的产量比野生型对照菌株增加 2～3 倍（以减少乙醇为代价），同时也使乙酸含量降低。在葡萄酒中的有机酸主要是酒石酸和苹果酸，它们约占葡萄可滴定酸度的 90%。如果不对其含量进行调整，将会使葡萄酒口味不正甚至变质。啤酒酵母同化 L-苹果酸的能力所使用的菌株不同差异会非常大，主要原因是它们缺乏一个主动的苹果酸转移系统。除了啤酒酵母不能充分代谢苹果酸盐之外，苹果酸酶的底物特异性也很低。近来有研究将源自裂殖酵母的苹果酸通透酶和苹果酸酶基因导入到酿酒啤酒酵母中，结果发现可以使琴宁—布兰克（Chenin Blanc）葡萄汁中的 L-苹果酸含量显著下降。

3. 清酒

制作清酒的微生物包括清酒酵母（主要是啤酒酵母）和米曲霉。也有人用基因工程改造后的清酒酵母进行发酵以便改进清酒的风味和阻止有毒物质（通常是诱变剂）的产生。

(1)口味 清酒有玫瑰香味,这是因为它含有苯乙基乙醇和乙酸乙酯这两种化合物。对能增强芳香化合物合成的变异菌株进行筛选和研究发现,它们的 ARO4 基因有一个位点发生了变异。ARO4 基因编码的芳香族氨基酸生物合成中的酶,将改造后的 ARO4 基因插入到一个着丝粒型的质粒上,然后转移到清酒酵母体内,结果发现用这种酵母所酿制的清酒中苯基乙醇含量增加。

(2)有毒物质 氨基甲酸乙酯(ECA)是一种可疑的致病物质,为阻止其形成,有人构建了一个重组的清酒酵母菌株。尿素被认为是酵母细胞中 ECA 合成的主要前体化合物,它在精氨酸降解过程中形成。在重组的清酒酵母菌株中,编码精氨酸酶的 CAR1 基因的两个拷贝被先后失活,目的是为了减少尿素的产生。研究发现,这种重组酵母可减少尿素积累,在清酒中没有监测到有 ECA 存在,即使在 30℃存放 5 个月也是如此。

(二)面包酵母菌株

面包是由发酵的面团(主要是小麦或其他禾谷类作物)制作成的,而酸面团的形成要借助于面包酵母和乳酸酵母。面包酵母的质量取决于生产过程中它是否能够进行有效的呼吸代谢,其结果将决定最后的产量(更经济一些),尽管在开始发酵时都是用少许蜜糖作引子。在面团发酵过程中,酵母也需要产生相当数量的二氧化碳,通过对不同糖分的乙醇发酵可以做到这一点;另外,酵母还产生其他的副产品,它们与面包的口味和香味相同。面包酵母的改善工作涉及几个方面,如对不同的面团底物进行发酵,从一定数量的蜜糖产生出足够量的酵母菌。

1. 作用于不同的面团底物

面包酵母是否具有好的发酵能力取决于它利用麦芽糖效率的高低,而麦芽糖是面团中的内源性淀粉酶对淀粉水解后产生的。葡萄糖的存在可以限止麦芽糖进入酵母细胞及在酵母细胞中的代谢,这种代谢调控机制也被称为"分解代谢物阻遏"。葡萄糖调控也同样抑制麦芽糖酶和麦芽糖通过酶的合成以及使麦芽糖酶失活,这些将导致酵母利用麦芽糖的时间推迟。代谢基因工程可以减少葡萄糖调控所产生的不利影响,意味着需要以组成型方式表达 MAL 基因,同时还要使一些基因失活,如需失活 MIG1 基因。上述方案可以部分减轻葡萄糖调控的影响,并使葡萄糖和麦芽糖存在的情况下生长有所加快,由此导致面包生产时间缩短。当将葡萄糖调控中的一些特殊调控基因删除,使引物蔗糖代谢过程改变,结果也能缩短面包发酵时间。

2. 生物产量

利用蜜糖作碳源和氮源,通过有氧补料分批方法可以生产面包酵母。蜜糖中主要含有葡萄糖、果糖、蔗糖和棉子糖,而棉籽糖通过转化酶可以转变为果糖和蜜二糖;只有少数几个面包酵母菌株能够同化蜜二糖,许多菌株中利用蜜二糖的基因(α-半乳糖苷酶)是缺失的。通过基因工程,在面包酵母中表达 MEL1 基因后,蜜二糖的利用能力得到恢复并由此增加了生物产量。为了提高生产效率,Blom 等又提出了另外一种能缓解葡萄糖调控影响的研究策略,即通过表达转录因子 Hap4p,可以部分减弱葡萄糖对呼吸代谢的抑制,乙醇的产量明显下降,而酵母生长速率有所提高,产量也增加了40%。

(三)乳酸菌发酵剂

20世纪80年代以来基因工程技术进入乳酸发酵剂领域,利用基因工程技术改造传统的发酵食品用微生物是当前食品生物技术领域一个新的研究热点。近10年来,基因工程技术主要应用于乳酸发酵工业以下几个方面:噬菌体抗性菌株的分子育种;质粒相关的稳定作用;增强干酪的风味和质构,加速干酪的成熟;细菌素和其他天然抗生素的产生;生物胶的产生;风味缺陷的控制;益生素的产生;食品级酶和异源蛋白质的产生;降低莫兹瑞拉干酪的棕色化;发展适用于低脂肪乳制品的发酵剂;发展冷敏感型发酵剂。大多数发酵食品中含有未灭活的发酵微生物,并随食品进入人体,因此利用基因重组技术改造食品用微生物时,首先应保证具有足够的安全性。有了食品级基因修饰菌的明确定义,美国、荷兰、丹麦等国的研究人员做了大量有关用基因工程技术改良乳制品发酵剂的研究。

乳酸菌是能代谢产生乳酸,降低发酵产品pH的一类微生物。乳酸菌基因表达系统分为组成型表达和受控表达2种类型,其中受控表达系统包括糖诱导系统、Nisin诱导系统、pH诱导系统和噬菌体衍生系统。相对于乳酸乳球菌(*Lactococcus lactis*)和嗜热链球菌而言,德氏乳杆菌(*Lactobacillus delbrueckii*)的基因研究比较缺乏,但已发现质粒pN42和PJBL2用于构建德氏乳杆菌的克隆载体。乳酸菌基因突变有2种方法:第一种涉及(同源或异源的)可独立复制的转座子,第二种是依赖于克隆的基因组DNA片断和染色体上的同源部位重组整合而获得的。完整基因组序列的破译并没有改变这些基本方法,然而这已经极大地提高了选择用于研究基因位点的速度,而且现有的基因组序列大大提高了随机整合体的定位和预测遗传前景的能力。

(四)其他工业用酵母菌株

在西方国家,绝大多数植物来源的发酵食品都是用啤酒酵母的工业用菌株生产的。其他用于食品生产的工业用酵母种类包括裂殖酵母(*Schizosaccharomyces pombe*)和露西结合酵母(*Zygosaccharomyces rouxii*),例如用谷子发酵生产啤酒、用棕榈汁发酵生产杜松子酒及用大豆发酵生产酱油。裂殖酵母也同样应用在朗姆酒的发酵生产中,另外由于它能够分解代谢苹果酸,还被用来调校葡萄酒的酸度。在生产生物大分子蛋白质及表达异源蛋白质方面,裂殖酵母也大有用武之地,在传统发酵食品的生产过积中,也能发现裂殖酵母,如波比啤酒和杜松子酒。至于菌株的改良工作,无论是采用传统的育种方法,还是通过基因工程途径都很少有报道,这可能与裂殖酵母在生物技术研究方面只具有较小的应用范围有关。

露西结合酵母是一个抗渗透能力比较强和嗜盐性的酵母,由于它的存在使得日本酱油和豆瓣酱具有独特的香味。采用改良菌株生产酱油已经得以实现,但菌株的改良只是通过简单的突受体筛选。研究发现,L-甲硫氨酸抗性突变体菌株不能够完全将甲硫氨酸转化为S-腺苷甲硫氨酸(SAM),由此导致甲硫基丙醇(3-甲硫基-1-丙醇)的含量增加了60倍,而这种物质是酱油中起决定作用的风味化合物。

在异源蛋白质的商业化生产方面,常选用其他一些有吸引力的酵母作为宿主菌,这些酵母包括了毕赤酵母、多形汉逊酵母和克鲁维如酵母等菌种。为实现外源蛋白质的高效表达,尽管也对这些酵母进行了遗传方面的改造工作,但都与食品原材料的生产没有任何关系。

(五)工业用丝状真菌菌株

在东方国家,植物类发酵食品的生产主要是借丝状真菌完成的,这些真菌包括曲霉（*Aspergillus*）、根霉（*Rhizopus*）和毛霉（*Mucor*）。大豆、水稻和花生的发酵都有这些真菌的参与。在日本,这些真菌的引子培养物被称为考剂（Koji）,是一种传统的接种物,菌株的筛选主要是基于它们所含有的特殊酶类,如在酱油生产过程中,真菌菌株应该含有很高的蛋白水解酶和淀粉水解酶活性。而在利用稻米生产甜酒的过程中,真菌菌株则需要较高的淀粉水解酶活性,因为这样便于将淀粉转化为糖。

对引子培养物中的真菌菌株进行遗传改良将会产生新菌株,因此可生产出人们所希望的酶类、芳香化合物、有机酸和色素。改造工作也应该围绕着菌株对温度和高盐的耐受性开展,可供选择的方法包括通过基因工程途径,如原生质体融合技术。不同丝状真菌如曲霉、毛霉、青霉和木霉可以通过原生质体融合及进行种内和种间杂交。在工业用引子培养物中,已有人使用遗传重组技术或依据其原理对它们进行改造。

有关丝状真菌转化技术的应用主要涉及在真菌中表达异源酶类、其他种类的蛋白质及有商业价值的次生代谢产物。尽管重组技术已广泛应用于一些可作为食品的真菌菌株上,但这些基因工程菌株在商业化生产的应用还很有限。在真菌引子培养物中,还没有一种GMO菌株获得批准进入商业化应用。利用基因工程手段克隆生长因子基因,将重组基因载体导入合适的微生物细胞,便能进行目标产品,如动物生长激素、蜘蛛丝蛋白等的发酵生产。应用微生物发酵生产除必须取得所需要的基因以外,还需选择合适的微生物,这种微生物必须是不致病的。此外还应该便于培养,产品能分泌到培养液中便于提取、转化,而且最好是对它有充分的了解等。美国食品和药品管理局已批准用基因工程菌生产凝乳酶用来制造奶酪;英国的农业、渔业与粮食部已批准用基因工程面包酵母生产面包;芬兰的一家酒精生产公司首先用基因工程芽孢杆菌生产 α - 淀粉酶;日本也有不少关于应用基因工程菌于食品添加剂的报道。用生物技术手段可以生产动、植物的新品种,从而获得新食品。例如,人类应用遗传工程手段已经培育出高赖氨酸的玉米、高蛋白的小麦、无毒素的棉籽等,改善了日常食品的质量,丰富了食品资源,各种细菌和酵母菌的发酵藻类为人类提供了新型的营养来源。

尽管世界范围内对基因食品的争议很多,但并不影响基因食品技术的迅速发展,新的基因食品不断问世。可以预计,基因食品在新世纪将很快成为人类食品的主要来源。我国对转基因技术和基因食品的研究和应用采取了积极扶持的政策,在转基因水稻、小麦、番茄、甜椒等方面已达到国际同类研究领先水平。只有培育出高产的粮食作物及基因工程食品,才能满足日益增多的人口对食物的巨大需求,这也是发展基因工程食品最重要的驱动力。尽管目前还难以让人们从观念上完全接受基因工程对食品工业的改造,但在过去几年里利用分子生物学技术生产的基因食品不断问世,从牛奶、奶酪到水果、蔬菜、牲畜以及玉米、大豆等主要农作物范围广泛,其销售量也在稳步上升。基因工程的应用已经渗透到工业生产的许多领域,现代基因工程技术将为农业带来新的绿色革命,给人们带来更加丰富、更有利于健康、更富有营养的食品,将为人类的衣食住行发挥巨大力量。

第三章 细胞工程技术与食品工业

细胞工程(cell engineering)是以细胞生物学和分子生物学为理论基础,采用原生质体、细胞或组织培养等试验方法或技术,在细胞水平上研究开发、改造生物遗传特性,以获得新性状的细胞系或生物体以及生物的次级代谢产物,并发展相关理论或技术的学科。其主要内容包括细胞融合技术、动物细胞工程和植物细胞工程等。

利用细胞工程技术生产生物来源的天然食品或天然食品添加剂,是细胞工程的一个重要领域。其应用范围广泛,包括生产天然药物(人参皂苷、紫杉醇、长春碱等)、食品添加剂(花青素、胡萝卜素、紫草色素、天然香料等)和酶制剂(SOD 酶、木瓜蛋白酶等)等。在食品生物工程领域中,利用各种微生物发酵生产蛋白质、酶制剂、氨基酸、维生素、多糖、低聚糖及食品添加剂等产品。为高产优质,除通过各种化学、物理方法诱变育种及基因工程育种外,采用细胞融合技术或原生质体融合技术也是一种有效的方法。同时,采用动植物细胞大规模培养生产各种保健食品的有效成分及天然食用色素等都是生物工程领域的重要组成部分,在食品、医药及化工等领域广泛应用。

第一节 细胞融合技术

一、细胞融合技术的含义

细胞融合技术(cell fusion technology)是把两个亲本的细胞经酶法除去细胞壁(动物细胞无须此步)得到两个球状原生质体(protoplast)或原生质体球(spheroplast),然后置于高渗溶液中,通过生物、化学或物理等诱导融合法,促使两者互相凝集并发生细胞之间的融合,导致基因重组,获得新的重组子(菌株)。这种融合又称为原生质体融合。

细胞经原生质体化后进行融合可克服天然性接合的屏障(如细胞壁障碍),融合和重组频率明显高于常规杂交育种数倍到几十倍。实践也证明,原核生物与真核细胞之间、动物细胞与植物细胞之间、人细胞与植物细胞之间均可进行细胞融合。因此,原生质体融合技术对遗传育种,选育优良品系以达到高产优质具有重要实践意义。

二、细胞融合技术的一般步骤

细胞融合技术的主要过程包括:①制备原生质体。对于微生物和植物细胞具有坚硬的细胞壁,通常用酶将其降解,动物细胞则无此障碍。②诱导细胞融合。两亲本细胞(原生质体)置于高渗溶液中,在促溶剂和 $CaCl_2$ 存在的条件下,促使两者相互凝集并发生细胞之间的融合。悬浮液调至一定的细胞密度混合后,采用物理、化学或生物学的方法诱导细胞融合。③筛选杂合细胞。将上述混合液移至特定的筛选培养基上,使杂合细胞生长,其他未融合的细胞无法生长,获得具有双亲遗传特性的杂合细胞。

(一)原生质体的制备

获得有活力、去壁较为完全的原生质体对于随后的原生质体融合和再生是非常重要的。影响原生质体制备的因素很多,主要有以下几个方面。

1. 亲本的选择及预处理

在原生质体融合过程中,为便于后续融合体的筛选工作,一般首先对所用亲本进行遗传标记。常用的遗传标记有营养缺陷型、抗药性等。这种遗传性状可通过人工诱变等方法使亲本获得。

对于微生物细胞,取经过培养至对数期的细胞,在培养基中加入细胞壁合成的抑制剂如甘氨酸、青霉素或 D - 环丝氨酸等,可增加菌体对脱壁酶的敏感性。

对于植物细胞,原则上植物任何部位的外植体都可成为制备原生质体的材料。但人们往往更看重活跃生长的器官和组织,由此制得的原生质体一般都生命力较强,再生与分生比例较高。常用的外植体包括:种子根、子叶、下胚轴、胚细胞、花粉母细胞、悬浮培养细胞和嫩叶。对外植体的除菌要因材而异。悬浮培养细胞一般无须除菌。对较脏的外植体要先用肥皂水清洗再以清水洗 2 ~ 3 次,然后浸入 70% 酒精消毒后,再放进 3% 次氯酸钠处理,最后用无菌水漂洗数次,并用无菌滤纸吸干。

2. 除壁酶的选择

细菌和放线菌可用溶菌酶处理。革兰氏阳性菌易被溶菌酶除去壁,但革兰氏阴性(G^-)菌由于其成分及结构较复杂,必须采用溶菌酶和 EDTA 一起处理。酵母菌则用蜗牛酶,它是由蜗牛胃液制备而得名,商品名为"Helicase"。霉菌则往往添加几丁质酶及纤维素酶互相配合,从而达到细胞原生质体化的目的。

植物细胞的细胞壁含纤维素、半纤维素、木质素以及果胶质等成分,因此市售的纤维素酶实际上大多是含多种成分的复合酶,如中科院上海植物生理研究所生产的纤维素酶 EA_3 - 867 和日本产的 Onozuk R - 10 就含有纤维素酶、纤维素二糖酶以及果胶酶等。此外,蜗牛酶也较好的降解植物细胞壁的能力。

3. 酶浓度

一般来说酶浓度增加,原生质体的形成率亦增大,超过一定范围,则原生质体形成率的提高不明显。酶浓度过低,则不利于原生质体的形成;酶浓度过高,则导致原生质体再生率的降低。为了兼顾原生质体形成率和再生率,有人建议以使原生质体形成率和再生率之乘积达到最大时的酶浓度为最适酶浓度。

4. 酶解温度

温度对酶解作用有双重影响,一方面随着温度升高,酶解反应速度加快;另一方面,随着温度升高,酶蛋白变性而使酶失活。一般酶解温度控制在 20 ~ 40℃。

5. 酶解时间

充足的酶解时间是原生质体化的必要条件,但如果酶解时间过长,则再生率随酶解的时间延长而显著降低。其原因是当酶解达到一定时间后,绝大多数的菌体细胞均已形成原生质体,因此,再进行酶解作用,酶便会进一步对原生质体发生作用而使细胞质膜受到损伤,造成原生质体失活。

6. 渗透压稳定剂

原生质体对溶液和培养基的渗透压很敏感,必须在高渗或等渗溶液或培养基中才能维持生存,在低渗溶液中,原生质体会破裂而死亡。不同的菌种,采用的渗透压稳定剂不同。对于细菌或放线菌,一般采用蔗糖、丁二酸钠等为渗透压稳定剂;对于酵母菌则采用山梨醇、甘露醇等;对于霉菌采用 KCl 和 NaCl 等。

(二)原生质体融合

融合是把两个亲本原生质体混合在一起,通过诱导融合作用使原生质体发生融合。促进细胞融合的方法有如下几种。

1. 生物法

主要用于动物细胞的融合。采用病毒促进细胞融合,如仙台病毒、疱疹病毒、天花病毒、副流感型病毒、副黏液病毒及一些致癌病毒等均能诱导细胞融合。其中仙台病毒(HVJ)是最早应用于动物细胞融合的融合剂。仙台病毒具有毒力低,对人危害小,而且容易被紫外线或 β – 丙炔内酯所灭活等优点,这是生物学法最常用的细胞融合剂。

本方法由于病毒的致病性和寄生性,制备比较困难。此外,本法诱导产生的细胞融合率比较低,重复性不高,所以近年来已不多用。

2. 化学法

目前主要有盐类融合法、高钙和高 pH 融合法和聚乙二醇融合法 3 种。

(1)盐类融合法　此法是应用最早的诱导原生质体融合的方法。盐类融合剂对原生质体的破坏小。目前主要研究方向为提高融合率,使其对液泡化发达的原生质体能够诱发融合。

(2)高钙和高 pH 融合法　Keller 首先发现高 Ca^{2+} 和高 pH 可以诱发融合。Melchers 用此法将烟草种内 2 个光敏感突变体诱导融合成功并获得 100 余株体细胞杂种。但是这种方法的应用范围有限。

(3)聚乙二醇融合法(PEG 法)　目前使用最普遍的化学融合剂为聚乙二醇。1974 年,加拿大籍华人高国楠用聚乙二醇(PEG)为融合剂成功诱发大豆与大麦、大豆与玉米、哈家野豌豆与豌豆的融合。此法比病毒更易制备和控制,活性稳定,使用方便。用 PEG 作为病毒的替代物诱导细胞融合,是各种原生质体融合的主要方法。由于 PEG 与水分子以氢键结合,使自由水消失,导致高度脱水的原生质凝集融合。融合时必须有 Ca^{2+} 参与,因为 Ca^{2+} 和磷酸根离子结合形成不溶于水的络合物作为"钙桥",由此引起融合。一般,PEG 与 DMSO 并用时融合效果更佳。

3. 物理法

目前主要有电脉冲诱导细胞融合技术、空间细胞融合技术、激光融合技术、离子束细胞融合技术和非对称细胞融合技术。

(1)电脉冲诱导细胞融合技术　产生于20世纪80年代,目前已成为细胞融合的有效手段之一。该技术融合效率高,是PEG的100倍,操作简单、快速、对细胞无毒无害,可在显微镜下观察融合全过程。

(2)激光融合技术　1987年和1989年,德国海德堡理化研究所采用准分子激光器使油菜原生质体融合,从开始照射到完全融合仅需几秒钟。该法可选择任意两个细胞进行融合,易于实现特异性细胞融合,作用于细胞的应力小,定时定性强,损伤小,参数易于控制,操作方便,可利用监控器清晰观察整个融合过程,实现重复性好,无菌物毒性,但它只能逐一处理细胞。

(3)空间细胞融合技术　植物细胞融合过程中由于地球重力的存在,有无液泡的原生质体密度差很大,异源细胞融合率低。在利用动物细胞融合生产单克隆抗体过程中,在地球上由于无法排除重力的影响,要提高B淋巴细胞和骨髓瘤细胞的融合得率相当困难。

(4)离子束细胞融合技术　20世纪80年代证实了离子注入生物效应和粒子沉积生物效应的存在,建立了质量、能量、电荷三因子作用机制体系,据此原理发展了该技术,离子束的可操作性高,可用微束对细胞进行超微加工,有目的地切割染色体,通过消除部分染色体或染色体的某些片段达到细胞非对称融合的目的。但是这项技术目前还停留在研究阶段,一旦获得成功,将改变传统的一对一细胞融合的弊端,减少供体细胞导入的染色体范围,使融合更具目的性,大大减少筛选的工作量,将是细胞融合研究的一大进步。

(5)非对称细胞融合技术　是利用某种外界因素(如γ射线)辐照某一细胞原生质体,选择性地破坏其细胞核,并用碘乙酰胺碱性蕊香红6G处理在细胞核中含有优良基因的第二种原生质体,选择性地使其细胞质失活,然后融合来自这2个原生质体品系的细胞,实现所需胞质和细胞核基因的优化组合,实践表明非对称细胞融合技术通过γ射线、X射线照射为实现供体亲本少数基因的转移,创造种间、属间杂种提供了可能性。

(三)原生质体的再生

原生质体失去了细胞壁,是失去了原有细胞形态的球状体。尽管它们具有生物活性,但毕竟不是正常细胞,在普通培养基平板上也不能正常地生长、繁殖。为此,必须想办法使其细胞壁再生长出来,以恢复细胞原有形态和功能。原生质体的再生,必须使用再生培养基,再生培养基由渗透压稳定剂和各种营养成分组成。影响原生质体再生的因素主要有菌种的特性、原生质体制备条件、再生培养基成分、再生培养条件等。

(四)融合子的选择

融合子的选择主要依靠两个亲本的选择性遗传标记,在选择性培养基上,通过两个亲本的遗传标记互补而挑选出融合子。但由于原生质体融合后会产生两种情况,一种是真正的融合,即产生杂合体或重组体;另一种是暂时的融合,形成异核体。两者均可以在选择培养基上生长,一般前者较稳定,而后者不稳定,会分离成亲本类型,有的甚至可以异核状态移接几代。因此,要获得真正融合子,必须在融合体再生后,进行几代自然分离、选择,才能确定。

第二节　植物细胞培养技术及其在食品中的应用

植物细胞培养是指在离体条件下培养植物细胞的方法。将愈伤组织或其他易分散的组织置于液体培养基中,进行振荡培养,得到分散成游离的悬浮细胞。通过继代培养使细胞增殖,从而获得大量的细胞群体的一种技术。小规模的悬浮培养在培养瓶中进行,大规模的需要利用反应器进行生产。

植物细胞培养是在植物组织培养技术基础上发展起来的。1902年,Haberlandt确定了植物的单个细胞内存在其生命体的全部能力(全能性),使之成为植物组织培养的开端,继而确定其理论基础。其后,为实现分裂组织的无限生长,对外植体的选择及培养基等方面进行了探索。20世纪30年代,组织培养取得了突破性的发展,细胞在植物体外生长成为可能。1939年,Gautheret、Nobercourt、White分别成功地培养了烟草、萝卜的细胞,至此,植物组织培养才真正开始。20世纪50年代,Talecke和Nickell确立了植物细胞能够成功地生长在悬浮培养基中。自1956年Nickell和Routin第一个申请用植物组织细胞培养产生化学物质的专利以来,应用细胞培养生产有用的次生物质的研究取得了很大的进展。随着生物技术的发展,细胞原生质体融合技术使植物细胞的人工培养进入了一个更高的发展阶段。借助于微生物细胞培养的先进技术,大量培养植物细胞的技术日趋完善,并接近或达到工业生产的规模。

植物细胞培养技术广泛用于农业、医药、食品、化妆品、香料等生产上,从20世纪50年代至今,此项技术取得重大进展。目前已有超过1 000多种植物被用于植物细胞培养技术研究,获得天然活性产物的也达500多种。据报道,全美国的药方中四分之一是含有来源于植物的药品。我国经过近几十年的发展,植物细胞培养技术也广泛用于生产生活中。尽管通过植物细胞培养可以获得许多产品,但总的来说分为两类:初级代谢产物(包括细胞本身为产物)和次级代谢产物。目前,细胞本身作为最终产物并不经济。大规模培养植物细胞主要用于生产次级代谢产物。植物细胞培养技术应用广泛:相比于传统繁育方法,植物细胞培养技术能够在微型育种、作物脱毒和培育人工种子等方面发挥其独特作用,也能够在单倍体育种和诱导突变体等方面寻找新的育种方法。与其他方法相比,应用植物细胞培养技术生产次生代谢产物具有以下优点:①能够减少各种环境因素对产物的影响,确保在一个限定的生产系统连续、均匀生产;②可以在生物反应器中进行大规模培养,并通过控制环境条件提高代谢物产量;③所获得产物可从培养体系内直接提取,快速、高效的回收与利用,简化了分离与纯化步骤;④有利于细胞筛选、生物转化,合成新的有效成分;⑤有利于研究植物的代谢途径,还可以利用某些基因工程手段探索与创造新的合成路线,得到价值更高的产品;⑥在培育人工种子方面,基于植物细胞的全能性,其有取材少、繁殖率高、培养周期短和可连续大批量生产,特别是在保存植株的优良性状方面优势明显;另外,植物细胞培养技术在作物脱毒方面也效果显著。由于病毒在植株体内常年积累,从而导致作物产量下降,品质降低,但科学家发现,茎尖和根尖等分生区附近的病毒极少甚至没有,这样就可以选用茎尖来进行组织培养,维持优势植株的遗传特性。因此,可以通过采用植物细胞大规模培养技术直接生产。例如,人参(Panax ginseng C. A. Meyer)是典型的通过大规模培养植物细胞技术得到的产品。人参含有丰富的生物活性成分,为多年生草本植物,对提高机体适应性,加强机体抵抗能力、减缓疲劳、保护心肌、抑制血小板聚集等有良好效果。由此可见,植物细胞培养技术应用于大规模有价值产品的生产具有巨大潜力。

一、植物细胞培养基的组成和制备

(一)细胞培养基的组成

确定植物细胞工业规模培养的培养基是个重要而复杂的问题。首先植物细胞培养基较微生物培养基复杂得多,且工业化培养基又不同于实验室用培养基,即便是工业化培养本身,甚至因培养目的及培养阶段不同而采用不同培养基。植物细胞大规模培养目的是生产细胞、初级代谢产物、次级代谢产物、疫苗或用于生物转化,迄今虽有几种已知成分培养基为人们普遍采用,但不同培养基培养结果不同。因此,需要根据不同培养对象、培养目的及培养条件探索适宜培养基。选择培养基的基本原则是培养过程使细胞总体积倍增,时间1d左右为宜,但适宜于细胞生长的培养基,不一定适合于生产次级代谢产物及其他目的,通常需根据培养目标设计相应培养基,如需生产次级代谢产物时,除选用促进细胞生长培养基外,尚需可提高次级代谢产品产率的培养基,待细胞生长至静止期时用以生产次级代谢产物。Morris 在长春花细胞悬浮培养过程,对培养基进行组合研究并考察其蛇根碱、阿玛碱及其他生物碱产量的变化,发现细胞生长阶段和产物生产阶段采用不同培养基,各种产物均有不同程度增加,说明不同培养阶段必须采用不同培养基;又如锦紫苏悬浮细胞培养,首先从15种培养基种筛选出迷失香酸产率高的B$_5$培养基,经试验又向其中添加2,4-二甲基苯氧乙酸作为激素,再用于培养锦紫苏细胞,产物生成量提高40%;又将蔗糖浓度由2%提高到7%,产物量又明显提高,且产物积累量可达到干细胞量13%~15%;因此,在培养的不同阶段采用不同培养基以促进细胞生长及其他目的,是十分重要的。

无论培养目标设计是针对细胞生长还是针对代谢产物的积累,其培养基主要由碳源、有机氮源、无机盐、植物生长激素、有机酸和一些复合物质组成。

(1)碳源 最常用的是蔗糖,葡萄糖和果糖也能使某些植物细胞生长的很好。木糖、山梨醇、麦芽糖、甘露糖、半乳糖和乳糖等也可作为某些形式的碳源被植物利用。

(2)有机氮源 通常采用的有机氮源有蛋白质水解物、谷氨酰胺或氨基酸混合物等。有机氮源对细胞的初级培养的早期生长阶段有利。L-谷氨酰胺可代替或补充某种蛋白质水解物。

（3）无机盐类　无机氮可以以两种形式供应，一种是硝酸态氮，另一种是铵态氮。植物细胞需求的氮源一般为无机氮源。有些培养基以硝酸态氮为主，有些则以铵态氮为主，多数情况下两者兼有。对于不同的培养形式，无机盐的最佳浓度是不相同的。通常在培养基中无机盐的浓度应在 25mmol/L 左右。硝酸盐浓度一般采用 25～40mmol/L，虽然硝酸盐可以单独成为无机氮源，但是加入铵盐对细胞生长有利。如果添加一些琥珀酸或其他有机酸，铵盐也能单独成为氮源。培养基中必须添加钾元素，其浓度为 20mmol/L，磷、镁、钙和硫元素的浓度在 1～3mmol/L。

（4）植物生长激素　大多数植物细胞培养基中都含有天然的和合成的植物生长激素。植物生长激素分成生长素和细胞分裂素两类。生长素在植物细胞和组织培养中可促使根的形成，植物细胞常用的生长激素有 2，4 - D、IAA、NAA 以及 KT 等。细胞分裂素通常是腺嘌呤衍生物，又称作为细胞激动素。使用最多的是玉米素（Z）和 6 - 苄氨基嘌呤（BA）。其在调节种子萌发，脱黄化，叶绿体分化，花及果实发育和叶片衰老等方面起作用。通常情况下，细胞分裂素和生长素被一起使用，促使细胞分裂及生长，其配比视情况而定。其使用量在 0.1～10mg/L，根据不同细胞株而异。

（5）有机酸　加入丙酮酸或者三羧酸循环中间产物如柠檬酸、琥珀酸、苹果酸，能够保证植物细胞在以铵盐作为单一氮源的培养基上生长，并且耐受钾盐的能力至少提高到 10mmol。三羧酸循环中间产物，同样能提高低接种量的细胞和原生质体的生长。

（6）维生素　如维生素 B_1、维生素 B_6、肌醇等。

（7）核酸及其水解物　如 DNA、RNA、黄嘌呤、次黄嘌呤、腺嘌呤、鸟嘌呤及胸腺嘧啶等。

（8）其他成分　如氯化胆碱、胆质素、胶氨酸、苹果酸和反丁烯二酸等。

（9）制备固体培养基时则需加琼脂。

（10）复合物质　通常作为细胞的生长调节剂，如酵母抽提液、麦芽抽提液、椰子汁和苹果汁。目前这些物质已被已知成分的营养物质所替代。在许多例子中还发现，有些抽提液对细胞有毒性。目前仍在广泛使用的是椰子汁，在培养基中浓度是 1～15mmol/L。

目前应用最广泛的基础培养基主要有 M_S、B_5、E_1、N_6、NN 和 L_2 等（见表 3-1）。

表 3-1　常用植物细胞培养基的化学组成　　　　　　　　　　单位：mg/L

成分	培养基种类					
	M_S	B_5	E_1	N_6	NN	L_2
$MgSO_4 \cdot 7H_2O$	370	250	400	185	185	435
KH_2PO_4	170		250	400	68	325
$NaH_2PO_4 \cdot H_2O$		150				
KNO_3	1900	2500	2100	2830	950	2100

续表

成分	培养基种类					
	M_s	B_5	E_1	N_6	NN	L_2
$CaCl_2 \cdot H_2O$	440	150	450	166	166	600
NH_4NO_3	1650		600		720	1000
$(NH_4)_2SO_4$		134		463		
H_3BO_3	6.2	3.0	3.0	1.6	10.0	5.0
$MnSO_4 \cdot H_2O$	15.6	10.0	10.0	3.3	19.0	15.0
$ZnSO_4 \cdot 7H_2O$	8.6	2.0	2.0	1.5	10.0	5.0
$NaMoO_4 \cdot 2H_2O$	0.25	0.25	0.25	0.25	0.25	0.4
$CuSO_4 \cdot 5H_2O$	0.025	0.025	0.025	0.025	0.025	0.1
$CoCl_2 \cdot 6H_2O$	0.025	0.025	0.025		0.025	0.1
KI	0.83	0.75	0.8	0.8		1.0
$FeSO_4 \cdot 7H_2O$	27.8			27.8		
$Na_2 - EDTA$	37.5			37.3		
$Na - Fe - EDTA$		40.0	40.0		100	25.0
甘氨酸	2			40	5	
蔗糖	30×10^3	20×10^3	25×10^3	50×10^3	20×10^3	25×10^3
维生素 B_1	0.5	10.0	10.0	1.0	0.5	2.0
维生素 B_5	0.5	1.0	1.0	0.5	0.5	0.5
烟酸	0.5	1.0	1.0	0.5	5.0	
肌醇	100	100	250		100	250
pH	5.8	5.5	5.5	5.8	5.5	5.8

(二)培养基的制备

培养基中使用的无机盐、碳源、维生素和生长激素应该采用高纯度级的药品。生长激素、2,4-D 和 NAA 等在使用前需要重结晶提纯,其酒精—水溶液要用吸附法脱色处理。对于像 2,4-D、IAA 和 NAA 这样难溶于水的试剂,配溶液时可先溶于 2~5mL 酒精中,然后慢慢加入蒸馏水,稍微加热,稀释至所需体积,再调节 pH。配制培养基应采用蒸馏水或者高纯度的去离子水。在培养基配制过程中可用 0.5mol/L 的 HCl 或 0.2mol/L NaOH 调节 pH,固体培养基加入琼脂 0.6%~1.0%,120℃蒸汽灭菌 15~20min。对于一些热敏性化合物,应该用过滤法灭菌,如 L-谷氨酰胺、植物生长激素、椰子汁等,然后再按无菌操作加入到已灭菌的培养基中。

由于培养基配比中有些组分量很小,种类又很多,配制起来很烦琐。因此往往把培养基配成使用浓度的 10 倍或 100 倍的母液,分成小瓶后冷冻保存,使用时再稀释到正常浓度。经稀释后的培养基应放在 10℃以下冰箱中保藏。为了防止在高浓度下培养基组分间相互作用产生沉淀,CaCl$_2$、KI 和 EDTA 钠铁盐等要单独配制保存,使用时再稀释混合。

二、植物细胞培养流程和系统

　　植物细胞培养与微生物细胞培养类似,可采用液体培养基进行悬浮培养。植物组织细胞的分离,一般采用次亚氯酸盐的稀溶液、福尔马林、酒精等消毒剂对植物体或种子进行灭菌消毒。种子消毒后在无菌状态下发芽,将其组织的一部分在半固体培养基上培养,随着细胞增殖形成不定形细胞团(愈伤组织),将此愈伤组织移入液体培养基振荡培养。如植物体也可采用同样方法将消毒后的组织片愈伤化,可用液体培养基振荡培养,愈伤化时间随植物种类和培养基条件而异,慢的需几周以上,一旦增殖开始,就可用反复继代培养加快细胞生殖。继代培养可用试管或烧瓶等,大规模的悬浮培养可用传统的机械搅拌罐、气升式发酵罐,流程如下(见图 3 - 1)。

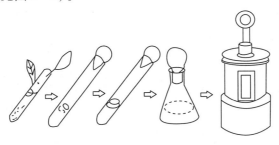

外植体的选择和培养　愈伤化　摇瓶培养　大规模悬浮培养

图 3 - 1　植物细胞大规模培养流程

　　植物细胞培养系统可以粗略地分为固体培养和液体培养,每种培养方式又包括若干种方法(见图 3 - 2)。

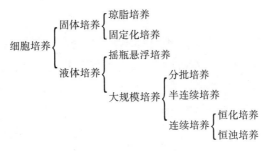

图 3 - 2　植物细胞的培养系统

三、植物细胞培养方法

　　植物细胞培养根据不同的方法可分为不同的类型。按培养对象可分为单倍体细胞培养和原生质体培养;按培养基可分为固体培养和液体培养;按培养方式又可分为悬浮培养和固定化细胞培养。

(一)单倍体细胞培养

主要用花药在人工培养基上进行培养,花药中的小孢子(雄性生殖细胞)可以直接发育成胚状体,然后长成单倍体植株;或是通过组织诱导分化出芽和根,最终长成植株。

(二)原生质体培养

植物的体细胞(二倍体)经过纤维素酶或果胶酶处理后可去掉细胞壁,获得的除去细胞壁的细胞称为原生质体。该原生质体在良好的无菌培养基中可以生长、分裂,最终可以长成植株。实际过程中,也可以用不同植物的原生质体进行融合与体细胞杂交,由此可获得细胞杂交的植株。1971 年,Takebe 等首次报道烟草叶肉原生质体培养成功获得再生植株,自此原生质体研究开始获得成功。目前,原生质体培养在药用植物细胞系的筛选、体细胞杂交和基因工程方面已取得很大进展。原生质体培养具有许多优势,表现为:原生质体能够克服体细胞的不亲和障碍,进行远缘的体细胞杂交;原生质体可以直接摄取外源的DNA、细胞器、病毒、质粒等,是进行遗传转化研究的理想受体。因此植物原生质体在改变植物遗传性、改良作物品种的应用研究以及生物学的基础理论研究中有着广泛的用途。

(三)固体培养

固体培养是在微生物培养的基础上发展起来的植物细胞培养方法。固体培养基的凝固剂除去特殊研究外,几乎都使用琼脂,浓度一般为2% ~3%,细胞在培养基表面生长。原生质体固体培养则需混入培养基内进行嵌合培养,或使原生质体在固体—液体之间进行双相培养。

(四)液体培养

液体培养也是在微生物培养的基础上发展起来的植物细胞培养方法。液体培养可分为静止培养和振荡培养两类。静止培养不需要任何设备,适合于某些原生质体的培养。振荡培养需要摇床使培养物和培养基保持充分混合以利于气体交换。

(五)植物细胞的悬浮培养

这是一种使组织培养物分离成单细胞并不断扩增的方法。它是植物细胞培养技术的应用和发展,中国已建立了紫草、石斛、三叶、青人参、青蒿、红豆杉、西洋参等药用植物细胞悬浮培养体系,其有效成分已达到甚至超过原植株。在进行细胞培养时,需要提供容易破裂的愈伤组织进行液体振荡培养,愈伤组织经过悬浮培养可以产生比较纯一的单细胞。用于悬浮培养的愈伤组织应该是易碎的,这样在液体培养条件下能获得分散的单细胞,而紧密不易碎的愈伤组织就不能达到上述目的。和固体培养相比,这种培养技术一般可以获得更高的细胞生长速率、比生长速率和比合成速率。

(六)固定化培养

固定化培养是在微生物和酶的固定化培养基础上发展起来的植物细胞培养技术。在提高次级代谢物产量的研究中,固定化培养逐渐显示出其优势。该法与固定化酶或微生物细胞类似,其中应用最广泛、能够保持细胞活性的固定化方法是将细胞包埋于海藻酸盐或卡拉胶中。除此以外,还可以以聚氨酯泡沫颗粒作为载体进行细胞固定化技术。万晓琦等利用海藻酸钠凝胶包埋法构建了雷公藤细胞固定化培养体系。海藻酸盐水凝胶在药物释放和组织工程领域有很多优势,但是其自身的凝胶溶蚀现象和力学性能缺陷限制了它的使用。目前,用壳聚糖包裹海藻酸钠制备胶囊,可以改善凝胶的溶蚀现象。这也是目前固定化培养的一个研究热点。

四、植物细胞的大规模培养技术

使用大规模细胞培养技术是近些年来非常流行的技术之一。主要是因为用这种技术生产天然产物不受病虫害、气候、地理和季节等外界因素的影响,同时所得到的次级代谢产物的成分也较简单,对于后续的分离和提纯较容易。目前用于植物细胞大规模培养的技术主要有植物细胞的大规模悬浮培养和植物细胞或原生质体的固定化培养。

(一)植物细胞的大规模悬浮培养

悬浮培养通常采用水平振荡摇床,可变速率为 $30 \sim 150r/min$,振幅 $2 \sim 4cm$,温度 $24 \sim 30℃$。适合于愈伤组织培养的培养基不一定适合悬浮细胞培养。悬浮培养的关键就是要寻找适合于悬浮培养物快速生长,有利于细胞分散和保持分化再生能力的培养基。

1.悬浮培养中的植物细胞的特性

由于植物细胞有其自身的特性,尽管人们已经在各种微生物反应器中成功进行了植物细胞的培养,但是植物细胞培养过程的操作条件与微生物培养不同。与微生物细胞相比,植物细胞要大得多,多数为 $10 \sim 100\mu m$,呈球形或柱形,平均直径要比微生物细胞大 $30 \sim 100$ 倍。除少数细胞外,绝大多数植物细胞在悬浮培养时是结成直径小至 $100\mu m$ 大到 $2mm$ 的小团。其主要原因是由于细胞分化后不能很好地分开,另外细胞生长后期分泌的多糖物质也有助于植物细胞结团。过大的细胞团容易下沉,造成混合困难,同时影响传质,使培养中心的营养物质和氧浓度不够,从而影响次级代谢产物的合成能力。然而结团可以形成一个从颗粒中心到表面的一个传质梯度,起到类似于细胞分化的作用,这在一定程度上有助于细胞次级代谢产物的合成。根据细胞系来源、培养基和培养时间的不同,这种细胞团通常由以下几种方式存在:①在细胞分裂后没有进行细胞分离;②在间歇培养过程中细胞处于对数生长后期时,开始分泌多糖和蛋白质;③以其他方式形成黏性表面,从而形成细胞团。当细胞密度高、黏性大时,容易产生混合和循环不良等问题。不同细胞系结团情况不同,即便是同一种细胞,在不同的培养环境,不同的培养阶段所形成的结团情况也不同。由于植物细胞培养时,次级代谢产物的积累和合成受结团影响很大,所以在放大培养时,细胞结团差异是一个研究者需要特别注意的一个方面。

由于植物细胞的生长速度慢,操作周期就很长,即使间歇操作也要 $2 \sim 3$ 周,半连续或连续操作更是可长达 $2 \sim 3$ 个月。同时由于植物细胞培养培养基的营养成分丰富而复杂,很适合真菌的生长。因此,在植物细胞培养过程中,保持无菌相当重要。

2.植物细胞培养液的流变特性

在植物细胞培养后期,由于聚集体的形成、生物量的增大,培养液表现出复杂的流变学特性,大多数植物细胞体系表现出非牛顿型以及切稀型流体的特性。由于植物细胞常常趋于成团,且不少细胞在培养过程中容易产生黏多糖等物质,使氧传递速率降低,影响了细胞的生长。当前,还没有对流体性能的综合在线研究,对于植物细胞培养液流变特性的认识还很肤浅,普遍使用的是用黏度仪测定不同转速下的液体黏度。培养过程中培养液的黏度一方面由于细胞本身和细胞分泌物等存在,另一方面还依赖于细胞年龄、形态和细胞团的大小。在相同的浓度下,大细胞团的培养液的表观黏度明显大于小细胞团的培养液的表观黏度。在植物细胞培养中,流体性能直接影响到溶液的混合和物质传输,因而影响细胞的生长和次级代谢产物的生成。

3.植物细胞培养过程中的气相特性

所有的植物细胞都是好气性的,需要连续不断地供氧。由于植物细胞培养时对溶氧的变化非常敏感,太高或太低均会对培养过程产生不良影响,因此,大规模植物细胞培养对供氧和尾气氧的监控十分重要。与微生物培养过程相反,植物细胞对氧需求较微生物低,植物细胞培养过程并不需要高的气液传质速率,而是要控制供氧量,以保持较低的溶氧水平。

氧气从气相到细胞表面的传递是植物细胞培养中的一个基本问题。大多数情况下,氧气的传递与通气速率、混合程度、气液界面面积、培养液的流变学特性等有关,而氧的吸收却与反应器的类型、细胞生长速率、pH、温度、营养组成以及细胞的浓度等有关。通常也用 K_{La}(氧传递系数)来表示氧的传递,它反映了通气与搅拌的综合影响。事实证明体积氧传递系数能明显地影响植物细胞的生长。

培养液中通气水平和溶氧浓度也能影响到植物细胞的生长。一般植物细胞培养中采用 15%~20% 的氧饱和度。Schlatman 等在相同通气水平和搅拌速度的情况下,比较长春花细胞高密度培养时在 15% 和 85% 饱和度下的生物量和生物碱合成量,结果发现上面两种情况下的生物量无明显差异,可是 85% 的溶氧条件时的蛇碱含量比 15% 溶氧条件高 5 倍,这说明溶氧浓度对植物细胞培养的次级代谢产物的产生的影响比较大。

长春花细胞培养时,当通气量从 $0.25L/(L \cdot min)$ 上升至 $0.38L/(L \cdot min)$ 时,细胞的相对生长速率可从 $0.34d^{-1}$ 上升至 $0.41d^{-1}$;而当通气量再增加时,细胞的生长速率反而会下降。曾在不同氧浓度时对毛地黄细胞进行了培养,当培养基中氧浓度从 10% 饱和度升至 30% 饱和度时,细胞的生长速率从 $0.15d^{-1}$ 升至 $0.20d^{-1}$,如果溶氧浓度继续上升至 40% 饱和度时,细胞的生长速率却反而降至 $0.17d^{-1}$。这就说明过高的通气量对植物细胞的生长是不利的,会导致生物量的减少,这一现象很可能是高通气量导致反应器内流体动力学发生变化的结果,也可能是由于培养液中溶氧水平较高,以至于代谢活力受阻。

由上述情况可以看出,氧对植物细胞的生长至关重要,但是 CO_2、乙烯等气体在植物细胞培养时对细胞的生长特别是对次级代谢也有重要的影响。研究发现,植物细胞能非光合地固定一定浓度的 CO_2,如在空气中混以 2%~4% 的 CO_2 能够消除高通气量对长春花细胞生长和次级代谢物产率的影响。此外,乙烯能抑制细胞生长,且刺激次级代谢产物的分泌。而 CO_2 又能阻遏或延迟乙烯的作用,因此,对植物细胞培养来说,在要求培养液充分混合的同时,乙烯、CO_2和氧气的浓度只有达到某一平衡时,才会很好地生长。Pedersen 等发现2%的 CO_2 和21ppm 的乙烯混合时,红豆杉产紫杉醇浓度最高。

4. 泡沫和表面黏附性

植物细胞培养过程中产生泡沫的特性与微生物细胞培养产生的泡沫是不同的。对于植物细胞来说,其培养过程中产生的气泡比微生物培养系统中气泡大,且被蛋白质或黏多糖覆盖,因而黏性大,细胞易被包埋于泡沫中,造成非均相的培养。此外,通气、搅拌和细胞外蛋白质的分泌也能够导致泡沫。尽管泡沫对于植物细胞来说,其危害性没有微生物细胞那么严重,但如果不加以控制,随着泡沫和细胞的积累,有时也会对培养系统的稳定性产生不利的影响。Raviwan 等用颠茄细胞培养时发现,在泡沫形成30min 后,存在于泡沫中的细胞有 55% ,90min 后,存在于泡沫中的细胞达到 75% 。目前,有许多除泡剂已用于控制泡沫,但是有些除泡剂如硅油可能会对细胞的生长产生影响。因此,选择恰当的消泡剂对于植物细胞培养非常重要。

5. 悬浮细胞的生长与增殖

由于悬浮培养具有 3 个基本优点:①增加培养细胞与培养液的接触面,改善营养供应;②可带走培养物产生的有害代谢产物,避免有害代谢产物局部浓度过高等问题;③保证氧的充分供给。因此,悬浮培养细胞的生长条件比固体培养有很大的改善。

悬浮培养时细胞的生长曲线见图 3 – 3,细胞数量随时间变化曲线呈现 S 形。在细胞接种到培养基中最初的时间内细胞很少分裂,经历一个延滞期后进入对数生长期和细胞迅速增殖的直线生长期,接着是细胞增殖减慢的减慢期和停止生长的静止期。整个周期经历时间的长短因植物种类和起始培养细胞密度的不同而不同。在植物细胞培养过程中,一般在静止期或静止期前后进行继代培养,具体时间可根据静止期细胞活力的变化而定。

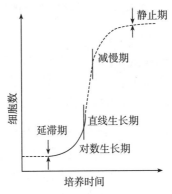

图 3 – 3　悬浮培养时细胞的生长曲线

6. 细胞团和愈伤组织的再形成和植株的再生

悬浮培养的单个细胞在 3 ~ 5d 内即可见细胞分裂,经过一星期左右的培养,单个细胞和小的聚集体不断分裂而形成肉眼可见的小细胞团。大约培养两周后,将细胞分裂再形成的小愈伤组织团块及时转移到分化培养基上,连续光照,三星期后可分化成试管苗。

（二）植物细胞或原生质体的固定化培养

经过多年的研究发现，与悬浮培养相比，固定化培养具有很多优点：①提高了次级代谢产物的合成、积累；②能长时间保持细胞活力；③可以反复使用；④抗剪切能力强；⑤耐受有毒前体的浓度高；⑥遗传性状较稳定；⑦后处理难度小；⑧更好的光合作用；⑨促进或改变产物的释放。

1979 年，Brodelius 首次将高等植物细胞固定化培养以获得目的次级代谢产物，此后，植物细胞的固定化培养得到不断的发展，逐步显示其优势。不完全统计，约有 50 多种植物细胞已成功地进行了固定化培养。

植物细胞的固定化常采用海藻酸盐、卡拉胶、琼脂糖和琼脂材料，均采用包埋法，其他方式的固定化植物细胞很少使用。

原生质体比完整的细胞更脆弱，因此，只能采用最温和的固定化方法进行固定化，通常也是用海藻酸盐、卡拉胶和琼脂糖进行固定化。

五、影响植物细胞培养的因素

植物细胞生长和产物合成动力学也可分为 3 种类型：①生长偶联型，产物的合成与细胞的生长呈正比；②中间型，产物仅在细胞生长一段时间后才能合成，但细胞生长停止时，产物合成也停止；③非生长偶联型，产物只有在细胞生长停止时才能合成。事实上，由于细胞培养过程较复杂，细胞生长和次级代谢产物的合成很少符合以上模式，特别是在较大的细胞群体中，由于各细胞所处的生理阶段不同，细胞生长和产物合成也许是群体中部分细胞代谢的结果。此外，不同的环境条件对产物合成的动力学也有很大的影响。

（一）细胞的遗传特性

从理论上讲，所有的植物细胞都可看作是一个有机体，具有构成一个完整植物的全部遗传信息。在生化特征上，单个细胞也具有产生其亲本所能产生的次级代谢产物的遗传基础和生理功能。但是，这一概念决不能与个别植株的组织部位相混淆，因为某些组织部位所具有的高含量的次级代谢产物并不一定就是该部位合成的，而有可能是在其他部位合成后通过运输在该部位上积累的。有的植物在某一部位合成了某一产物的直接前体而转运到另一部位，通过该部位上的酶或其他因子转化。如尼古丁是在烟草根部细胞内合成后输送到叶部细胞内的，另外有些次级代谢产物在植物某一部位形成中间体，然后再转移另一部位经酶转化而成。因此，在进行植物细胞的培养时，必须弄清楚产物的合成部位。同时，在注意到整体植物的遗传性时，还必须考虑到各种不同的细胞种类影响。

（二）培养环境

由于各类代谢产物产生于代谢过程中的不同阶段，因此通过植物细胞培养进行次级代谢产物生产受到多种因素的影响。各种影响代谢过程的因素都可能对它们发生影响，特别是在植物细胞培养放大过程中，碰到最大的问题就是次级代谢产物合成的降低，而这也是由于放大后的反应器中各种因素改变难以控制所造成的，因此，了解培养和代谢过程中的培养环境对于次级代谢产物的合成和积累的影响具有非常现实和积极的意义。这些因素主要包括有光、温度、搅拌、通气、营养、pH、氮源、前体添加剂、激素、诱导子和调节因子等。

1. 光照影响

光对植物有特殊作用,光照时间的长短、光照量(光强度)和光谱特性(种类和波长)对次级代谢产物的产率都具有一定的影响。一般来说愈伤组织和细胞生长不需要光照,但是光对细胞代谢产物的合成有很重要的影响。例如,有人研究了光对花青素合成的影响。结果表明:蓝紫光有利于植物产花青素,如玫瑰茄细胞产花青素时,蓝光效率最高;其次,在低照射剂量的情况下,光照作为限制因子,这时,花青素的产量一般随光照强度的增加而增加,当光照到达一定强度时,增加光照剂量不会使花青素的产量提高;再次,Hiroyuki 等对草莓细胞的研究表明,合适的光照间隔对花青素的合成有较大影响。

2. 温度影响

温度是影响植物细胞生长的重要因素之一,无论是细胞培养物的生长或次级代谢产物的合成和累计,合适的温度都起着非常重要的作用,一般来说,植物细胞培养在 20~25℃。但是,温度对次级代谢产物和细胞体的生长影响往往不一致。因此,在培养时,往往采用两步法,即细胞生长时采用某一温度,当细胞生长到一定阶段,需要收集次级代谢产物时,则采用另一温度。例如,Morris 在长春花细胞培养试验时发现,细胞最大生长速率时的最佳温度为 35℃,然而次级代谢产物生物碱的产率在 20℃ 时最大。又如,张卫在草莓细胞培养生产花色苷时,在培养前 3d,将细胞生长温度和次级代谢产物所需温度分别控制在 30℃ 和 20℃,这样花色苷的产量可以提高两倍多。

3. 化学微环境

尽管植物细胞能在简单的合成培养基生长,但营养成分对植物细胞培养和次级代谢产物的生成仍有很大的影响。营养成分一方面要满足植物细胞的生长所需,另一方面要使每个细胞都能合成和积累次级代谢产物。普通的培养基主要是为了促进细胞生长而设计的,它对次级代谢产物的产生并不一定最合适。一般地说增加氮、磷和金属离子的含量会使细胞的生长加快,增加培养基中的蔗糖含量可以增加细胞培养物的次级代谢产物。蔗糖是常用的碳源,一般认为其被植物组织细胞内的蔗糖酶分解为葡萄糖和果糖后,再被细胞吸收利用,而且作为碳源,对于维持培养基的渗透压也非常重要。增加蔗糖浓度会减慢细胞生长并提高代谢物的积累,但是如果浓度过高,会导致生物合成能力丧失。作为植物组织生长必要的营养成分,氮、磷和金属离子对植物组织代谢的影响也很大。通常来讲,氮以铵盐和硝酸盐的组合形式被加入进培养基里面,研究表明,合适的铵态氮与硝态氮之比能促进细胞生长,提高次级代谢产物产量。磷以无机磷酸盐的形式供应和被细胞快速地吸收并主要以正磷酸形式在液泡中储存,通常是通过控制磷酸盐来调节次级代谢产物的合成。一般来说,提高起始磷浓度能提高细胞的生长,但对提高次级代谢产物的产量作用有限。由于金属离子能够使酶激活,因此在植物细胞培养中,通过增加金属离子来达到增加次级代谢产物含量的方法很普遍。例如,提高培养基中亚铁和钴离子浓度,能够提高长春花细胞中花青素的含量。又如在紫草细胞中提高铜离子浓度,对细胞生长和次级代谢产物的积累都具有明显的促进作用。所以,对于不同植物细胞的培养,化学微环境有很大不同,甚至相同一种物质对于细胞生长和次级代谢产物的合成都变化很大,因此,对于不同植物细胞培养,需要建立不同的化学微环境体系。

4. pH

pH 是影响植物细胞培养的一个关键因素,植物细胞培养的最适 pH 一般在 5 ~ 6。由于在培养过程中,培养基的 pH 往往有很大的变化,对培养物的生长和次级代谢产物的积累产生不利影响,因此在培养过程中,需要不断调整 pH,使得细胞的生长和次级代谢产物的积累效果达到最优。胞外 pH 可能充当细胞发出信号的角色,因此可影响调控细胞生成次级代谢产物。另外,pH 还会影响碳源和氮源的吸收,从而影响营养成分的吸收,导致细胞没有充分的营养物质和能量状态,从而影响次级代谢产物的合成。

5. 搅拌和通气

植物细胞在培养过程中需要通入无菌空气,适当控制搅拌程度和通气量。在悬浮培养中更要如此。对摇瓶实验,通常 500mL 的三角瓶内装 80 ~ 200mL 的植物细胞培养液较适宜。在烟草细胞培养中发现,如果 $K_{La} \leqslant 5h^{-1}$,对生物产量有明显抑制作用。当 $K_{La} = 5 \sim 10h^{-1}$,初始的 K_{La} 和生物产量之间有线性关系。当然不同的细胞系对氧的需求量是不相同的。为了加强气—液—固之间的传质,细胞悬浮培养时,需要搅动。植物细胞虽然有较硬的细胞壁,但是细胞壁很脆,对搅拌的剪切力很敏感,在摇瓶培养时,摇瓶机振荡范围在 100 ~ 150r/min。由于摇瓶培养细胞受到剪切比较小,因此植物细胞很适合在此环境生长。实验室中采用六平叶涡轮搅拌桨反应器培养植物细胞,由于剪切太剧烈,细胞会自溶,次级代谢产物合成会降低。各种植物细胞耐剪切的能力不尽相同,细胞越老遭受的破坏也越大。烟草的细胞和长春花的细胞在涡轮搅拌器转速 150r/min 和 300r/min 时,一般还能保持生长。培养鸡眼藤的细胞时,涡轮搅拌器的转速应低于 20r/min。因此培养植物细胞,气升式反应器更为合适。

6. 前体添加剂影响

与微生物细胞培养一样,植物细胞培养过程中前体物的添加也是影响次级代谢产物产量的重要因素。这些前体物在一系列酶的催化作用下,合成次级代谢产物,调节生命活动。因此在植物细胞的培养过程中,有时培养细胞不能很理想地把所需的代谢产物按所想象的得率进行合成,其中一个可能的原因就是缺少合成这种代谢物所必须的前体,因此在培养物中加入外源前体,也是调节植物次级代谢产物积累和合成的重要途径。在植物细胞培养过程中,选择适当的前体是相当重要的。对于所选择的前体除了要求增加产物产量之外,还要求无毒和廉价。但是,寻找能使目的产物含量增加最有效的前体是有一定难度的。目前应用比较多的几种前体物是苯丙氨酸、酪氨酸和肉桂酸等。在代谢过程中,苯丙氨酸作为代谢中间体,是合成黄酮类化合物、生物碱、木质素等次级代谢物质的前体,苯丙氨酸经裂解酶催化生成肉桂酸,最终催化合成黄酮类物质。前体物质在次级代谢产物中可作为底物,也可作为在催化途径中的关键酶参与反应。例如,苯丙氨酸是花青素合成的起始物质,相对于其他前体物质而言,苯丙氨酸便宜且诱导花青素非常有效,故常用来诱导花青素的积累。Kakegawa 等的研究表明,高含量的苯丙氨酸可以促使花青素合成中相关酶 PAL 和 CHS 基因的表达,进而增加花青素的产量。JUN2ICHI 等采用在培养过程中重复添加苯丙氨酸的方法,收到了良好的效果,分别比单添加和不添加处理的花青素产量分别提高了30% 和 81%。这说明在细胞培养过程中加入前体物苯丙氨酸,是提高花青素产量的有效措施。

虽然前体的作用在植物细胞培养中未完全清楚,可能是外源前体激发了细胞中特定酶的作用,促使次级代谢产物量的增加。有人在三角叶薯蓣细胞培养液中加入 100mg/L 胆甾醇,可使次级代谢产物薯蓣皂苷配基产量增加 1 倍。在紫草细胞培养中加入 L – 苯丙氨酸使右旋紫草素产量增加 3 倍。在雷公藤细胞培养中加入萜烯类化合物中的一个中间体,可使雷公藤羟内酯产量增加 3 倍以上。但同样一种前体,在细胞的不同生长时期加入,对细胞生长和次级代谢产物合成的作用极不相同,有时甚至还起抑制作用。如在洋紫苏细胞的培养中,一开始就加入色胺,无论对细胞生长和生物碱的合成都起抑制作用,但在培养的第二星期或第三星期加入色胺却能刺激细胞的生长和生物碱的合成。

7. 诱导子影响

诱导子(elicitor)是指植物抗病生理过程中诱发植物产生植物抗毒素和引起植物过敏反应(hypersensitive reaction,HR,亦称抗性反应或自身防御反应)的因子。在活细胞体系中加入低浓度的诱导子能够诱导或次级特定化合物的生物合成。根据其来源可分为生物诱导子和非生物诱导子。生物诱导子主要包括病毒类诱导子、细菌类诱导子、酵母提取物、真菌类诱导子等。非生物诱导子主要可分为物理因子和化学因子两大类,常用的物理因子一般为高温、高压、电击、紫外线等一些能诱导植物产生抗病性的环境因素;化学因子主要有水杨酸、茉莉酸、稀土元素及重金属盐类等。利用诱导子刺激次级代谢产物的生成,不尽是在植物细胞培养时促进次级代谢产物产生的重要手段,同时在缩短工艺时间、提高反应器利用率等方面有显著的效果。有人研究了诱导子及高流体静压(highhydrostatic pressure,HP)对葡萄悬浮静压培养次级代谢产物的影响,结果表明在化学诱导子和 HP 的作用下,酚类物质的含量明显增加。

8. 生长调节剂

在细胞生长过程中生长调节剂的种类和数量对次级代谢产物的合成起着十分重要的作用。植物生长调节剂不仅会影响到细胞的生长和分化,而且也会影响到次级代谢产物的合成。生长素和细胞分裂素有使细胞分裂保持一致的作用,不同类型的生长素对次级代谢产物的合成有着不同的影响。生长调节剂对次级代谢的影响随着代谢产物的种类的不同而有很大的变化,对生长调节剂的应用需要非常慎重。

9. 培养设备

目前用于植物细胞培养的反应器主要有气升式（air - lift）、搅拌式（STR）、鼓泡式（bubble calum）、转鼓式（RDR）及其他改进式反应器。还有植物细胞固定化反应器和膜反应器等。各种反应器的特点见表3-2。

表3-2 各种生物反应器的优缺点

反应器类型	优点	缺点
搅拌式反应器	操作范围大、供氧能力强、混合效果好、适应性广，可借用微生物培养的经验，对植物组织培养过程进行控制	细胞壁对剪切耐受力差，剪切力易损失细胞
气升式反应器	结构简单、剪切力小、传质效果好、运行成本和造价低、无须机械能损耗、无搅拌装置、易长期保持无菌操作	操作弹性小，低气速高密度培养时混合性能差
鼓泡式反应器	操作不易染菌、提供了较高的热量和质量传递、放大较容易	流体流动形式难以确定，混合不均，缺乏有关反应器内的非牛顿流体的流动与传递数据
转鼓式反应器	相同条件下，细胞生长速率、氧传递优于气升式反应器，悬浮系统均一、提供低剪切环境、可防止细胞黏附	需专门的变速装置，电能消耗多，难以大规模操作，放大困难
固定化反应器	减少了剪切力对细胞的损伤、利于次级代谢产物的合成和分泌代谢产物的分离	细胞代谢产物必须分泌到胞外

针对搅拌式反应器的局限性，研究工作者对反应器进行了大量的优化，主要集中在改进空气分布器、搅拌形式、叶片结构和类型等。这样能在保证氧和混合条件的情况下，尽量降低剪切力带来的不利影响。除此之外，就是对植物细胞进行驯化，建立起抗剪切力体系。

目前，在大规模植物细胞悬浮培养中，为了提高生物量和次级代谢产物量，一般采用二阶段法。第一阶段尽可能快地使细胞量增长，可通过生长培养基来完成。第二阶段是诱发和保持次级代谢旺盛，可通过生产培养基来调节。因此在细胞培养整个过程中，要更换含有不同品种和浓度的植物生长激素和前体的液体培养基。为了获得能适合大规模悬浮培养和生长快速的细胞系，首先要对细胞进行驯化和筛选，把愈伤组织转移到摇瓶中进行液体培养，待细胞增殖后，再把它们转移到琼脂培养基上。经过反复多次驯化筛选得到的细胞株，比未经过驯化、筛选的原始愈伤组织在悬浮培养中生长快得多。

毋庸置疑，在过去几十年中，植物生物技术方面已取得了相当巨大的进展，大大缩短了向工业化迈进的距离。国内有关单位对药用植物，人参、三七、紫草、黄连、薯蓣、芦笋等已展开了大规模的细胞悬浮培养，并对植物细胞培养专用反应器进行研制。国外，培养植物细胞用的反应器已从实验规模1~30L，放大到工业性试验规模130~20 000L，如希腊毛地黄转化细胞的培养规模为2 000L，烟草细胞培养的规模最大已达到20 000L。

值得注意的是，影响植物细胞培养物的生物量增长和次级代谢产物积累的因素是错综复杂的，往往一个因素的调整会影响到其他因素的变化。所以，需要在培养过程中不断加以调整，同时，由于不同的植物有机体有自身的特殊性，因此，对于一种植物或一种次级代谢产物适合的培养条件，不一定对其他的细胞或次级代谢作用适合。

第三节　动物细胞培养技术及其在食品中的应用

动物细胞的体外培养主要有两种类型,一种是贴壁依赖型细胞(贴壁细胞),这种细胞的生长必须有可以贴附的支持物表面,细胞依靠自身分泌的或培养基中提供的贴附因子才能在该表面上生长、繁殖。大多数动物细胞,包括非淋巴组织的细胞和许多异倍体体系的细胞都属于这一类型。这一种需采用贴壁培养。另一种是非贴壁依赖型细胞(悬浮细胞),这种细胞不依赖支持物表面,可在培养液中呈悬浮状态生长,来源于血液、淋巴组织的细胞,许多肿瘤细胞(包括杂交瘤细胞)和某些转化细胞属于这一类型。这一种可采用类似微生物培养的方法进行悬浮培养。此外,还有一类动物细胞为兼性贴壁细胞,这类细胞既可以贴附支持物表面生长,在一定条件下,它们还可以在培养基中呈悬浮状态良好的生长。

1885 年,W Roux 尝试使组织离体培养,被认为是组织细胞培养技术的萌芽;1907 年 Harrison 和 1912 年 Carrel 开始把组织培养作为一种方法,用于研究离体动物细胞的培养,标志着细胞培养技术的诞生。1962 年,其规模开始扩大,随着细胞生物学、培养系统及培养方法等领域的不断丰富和完善,动物细胞培养技术得到了很大的发展。至今已成为生物、医学研究和应用中广泛采用的技术方法,利用动物细胞培养生产具有重要医用价值的酶、生长因子、疫苗和单克隆抗体等,已成为医药生物高技术产业的重要部分。其发展简史见表 3 – 3。

表 3 – 3　动物细胞培养技术发展史

时间(年)	技术发展概要
1907	Harrison 创立体外组织培养法
1912	Carrel 揭出无菌操作技术
1923	Carrel 设计了卡式培养瓶
1951	Earle 等开发了能促进动物细胞体外培养的培养基
1957	Graff 用灌注培养法创造了悬浮细胞培养史上绝无仅有的 $1 \times 10^{10} \sim 2 \times 10^{10}$ cells/L 的记录
1962	Capstile 成功地大规模悬浮培养小鼠肾细胞,标志着动物细胞大规模培养技术的起步
1967	Van Wezel 用 DEAE – SepHadex A 50 为载体培养动物细胞获得成功
1975	Sato 等在培养基中用激素代替血清使垂体细胞株 GH3 在无血清介质中生长获得成功,预示着无血清培养技术的诱人前景
1975	Kobhler 和 Milstein 成功融合小鼠 B – 淋巴细胞和骨髓瘤细胞而产生能分泌预定单克隆抗体的杂交瘤细胞
1986	DemoBiotech 公司首次用微囊化技术大规模培养杂交瘤细胞生产单克隆抗体获得成功
1989	Konstantinovti 提出大规模细胞培养过程中生理状态控制,更新了传统细胞培养工艺中优化控制之理论

利用动物细胞培养技术生产的生物技术产品已占世界生物高技术产品市场份额的 80% 以上。动物细胞培养技术作为现代生物医药产业的核心技术,近十年来随着抗体药

物、病毒疫苗、抗生素等的需求量不断增加,以及越来越多的新产品进入临床研究,取得了前所未有的发展。动物细胞大规模培养技术是生物技术制药中非常重要的环节。目前,动物细胞大规模培养技术水平的提高主要集中于如何快速高效地建立细胞生长高密度、产物表达高质高产的动物细胞培养过程及其产品生产工艺,不仅是各国大力发展抗体、重组蛋白和病毒疫苗等生物技术制药产业的一项重要任务,而且也已成为国际生物医药产业创新和发展的核心动力。我国动物细胞工程行业起步晚,目前上市产品数量和种类少,工程细胞株表达水平低,工业化生产规模小,最大规模只有 3 000L。因此,研究动物细胞培养过程开发和优化的关键技术,对于提升我国生物医药产业的影响,提高国际竞争力具有重要意义。

一、动物细胞培养的一般流程

动物细胞培养的一般流程为:

血液、淋巴细胞等
↓

机体组织→切碎→酶解→离心收集→单细胞→培养→种子→液氮冷藏→复活培养→扩大培养→反应器大规模培养

具体见图 3-4。

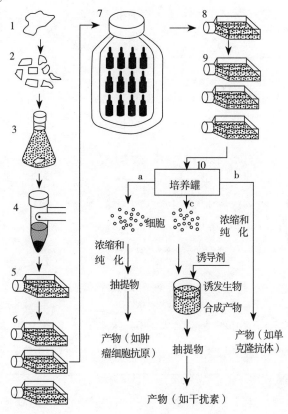

图 3-4　大规模动物细胞培养工艺流程

其步骤包括:①将组织切成碎片;②用溶解蛋白质的酶处理得单个细胞;③离心收集细胞;④细胞在培养基中增殖到覆盖瓶壁表面;⑤用酶溶解,再接种到若干瓶以扩大培养;⑥所得种子冷藏于液氮中;⑦需要时从液氮中取出一部分解冻,进行复活培养;⑧最后接入大规模培养生物反应器;⑨若产物积累在细胞内,把细胞收集经提取纯化获得产物,若产物分泌在胞外,则从去细胞的培养液中分离纯化得产物,某些过程必须加入诱导剂诱导培养的细胞或用病毒感染细胞才能得到目标产物,如干扰素。

二、动物细胞培养基组成及制备

(一)培养基种类

动物细胞培养基划分为天然培养基、合成培养基和无血清培养基3个阶段:天然培养基阶段是对动物细胞培养基最初的也是最原始的研究阶段,营养成分高,为合成培养基阶段的到来打下了坚固的基础。但其成分复杂,个体差异大,重现性低,来源较为缺乏,因而使用受到限制。合成培养基阶段在天然培养基阶段的基础上发展较为迅速,可以通过添加某些成分支持细胞增殖。小牛血清成为合成培养基最常用的添加成分,虽然小牛血清中含有很多支持细胞生长的活性物质但同时也给细胞培养造成了诸多的不利。无血清培养基阶段旨在寻求血清的替代成分,既能满足细胞培养的要求又能避免血清引起的一系列问题。无血清培养基的发展共分为4代,前3代存在很多缺点,如适用谱窄、培养基难以保存、容易受到外界因素的影响等。

1. 天然培养基

动物血清是细胞培养中用量最大的天然培养基,血清含有丰富的营养物质,包括大分子蛋白质和核酸等,对动物细胞的生长繁殖具有促进作用。同时,血清对细胞贴壁和保护亦有明显作用,且能中和有毒物质的毒性,使细胞不受伤害。这种培养基适合自然降压灭菌。

2. 合成培养基

合成培养基是根据天然培养基的成分,用化学物质模拟合成的,具有一定的组成。但这种模拟不是被动和不加选择的,而是在体外反复实验和筛选、进行强化和重新组合后形成的人工合成培养基。这种培养基在很多方面有天然培养基无法相比的优点。它给细胞提供了一个近似体内生存环境,又便于控制和标准化的体外生存环境。目前所有细胞培养室都已采用经标准化生产、组分和含量都相对固定的各种合成培养基,如 Eagle 基本培养基,简称 MEM,是由 13 种必需氨基酸、8 种维生素、葡萄糖和无机盐所组成。还有其他更复杂的如 NCTC109,TC199,HEM,DME,RPMI1640,McCoy5A,HAMF12 等。尽管现代的合成培养基成分和含量已经较为复杂,但仍然不能完全满足体外培养细胞生长的需要。在合成培养基中都或多或少地要加入一定比例的天然培养基加以补充。目前多采用胎牛血清、小牛血清、马血清等,比例从百分之几到百分之几十不等,要根据需要而定。其他各种天然培养基也可根据需要加入。

合成培养基的种类虽多,但一般都含有氨基酸、维生素、碳水化合物、无机盐和一些其他辅助性成分。

(1)氨基酸 必需氨基酸是动物细胞本身不能合成的,因此,在制备培养基时需加入必需氨基酸,另外还需要半胱氨酸和酪氨酸。而且由于细胞系不同,对各种氨基酸的需要也不同。有时也加入其他非必需氨基酸,氨基酸浓度常限制可得到的最大细胞密度,其平衡可影响细胞存活的生长速率。在细胞培养中,大多数细胞需要谷氨酰胺作为能源和碳源。

(2)维生素 基本培养基中只含 B 族维生素,其他维生素都靠从血清中取得。血清浓度降低时,对其他维生素的需求更加明显,但也有些情况,即使血清存在,它们也必不可少。维生素限制可从细胞存活和生长速率看出,而不是以最大细胞密度为指标。

(3)碳水化合物 碳水化合物是细胞生命的能量来源,有的是合成蛋白质和核酸的成分,主要有葡萄糖、核糖、脱氧核糖、丙酮酸钠和醋酸等。

(4)无机盐 无机盐是细胞的重要组成部分之一,它们积极参与细胞的代谢活动。无机盐中 Na^+、K^+、Mg^{2+}、Ca^{2+}、Cl^-、SO_4^{2-}、PO_4^{3-} 和 HCO_3^- 等金属离子及酸根离子是决定培养基渗透压的主要成分。对悬浮培养,要减少钙,可使细胞聚集和贴壁最少,碳酸氢钠浓度与气相 CO_2 浓度有关。

(5)有机添加剂 复杂培养基都含有核苷、柠檬酸循环中间体、丙酮酸、脂类、氧化还原剂如抗坏血酸、谷胱甘肽等及其他各种化合物。同样,当血清量减少时,必须添加这种化合物,它们对克隆和维持这些特殊细胞有益。

(6)血清 动物细胞培养中最常用的天然培养基是血清。这是因为血清中含有大量的细胞生长增殖所需的激素、生长因子、转移蛋白和其他营养物质,对于维持细胞较好的生长状态,促进细胞的生长与分裂增殖、中和某些物质的毒性起着一定的作用。最常用的是小牛血清、胎牛血清。人血清用于一些人细胞系。大多数动物细胞培养必须在培养基中添加血清,但在许多情况下,细胞可在无血清条件下维持和增殖。

目前合成培养基的配方都已相对固定,并形成配制好的干粉型商品。其成分趋于简单化,以能维持细胞生长的最低需求,而去除了不必要的成分。同时为适应某些特殊培养的需要补加一些新的成分,如培养杂交瘤细胞时采用 DMEM 培养基需补加丙酮酸钠和 2 - 硫基乙醇;为增加细胞转化和 DNA 合成,有时补加植物血凝素(PHA)等。这些变化需根据实验和细胞的具体要求而定。

3. 无血清培养基

经过多年的研究及使用发现,动物细胞培养中使用血清有很多不利因素,主要集中在以下几方面:首先,血清有批次差异,不同批次血清间的生物活性和功能因子不一致,容易造成代谢产物和实验结果重现性差,需要大量验证工作;其次,血清的来源不稳定,成分不明确、有抑制生长的成分、不利于疫苗和单克隆抗体等目的产品的分离纯化;最后,存在污染外源病毒和致病因子的风险,容易被病毒和支原体感染。相比天然培养基、合成培养基等传统培养基,无血清培养基有着无可比拟的优势,即加入成分明确的血清替代成分,既能满足细胞的培养要求,又能有效避免因使用血清带来的诸多不利因素。概括起来,无血清培养基有以下好处:①可避免血清质量间的批次变动,提高细胞培养和试验结果的重复性;②避免血清对细胞的毒性作用和血清源性污染;③避免血清组分对试验研究的影响;④有利于体外细胞培养的分化;⑤可提高产品的表达水平并使细胞产品易于纯化。因此,无血清培养得到越来越广泛的应用,无血清培养技术的研究也越来越得到人们的重视。纵观无血清培养基的整个发展历程,大概可分为三代,第四代无血清培养基的研究开发也成为热点方向。这几代培养基的特点见表3-4。例如有人研究对比了用 MesenCult - XF 无血清培养液和10%胎牛血清培养液的人脐带间充质干细胞(UC-MSC)的形态、免疫表型、细胞周期、增殖分化潜能及对混合淋巴细胞反应的抑制作用。结果显示,采用 MesenCult - XF 无血清培养液培养的 MSC 平均传代倍增 6.57 ± 0.7 倍,含血清培养液培养的 MSC 平均传代倍增 4.59 ± 0.45 倍($P < 0.05$),无血清培养液培养的 MSC(65 ± 5.2)% 均为 G0/G1 期细胞,含血清培养液培养的 MSC(62 ± 3.1)% 为 G0/G1 期细胞($P > 0.05$);无血清培养液培养的细胞均为 MSC,有传代增殖潜能,传代可达临床治疗 MSC 细胞量,并可避免异种蛋白致敏。

表3-4 无血清培养基的发展过程

无血清培养基代别	成分	优缺点
第Ⅰ代	不含有血清,但含有大量的动物或植物蛋白	蛋白含量高(低于含血清培养基),不利于目标蛋白的分离纯化
第Ⅱ代	完全不采用动物来源蛋白	降低生产成本,加快报批速度
第Ⅲ代	完全无蛋白或含量极低	成分明确,细胞培养和生产恒定容易,易分离纯化,成本低。仅限几个特定的细胞株
第Ⅳ代	无血清、无蛋白	适合多种不同细胞生长并可高温消毒

(二)培养基制备以及制备过程中应考虑的因素

虽然各种培养基的组成各有不同,但形成商品化的干粉型培养基的配制方法却大同小异。绝大多数合成培养基的生产都已标准化、商品化。较为常用的培养基市场上很容易购得。这种干粉型培养基性质稳定,便于储存、运输、价格便宜,给使用和配制合成培养基带来很大方便。一般的特殊需求也多可在现有合成培养基基础上补加或调整某些成分予以满足。以往实验室自购各个组分,称量后再按一定顺序进行溶解配制的老方法,一方面需购置大量各种各样的成分,而且每种成分用量很少,很难控制和统一;另一方面要精确称量,顺序溶解,步骤烦琐,质量难以保证。除因特殊需要而专门配制一些特殊培养基外,大部分已不再使用。

在制备培养基时,通常要考虑以下因素:

1. pH

多数细胞系在 pH 7.4 下生长得很好。尽管各细胞株之间细胞生长最佳 pH 变化很小,但一些正常的成纤维细胞系以 pH 7.4～7.7 最好,但多数细胞对酸的耐受性较强,在偏碱性条件下则会很快死亡。转化细胞以 pH 7.0 ~ 7.4 更合适。据报道,上皮细胞以 pH 5.5 合适。为确定最佳 pH,最好做一个简单的生长实验或特殊功能分析。

酚红常用作指示剂,pH 7.4 呈红色,pH 7.0 变橙色,pH 6.5 变黄色,而 pH 7.6 呈红色中略带蓝色,pH 7.8 呈紫色。由于对颜色的观察有很大的主观性,因而必须用无菌平衡盐溶液和同样浓度的酚红配一套标准样,放在与制备培养基相同的瓶子中。

2. 缓冲能力

在细胞培养时,细胞的呼吸作用会产生很多 CO_2,和水结合会使培养基的 pH 下降(酸化),这样不利于细胞的培养,为了保证细胞的培养环境在一个合理的酸碱平衡环境,就需要在培养液中加入缓冲液,中和掉部分的 CO_2,来保证培养的 pH 平衡。常用的缓冲液有 PBS 磷酸盐缓冲液、HEPES 缓冲液和 $NaHCO_3$ 缓冲液。碳酸盐缓冲系统由于毒性小、成本低、对培养物有营养作用,因此比其他缓冲系统用得多。这种系统气相中的 CO_2 浓度应与培养液中的碳酸氢钠浓度相平衡。如果气相或培养箱空气中的 CO_2 浓度设定在 5%,那么培养液中 $NaHCO_3$ 的加入量为 1.97g/L;如果 CO_2 浓度维持在 10%,那么 $NaHCO_3$ 的浓度则为 3.95g/L。

3. 渗透压

多数培养细胞对渗透压有很宽的耐受范围,一般常用冰点降低或蒸汽压升高测定。如果自己配培养基,可通过测定渗透压防止称量和稀释等造成的误差。

4. 黏度

培养基的黏度主要受血清含量的影响,在多数情况下,对细胞生长没有什么影响。在搅拌条件下,用羧甲基纤维素增加培养基的黏度,可减轻细胞损害。这对在低血清浓度或无血清下条件下培养细胞显得尤为重要。

三、动物细胞培养方法和环境要求

(一)动物细胞大规模培养的操作模式

动物细胞大规模培养方式很多,但概括起来包括悬浮培养和固定化培养、贴壁培养三大类。

1. 细胞悬浮培养法

悬浮培养是细胞在培养液中呈悬浮状态生长繁殖的培养方法。其培养方式又有批量法、半连续法及连续法等。适用于培养确立细胞株、杂交瘤细胞、肿瘤细胞、血液细胞及淋巴组织细胞,用于大量生产疫苗、α - 干扰素、白介素及 McAb 等药品。其优点在于可连续收集部分细胞进行移植继代培养,传代时无须消化分散,免遭酶类、EDTA 及机械损害。细胞收率高,并可连续测定细胞浓度,还有可能实现大规模直接克隆培养。但此法不适于包括二倍体细胞在内的正常组织细胞的培养。

培养过程中,为确保细胞呈单颗粒均匀悬浮状态,需采用搅拌或气升式反应器,以较低搅拌速度及一定速度通入含 5% CO_2 的无菌空气,保持细胞悬浮态并维持培养液溶解氧。此外不同细胞悬浮条件亦异,为使细胞不致凝集、成团或沉淀,在配制培养基的基础盐溶液中不加钙和镁离子。间歇或连续更换部分培养液,可维持 pH,若使用 HEPES 缓冲盐溶液时可不必连续通入含 5% CO_2 空气。

动物组织中细胞密度约为 10^9 个/mL,为自然界细胞所处最高密度状态。而体外悬浮培养细胞密度一般在 5×10^6 个/mL 以下,要提高细胞产量需扩大培养规模,规模越大则控制越困难。现采用灌注培养法是较为有前途的技术,其流程包括新鲜培养基供给系统、培养罐、细胞及培养液分离系统、培养液连续收集装置等,细胞浓度可达 10^8 个/mL。

近年来,无血清培养技术因其具有安全性好、过程便于监测、技术稳定可靠、工艺放大容易等众多优点,最大规模可达到 25 000L,为众多生物制药同行所青睐,已成为动物细胞悬浮培养研究的热点问题。无血清培养技术的核心技术主要包括 3 个方面:细胞生物反应器技术、无血清培养基研制技术和工程细胞株的构建与驯化技术。

2. 固定化培养法

将细胞限制或定位于特定空间位置的培养技术谓之细胞固定化培养法。动物细胞几乎皆可采用固定化方法培养。固定化方法有吸附法和包埋法。吸附法所用载体有陶瓷颗粒、玻璃珠及硅胶颗粒表面,或附着于中空纤维膜及培养容器表面;包埋法系将细胞包埋于琼脂、琼脂糖、胶原及血纤维等海绵状基质中的培养方法。固定化培养优点在于:①细胞可维持在较小体积培养液中生长;②细胞损伤程度低;③易于更换培养液;④细胞和培养液易于分离;⑤培养液中产物浓度高,简化了产品分离纯化操作。目前已开发的培养装置有多层平板装置、螺旋卷膜培养器、多层托盘式培养器、卷带式培养器、中空纤维及流化床式培养器等。除后两者外,其他装置用于细胞培养时均需多套设备,且为手工操作,缺乏工程化配套设备。

3. 贴壁培养方法

大部分细胞需附着在固体或半固体表面才能生长,细胞在载体表面上生长并扩展成一单层,所以贴壁培养又称单层培养。

传统的动物细胞贴壁培养采用滚瓶培养,但滚瓶比表面积小而不利于大规模培养。如果将细胞吸附于微载体表面,在培养液中进行悬浮培养,使细胞在微载体表面长成单层的贴壁培养,这种方法称为微载体培养法或微珠培养法。这种方法由于微载体的比表面积大而特别适合于大规模培养动物细胞。

用于制备微载体的材料必需对细胞无毒而又易于贴附细胞,其密度大于1,目前已被选用的材料有 DEAE - SepHadexA$_{50}$ 及 A$_{25}$、QAE - SepHadex、经处理的塑料、尼龙、二甲基氨基丙基聚丙烯酰胺及聚苯乙烯等。制成的微粒直径应为 100~200μm,可容纳几百个细胞。目前已有 DEAE - 联葡聚糖(如 Cytodex 1,Superbeads)、二甲氨丙基聚丙烯酰胺(Biocarrier)及聚苯乙烯(Biosilon)等商品微粒市售。如 Cytodex 1 干颗粒直径为 60~87μm,在培养液

中可膨胀成 $160 \sim 230 \mu m$,每克微粒表面积约为 $0.6 m^2$,相当于 7 个标准转瓶($\Phi 285 mm \times$ 110mm)。

微载体培养优点在于兼有固定化培养与悬浮培养双重特点,培养过程细胞产物量与常规单层培养相同,通过增加培养罐体积即可达到扩大培养规模的目的,减少厂房及设备投资,节约动力消耗及人力,又便于对反应系统进行检测与控制。

动物细胞的体外培养有两种类型。一类是贴壁依赖性细胞,大多数动物细胞,包括非淋巴组织的细胞和许多异倍体体系的细胞都属于这一类型。这一类需采用贴壁培养。另一类是非贴壁依赖性细胞,来源于血液、淋巴组织的细胞,许多肿瘤细胞(包括杂交瘤细胞)和某些转化细胞属于这一类型。这一类可采用类似微生物培养的方法进行悬浮培养。

所谓的贴壁培养是指大多数动物细胞在离体培养条件下都需要附着在带有适量正电荷的固体或半固体的表面上才能正常生长,并最终在附着表面扩展成单层。其基本操作过程是:先将采集到的活体动物组织在无菌条件下采用物理(机械分散法)或化学(酶消化法)的方法分散成细胞悬液,经过滤、离心、纯化、漂洗后接种到加有适宜培养液的培养皿(瓶、板)中,再放入二氧化碳培养箱进行培养。用此法培养的细胞生长良好且易于观察,适于实验室研究。但贴壁生长的细胞有接触抑制的特性,一旦细胞形成单层,生长就会受到抑制,细胞产量有限。如要继续培养,还需将已形成单层的细胞再分散,稀释后重新接种,然后进行传代培养。而悬浮培养是指少数悬浮生长型动物细胞在离体培养时不需要附着物,悬浮于培养液中即可良好生长。悬浮生长的细胞培养和传代都十分简便。培养时只需将采集到的活体动物组织经分散、过滤、纯化、漂洗后,按一定密度接种于适宜培养液中,置于特定的培养条件下即可良好生长。传代时不需要再分散,只需按比例稀释后即可继续培养。此法细胞增殖快,产量高,培养过程简单,是大规模培养动物细胞的理想模式。但在动物体中只有少数种类的细胞适于悬浮培养。

从培养方式来看,动物细胞大规模培养的操作模式,大体可分用分批式操作、流加式操作、半连续式操作、连续式操作、灌流式操作等多种培养模式。这几种培养模式的优缺点见表 3 – 5。从培养系统来看,主要采用中空纤维培养系统和微载体系统,且以灌注式连续培养方式为佳。

表 3 – 5　常见几种动物细胞大规模培养操作模式的特点

操作模式	优点	缺点
分批式	操作简单、可直观地反应细胞生长代谢过程、可直接放大	培养细胞所处的环境变化较大,不能自始至终处于最优条件下,培养后期由于代谢产物的大量积累,影响细胞的生长,细胞产量不高
流加式	根据细胞生长速率、营养物消耗和代谢产物抑制情况,添加浓缩的营养培养基;培养过程以低稀释率流加,细胞在系统中停留时间较长,总细胞密度较高,产物浓度较高	由于新鲜培养液的加入,培养体积不断增大,操作范围有限
半连续式	生产效率高,可长时期进行生产,反复收获产品	

续表

操作模式	优点	缺点
连续式	细胞维持持续指数增长,产物体积不断增长,可控制衰退期与下降期	容易造成污染,细胞的生长特性及分泌产物易变异,对设备、仪器的控制技术要求较高
灌流式	产品产量较高,有害代谢废物浓度积累较低,反应速率易控制,目标产品回收率高,产品在罐内停留时间短,可及时回收到低温下保存,有利于保持产品的活性	污染概率较高,细胞分泌产品的稳定性不足,要求复杂仪器设备控制灌流操作过程,过滤器容易堵塞,培养次数有限

(1)分批式培养(Batch culture)　作为动物细胞培养过程中较早采用的方式,分批式操作也是其他操作方式的基础。该方式采用机械搅拌式生物反应器,将细胞扩大培养后,一次性转入生物反应器内进行培养,在培养过程中其体积不变,不添加其他成分,待细胞增长和产物形成积累到适当的时间,一次性收获细胞、产物、培养基。在细胞分批培养过程中,不用向培养系统补加营养物质,而只需向培养基中通入氧,能够控制的参数只有 pH、温度和通气量。因此细胞所处的生长环境随着营养物质的消耗和产物、副产物的积累时刻都在发生变化,不能使细胞自始至终处于最优的条件下,因而分批培养并不是一种理想的培养方式。在分批培养中,培养细胞按照延迟期、对数期、减速期、稳定期和衰退期 5 个时期生长。分批培养的周期时间多在 3～5d,细胞生长动力学表现为细胞先经历对数生长期(48～72h)细胞密度达到最高值后,由于营养物质耗竭或代谢毒副产物的累积细胞生长进入衰退期进而死亡,或由于细胞内某些酶的作用而使细胞发生自溶现象。表现出典型的生长周期。收获产物通常是在细胞快要死亡前或已经死亡后进行。分批培养过程特征见图 3－5。

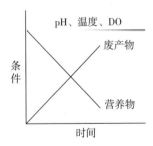

图 3－5　动物细胞分批式培养过程的特征

分批培养过程中的延滞期是指细胞接种后到细胞分裂繁殖所需的时间,延滞期的长短根据环境条件的不同而不同,并受原代细胞本身的条件影响。一般认为,细胞延滞期是细胞分裂繁殖前的准备时期,一方面,在此时期内细胞不断适应新的环境条件,另一方面又不断积累细胞分裂繁殖所必需的一些活性物质,并使之达到一定的浓度。因此,一般选用生长比较旺盛的处于对数生长期的细胞作为种子细胞,以缩短延滞期。

细胞经过延滞期后便开始迅速繁殖,进入对数生长期,在此时期细胞随时间呈指数函数形式增长,细胞的比生长速率为一定值,根据定义

$$\mu = \frac{1}{X} \cdot \frac{dX}{dt}$$

$$则\ X = X_0 e^{\mu t}$$

式中：t 为培养时间（h）；X_0 为细胞的初始浓度；X 为 t 时刻的细胞浓度；μ 为细胞的比生长速率。

细胞通过对数生长期迅速生长繁殖后，由于营养物质的不断消耗、抑制物等的积累、细胞生长空间的减少等原因导致生长环境条件不断变化，细胞经过减速期后逐渐进入平稳期，此时，细胞的生长、代谢速度减慢，细胞数量基本维持不变。在经过平稳期之后，由于生长环境的恶化，有时也有可能由于细胞遗传特性的改变，细胞逐渐进入衰退期而不断死亡，或由于细胞内某些酶的作用而使细胞发生自溶现象。

典型的分批培养随时间变化的过程曲线见图 3 - 6。

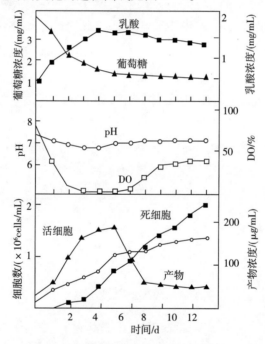

图 3 - 6　典型的分批培养随时间的变化曲线

在分批培养过程中，与细胞的生长、代谢相关的主要参数有限制性营养物质浓度及其比消耗速率、细胞密度及其比生长速率、产物浓度及其生成速率、抑制物的浓度等。根据比速率的定义，分批式培养过程有下述方程：

细胞生长速率　　$\dfrac{dX}{dt} = \mu X$

底物消耗速率　　$\dfrac{dS}{dt} = -Q_s X$

产物形成速率　　$\dfrac{dP}{dt} = Q_p X$

式中:μ 为细胞的比生长速率;S 为底物浓度;Q_S 为基质比消耗速率;P 为产物浓度;Q_P 为产物比生产速率。

由于分批式培养过程的环境随时间变化很大,而且在培养的后期往往会出现营养成分缺乏或抑制性代谢物的积累使细胞难以生存,不能使细胞自始至终处于最优的条件下生长、代谢,因此在动物细胞培养过程中采用此法的效果不佳。

(2)流加式培养(Fed - batch culture)　分批补料式培养是指先将一定量的培养液装入反应器,在适宜的条件下接种细胞,进行培养,使细胞不断生长,产物不断形成,而在此过程中随着营养物质的不断消耗,不断地向系统中补充新的营养成分,使细胞进一步生长代谢,直到整个培养结束后取出产物。分批补料式培养只是向培养系统补加必要的营养成分,以维持营养物质的浓度不变。由于分批补料式培养能控制更多的环境参数,使得细胞生长和产物生成容易维持在优化状态。

分批补料式培养过程的特征见图3 - 7。分批补料式培养的特点就是能够调节培养环境中营养物质的浓度:一方面,它可以避免在某种营养成分的初始浓度过高时影响细胞的生长代谢以及产物的形成;另一方面,还能防止某些限制性营养成分在培养过程中被耗尽而影响细胞的生长和产物的形成。同时在分批补料式培养过程中,由于新鲜培养液的加入,整个过程的反应体积是变化的。

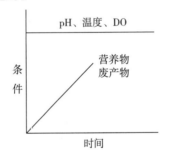

图3 - 7　流加式培养过程的特征

根据分批补料控制方式不同,有两种分批补料式培养方式:无反馈控制流加和有反馈控制流加。无反馈控制流加包括定流量流加和间断流加等;有反馈控制流加一般是连续或间断地测定系统中限制性营养物质的浓度,并以此为控制指标来调节流加速率或流加液中营养物质的浓度等。由于分批补料式培养的反应体积不断变化,培养过程中的各参数变化可写为:

$$d(VX)/dt = uVX$$

式中:V 为培养液的体积;X 为 t 时间时的细胞密度;u 为细胞的比生长速率。

(3)半连续式培养(Semi - continuous culture)　又称为重复分批式培养或换液培养。指在分批式培养的基础上,将分批培养的培养液部分取出,并补充加入等量的新鲜培养基,使反应器内培养液的总体积保持不变。采用机械搅拌式生物反应器系统,悬浮培养形式。在细胞增长和产物形成过程中,每间隔一段时间,从中取出部分培养物,再用新的培养液补足到原有体积,使反应器内的总体积不变。这种类型的操作是将细胞接种一定体积的培养基,让其生长至一定的密度,在细胞生长至最大密度之前,用新鲜的培养基稀释培养物,每次稀释反应器培养体积的1/2～3/4,以维持细胞的指数生长状态,随着稀释率的增加培养体积逐步增加。或者在细胞增长和产物形成过程中,每隔一定时间,定期取出部分培养物,或是条件培养基,或是连同细胞、载体一起取出,然后补加细胞或载体,或是新鲜的培养基继续进行培养的一种操作模式。剩余的培养物可作为种子,继续培养,从而可维持反复培养,而无须反应器的清洗、消毒等。在半连续式操作中由于细胞适应了生物反应器的培养环境和相当高的接种量,经过几次的稀释、换液培养过程,细胞密度常常会提高。在半连续式培养过程,如反应器内的培养液体积为V,换液量为V',替换率$D' = V'/V$。对于悬浮培养,D'与比生长速率μ'有如下的关系:

$$\mu' = \frac{1}{t}\ln\frac{X}{X_0}$$

$$D' = \frac{V'}{V} = 1 - e^{\mu}$$

(4)连续式培养(Continuous culture) 是一种常见的悬浮培养模式,采用机械搅拌式生物反应器系统。该模式是将细胞接种于一定体积的培养基后,为了防止衰退期的出现,在细胞达最大密度之前,以一定速度向生物反应器连续添加新鲜培养基。与此同时,含有细胞的培养物以相同的速度连续从反应器流出,以保持培养体积的恒定。理论上讲,该过程可无限延续下去。连续培养的最大优点是反应器的培养状态可以达到恒定,细胞在稳定状态下生长。稳定状态可有效的延长分批培养中的对数生长期。在稳定状态下细胞所处的环境条件如营养物质浓度、产物浓度、pH可保持恒定,细胞浓度以及细胞比生长速率可维持不变。细胞很少受到培养环境变化带来的生理影响,特别是生物反应器的主要营养物质葡萄糖和谷氨酰胺,维持在一个较低的水平,从而使其利用效率提高,有害产物积累有所减少。然而在高的稀释率下,虽然死细胞和细胞碎片及时清除,细胞活性高,最终细胞密度得到提高,可是产物却不断在稀释,因而产物浓度并未提高。尤其是细胞和产物不断稀释,营养物质利用率、细胞增长速率和产物生产速率低下。连续式培养是指将细胞种子和培养液一起加入反应器内进行培养,一方面新鲜培养液不断加入反应器内,另一方面又将反应液连续不断地取出,使反应条件处于一种恒定状态。与分批式培养不同,连续式培养可以保持细胞所处环境条件长时间地稳定,可以使细胞维持在优化的状态下,促进细胞的生长和产物的形成。由于连续式培养过程可以连续不断地收获产物,并能提高细胞密度,在生产上已被应用于培养非贴壁依赖性细胞。

(5)灌流式培养 动物细胞的连续培养一般是采用灌流培养。灌流培养是把细胞接种后进行培养,一方面连续往反应器中加入新鲜的培养基,同时又连续不断地取出等量的培养液,但是过程中不取出细胞,细胞仍留在反应器内,使细胞处于一种营养不断的状态。高密度培养动物细胞时,必须确保补充给细胞足够的营养以及除去有毒的代谢物。灌流培养时用新鲜培养液进行添加,确保上述目的实现。通过调节添加速度,则使培养保持在稳定的、代谢副产物低于抑制水平的状态。采用此法,可以大大提高细胞的生长密度,有助于产物的表达和纯化。

对于有细胞排出的培养系统,进行物料衡算可得:

$$V \frac{dX}{dt} = \mu V X - F X$$

$$V \frac{dS}{dt} = F(S_{in} - S) - q_S X V$$

$$V \frac{dP}{dt} = q_P V X - F P$$

式中:V 为反应器工作体积;F 为培养液流入(或流出)速率;S_{in} 为流入液中限制性营养物质浓度;S 为反应器内该物质浓度,其余同前。

$$\frac{dX}{dt} = (\mu - D) X$$

$$\frac{dS}{dt} = D(S_{in} - S) - q_S X$$

$$\frac{dP}{dt} = q_P X - D P$$

若令稀释率 $D = F/V$,则可得出状态方程:

在稳定状态下,$\mu = D$,即细胞比生长速率与稀释率相等。换言之,对于悬浮细胞的培养,当有细胞排出时,稀释率不得大于细胞最大比生长速率,否则细胞便会全部洗出。

由于连续培养过程可以连续不断地收获产物,并能提高细胞密度,因此,在生产中广泛被采用。如英国 Celltech 公司采用灌注培养杂交瘤细胞,连续不断地生产单克隆抗体,获得巨大经济效益。虽然灌注培养具有不少优点,但也存在培养基消耗量比较大,操作过程复杂,培养过程中易受污染等缺点。

(二)细胞培养的环境要求

细胞的生长、繁殖和代谢,在很大程度上受各种环境因素的影响。为了使动物细胞反应处于最佳状态,了解环境因素对其影响无疑是很重要的。影响动物细胞生长、繁殖的环境因素很多,主要有细胞生长的支持物、无菌条件、气体环境、缓冲环境、培养温度、pH、培养基及其他因素等方面。

1. 支持物

体外培养的大多数动物细胞需在人工支持物上单层生长。在早期的实验中,用玻璃作为支持物,开始是由于它的光学特性,后来发现它具有合适的电荷适合于细胞贴壁和生长。

(1)玻璃 常用作支持物。它很便宜,容易洗涤,且不损失支持生长的性质,可方便地用于干热或湿热灭菌,透光性好,强碱可使玻璃对培养产生不良影响,但用酸洗中和后即可。

(2)塑料制品 一次性的聚苯乙烯瓶是一种方便的支持物。但制成的聚苯乙烯是疏水性的,不适合于细胞生长,所以细胞培养用的塑料用品要用 γ 射线、化学药品或电弧处理使之产生带电荷的表面,具有可润湿性。它光学性质好,培养表面平。除此之外,细胞也可在聚氯乙烯、聚碳酸酯、聚四氟乙烯和其他塑料上生长。

(3)微载体 大规模动物细胞贴壁培养最常用的支持物是微载体。其材料有聚苯乙烯、交联葡萄糖、聚丙烯酰胺、纤维素衍生物、几丁质、明胶等。通常用特殊的技术制成 $100 \sim 200 \mu m$ 直径的圆形颗粒,微载体的制备是一种较复杂的技术,微载体的价格一般也比较贵。但最大优点是使贴壁细胞可以像悬浮培养那样进行。微载体表面光滑,有的还在表面深层,使表面带有少量正电荷,适合于细胞贴附。微载体大多都是一次性的,不能重复使用。

支持物通过各种预处理后,可改善细胞的贴壁和生长性能。用过的玻璃容器比新的更适合细胞生长。这可能归因于培养后的表面的蚀刻和剩余的微量物质,培养瓶中细胞的生长也可以改善表面以利第二次接种,这类调节因素可能是细胞释放出的胶原或黏素。

2. 气体环境

气体是哺乳动物细胞培养所必需的条件之一,所需气体主要有氧气和二氧化碳。氧气参与三羧酸循环供给细胞能量和生长组分;二氧化碳既是细胞代谢产物,也是细胞增殖所需成分,并对调节培养基 pH 有重要作用。一般来说,O_2 和 CO_2 的浓度分别为 95% 和 5%。氧供应和 CO_2 移除的矛盾已成为动物细胞大规模培养过程放大与优化中亟待解决的关键问题。

(1)氧气 气相中的重要成分是氧气和二氧化碳。各种培养对氧的要求不同,大多数动物细胞培养适合于大气中的氧含量或更低些。据报道,对培养基硒含量的要求与氧浓度有关,硒有助于除去呈自由基状态的氧。在大规模细胞培养中,氧可能成为细胞密度的限制因素。

(2)二氧化碳 二氧化碳对动物细胞培养起着相对复杂的作用,气相中的 CO_2 浓度直接调节溶解态 CO_2 的浓度,溶解态的 CO_2 受温度影响,CO_2 溶于培养基中形成 H_2CO_3,产生 H_2CO_3 又能再离解:

$$H_2O + CO_2 \rightleftharpoons H_2CO_3 \rightleftharpoons H^+ + HCO_3^-$$

由于 HCO_3^- 与多数阳离子的离解数很小,趋于结合态,故使培养基变酸。提高气相中 CO_2 含量的结果是降低培养液 pH,而它又被加入 $NaHCO_3$ 浓度所中和:

$$NaHCO_3 \rightleftharpoons Na^+ + HCO_3^-$$

若 HCO_3^- 浓度增加,则平衡向左边移动,直到系统在 pH 7.4 达到平衡。如果换用其他物质,如 NaOH,实际效果是一样的:

$$NaOH + H_2CO_3 \rightleftharpoons NaHCO_3 + H_2O \rightleftharpoons Na^+ + HCO_3^-$$

3. 培养温度

温度是细胞在体外生存的基本条件之一,要维持培养的细胞旺盛生长,必须有恒定适宜的温度。偏离适当的温度范围,细胞会受到损伤,影响正常代谢甚至死亡。一般来说,动物细胞培养最佳温度为其体温。不同的动物细胞其最佳培养温度也不一样。例如小鼠精原细胞在34℃的条件下培养时,精原细胞增殖最多,存活时间也最长。有人还研究了培养温度对于细胞生长和细胞维持存活时间的影响。例如有人在30℃和37℃培养条件培养时,与37℃时相比,在30℃培养条件下中国仓鼠(CHO)细胞的平均比生长速率降低了92%,培养时间延长了7d,结果证明降低培养温度能够明显抑制细胞生长,延长细胞维持存活的时间。鱼属变温动物,鱼细胞对温度变化耐受力较强,冷水、凉水、温水鱼细胞适宜培养温度分别为20℃、23℃、26℃,昆虫细胞为25～28℃,人和哺乳动物细胞最适宜的温度为(36.5±0.5)℃,温度不超过39℃。细胞代谢强度与温度成正比,偏高于此温度范围,细胞的正常代谢和生长将会受到影响,甚至导致死亡。总的来说,细胞对低温的耐受力比对高温的耐受力强;如温度上升到45℃时,在1h内细胞即被杀死。在41～42℃虽然细胞尚能生存,但为时很短,10～24h后即褪变或死亡。相反,降低温度把细胞置于25～35℃时,它们仍能生长,但速度缓慢,并维持长时间不死,放在4℃,数小时后再置于37℃培养细胞仍继续生长。如温度降至冰点以下,细胞可因胞质结冰而死亡。但如向培养液中加入保护剂(二甲基亚砜或甘油),可以把细胞冻结贮存于液氮中,温度达－196℃,能长期保存下去,解冻后细胞复苏,仍能继续生长。

一般来说,变温动物细胞有较大的温度范围,但应保持在一个恒定值,且在所属动物的正常温度范围内,培养反应器既能加热,又能冷却,因为培养温度可能要求低于环境温度。

温度调节的范围最大不超过±0.5℃。培养温度不仅始终一致,而且在培养器各个部位都应恒定,在培养中温度的恒定比准确更重要。

4. pH

适宜的pH细胞生存的必要条件之一,动物细胞合适的pH一般在7.2～7.4,低于6.8或高于7.6都对细胞产生不利的影响,严重时可导致细胞褪变或死亡。不同细胞对于pH的敏感性也不同,如原代培养细胞对于pH的变动耐受性较差,可传代细胞系的耐受性反而较强。对于同一种细胞,生长期和维持期最适pH也不尽相同,对大多数细胞来说,偏酸性环境比碱性环境更利于生长,如有人研究过不同pH的培养液对兔骨髓间充质干细胞(MSCs)体外培养的影响,结果证明:培养液的pH在7.2～7.4时,MSCS生长活跃,增值速度很快;pH大于7.4时,MSCs逐渐停止增值;pH在7.1～7.19之间时,变化不大,仅增值速度稍减慢;pH小于7.1时,MSCs生长增值速度明显减慢。MSCs对碱性培养液较敏感,稍偏碱即影响细胞的增殖,对酸性环境有一定耐受。初代培养的新鲜组织或经过消化成分散状态的细胞,对环境的适应力差,此时应严格控制培养基的pH,否则,细胞难以生长。细胞量少时比细胞量多时对pH变动耐力差。生长旺盛细胞代谢强,产生CO_2多,培养基pH下降快,如果CO_2从培养环境中逸出,则pH升高。上述两种情况对细胞都将产生不利影响。因此,维持细胞生存环境中的pH至关重要。最常用的方法是加磷酸缓冲液,缓冲液中的碳酸氢钠,具有调节CO_2的作用,因而在一定范围内可调节培养基的pH。由于

CO_2容易从培养环境中逸出,故只适用封闭式培养。为克服碳酸氢钠的这个缺点,有时也采用羟乙基哌嗪乙烷硝酸(HEPES),它对细胞无甚作用,主要是防止 pH 迅速波动,具有较强的稳定培养基 pH 的能力。

5. 渗透压

渗透压是影响体外培养细胞生长和存活的重要因素。有些动物细胞如 HeLa 细胞或其他确定细胞系,对渗透压具有较大耐受性,而原代细胞和正常二倍体细胞对渗透压波动比较敏感。人血浆渗透压约 290 mOsM kg^{-1},可视为培养人体细胞的理想渗透压,对多数细胞来说,最适培养渗透压为 240 ~ 320 mOsM kg^{-1}。但也有例外,如中华绒螯蟹血细胞在不添加血清的 $3 \times L - 15$ 培养基条件下,体外培养的最适渗透压为 1 100 mOsM kg^{-1}。随着培养时间的延长,渗透压会越来越高,一般影响渗透压的主要成分为 Na$^+$、K$^+$ 和 NH$_4$$^+$。细胞在高渗透压或低渗透压环境中,会发生皱缩或肿胀,甚至破裂,因此常用 BSS 溶液进行调节。

6. 培养基

培养基既是细胞培养中供给细胞营养和促进增殖的基础物质,也是细胞生长繁殖的直接环境。培养基分为天然培养基和合成培养基。天然培养基从动物体液或组织中分离提取,如血浆、血清、淋巴液、鸡胚浸出液等;合成培养基是根据天然培养基的成分,模拟合成、配制的培养基。它包含细胞生长的无机盐、氨基酸、维生素、糖类等基本物质和一些特殊的添加成分结合适量添加血清,广泛应用于动物细胞培养。

7. 其他因素

除上述因素外,其他因素如血清、剪切力、营养成分等对细胞也有很大影响。总之,影响动物细胞生长及产物合成的因素很多,在具体的培养过程中,需要视情况优化培养工艺。

四、生物反应器选择

在生物制品生产中,动物细胞培养日益重要,而动物细胞培养的最主要设备就是生物反应器(也称动物细胞发生器)。由于动物细胞(尤其是哺乳动物细胞)在促红细胞生成素(Erythropoietin,EPO)、干扰素(Interferon,IFN)、尿激酶原(Pro - Urokinase,Pro - UK)、疫苗以及其他一些价值昂贵的生物制品的生产上具有独特的优势,因此近年来有关动物细胞生物反应器的研制进展迅速。目前国内外生物反应器的种类较多,应用于生产实际的也不少,概括下来主要有机械搅拌式生物反应器、气升式生物反应器、中空纤维管生物反应器等。各生物反应器的特点见表 3 - 6。

表 3 - 6 各生物反应器特点

反应器类型	优点	缺点
机械搅拌式生物反应器	设计简单、操作方便、细胞密度高、易于放大生产、便于无菌操作、不易污染、氧的转换率高	细胞损失较大、产物含量不高

续表

反应器类型	优点	缺点
气升式生物反应器	完全封闭、培养环境较温和、无机械运动器件、细胞损伤率较低、便于无菌操作、不易污染、结构设计简单、不具反应液泄漏点和卫生清理死角、便于放大生产、氧的转化率高	只能培养悬浮生长细胞
中空纤维管生物反应器	无剪切、高传质、既可培养悬浮生长细胞，又可培养贴壁依赖型细胞、培养细胞密度高、产品较易分离纯化	培养环境不够均一、产品质量稳定性不高、培养工艺不易放大、反应器本身消毒和重复使用较难
旋转式生物反应系统	高物质传递效率、微重力环境、无推进器、空气升液器、气泡或搅拌器、几乎无破坏性剪切力、能分化或模仿父系组织结构和功能的组织培养	规模小，效率低，只限于小规模或种子链细胞的培养
微囊培养系统	可防止细胞在培养过程中受到物理损伤、高细胞密度和产物含量、细胞密度大，产物单位体积浓度高、分离纯化操作经济简便、膜孔的大小可根据需要而改变	微囊制作复杂，成功率不高；收集产物必须破壁，不能实现生产连续化
微载体培养系统	比表面积增大，兼具单层培养和悬浮培养的优势，单位体积培养液的细胞产率高、生长环境均一、条件易于控制、取样及细胞计数简单、细胞与培养液易于分离、细胞收获过程不复杂、劳动强度小，培养系统占地面积和空间小	搅拌桨及微珠间的碰撞易损伤细胞；接种密度高；微载体吸附力弱；不适合培养悬浮型细胞

（一）机械搅拌式生物反应器

机械搅拌式生物反应器是开发较早、应用较广的一类生物反应器，主要由培养罐、管、阀、泵、马达及仪表组成。培养物的混匀由马达带动的不锈钢搅拌系统实现，在罐体顶端还有一些传感器，可以连接监测培养物的温度、pH、溶氧度浓度（Dissolved oxygen，DO）、葡萄糖消耗、NH_3、NH_4^+等参数。这种反应器培养规模可达 2 000L，若再配合微载体、多孔微球、灌注技术，可使细胞密度达到 10^7/mL 以上，而且消毒方便。现在，全球 10 000L 及以上体积的反应器达 100 多台，最大的为 25 000L，这些反应器几乎都是机械搅拌式反应器，主要为 Genetech、Amgen、Boehringer Ingelheim 和 Lonza 等制药公司所拥有。

（二）气升式生物反应器

气升式生物反应器的基本原理是气体混合物从底部的喷射管进入反应器的中央导流管，使得中央导流管侧的液体密度低于外部区域从而形成循环。它在结构上和搅拌式大同小异，显著特点是用气流代替不锈钢叶片进行搅拌，因而产生的剪切力相对温和，对细胞损伤较小。英国 Celltech 公司是应用气升式生物反应器进行动物细胞大规模培养的成功范例，该公司在 1985 年应用 100L 气升式生物反应器对杂交瘤细胞进行了大规模培养，现在还开发出了 10 000L 气升式生物反应器用于各类单克隆抗体的规模化生产。国内也有人设计制造了 10L 规模的气升式生物反应器用于培养哺乳动物细胞和昆虫细胞等。

（三）中空纤维管生物反应器

中空纤维管生物反应器是开发较早且正在不断改进的一类生物反应器。其原理为泵动培养液通过成束的合成空心纤维管（毛细管）而使细胞固着在毛细管内壁上生长。如果毛细管的直径为350μm，表面积/体积比为30:7，因此大量成束的毛细管内壁提供了大量的细胞生长表面积。中空纤维管生物反应器的用途较广，既可培养悬浮生长的细胞，又可培养贴壁依赖性细胞，并且细胞密度最高可达 10^9 个/mL，主要用于培养杂交瘤细胞生产单克隆抗体。

（四）旋转式细胞培养系统

20世纪90年代中期，美国宇航局（National aeronantics and space administration，NASA）开发了一系列旋转式细胞培养系统（The rotary cell culture system，RCCS），又叫回转式生物反应器（Rotating Wall Vessel Bioreactor，RWVB），这是目前世界上培养贴壁和悬浮细胞的最新装置。该系统原先是为保护在宇航中所进行的纤细的组织培养而设计的。然而，它的低剪切力、高物质传递效率和微重力的独特环境，使人们在普通实验室的组织培养箱内也能培养出三维细胞组织。RCCS是绕水平轴旋转、无气泡的膜扩散式气体交换的培养系统。因该系统无推进器、空气升液器、气泡或搅拌器，故几乎没有破坏性的剪切力，使得大细胞团得以形成。与普通系统相比，RCCS的一个主要优势是进行能分化或模仿父系组织结构和功能的组织培养。使人们能得到和在人体内一样的培养产物。由于可模拟空间中的微重力环境，该生物反应器被誉为空间生物反应器。其模拟空间环境的原理是它可使培养物的重力向量在旋转过程中产生随机化，导致一定程度的重力降低，使细胞处于一种模拟自由落体状态，以此模拟微重力环境。RCCS由于没有搅拌剪切力的影响，细胞可以在相对温和的环境中进行三维生长，同时随机化的重力向量可能直接影响细胞的基因表达，或者间接促进细胞的增殖分化和组织器官形成，因而这种生物反应器可用于当前十分热门的组织工程研究，也可用于探索微重力环境对细胞生长、分化的影响。

（五）其他生物反应器

近年来在组织与细胞工程领域用到的还有流化床生物反应器（Fluidized bioreactor）、Petri碟生物反应器（Petri bioreactor）、脉动式生物反应器（Pulsatile bioreactor）、摇床式生物反应器（Shaking bioreactor）、填充床生物反应器（Packed bed bioreactor）等，由于这些生物反应器应用不普遍，故不作详述。

五、动物细胞大规模培养的应用

动物细胞大规模培养技术目前主要广泛应用在生物制药领域。在各个领域中，动物细胞工程正发挥着越来越重要的作用。

自从1975年剑桥大学的Kohler和Milstein合作，利用细胞融合技术首次获得单克隆抗体以来，单克隆抗体技术经过多年的发展，已被广泛应用于生命科学的各个领域。目前，许多单克隆抗体商品已进入市场，其在生物工程技术中的地位，丝毫不亚于基因工程产品。其前景广泛，被科学家及医学工作者极为推崇。

单克隆抗体在诊断各类病原体，肿瘤的检测及治疗，作为导向药物的载体和生产各种生物药品等方面具有独特的优势。用单克隆抗体可以检测出多种病毒中非常细微的株间差异,尤其在鉴别菌种型及亚型、病毒的变异株及其寄生虫不同生活周期的抗原性等方面更具有独特优势。其特异性强,灵敏度高,减少可能的交叉,误诊率低,优于传统血清法或动物免疫法。美国 Centorco 公司与麻省总医院联合制备的抗乙型肝炎病毒表面抗原(HbsAg)单克隆抗体,比当前最佳抗血清敏感 100 倍,能从抗血清确认的阴性人群中检查出 60% 的漏诊带病毒者。

利用单克隆抗体还可以检测出某些尚无临床表现的极小肿瘤病灶。在肿瘤治疗上,肿瘤的生物免疫治疗已向针对某种肿瘤的特异性 McAb 转变,目前,由于一些关键技术的突破,进入临床实验的 McAb 已达 70 多种,有些也取得了很好的疗效。以 McAb 为导向的导弹可直射癌靶细胞,从而选择性杀伤癌细胞。

但是,单克隆抗体最大的应用前景是有可能作为导向药物的载体。导向药物是指以具有导向能力的物质为载体的药物,有人预见,导向药物将会取代目前的常规药,特别是诸如抗癌药物和一些抗生素等。

此外,利用单克隆抗体技术可以生产各种生物药品,在大大降低生产成本的同时,又能够增加其安全性。目前来说,主要有各种疫苗、菌苗、抗生素、生物活性物质、抗体等。如口蹄疫苗、狂犬病毒疫苗、脊髓灰质炎病毒疫苗、牛白血病病毒疫苗、免疫球蛋白、促红细胞生长素、松弛素、疟疾及血吸虫抗原等。

除了在单克隆抗体上的应用以外,动物细胞工程在改良家禽品质、繁育优良品种等方面也有一定的收获。例如我国学者朱作岩首次将小鼠 MT/人 GH 融合基因注入金鱼受精卵中,获得了转基因金鱼。经过研究发现,转基因金鱼的 F1 代比转基因鱼的同代大两倍。此外,运用动物细胞的体外培养技术,使人体残余器官的少量正常细胞在体外繁殖,从而获得患者所需的,具有同等功能又不产生排斥反应的器官,来满足用于器官移植的需要。目前,一些骨骼、软骨、血管和皮肤都正在实验室培育,肝脏、胰、心脏、乳房、手指和耳朵等正在实验室生长成型。有了这种技术,能够给烧伤患者等带来福音。

除此以外,动物细胞工程还在细胞治疗和基因定位、体细胞杂种的致瘤性分析遗传缺陷的基因互补、分化功能表达调控的研究等方面发挥着无可比拟的优势,给了肿瘤患者、糖尿病患者和许多遗传疾病患者带去了希望。

总之,动物细胞工程技术已经渗入人类生活的许多领域,也取得了许多突破性成果,在创造了巨大的经济效益的同时,也收到了明显的社会效益。今后,随着动物细胞工程技术优势的不断体现,其前景和影响也将更远。

第四节　细胞工程在食品工业中的应用

细胞工程就是在细胞水平上,按照人们的设计,有计划地改造生物遗传特性和生产性能,以获取特定的细胞、细胞产品或新生物体的技术。

细胞工程应用于食品领域是随着细胞培养和细胞融合技术的发展而发展起来的。例如可利用细胞融合技术开发功能食品配料。

龚加顺等成功利用紫花曼陀罗细胞悬浮培养转化外源对羟基苯甲醛合成天麻素,同时也得到了由对羟基苯甲醛生成天麻素的转化中间体对羟基苯甲醇。此外,还可利用植物细胞的大规模培养,来生产天然色素、天然香料、次级代谢所产生的功能性食品和食品添加剂。如香草素、可可香素、菠萝风味剂以及高级天然色素,如咖喱黄、紫色素、花色苷素、辣椒素、靛蓝等。日本研究人员利用培养草莓细胞生产红色素的技术已成功应用于葡萄酒及食品加工中。我国科学家已成功利用胡萝卜细胞生产胡萝卜素,其繁殖速度快,周期短,可实现工业化生产。

食品发酵工业的关键是优良菌株的获取。除了通过各种化学、物理方法诱变育种及基因工程育种外,采用细胞融合技术或原生质体融合技术改良和培育新菌株,也是一种有效的方法。如日本研究人员利用原生质体的细胞融合技术,对构巢曲霉、产黄青霉、总状毛霉等菌的同一种内或种间进行细胞融合,选育出蛋白酶分解能力强、发育速度快的优良菌株,应用于酱油生产中,既提高了生产效率、又提高了酱油品质。

此外,细胞融合技术在氨基酸生产菌的育种、酶制剂生产菌的育种和酵母菌的育种方面有独特的优势。例如日本味之素公司应用细胞融合技术使产生氨基酸的短杆菌杂交,获得比原产量高3倍的赖氨酸产生菌和苏氨酸高产新菌株。利用酿酒酵母和糖化酵母的种间杂交,分离子后代中个别菌株具有糖化和发酵的双重能力。

总之,细胞工程技术对于食品工业的发展发挥了巨大的作用。随着细胞大规模培养和一些关键技术的突破,未来将有更多的产品、香精、香料、色素等进入我们的日常生活。

第四章　蛋白质分子进化及代谢工程技术与食品工业

第一节　蛋白质工程概述

一、蛋白质工程的含义

蛋白质不仅是大多数生物细胞中含量最丰富的有机物质,约占细胞干重的一半或更多,而且也是各种生物功能、生命现象和生命活动的基础。体内的生物催化剂——酶是蛋白质,控制和保证新陈代谢有序进行,从而表现出各种生命现象;蛋白质通过激素的调节作用,确保动物正常的神经活动;机体产生的抗体蛋白,使人和动物具有防御疾病和抵抗外界病原体侵袭的免疫能力;蛋白质构成的各种生物膜,形成了生物体内物质和信息交流的通道和能量转换的场所。随着对生命过程研究与探索的不断深入,人们的认识已不仅局限于对生命现象的描述和了解生命本质规律上,还希望能够在掌握现象与本质规律的基础之上,人为地干预生命过程,按照人们自己的意愿改良、改造生物,甚至能够创造出自然界未曾有过的生物新种。蛋白质作为生物最基本的功能大分子之一,几乎是所有生物功能的体现者,因此,弄清蛋白质的结构、功能及其相互关系,并且定向地改良蛋白质,甚至构建全新的蛋白质分子成为科学家的迫切需要。

1983 年,美国的厄尔默在 *Science* 上发表了以"protein engineering"为题的专论,标志着蛋白质工程的诞生。广义的蛋白质工程是通过物理、化学、生物和基因重组等技术改造蛋白质或者设计合成具有特定功能的新蛋白质。例如,蛋白质的化学改性主要是针对其氨基、羟基、巯基以及羧基进行化学修饰,改变蛋白质的结构、电荷、疏水基团分布,达到改变其功能性质的目的。食物蛋白质的化学改性方法很多,包括酰化、脱酰胺化、磷酸化、糖基化、羧甲基化、磺酸化、硫醇化、化学接枝、共价交联、水解以及氧化等方法。狭义的蛋白质工程是通过对蛋白质已知结构和功能的了解,借助于计算机辅助设计,利用基因定点诱变等技术,特异性地对蛋白质结构基因进行改造,通过重组技术将改造后的基因克隆到特定的载体上,并使之在宿主中表达,获得具有特定生物功能的蛋白质,并深入研究这些蛋白质的结构与功能的关系。因此蛋白质工程包括蛋白质分离纯化、蛋白质结构、功能的分析、设计和预测,通过基因重组或其他手段改造或创造蛋白质。

二、蛋白质工程的内容和目的

蛋白质工程是在生物化学、分子生物学、分子遗传学等学科的基础之上,融合了蛋白质晶体学、蛋白质动力学、蛋白质化学和计算机辅助设计等多学科而发展起来的新兴学科。

其内容主要有两个方面：①确定蛋白质化学组成、空间结构与生物功能之间的关系；②根据需要来合成具有特定氨基酸序列和空间结构的蛋白质。蛋白质工程的目的是以蛋白质分子的结构规律与生物功能的关系为基础，通过可控制的基因修饰和基因合成，对现有蛋白质加以定向改选、设计、构建并最终生产出性能比自然界存在的蛋白质更好、更加符合人类社会需要的新型蛋白质。

蛋白质工程是继基因工程后又一个可根据人们自己的意愿改造天然生物大分子，甚至可以设计和创造全新的非天然的生物大分子的生物技术。蛋白质工程可赋予蛋白质特殊的性质和功能，满足人们在某些特定条件下的特殊需要。选择蛋白质为研究对象，是基于蛋白质具有多种多样的功能，及其在各行各业的广泛应用，因而会使这一技术更具有实际价值和开发前景。蛋白质工程以基因操作为基础，是基因工程技术的发展和延伸，所以又被称为"第二代遗传工程"。

第二节　蛋白质分子进化策略

根据文库构建原理的不同，可将蛋白质工程分为理性设计、非理性设计和半理性设计3种策略，其大致思路均为由某一靶基因或一族相关的家族基因起始，通过对编码基因进行突变或重组，创建分子多样性文库；筛选文库获得能够编码改进性状的基因，作为下一轮进化的模板；在短时间内完成自然界中需要上万年的进化，从而获得具有改进功能或全新功能的蛋白质。蛋白质分子进化的本质是构建分子多样性文库以及从文库中筛选出性状有改进的突变体。

一、理性分子设计和定位突变

(一)理性分子设计

从蛋白质工程的发展历史来看，早期蛋白质工程的技术就是基因定位突变。即在已知蛋白质三维结构与功能的基础上，利用专一改变基因中某个或某些特定核苷酸的序列，对一段最可能影响蛋白质功能与性质的基因序列进行定位突变，有目的地改变蛋白质的某一两个氨基酸残基或模块，从而构建全新的蛋白质分子，这种思路被称为理性分子设计。

基于天然蛋白质结构的理性分子设计过程基本分为以下步骤(见图4-1)。

第一，了解蛋白质三维结构。目前蛋白质数据库(PDB)已收集了15 000多种蛋白质的晶体结构。当对某一天然蛋白质进行分子设计时，首先要查找PDB，了解这个蛋白质X射线晶体学及核磁共振谱(NMR)方法测定的蛋白质的三维结构，或者通过结构预测的方法构建该蛋白质三维结构模型。PDB是一个世界性的免费三维生物大分子结构数据处理和发布的数据库，是美国Bookhaven国家实验室负责建立、保存和分发X射线衍射和NMR方法测定的蛋白质、核酸和碳水化合物三维结构的数据库。其他相关蛋白质数据库还有美国生物技术信息中心(NCBI)数据库，欧洲分子生物学实验室数据库系统(EBI/EMBI)等。

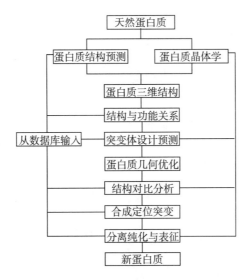

图 4 - 1　蛋白质理性分子设计流程图

　　第二,从天然蛋白质的三维结构出发(实验测定或预测),利用计算机模拟技术确定突变位点及替换的氨基酸。蛋白质结构与功能的关系对于蛋白质工程分子设计是至关重要的。如果想改变蛋白质的性质,必须清楚蛋白质功能与结构的关系。一般应注意如下问题:①应确定对蛋白质折叠敏感的区域,这些区域包括带有特殊扭角的氨基酸(例如羟脯氨酸、甘氨酸或天冬氨酸)、盐桥、密堆积区等;②当进行互换或插入/删除残基时应考虑它们对结构特征的影响,如疏水堆积、侧链取向、氢键、盐桥等,同时也应考虑它们对蛋白质功能的影响;③应确定对功能非常重要的位置,这些可以从结构与功能关系、生物化学或蛋白质工程实验及结构上考虑。

　　第三,利用能量优化及蛋白质动力学方法预测修饰后的蛋白质结构,并将预测的结构与原始的蛋白质结构进行比较。利用蛋白质结构、功能或结构/稳定性相关知识及理论计算,预测新蛋白质可能具有的性质。

　　上述设计工作完成后、要进行合成或突变实验并经分离、纯化及表征后得到所要的新的蛋白质。

(二)定位突变

　　定位突变是在已知蛋白质结构与功能的基础上,在已知 DNA 序列中取代、插入或删除特定的核苷酸,从而产生具有新性状的突变蛋白质(酶)分子的一种蛋白质工程技术。与化学及辐射诱变方法相比,定位突变具有突变率高、简单易行、重复性好的特点。其作为一种研究手段,也广泛应用于蛋白质的结构与功能关系的研究,从而阐明基因的调控机制、疾病的病因和机制等。

　　目前常用的定位突变方法主要有寡核苷酸引物介导的定位突变,重组 PCR 介导的定位突变及盒式突变等。

1. 寡核苷酸引物介导的定位突变

寡核苷酸引物介导的定位突变的原理是用含有突变碱基的寡核苷酸片段作引物,在聚合酶的作用下启动 DNA 分子进行复制,将引物中的突变引入到基因中。其主要过程见图 4 - 2。

从图中可看出该方法有下述 6 个步骤:①将待突变基因克隆到突变载体上;②制备含突变基因的单链模板;③引物与模板退火 5′端磷酸化的突变寡核苷酸引物,与待突变的核苷酸形成一小段碱基错配的异源双链的 DNA;④合成突变链:在 DNA 聚合酶的催化下,引物以单链 DNA 为模板合成全长的互补链,而后由连接酶封闭缺口,产生闭环的异源双链的 DNA 分子;⑤转化和初步筛选异源双链 DNA 分子转化大肠杆菌后,产生野生型、突变型的同源双链 DNA 分子,可用限制性酶切法、斑点杂交法和生物学法来初步筛选突变的基因;⑥对突变体基因进行序列分析。

寡核苷酸引物介导的定位突变的优点是保真度比重组 PCR 介导的定位突变高,缺点是操作环节复杂、周期长,而且在克隆待突变基因时会受到限制性酶切位点的限制。此外,该法常产生突变效率低的现象,主要原因是大肠杆菌中存在甲基介导的碱基错配修复系统。

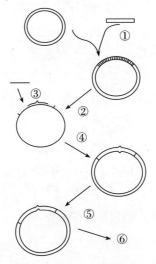

图 4 - 2　寡核苷酸引物介导的定位突变

2. 重组 PCR 介导的定位突变法

PCR 反应的出现推动了定位突变的发展,以 PCR 介导的定位突变为基因修饰、蛋白质改造提供了另一条途径。如通过改变引物中的某些碱基而改变基因序列,达到有目的地改造蛋白质结构和研究蛋白质的结构和功能之间关系的目的。还可以在所设计的引物 5′端加入合适的限制性内切酶位点,为 PCR 扩增产物后续的克隆以及蛋白质的分子裁剪拼接提供方便。

经典 PCR 介导的定位突变,需要 4 种扩增引物,进行 3 次 PCR 反应(见图 4 - 3)。前两次 PCR 反应中,应用两个互补的并在相同部位具有相同碱基突变的内侧引物,扩增形成两条有一端可彼此重叠的双链 DNA 片段,去除未参入的多余引物之后,这两条双链 DNA 片段经变性和退火可以形成具有 3′凹末端的异源双链分子,在 TaqDNA 聚合酶的作用下,产生含重叠序列的双链 DNA 分子。这种 DNA 分子再用两个外侧寡核苷酸引物进行第三次 PCR 扩增,便产生突变体 DNA。

重组 PCR 介导的定位突变优点是操作较简单,突变的成功率可达 100%。但有两个缺点:①后续工作较复杂,PCR 扩增产物通常需要连接到载体分子上,然后才能对突变的基因进行转录和转译;②Taq DNA 聚合酶保真性偏低,因此 PCR 方法产生的 DNA 片段要经过核苷酸序列测定,方可确证有无发生其他突变。

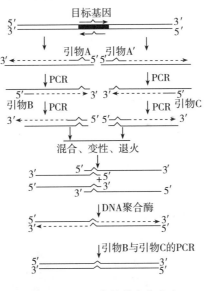

图 4 - 3　PCR 介导的定位突变

3. 盒式突变

盒式突变是利用一段人工合成的含基因突变序列的寡核苷酸片段,取代野生型基因中的相应序列。这种突变的寡核苷酸是由两条寡核苷酸组成的,当退火时,按设计要求产生克隆需要的黏性末端,由于不存在异源双链的中间体,因此重组质粒全部是突变体,突变效率很高。如果将简并的突变寡核苷酸插入质粒载体分子上,在一次实验中便可以获得数量众多的突变体,大大减少了突变需要的次数,这对于确定蛋白质分子中不同位点氨基酸的作用是非常有用的方法。特别是对蛋白质中指定位置的氨基酸残基,进行一系列不同氨基酸残基取代以考察取代效果时,非常有效。因此,盒式突变具有简单易行、突变效率高等优点,还可以在一对限制酶切位点内一次突变多个位点,但缺点是合成多条引物的成本较高。

二、非理性分子设计和定向进化

理性设计是在蛋白质天然结构的基础上进行修饰改造,但产生一个结构确定、具有新功能特性蛋白质并不容易,无法满足对现有蛋白质进行分子改良的要求。这是由于蛋白质的性质涉及折叠结构、机械强度、动力学等诸多信息,而人们对这些蛋白质后加工的信息的掌握程度还远远不够,所以常规的设计方法往往无法达到目的。根据这种情况,非理性设计,特别是定向进化法逐渐受到重视。非理性设计或定向进化就是在不清楚蛋白质三维结构信息和作用机制的情况下,在实验室条件下模拟自然进化的过程(随机突变、重组和选择),在一定条件下使基因发生大量变异,然后通过多轮高通量的筛选方法定向选择所需要的特性突变物,在较短时间内完成漫长的自然进化过程,得到具有预期特性新蛋白质的一种蛋白质工程技术(见图4-4)。

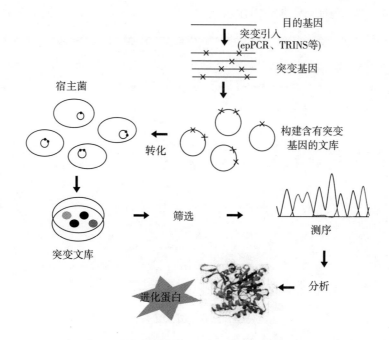

图4-4 蛋白质体外定向进化的一般流程

目前,比较经典的定向进化技术有易错 PCR 技术和 DNA 改组技术等,而新兴的技术则是在这两种技术的基础上改进发展起来的。

(一)易错 PCR 技术

易错 PCR 是非重组型构建突变文库的方法,最早是由 Arnold 研究组于 1993 年首次提出,是最早出现并应用于基因随机突变的方法(见图4-5)。易错 PCR 是利用 Taq DNA 聚合酶,或改变 PCR 反应体系的条件,在 DNA 聚合过程中随机引入错配碱基,其突变位点发生在分子内部。由于普通的 Taq DNA 聚合酶不具有 $3'\rightarrow5'$ 外切酶活力,在扩增过程中不可避免地发生一些碱基的错配。在扩增体系因素发生改变如改变 Mg^{2+} 浓度或使用 Mn^{2+} 代替 Mg^{2+} 作为 DNA 合成酶的激活剂时可以使错配率提高。易错 PCR 无须改变基因的长度,突变频率可以根据反应条件进行相应的控制,并且能有效地获得理想突变体,在蛋白质定向进化中得到了广泛应用。该方法中,遗传变化只发生在单一分子内部,属于无性进化。

使用该方法易出现同型碱基转换。易错 PCR 只能使原始蛋白质中仅有很小的序列空间发生突变,因而一般适用于较小的基因片段(<800bp)。在易错 PCR 基础上,Gratz 和 Jose 发明了重叠延伸蛋白域文库法,它克服了易错 PCR 突变率低的缺陷,可以在预期的区域内进行随机突变。

(二)DNA 改组技术

美国人 Stemmer 基于 DNA 同源重组原理于 1994 年首先提出了 DNA 改组技术,随后由该技术发展起来的新的随机突变技术不断被报道。与易错 PCR 技术相比,DNA 改组可被用来进行多个同源基因的重组,且由于该法在片段组装过程中有可能引入点突变,因此也可用以指导单一序列的进化。基于 DNA 同源重组而实现的随机突变方法主要有:有性 PCR、随机引物体外重组、交错延伸和临时模板随机嵌合等。

(1)有性 PCR　是对一组相关基因用 DNase I 或超声波进行切割产生随机大小的 DNA 片段,再用无引物 PCR 将其连接成为接近目的基因长度的 DNA 分子,再利用基因两端序列为引物扩增全长基因。突变库经历了 DNA 片段的重新组装,与高错误倾向 PCR 有本质的不同。该方法由多个亲本参与进化,引入了重组、缺失、重复等多种突变类型,并且可以迅速积累有益突变,使表达蛋白质的平均活性明显提高(见图 4 - 5)。

(2)随机引物体外重组　是用随机引物在 DNA 模板上扩增 DNA 片段,再用类似有性 PCR 的方法组装成全长基因。该方法对模板 DNA 需求量小,并可对较短的 DNA 分子进行优化,在扩增 DNA 片段时可同时引入错配碱基,产生点突变,获取比有性 PCR 更广泛的突变库。

(3)交错延伸　是在 PCR 反应体系中,加入一组相关亲本 DNA 作模板,在随后的多轮变性和短暂复性、延伸过程中,使延伸片段在不同的具有部分同源序列的 DNA 模板间跳转,最终形成全长杂合基因突变库。该方法的基因重组程度可通过控制反应条件和时间予以调节,仅需在一个反应管中进行,简化了有性 PCR 操作。

(4)临时模板随机嵌合　与以上介绍的 DNA 洗牌技术不同,它是将随机切割的 DNA 片段杂交到另一个同家族 DNA 临时模板上,DNA 片段经过在模板上重新排序、修剪、缺口连接等形成全长 DNA 新链,消化掉临时模板,获得高度重组的基因文库。其优点是重组率高,可以获得小于 5bp 的重组片段,且突变子具有较高的继承性,从而得到更多的活性克隆。

最近发展的串联重复插入(tandem repeatinsertions,TRINS)是一种通过滚环复制将原始基因以串联重复序列的形式(有时不止一个重复)插入到目的基因中的方法。尽管 TRINS 局限于使用特定的短序列片段,但能够鉴定蛋白质中的特定区域,并且 TRINS 通过模拟自然进化中的复制插入机制,避免了文库的过分膨胀,当高通量筛选条件受限时,TRINS 将发挥十分重要的作用(见图 4 - 5)。

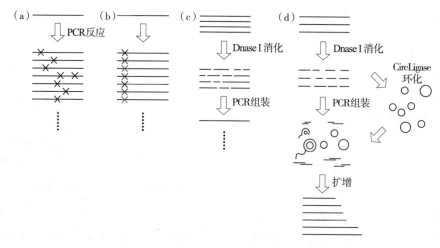

图 4-5　不同随机进化的基本技术流程

（a）易错 PCR，改变 PCR 反应条件，产生随机突变；（b）点饱和突变，将模板 DNA 的特定位点突变为所有 20 种氨基酸；（c）DNA 重组，将一组同源基因用 DNase I 消化，得到的随机产物互为引物和模板进行 PCR 扩增，当来源不同的片段之间相互形成模板时，即发生重组；（d）串联重复插入，将一组基因用 CircLigase 消化，再使用连接酶将其连接成环，并以此作为模板进行 PCR 反应，不同的串联重复序列发生随机连接，得到目的文库。

三、半理性分子设计

半理性分子设计是介于理性设计和定向进化之间的一种方法。随着定向进化技术的发展，许多蛋白质的结构与功能关系被揭示，使蛋白质的分子改造更加趋于理性化。尽管定向进化策略十分有效，但仍存在突变文库大、阳性突变少、难以筛选等问题。半理性分子设计策略则借助了生物信息学方法，在分析大量的蛋白质序列比对信息、二级结构数据，或在同源建模得到目的蛋白质三维空间构象的基础上，更有针对性地对蛋白质进行改造，不但提高了阳性突变率，而且大大缩小了突变文库容量，更易于筛选。半理性分子设计的关键是通过计算机模拟获得潜在的有益突变位点，再利用适当的饱和突变技术构建合适的突变文库。对于结构较复杂的蛋白质，可将其分为不同的结构单元，并在其内部独立进化，组合筛选最佳进化单元，得到完整蛋白质。

四、蛋白质分子进化文库的筛选策略

蛋白质突变体库构建之后筛选方法的确定决定了蛋白质外定向进化的方向和成功与否，成功的筛选方法能够有效地实现基因型和表现型的连接以实现功能蛋白质的获得。传统的筛选策略是根据表型观察筛选，通过对细胞的生长率、生存率或底物消耗、产物生成速率等的观测筛选出目的菌株，如琼脂平板克隆筛选或粗酶裂解液的酶活检测等方法。然而，表型观察筛选法不能定量且对微小变化不灵敏，因此传统筛选方法在很大程度上限制了突变文库大小以及筛选能够达到的通量。后续发展的各类表面展示技术及流式细胞分选技术(FCM)大大提高了筛选通量。表面展示技术具有高效灵敏等特点,其中以噬菌体表面展示和酵母表面展示最常用,为蛋白质突变体库高通量筛选,尤其在抗体蛋白的研究中提供了很好的选择。各类展示技术的原理大体相似,即将表达的多肽以融合蛋白形式展现在病毒或细胞表面,并使其保持相对独立的空间结构和生物活性,借以研究多肽的性质相互识别和作用,筛选特定功能的多肽结构,实现蛋白质的定向进化。FCM能够实现单细胞的依次高速通过激光聚焦监测点,经激发光激发后产生荧光信号,根据光信号的变化来判断细胞的大小、形态以及荧光强度,并可以将需要得到的细胞亚群从中分选出来。除此之外,由于FCM进行筛选时,若标记底物与文库结合,则相应的细胞就被带上荧光标记,而未结合的荧光底物则可通过多次洗涤去除。因此,FCM不仅可以根据荧光强度分选出目标蛋白,还可以经过多轮筛选达到富集的效果。近年,微流控技术受到关注,虽然与FCM相比其筛选速度约低一个数量级,且体系组装复杂稳定性较差,但其功能灵活多样、价格低廉,因而有广泛应用潜力。

第三节　蛋白质分子进化在食品工业中的应用

通过蛋白质的分子进化技术对蛋白质进行分子改造,极大地促进了酶工程、代谢工程在医药等很多领域的发展,对增强蛋白质的稳定性及底物特异性、改变或增强蛋白质的活性等方面都取得了巨大的成果。蛋白质工程在食品工业中的应用主要集中在食品工业酶制剂的改造方面,通过酶结构或局部构象的调整和改造,可大大提高食品专用酶制剂的耐高温、抗氧化能力,增强酶制剂的稳定性和适用pH范围,从而获得性质更稳定、作用效率更高的酶。

一、提高酶的催化活性

提高酶的催化活性是人们进行蛋白质改造最基本的愿望之一。许多报道都证明分子进化技术对于提高酶的催化活性起到了很好的效果。Shim等采用定点突变技术构建的突变体,改变了位于酶活性中心的"蛋白-S-结合"口袋中Met-317,并突变为Ala,从而有利于底物范围的扩大,实际也证明其具有更高的催化磷酸二酯键的能力。淀粉蔗糖酶是一种催化蔗糖而得到的直链淀粉酶,但由于它直接催化蔗糖的活性较低,应用受到很大限制。Potocki-Veronese等利用易错PCR和DNA Shuffling技术对其进行突变,得到催化蔗糖活性提高60%的突变体,从而扩大了应用范围。王睿等利用易错PCR技术对华根霉(*Rhizopus chinensis*)CCTCCM201021的脂肪酶基因进行了突变,筛选出含有4个突变氨基酸的脂肪酶,活力提高了4倍。对蛋白质结构的分析认为,突变使活性中心通道口减小了阻碍,底物分子更易进入。赵博等通过两轮易错PCR的定向进化,提高了枯草芽孢杆菌(*Bacillus subtilis*)脂肪酶的活力,突变酶含有两个突变氨基酸,比活力为野生酶的4.5倍。

二、提高酶的热稳定性

酶的稳定性对以酶为催化剂的有机合成尤为重要,即使催化反应发生在水相也是如此。而在有机合成过程中,酶所处的真实条件同其进化的自然环境通常差异显著,特别是在高温、极端 pH 和非水相体系中进行的催化反应更要求提高酶的稳定性和活力。

在工业生产和科学研究中提高某一特定反应的温度是必要的,因为提高温度可以提高底物的可溶性,进而提高反应速率并可有效降低介质的黏度等,然而较高的反应温度对酶的热稳定性是一个严峻的考验。许多研究者利用分子定向进化方法,在提高酶的热稳定性方面做了大量的研究,并取得了可喜的成果。Khurana 等对一株芽孢杆菌脂肪酶定向进化,位于蛋白质表面的一个异亮氨酸突变为苏氨酸,使其半衰期提高了 2 倍。分析认为这个氨基酸从疏水性转变为亲水性,可能在蛋白质内部形成氢键并加强了和周围溶剂的作用,提高了热稳定性。对扩展青霉(*Penicillium expansum*)脂肪酶的定点突变研究,位于无规卷曲处的 P197E 和 α 螺旋的 K115R 两个突变,都能分别提高热稳定性。Wen 等采用 3 个步骤对解脂耶氏酵母(*Yarrowia lipolytica*)Lip2 脂肪酶进行改造,首先进行定向进化,然后利用温度因子(B - factor)进行理性设计,最后对前面得到的关键氨基酸进行组合突变,最终将热稳定性提高 7 倍。

三、提高酶的 pH 稳定性

不同的酶有不同的最适 pH 范围,当反应体系的 pH 达到其最适条件时,酶将发挥最佳的催化效率;但当反应体系的 pH 不适宜时,酶的催化效率就会降低,在极端的 pH 条件下,甚至会失去活性。Tao 等通过 DNA 改组的方法来提高链霉菌木聚糖酶 B 的热和碱性 pH 稳定性。他们在碱性缓冲液中筛选得到具有热稳定性的阳性克隆子,经过 3 轮 DNA 改组获得的最佳突变株 3SI × B6 热稳定性显著提高,在 70℃ 可稳定存在 360min,而野生型仅 3min 就会损失 50% 的活性;另外,3SL × B6 在 pH 9.0 的碱性缓冲液中的稳定性也有所提高。Nakazawa 等利用易错 PCR 结合有效地筛选方法,对木霉属 β - 1,4 - 葡聚糖内切酶Ⅲ进行改造,并研究了酶活的提高与稳定性提高之间的关系。实验获得最佳突变株 2R4 的酶活力是野生型的 130 倍,而且它还具有广泛的 pH 稳定性,在 pH 4.4 ~ 8.8 均能稳定存在,而野生型的稳定 pH 范围是 4.4 ~ 5.2。定向进化提高了突变株耐碱能力,在 pH 稳定性提高的同时,该菌株的耐热性也有所提高,在 55℃ 可稳定存在 30min。

四、提高酶在非水相中的稳定性

酶在非水相中的催化反应在各领域得到了广泛应用,已成为酶学研究的主要内容之一。酶的分子定向进化技术对有机合成用酶性能的改造,不仅提高了非水相反应体系中酶的稳定性,也发展和完善了酶的分子定向进化的技术水平,并进一步拓展了应用范围。Chen 和 Arnold 等通过易错 PCR 对枯草芽孢杆菌蛋白酶 E 进行改造,以此来提高该酶在有机溶剂中水解短肽 suc – Ala – Ala – Pro – Pro – p – 硝基苯胺的能力。实验获得的最优突变体（PC3）在含有 60% 的 DMF 中水解短肽 suc – Ala – Ala – Pro – Pro – p – 硝基苯胺的能力是野生型的 256 倍，而在 80% 的 DMF 中为野生型的 131 倍。在含有 70% 的 DMF 溶液中，比较了野生型和突变型菌株催化 L – 甲硫氨酸甲基酯合成聚 L – 甲硫氨酸的能力，实验发现野生型酶不能合成聚 L – 甲硫氨酸，而 PC3 可以催化合成大量产物。Korman 等结合理性设计和定向进化，在奇异变形杆菌（*Proteus mirabilis*）脂肪酶中引入二硫键提高热稳定性，再以此为模板进行多轮随机突变并筛选到含 13 个氨基酸突变的脂肪酶，其在 50% 甲醇中的半衰期较野生型提高了 50 倍。分析认为甲醇耐受性提高的原因是引入新的氢键提高了α – 螺旋的稳定性。

五、提高酶对底物的选择特异性

不同的酶具有不同的底物特异性，底物特异性的高低直接影响底物与酶的结合效率，并进一步影响整个催化过程的反应速率。生物柴油的原料通常是长链脂肪酸甘三酯，因此对长链脂肪酸有选择性的脂肪酶对制备生物柴油具有应用价值。对中、短链脂肪酸有选择性的脂肪酶，可用来富集 16C 以上的饱和脂肪酸或 18C 以上的多不饱和脂肪酸，或用来合成中碳链结构脂质。研究表明，底物结合位点的形状、大小、疏水性和脂肪酶对链长的选择有相关性，而且只有少量的氨基酸位于结合位点内部，因此对这些氨基酸进行突变有望改变链长选择性。Schmitt 等对皱褶假丝酵母（*Candida rugosa*）脂肪酶进行理性设计，在结合位点通道内不同位置引入更大侧链的氨基酸，不同程度地阻碍了脂肪酸进入，获得了链长选择性不同的突变酶；然而对通道入口处的突变，脂肪酶不催化 4C 和 6C 脂肪酸，却能催化 8C 以上的脂肪酸，分析认为在通道外可能存在另外的结合位点。

在油脂氢化的过程中会产生一定量的反式脂肪酸，过量摄入反式脂肪酸对健康存在负面影响。南极假丝酵母（*Candida antarctica*）脂肪酶 A 的一个特殊性质是对反式脂肪酸具有选择性。这一特性有望在部分氢化植物油中选择性地去除反式脂肪酸。有报道称南极假丝酵母（*Candida antarctica*）脂肪酶 A 在酯化反应中，以正丁醇和反油酸为底物的酯化速率是正丁醇和油酸的 15 倍。尽管南极假丝酵母（*Candida antarctica*）脂肪酶 A 的三维结构已经被解析，但这种选择性的原因此前尚不明确。Brundiek 等研究了南极假丝酵母（*Candida antarctica*）脂肪酶 A 的脂肪酸结合位点，选择了 12 个面向脂肪酸并且距离小于 0.5nm 的氨基酸进行突变，其中突变酶 F149D 和 F222S 对反式脂肪酸的选择性分别为野生型的 4.8 倍和 6 倍。在水解部分氢化植物油的实验中还发现，突变酶对反式脂肪酸和饱和脂肪酸没有选择差异，据此认为是脂肪酶笔直狭窄的结合位点更适合容纳线形的分子，如反式脂肪酸和饱和脂肪酸。

六、提高酶的抗氧化性

脂肪酶催化酯交换生产人造奶油的过程中，油脂中存在的氧化物会使蛋白质失活，原因是植物油中含量高的不饱和脂肪酸容易产生过氧化反应,生成醛类。这些化合物会与蛋白质表面亲核氨基酸发生反应,形成共价修饰或交联。根据这一机制可以针对赖氨酸、组氨酸和半胱氨酸进行氨基酸替换,无须进行全基因随机突变。Di Lorenzo 等显著提高了米根霉(*Rhyzopus oryzae*)脂肪酶对醛的稳定性,他们将脂肪酶表面的赖氨酸和组氨酸进行饱和突变,H201S 单个突变的脂肪酶提高了 60% 的稳定性,H201S 和 K168I 两个突变则提高了 2 倍的稳定性,而没有减小酶活。

第四节　代谢工程与食品工业

一、代谢工程的含义

微生物是地球上最古老、分布最广的物种之一,其种属多样性和遗传多样性决定了其代谢多样性。与植物和动物的代谢途径相比,微生物的代谢途径虽然相对简单,但可能是最强大、最高效、与人类日常生产生活关系最密切的生物化学途径。除了参与传统的酿酒、制醋、酸乳和发酵食品生产过程,微生物或其一部分(酶)可以生产包括燃料、医药、纤维、塑料在内的几乎所有重要的工业原材料。不仅如此,微生物还能够降解毒害性化合物,修复被石油或辐射污染的场地,恢复生态。如果说工业生物技术是 21 世纪社会可持续发展的重要技术保障,微生物就是其灵魂所在。

早期的微生物发酵产品开发主要是筛选天然的高产菌株;而提高微生物发酵能力的研发主要集中在通过化学诱变和高效筛选技术来获得发酵能力提高的突变菌株。这些传统的菌种选育技术有着极大的局限性:微生物发酵产物种类非常有限,主要集中在乙醇、丙酮、丁醇、甘油、有机酸、氨基酸和抗生素等代谢物;另外,由于大部分微生物的发酵产物都是多种化合物的混合物,因此目标产物的产率通常比较低而下游的分离成本则非常高,这使得微生物发酵的生产成本一直居高不下。基因工程(重组 DNA 技术)的问世极大地推动了微生物发酵产业的发展,它使得微生物代谢途径中特定酶反应的遗传改造成为可能。然而,微生物发酵生产涉及微生物整个代谢网络中多个酶反应的协同作用。单一(或多个)酶反应的遗传改造很多时候在提高微生物发酵性能时起到的作用非常有限。

代谢工程(metabolic engineering)又称途径工程,由著名生化工程专家 Bailey 于 1991 年首先提出,他将其定义为"采用重组 DNA 技术,操纵细胞的酶、运输及调节功能,达到提高或改善细胞活性的目的"。同年,Stephanopoulos 也在 *Science* 上论述了有关"过量生产代谢产物时的代谢工程""代谢网络刚性、代谢流的分配、关键分叉点及速率限制步骤"等内容。随着代谢工程研究的深入,现在将其定义为利用基因工程技术,有目的地对细胞代谢途径进行精确的修饰、改造或扩展,构建新的代谢途径,以改变微生物原有代谢特性,并与微生物基因调控、代谢调控及生化工程相结合,提高目的代谢产物活性或产量或合成新的代谢产物的工程技术学科。代谢工程注重以酶学、化学计量学、分子反应动力学及现代数学的理论及技术为研究手段,在细胞水平阐明代谢途径与代谢网络之间局部与整体的关系、胞内代谢过程与胞外物质运输之间的偶联以及代谢流流向与控制的机制,并在此基础上通过工程和工艺操作达到优化细胞性能的目的。因此,代谢工程综合了基因工程、生物化学、生化工程等的最新成果,使生物学科与多门交叉学科息息相关,并被大量用于微生物发酵工业。以下将着重介绍代谢工程20多年的发展以及其如何用于提高微生物细胞发酵性能,从而推动发酵工业的进展(见图4-6)。

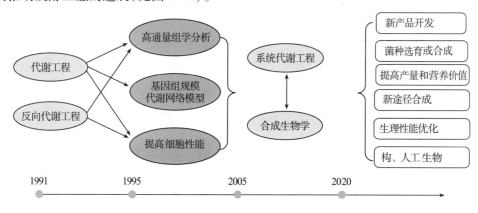

图4-6 代谢工程发展概括图

二、代谢工程的早期发展

相对人类实际应用而言,活细胞自身固有的代谢网络遗传特性并不是最佳的。为了大量积累某种代谢产物,就必须打破微生物原有的平衡状态,对细胞的代谢途径进行修饰,而这种修饰是以代谢网络为基础。代谢工程引入了代谢网络理论,将细胞的生化反应以网络整体来考虑,而不是孤立地来考虑,从而对细胞进行代谢流分析(metabolic flux analysis, MFA)。具体而言,就是把细胞的生化反应看做一个整体,假定细胞内的物质、能量处于拟稳态,通过测定不同途径或不同条件下胞外物质浓度,根据所有细胞内主要化学计量模型及物料平衡计算细胞内的代谢流向,得到细胞完整的代谢流分布图,包括细胞代谢的整个网络以及网络中主要节点代谢物的流量精细分布,并针对细胞内外环境的不稳定性,揭示细胞代谢的动态变化规律,为改善细胞培养工艺以及相应的基因操作提供重要依据。因此了解微生物的代谢网络,是代谢工程研究的基础。

根据代谢网络理论,将代谢网络分流处的代谢产物称为节点,将其中对终产物合成起决定作用的少数节点称为主节点,但节点不是绝对固定的。按照节点下游分支的可变程度,节点分为柔性、半柔性和刚性3类。对于柔性节点,解除一个分支的反馈抑制可提高分支下游产物的产量,即柔性分支点倾向于更适应通量分配比的变化;而对于半柔性节点,因占主导地位的酶活性较高或对结点代谢物亲和力较大且无反馈抑制,只解除次要分支的反馈调节,对其下游产物的影响不大,必须降低主分支的酶活力或解除其反馈抑制,才可提高次分支下游产物的产量。对于刚性节点,由于产物的反馈抑制及对另一分支酶激活的相互作用,其下游各分支的比例不易被改变,不能通过改变上游酶活性影响下游代谢流,也即刚性分支点抵抗通量分配比的变化。这样,通过比较由不同操作条件的变化及用不同变异株所导致的分支点通量分配比的变化,就可评估分支点的柔性或刚性。通常,柔性及半柔性节点是代谢工程设计的主要对象。如果代谢网络中各节点集中于产物,各节点的重要性相同,这类网络称为相依网络。其中的刚性节点很难改变,给代谢工程的实现带来困难。如果代谢网络的主节点不集中,称为独立网络,则可以通过对代谢途径的修饰等来影响产物的积累。对代谢修饰的应答能力,取决于各节点的刚柔性及其位置。

如何有效地调控细胞代谢网络,从而改善细胞性能(如提高细胞发酵生产能力、扩大底物利用范围、优化生理性能、合成新化合物),是代谢工程的核心思想,也是微生物发酵工业中的核心问题。在代谢工程发展初期,用于调控细胞代谢网络的策略通常分3步。①首先分析细胞代谢网络结构,找出代谢网络中的关键节点。早期的细胞代谢网络结构分析主要依据已知的生化反应。大部分重要工业微生物的主要代谢途径都已经被研究得非常透彻,对于未知的重要代谢途径,主要是通过酶法测定和同位素标记法来获得相关信息。②采取合适的遗传改造方法,在关键节点处进行遗传改造,从而改变细胞的代谢网络和代谢通量分布。常用的方法有基因敲除、基因扩增表达、基因整合、解除调控、反义 RNA 技术等。③对遗传改造后细胞的生理特征、细胞代谢进行详细分析,从而决定是否进行新一轮代谢工程操作。早期的分析手段主要是研究细胞生理性能;代谢流分析(Metabolic flux analysis,MFA)用于定量分析胞内代谢网络中各分支的代谢通量;代谢控制分析(Metabolic control analysis,MCA)、途径热力学分析(Thermodynamic analysis)和动态模型(Kinetic modeling)用于分析胞内代谢通量是如何被控制的。早期代谢工程的基本研究思路见图4-7,其中设计策略是基础,遗传修饰是关键,代谢分析则决定是否需要进行新一轮的代谢工程循环。

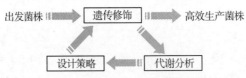

图4-7 早期代谢工程基本研究思路

早期代谢工程用于改善工业微生物发酵的范例之一是氨基酸发酵工业。Stephanopoulos 研究小组分析了生产苏氨酸的乳糖发酵棒杆菌(*Corynebacterium lactofermentum*)的代谢网络,确定天冬氨酸半醛是苏氨酸合成的关键节点;通过扩增表达反馈抑制不敏感的高丝氨酸脱氢酶和野生型高丝氨酸激酶,可以将大部分从天冬氨酸半醛流往赖氨酸合成的代谢通量转入高丝氨酸和苏氨酸合成;进一步提升高丝氨酸激酶对高丝氨酸脱氢酶的比例,可以减少高丝氨酸的积累,使更多的代谢通量转入苏氨酸合成,从而使苏氨酸的终浓度提高120%。代谢工程的策略也大大提高了其他重要氨基酸的发酵生产能力,如谷氨酸、赖氨酸、异亮氨酸、苯丙氨酸、酪氨酸、色氨酸等。

虽然代谢工程在改造某些微生物提高其发酵性能中取得了很大的成功,但是早期有相当一部分改造并没能取得预期的效果。最主要的原因是人们对大部分微生物的生理遗传背景、酶反应特性、代谢网络结构的了解还不是很透彻。与此同时,传统微生物发酵工业在几十年的发展过程中,已经获得了很多具有特殊生理性能的野生菌以及发酵能力显著提高的突变菌株。在此基础上,Bailey 等在 1996 年首次提出了另一种代谢工程策略——反向代谢工程(Inverse metabolic engineering),研究思路是在获得预期表型的基础上,"运用反向遗传策略"鉴定出相应的遗传基础;再将鉴定的遗传特性转移到工业菌株中,使其也具有同样的表型。

反向代谢工程早期最成功的应用范例是利用透明颤菌血红蛋白来缓解供氧不足。最初研究发现透明颤菌在供氧不足的环境下大量合成一种血红蛋白,这种特殊表型提示该菌在供氧不足时通过合成血红蛋白来提高代谢和生长。Bailey 研究小组克隆了透明颤菌的血红蛋白基因,并通过在大肠杆菌中表达该基因,大大地提高了大肠杆菌在微氧环境中的生长。该遗传特性随后被转移至其他多种重要工业微生物,有效地促进了细胞生长和产物合成。反向代谢工程的策略虽然非常有效,但早期的发展受到很多限制,最重要的两点因素是:①如何有效地获得预期的表型;②如何高效快速地鉴定出特殊表型所对应的基因型。传统的物理化学诱变结合高强度筛选的方法效率比较低;诱变时在微生物基因组上引起的是随机突变,目的性不强;随机突变给下一步基因型鉴定带来很大的困难。这些问题随着后来功能基因组学的发展得到了很大的改善。

三、后基因组时代的代谢工程

从 1995 年第一个细菌流感嗜血杆菌全基因组序列测定开始,各种微生物全基因组测序以及重要微生物群落元基因组测序发展迅速。大量微生物全基因组序列的测定和功能基因组学技术的涌现,能够从整体上认识微生物代谢网络;能够从基因、RNA、蛋白质、代谢物、代谢通量等多个层次系统地分析微生物代谢,极大地推动了代谢工程和微生物发酵工业的发展。后基因组时代的代谢工程的发展主要体现在以下几个方面:

(一)高通量组学分析技术(high - throughput omics analysis)

各种高通量组学分析技术的发展大大提高了系统分析微生物代谢功能的能力,尤其是提高了反向代谢工程中分析鉴定特殊表型遗传机制的能力。

1.比较基因组学

这是直接对比分析微生物基因组序列的技术。通过对具有特殊表型的突变菌进行全基因组测序并和野生型基因组进行比较,直接鉴定出突变基因(或调控因子)。Ikeda 研究小组比较了高产赖氨酸的谷氨酸棒杆菌突变菌和野生型菌株的基因组序列,成功鉴定出一系列和赖氨酸生产相关的突变基因。将其中 3 个突变基因导入野生型,获得了目前生产速率最高的赖氨酸生产菌。通过这种"基因组育种"重新构建的工程菌遗传背景清晰,没有多余的对细胞生长代谢造成负面影响的随机突变,适合更好地进一步遗传改造。

2. 转录组学

是利用 DNA 芯片对比分析细胞 mRNA 的技术。高密度 DNA 芯片技术的发展大大提高了基因组水平基因转录的分析能力,使得同时分析多个样品的 mRNA 相对含量成为可能。对具有特殊表型的突变菌和野生型菌株或对同一菌株在不同时空、不同培养条件下的转录组对比分析,可以快速鉴定出转录水平显著变化的基因,从而指导遗传改造的靶点。Lee 研究小组分析了生产人类胰岛素生长因子 I 的重组大肠杆菌在高细胞密度培养条件下的转录组,鉴定出转录水平显著下降的 200 个基因。对其中与氨基酸和核苷酸合成相关的 2 个基因进行扩增表达,大大提高了胰岛素生长因子 I 的生产。

3. 蛋白质组学

是利用 2 – D 胶对比分析细胞蛋白质图谱的技术。蛋白质图谱的对比分析可以在 2 – D 胶上快速鉴定出蛋白质含量显著变化的位点;结合质谱分析可鉴定出该位点所对应的蛋白质。由于细胞的大部分代谢活性直接由蛋白质控制,因此蛋白质组学相比转录组学更进一步加深了对细胞代谢功能的理解。Lee 研究小组利用蛋白质组分析发现生产瘦素(leptin)的重组大肠杆菌中,丝氨酸合成途径中的某些蛋白质含量显著下降,这表明丝氨酸类氨基酸的供给可能受到限制。其中半胱氨酸合成酶基因的扩增表达有效地提高了细胞生长和瘦素的生产。

4. 代谢组学

是高通量定量分析细胞内代谢物的技术。核磁共振(NMR)、气质联用(GC – MS)、液质联用(LC – MS)和气相色谱—飞行时间质谱仪(GC – TOF)的开发大大提高了分析胞内代谢物的能力。代谢组学分析提供的是整合的信息,因此很难将代谢物浓度的变化和特定的基因突变联系起来;由于代谢物浓度直接和代谢途径相关联,因此可以指导应该对哪些途径进行改造。Microbia 公司结合转录组和代谢组分析,使土曲霉(*Aspergillus terreus*)生产洛伐他汀(Lovastatin,降低胆固醇的药物)的能力提高了 50%。

5. 通量组学

是分析细胞内代谢通量的技术。通量分析可以获知细胞内哪些代谢途径有活性,活性有多高,从而更好地了解某个特定时空点上细胞的代谢情况。由于胞内的代谢通量很难直接测定,一般都是采用同位素标记底物并分析细胞蛋白质中氨基酸的标记状态、再结合数学模型计算的方法进行测定。和代谢组学分析类似,通量组学得到的也是整合的信息。Nielsen 研究小组对比分析了高产和低产青霉素的青霉菌(*Penicillium chrysogenum*)的代谢通量,发现高产青霉素的能力和戊糖磷酸途径的高通量相关。

6. 组学分析技术的整合

各种组学分析技术各有所长,将它们整合在一起能最大限度地了解细胞的代谢功能。这一方面有很多成功的案例。Ikeda 研究小组利用比较基因组学技术分析了高产赖氨酸的谷氨酸棒杆菌突变菌的戊糖磷酸途径相关基因,鉴定出 6 – 磷酸葡萄糖酸脱氢酶的点突变使该酶对胞内代谢物的变构抑制不敏感。通量组分析表明该突变使赖氨酸生产过程中戊糖磷酸途径的通量提高了 8% ,从而提高了还原型辅酶Ⅱ(NADPH)的供给。Wittmann 研究小组分析了生产赖氨酸的谷氨酸棒杆菌在批式培养发酵不同阶段的转录组、代谢组和通量组,发现葡萄糖利用速率的降低导致细胞由生长转为生产赖氨酸、代谢通量由三羧酸循环(TCA 循环)转为回补羧化和赖氨酸合成。在这一转化过程中,胞内代谢物有短暂的动态变化:赖氨酸在胞内累积到 40mmol/L。虽然赖氨酸的代谢通量显著提高了,但赖氨酸合成相关的基因表达水平基本不变。这些研究为进一步提高细胞的赖氨酸生产能力鉴定了很多关键的基因靶点。Degussa 公司利用了转录组、蛋白质组和通量组分析提高大肠杆菌生产苏氨酸的能力。他们在重复使用补料分批发酵技术强化生产工艺时发现,苏氨酸的生产能力越来越差。通量组分析表明磷酸烯醇式丙酮酸羧化激酶途径的碳通量显著提高,转录组分析表明编码该酶的基因及其下游的一些基因被显著激活。敲除该基因和其他一些靶点基因使苏氨酸的生产速率提高了 40% 。

(二)基因组水平代谢网络模型(Genome - scale metabolic models)

早期的细胞代谢网络结构分析主要是依据已知的生化反应、酶法测定和同位素标记法获得相关信息;微生物全基因组序列的测定以及基因功能注释工具的开发极大地促进了基因组水平代谢网络模型的构建,进而提高了分析代谢网络结构的能力。Palsson 研究小组在 1999 年构建了第一个微生物基因组水平代谢网络模型(流感嗜血杆菌)。截至 2017 年已经完成了涵盖 139 种微生物的 329 个代谢网络模型。这些模型有助于从系统水平认识复杂的微生物代谢网络、预测细胞生理属性、预测遗传改变或环境扰动后细胞的代谢应答、模拟筛选出遗传改造的靶点基因。Stephanopoulos 研究小组运用大肠杆菌代谢网络模型成功鉴定出单一或多个基因敲除目标,使细胞在保持良好生长速率的同时能提高番茄红素的产率;Maranas 研究小组运用大肠杆菌代谢网络模型开发的 OptKnock 程序能鉴定出特定的基因敲除目标,使细胞生长速率的提高和目标产物生产速率的提高互相偶联,他们联合 Palsson 研究小组用实验证明了这一方法可以有效提高乳酸的生产速率;Maranas 研究小组开发的 OptStrain 程序能够从已知的酶催化反应数据库中筛选出合适的酶催化反应,用于在模式微生物宿主中有效合成新化合物;他们还开发了 OptReg 程序用于预测各基因表达最优水平,从而提高目标产物的产率。

(三)改善细胞性能的新方法

代谢工程和微生物工业发酵的核心问题是改善细胞性能。组学分析技术和基因组水平代谢网络模型虽然大大提高了系统分析微生物代谢网络结构和代谢功能的能力,但实际应用仍有一定的局限性。组学分析技术目前主要是对比分析细胞性能已经获得改善的突变菌和野生型菌株,可并不能指导如何改善细胞性能。代谢网络模型虽然在一定程度上可以预测细胞生理属性以及预测遗传改变或环境扰动后细胞的代谢应答,但由于目前的模型很不完善,还没有结合动态的代谢变化,所以其指导如何改善细胞性能的能力还非常有限,已报道的成功案例非常少。与此同时,科学家们开发了一些其他的方法来有效地改善细胞性能。

1. 进化代谢工程(Metabolic evolution)

是利用适应进化有效提高微生物发酵生产速率、产率和终浓度的技术。在微生物发酵过程中,底物利用过程一般产生能量(ATP)和还原力(NADH);而很多产物的合成过程则是消耗还原力。通过遗传改造可以构建出初级的微生物细胞工厂,使目标产物成为唯一能够消耗还原力的代谢途径,从而使能量产生和还原力平衡相偶联。因此,通过在发酵反应器中连续传代培养微生物,筛选生长速率越来越快的突变菌,可以同步筛选出目标产物生产速率、产率和终浓度均显著提高的突变菌。Ingram研究小组利用此技术,成功提高了大肠杆菌发酵生产乙醇、L-乳酸、D-乳酸等化合物的生产性能,效果显著(提高1~2个数量级)。作者本人结合途径理性设计和代谢进化,成功构建了大肠杆菌代谢工程菌,使其能高效生产L-丙氨酸、丁二酸。其中L-丙氨酸工程菌能使用简单无机盐培养基,在厌氧批式培养条件下,48h内生产115g/L的L-丙氨酸,产率达到95%,手性纯度达到99.5%,生产成本大大低于目前使用的酶催化技术。

2. 合理调控代谢途径表达

代谢合成途径的高效表达很多时候不仅受限于某个单一的限速反应步骤,而是需要多个酶的协同平衡。以前经常使用的单一酶的质粒高表达很多时候会造成细胞代谢的高负荷,对生长代谢合成均不利。近年来,科学家们开发了多种方法来合理调控代谢途径表达的平衡。一种常用的方法是合成启动子文库(synthetic promoter libraries):科学家们构建了用于调控多种模式微生物(大肠杆菌、乳酸菌、酿酒酵母)基因表达的一系列组成型启动子文库,使基因的表达水平可以在很大范围内进行调节。具体技术主要有通过改造启动子-10和-35区域的间隔序列来控制启动子的强弱和通过使用易错PCR技术在原始启动子序列上造成随机突变的方法,获得基因表达强度差异很大的一组启动子文库。另一种常用的合理调控代谢途径表达的方法是转录后调控(Post-transcriptional control)。Keasling研究小组开发了一种新型的调控合成操纵子上多个基因协同合理表达的技术方法,构建了可调控基因间区域(Tunable intergenic regions,TIGRs)文库来实现这一目标,其中可调控的因子有mRNA二级结构、RNA酶切位点、核糖体结合位点序列等。这些可调控的因子可以改变基因的表达终止、mRNA稳定、翻译起始,从而达到协同调节多个基因合理表达的目标。这一技术被成功用于优化大肠杆菌代谢工程菌中外源甲羟戊酸(Mevalonate)途径的多基因合理表达,使甲羟戊酸的产量提高了7倍。

3. 全局扰动技术(Global perturbation)

在优化微生物生理性能时,很多情况下不知道明确的靶基因和调控因子。过去科学家们大多是通过随机诱变的方法获得生理性能优化了的突变菌株。然而这种方法会引起微生物基因组上的随机突变,其中很多对细胞生长代谢不利。突变菌株虽然提高了特定的生理性能,但同时也伴随了很多负面作用。近年来,科学家们开发了多种全局扰动技术,对微生物基因组有针对性地改变,结合高通量筛选目标生理性能,从而获得遗传背景清晰的代谢工程菌。全局扰动技术主要有3种。①转座子突变(Transposon mutagenesis):可以在微生物全基因组上造成随机基因敲除。科学家们优化了这一方法,使转座子能更均匀地随机插入基因组。使用热不对称交错PCR(Thermal asymmetric interlaced PCR)技术和基因芯片技术,可以迅速鉴定出转座子插入基因组的位置。Stephanopoulos研究小组使用该技术,快速鉴定出3个基因的敲除能提高大肠杆菌工程菌番茄红素的产量。②质粒编码的基因组文库(Plasmid - encoded library):通过大量表达质粒编码的基因组文库,随机提高一个或多个基因的表达,从而提高目标产物的合成。Gill研究小组开发了一种多尺度分析文库富集的方法(Multiscale analysis of library enrichment, SCALEs),能够快速鉴定表达水平提高了的基因。③全局转录机器改造(global transcription machinery engineering, gTME):通过易错PCR造成关键转录机器组分突变,从而系统改变细胞转录组的技术。通过改造原核生物的sigma因子(σ70)或是真核生物的TATA结合蛋白质及其关联因子,可以有效地提高细胞的抗逆性能以及目标产物的合成。StepHanopoulos研究小组使用该技术,成功提高了细胞对乙醇和十二烷基硫酸的抗性,以及提高了细胞合成番茄红素的能力。其他重要的全局扰动技术还包括:转录因子改造(Transcription factor engineering)、核糖体改造(Ribosome engineering)、基因组重排技术(Genome shuffling)等。

四、代谢工程的最新进展

(一)系统代谢工程(Systems metabolic engineering)

传统代谢工程只是对局部的代谢网络进行分析以及对局部的代谢途径进行改造。由于其还没有真正从全局的角度分析改造细胞,所以具有很大的局限性。高通量组学分析技术和基因组水平代谢网络模型构建等一系列系统生物学技术的开发能够从系统水平上分析细胞的代谢功能。将这些系统生物学技术和传统代谢工程以及下游发酵工艺优化相互结合,科学家们进一步提出了系统代谢工程的概念。典型系统代谢工程的策略分为3轮步骤。①构建起始工程菌。这一阶段和前面提及的传统代谢工程策略类似:通过分析局部代谢网络结构对局部代谢途径进行改造(如通过敲除竞争途径减少副产物的生产)、优化细胞生理性能(如解除产物毒性和反馈抑制效应)等。②基因组水平系统分析和计算机模拟代谢分析。如前所述,各种高通量组学分析技术的联合使用能有效地鉴定出提高细胞发酵生产能力的新靶点基因和靶点途径。与此同时,通过使用基因组水平代谢网络模型也可以模拟分析出一些新的靶点基因。需要强调的是,这两种系统分析方法鉴定出的靶点基因很多都与局部代谢途径不相关,用传统的代谢分析不可能鉴定出来。③工业水平发酵过程的优化。第一轮和第二轮的微生物发酵都是在实验室条件下进行的,发酵性能和大规模工业发酵相比有很多差异。规模扩大后经常会伴随高浓度的副产物产生,因此还需要再进行下一轮代谢工程改造来优化菌种发酵能力。另外,还需要通过进化代谢工程来进一步提高细胞发酵的产率、速率和终浓度,以达到工业发酵的要求。

(二)合成生物学(Synthetic biology)

合成生物学是以工程学理论为依据,设计和合成新的生物元件,或是设计改造已经存在的生物系统。这些设计和合成的核心元件(如酶、基因电路、代谢途径等)具有特定的操作标准;小分子生物元件可以组装成大的整合系统,从而解决各种特殊问题,如可再生生物能源和化合物的生产、药物前体合成、基因治疗等。合成生物学和传统的代谢工程用于微生物发酵生产时,目的是一样的,区别在于所使用的方法。传统的代谢工程是从整体出发,先研究微生物的代谢网络,分析控制代谢通量分布的调控节点,再在关键节点处进行遗传改造,从而改变细胞的代谢网络和代谢通量分布;合成生物学则是从最基本的生物元件出发,按照标准的模式和程序,将生物元件一步步地组装,整合成一个完整的系统(化合物的合成代谢途径)。合成生物学技术在微生物改造应用中有如下几点优势:①能减少遗传改造的时间、提高改造的可预测性和可靠性;②能创建有用、可预测、可重复使用的生物部件,如表达调控系统、环境应答感应器等;③能有效地将多个生物部件组装成具有功能的装置。

近些年来,已有一些运用合成生物学改造微生物生产化合物的成功案例,其中最具代表性的是 Keasling 研究小组关于抗疟疾药物前体青蒿酸的生产。该研究小组依次设计合成了甲羟戊酸(Mevalonate)途径、紫穗槐二烯(amorphadiene)合成酶、细胞色素 P450 单加氧酶,并将其在酿酒酵母中组装成一条高效合成青蒿酸的代谢途径,使最终的青蒿酸产量达到300mg/L。该技术思路同时也用于合成其他类异戊二烯(Isoprenoid)化合物作为新型生物能源。

五、代谢工程的未来展望

代谢工程和微生物发酵工业要解决的根本问题是:如何有效地改造微生物菌种,使其高效地发酵生产各种可再生能源和化合物。

(一)发酵产品

代谢工程研究的第一步是先确定要发酵生产什么产品。微生物发酵产品主要分为3大类:可再生能源、大宗化学品(和生物材料)、精细化合物。可再生能源类目前研究的比较多的是纤维素乙醇、生物柴油、丁醇,然而目前的生物能源有着很多缺陷,很有必要开发品质高、原材料丰富的下一代生物能源,如长链醇、油酯和碳氢化合物。大宗化学品类研究比较多的是柠檬酸、溶剂、乳酸、聚羟基烷酸、1,3-丙二醇、丁二酸以及这些化学品聚合生产的生物材料(如生物塑料、生物橡胶、生物纤维)。然而目前能工业化发酵生产的大宗化学品数量还非常有限,很有必要继续开发生产新型大宗化学品的代谢工程菌,全方位地使生物制造技术代替传统的化工制造技术。3-羟基丙酸/丙烯酸、二羟基酸类、天冬氨酸、糖醇类、1,2-丙二醇、1,4-丁二醇的代谢工程菌改造有希望在短期内取得重大突破。精细化合物研究比较多的是氨基酸、核酸、类异戊二烯化合物,如青蒿素(Artemisinin)、类胡萝卜素(Carotenoids)、番茄红素(Lycopene)、甾醇(Sterols)、紫杉醇。虽然大部分氨基酸都能通过发酵法和酶法生产,但甲硫氨酸(需求量第三,全球市场每年23亿美元)目前还主要靠化学法制造,很有必要研究其发酵生产的代谢工程菌。其他精细化合物如 ω-3 脂肪酸、辅酶 Q10、芳香族化合物等也具有很大开发潜力。

（二）发酵菌种

在确定了发酵生产的目标后,下一步的关键问题是选用什么菌种进行代谢工程改造和发酵。对于可再生能源和大宗化学品,由于需要直接和化工产品竞争,发酵生产最重要的因素是生产成本,因此所选用的微生物菌种最好能具备以下的生理特性:厌氧生长速度快;能利用简单无机盐培养基;能利用多种底物(尤其是六碳糖、五碳糖和甘油);能同步利用五碳糖和六碳糖;对木质纤维素水解液及目标产物有很好的抗逆性能;能在低 pH、高温条件下生长发酵。目前用于代谢工程改造和发酵生产的主要是一些模式微生物,如大肠杆菌和酿酒酵母。它们的生理和遗传机制、基因组信息、代谢网络模型都研究得比较透彻,但其并不具备上述的重要发酵生理性能。将来有必要分离筛选一些新型的具有较好生理性能的工业微生物菌种,鉴定其生理性能的遗传机制并转移至其他工业发酵菌种中。与此同时,随着基因组测序技术和组学技术的日益成熟,对新型微生物的代谢网络研究也会越来越普及。再结合有效的遗传操作技术,新型的微生物菌种也可以被直接改造用于发酵生产。

从自然进化的角度看,自然环境下的微生物菌种存在的最大目的是为了自身生存,绝大部分微生物都进化出非常丰富的代谢途径以维持其细胞生长代谢和适应环境条件。然而从微生物发酵制造的角度看,丰富多样的代谢途径却是细胞高效生产目标产物的负担,这些途径额外消耗细胞代谢的能量,和产物竞争各种代谢前体和辅助因子。如果能够改造或是人工合成微生物,使它们仅仅执行细胞生长和生产单一目标产物的目的,必然会大大提高微生物发酵生产的能力。各种微生物基因组序列的大量发掘以及系统生物学技术的大量开发使得这一设想很有可能实现。一方面可以通过对现有模式微生物进行改造,最大限度地敲除掉不必需的基因;另一方面,运用合成生物学技术,可以人工设计并重新合成出维持细胞生长和生产单一目标产物的微生物基因组。

（三）代谢工程改造策略

在确定了生产产品和发酵菌种后,接下来的任务就是如何改造微生物菌种,提高其发酵能力。目前微生物发酵生产所面临的主要难题有 3 点:

(1)发酵生产的效率低、产量低,生产成本高　这部分要解决的关键问题是:如何优化目标产物合成途径,提高微生物发酵的速率及产率,从而降低发酵生产成本,实现工业化大规模生产。系统生物学技术在解决这一问题时发挥重要作用。各种高通量组学分析技术已经比较成熟,随着技术的标准化和分析成本的降低,将来应该会广泛用于反向代谢工程,高效快速地鉴定出微生物菌种发酵能力提高的遗传机制。新型微生物基因芯片的制备、蛋白质图谱中各蛋白质位点的鉴定方法、更加精密准确的代谢物分析鉴定技术的发展也会进一步推动分析能力的提高。目前的代谢网络模型一定程度上可以预测细胞生理属性以及遗传改变或环境扰动后细胞的代谢应答。然而由于还没有结合动态的代谢变化,所以其指导改造代谢途径,提高细胞发酵水平的能力还非常有限。将来代谢网络模型的发展必然要整合入各种条件下的动态代谢变化和各种调控因素,从而使模型更加真实有效。另外,代谢组学和通量组学分析技术的结合使用,能进一步帮助优化代谢网络模型,指导如何去优化目标产物合成途径。

(2)微生物本身并不具有一些精细化合物的合成途径　这部分要解决的关键问题是:如何鉴定、克隆精细化合物合成途径中的各个关键酶基因,并整合串联从而制造出目标产品的合成途径。合成生物学技术在解决这一问题时必然将发挥至关重要的作用。标准生物部件数据库、功能基因(酶)资源库、合成代谢途径数据库的建立将是拓展微生物合成途径的重要基础。在此基础上,建立标准化模式化的组装技术,用以调控优化合成途径中各个基因的合理协同表达,使代谢通量最大限度地流入目标产物的生产,从而使合成途径的效率达到最大。

(3)高效的微生物菌株除了需要有优化的合成途径外,还需要具备适合工业发酵的最佳生理性能　目前比较有效的提高微生物工业发酵生理性能的工具主要有进化代谢技术和全局扰动技术,但仍不够完善。将来一方面需要分离筛选出具有这些重要生理性能的新型微生物菌种;另一方面则要开发改善细胞生理性能的新技术方法。结合系统生物学技术,进一步探讨特殊生理性能的遗传机制,从而将这些生理性能转移至已有的工业微生物菌株中。

工业生物制造技术是一种可再生的、环境友好、节能减排的先进技术,微生物发酵则是其中的重中之重。代谢工程的发展虽然只有20多年,却极大地推动了微生物发酵工业的发展,既降低了微生物发酵的生产成本,又拓展了发酵产品的多样性,使其在和石油化工制造技术的竞争中在局部占据了上风。随着系统生物学和合成生物学等新技术的迅速发展,代谢工程和微生物发酵工业在不久的将来会取得新的辉煌。

第五章 酶工程技术与食品工业

第一节 酶工程原理和技术

一、酶工程概述

(一)酶工程的概念

酶工程是利用酶所特有的生物催化性能,将酶学理论与化工技术结合而成的一门生物新技术,即利用离体酶或者直接利用微生物细胞、动植物细胞、细胞器的特定功能,借助于工程学手段生产酶制剂,并应用于相关行业的一门学科。目前,它在工业、农业、化工、医药、食品等方面发挥着重要作用。

酶工程对食品工业的影响最大,并且酶工程在生物技术的各个方面也显得越来越重要,这种新型的生物技术正在对世界产生巨大的经济效益和社会效益,有逐步取代或与基因工程、细胞工程和发酵工程融为一体的趋势。酶工程的一般工艺流程见图 5 - 1。

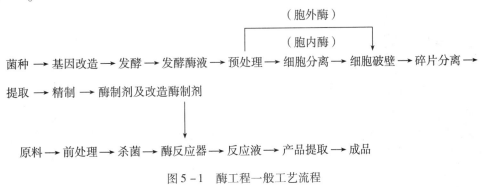

图 5 - 1 酶工程一般工艺流程

(二)酶工程发展历程及应用前景

酶工程的发展大体经历了以下几个时期:20 世纪 50 ~ 60 年代,早期的酶工程技术,主要是从动物、植物和微生物原料中提取分离纯化制造各种酶制剂,并将其应用于化工、食品和医药等工业领域。70 年代后期,酶的固定化技术取得了突破,固定化酶、固定化细胞,生物反应器与生物传感器等酶工程技术迅速发展、应用。目前,各种酶工程技术已用于医药工业、食品工业、化学检测和环境保护等各个领域。多酶反应器和仿生技术等深领域问题仍在不断深入研究。

二、酶的特性

（一）酶的催化特性

酶作为生物催化剂，具有一般催化剂的特征外，还有以下几点特性：

1. 催化效率高

酶催化反应速率比无机催化剂或有机催化剂高 $10^7 \sim 10^{13}$ 倍。例如，过氧化氢分解反应中，若用铁离子作为催化剂，反应速率为 $6 \times 10^{-4} mol/s$；$20℃$ 下脲酶水解脲的速率比微酸水溶液中的反应速率大 10^{18} 倍，可见酶作为一种生物催化剂催化效率极高。

2. 具有高度专一性

酶对底物及催化反应有严格的选择性，一种酶仅能于一种物质或一种结构相似的物质，发生一定的化学反应，而对其他物质不具有活性，这种对底物的选择性称为酶的专一性。酶的专一性主要取决于酶的活性中心的构象和性质，其专一性可分为结构专一性和立体异构专一性。

在结构专一性中，有的酶只作用于一定的键，对键两端的基团没有一定的要求，这种专一性称为"键专一性"；有的酶对底物要求较高，不仅要求一定的化学键，而且对键的一端的基团也有一定的要求，这种专一性称为"基团专一性"。

立体异构专一性可分为旋光异构专一和几何异构专一。前者对于底物的旋光性质要求严格，后者则对底物的顺反异构有高度专一性。

3. 酶的催化活性可被调节控制

酶作为细胞蛋白质的组成成分，随生长发育不断地进行自我更新和组分变化，其催化活性极易受到环境的影响而发生变化，因此通过多种形式对酶活性进行调节和控制，使极其复杂的代谢活动有条不紊地进行。这也是酶区别于一般催化剂的一个重要特征。

4. 酶易失活

酶的本质是蛋白质，由生物细胞产生，它对环境的变化非常敏感，高温、强酸、强碱、重金属等都是引起蛋白质变性的条件，都能使酶丧失活性。同时酶也常因温度、pH 的轻微改变或抑制剂的存在而使其活性发生改变。

（二）酶催化反应动力学

1. 单底物酶反应动力学

底物浓度的改变对酶促反应速率影响比较复杂。图 5-2 为单底物酶促反应中初速率对初底物浓度在固定酶浓度下的曲线。

可以看到，当底物浓度较低时，反应速率与底物浓度呈现正比关系，酶促反应具有一级反应特征；随着底物浓度的增加，反应速率不再按正比升高，在这一段中反应表现为混合级反应；底物浓度继续增加，反应表现为零级反应，酶促反应速率不再上升，趋向极限。

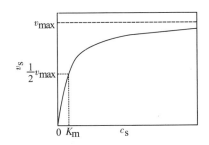

图 5 - 2　单底物酶促反应中初速率对初底物浓度在固定酶浓度下的曲线

2.抑制作用动力学

简单的单底物酶催化反应动力学是指由一种反应物(底物)参与的不可逆反应。此类反应有酶催化的水解反应和异构化反应。

有些酶的催化反应,由于底物浓度过高,反应速率反而会下降,此种效应称为底物的抑制作用。更为重要的是,在酶催化反应中,由于某些外源化合物的存在而使反应速率下降,这种物质称为抑制剂。抑制作用分为可逆抑制与不可逆抑制两大类。如果某种抑制用诸如透析等物理方法去掉抑制剂而恢复酶的活性,则此类抑制称为可逆抑制,此时酶与抑制剂的结合存在着解离平衡的关系。如果抑制剂与酶的基团成共价结合,则此时不能用物理方法去掉抑制剂,此类抑制可使酶永久性地失活。

根据产生抑制的机制不同,可逆抑制又分为竞争性抑制、非竞争性抑制、反竞争性抑制和混合型抑制。

(1)竞争性抑制动力学　若在反应体系中有与底物结构相类似的物质,该物质也能在酶的活性部位上结合,从而阻碍了酶与底物的结合,使酶催化底物的反应速率下降。这种抑制称为竞争性抑制,该物质称为竞争性抑制剂。其主要特点是,抑制剂与底物竞争酶的活性部位,当抑制剂与酶的活性部位结合之后,底物就不能再与酶结合,反之亦然。竞争性抑制的机制为

$$E + S \underset{k_{-1}}{\overset{k_{+1}}{\rightleftharpoons}} [ES] \xrightarrow{k_{+2}} E + P$$

$$E + I \underset{k_{-3}}{\overset{k_{+3}}{\longrightarrow}} [EI]$$

竞争性抑制动力学的主要特点是米氏常数的改变。当 c_I 增加,或 K_I 减小,都将使 K_{mI} 值增大,使酶与底物的结合能力下降,活性复合物减少,因而使底物反应速率下降。无抑制与竞争性抑制的反应速率与底物浓度的关系曲线见图 5 - 3。

(2)非竞争性抑制动力学　若抑制剂可以在酶的活性部位以外与酶相结合,并且这种结合与底物的结合没有竞争关系,这种抑制称为非竞争性抑制。此时抑制剂既可与游离的酶相结合,也可以与复合物[ES]相结合,生成了底物—酶—抑制剂的复合物[SEI]。绝大多数的情况是复合物[SEI]为无催化活性的端点复合物,不能分解为产物,即使增大底物的浓度也不能解除抑制剂的影响。还有一种是三元复合物[SEI]也能分解为产物,但对酶的

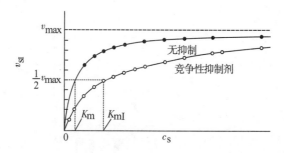

图 5 - 3 竞争性抑制的 v_{SI} 与 c_S 关系

催化反应速率仍然产生了抑制作用。非竞争性抑制的机制为

$$E + S \underset{k_{-1}}{\overset{k_{+1}}{\rightleftharpoons}} [ES] \overset{k_{+2}}{\longrightarrow} E + P$$

$$E + I \underset{k_{-3}}{\overset{k_{+3}}{\rightleftharpoons}} [EI]$$

$$[ES] + I \underset{k_{-4}}{\overset{k_{+4}}{\rightleftharpoons}} [SEI]$$

$$[EI] + S \underset{k_{-5}}{\overset{k_{+5}}{\rightleftharpoons}} [SEI]$$

这表明对非竞争性抑制,由于抑制剂的作用使最大反应速率降低了 $1 + c_I/K_I$,并且 c_I 增加、K_I 减小都使其抑制程度增加,此时 v_{SI} 对 c_S 的关系见图 5 - 4。

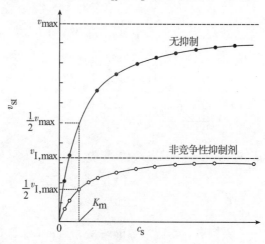

图 5 - 4 非竞争性抑制的 v_{SI} 与 c_S 关系

非竞争性抑制与竞争性抑制的主要不同点是:对竞争性抑制,随着底物浓度的增大,抑制剂的影响可减弱;而对非竞争性抑制,即使增大底物浓度也不能减弱抑制剂的影响。从这个意义上讲,竞争性抑制作用是可逆的,非竞争性抑制作用是不可逆的。

(3)反竞争性抑制动力学 反竞争性抑制的特点是抑制剂不能直接与游离酶相结合,而只能与复合物[ES]相结合生成[SEI]复合物。反竞争性抑制的机制为

$$v_{SI} = \frac{v_{max} c_S}{K_m + c_S\left(1 + \dfrac{c_I}{K_I}\right)}$$

$$或\ v_{SI} = \frac{v_{I,max} c_S}{K_{mI} + c_S}$$

$$v_{I,max} = \frac{v_{max}}{1 + \dfrac{c_I}{K_I}}$$

$$K'_{mI} = \frac{K_m}{1 + \dfrac{c_I}{K_I}}$$

根据上述定义式,可以推出

$$\frac{v_{I,max}}{K'_{mI}} = \frac{v_{max}}{K_m}$$

得到如图 5 – 5 所示曲线。

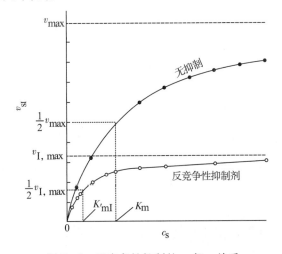

图 5 – 5　反竞争性抑制的 v_{SI} 与 c_S 关系

（4）底物的抑制动力学　有些酶反应,在底物浓度增加时,反应速率反而会下降,这种由底物浓度增大而引起反应速率下降的作用称为底物抑制作用。反应机制为

$$E + S \underset{k_{-1}}{\overset{k_{+1}}{\rightleftharpoons}} [ES] \overset{k_{+2}}{\longrightarrow} E + P$$

$$[ES] + S \underset{k_{-3}}{\overset{k_{+3}}{\rightleftharpoons}} [SES]$$

（5）各种抑制的比较　这里主要对竞争性抑制、非竞争性抑制和反竞争性抑制 3 种有代表性的抑制动力学特点进行比较。表 5 – 1 列出了上述三种抑制时的动力学参数的表示。

表 5 – 1   有抑制时酶催化反应的动力学参数

抑制形式	最大速率	米氏常数
竞争性抑制	v_{max}	$K_m\left(1+\dfrac{c_I}{K_I}\right)$
非竞争性抑制	$v_{max}/\left(1+\dfrac{c_I}{K_I}\right)$	K_m
反竞争性抑制	$v_{max}/\left(1+\dfrac{c_I}{K_I}\right)$	$K_m/\left(1+\dfrac{c_I}{K_I}\right)$

三、酶的生产方式

酶的生产方式分为提取法、生物合成法、化学合成法。酶的提取法是指在一定的条件下,用适当的溶剂处理含酶原料,使酶充分溶解到溶剂中的过程。化学合成法则是利用化学的方法进行酶的人工模拟和化学修饰。生物合成法是利用植物细胞、动物细胞或微生物细胞的生命活动而获得人们所需酶的技术,包括植物细胞培养产酶、动物细胞培养产酶、微生物产酶。近年来,为了大规模制酶,微生物产酶依靠其生产能力高,生产成本低等优点得到广泛的应用。

微生物酶的生产方式按发酵方法可分为固体发酵法和液体发酵法。

(一)固体发酵法

固体发酵法亦称麸曲培养法。该法是利用麸皮和米糠为主要原料,添加谷糠、豆饼等,加水搅拌成半固体状态作为微生物生的培养基,供其生长、繁殖,进而产生大量的目标代谢产物——酶。

(二)液体发酵法

主要是液体深层通气发酵法。本法是我国目前酶制剂发酵应用最广泛的方法,所用主要设备发酵罐是一个具有搅拌桨叶和通气系统的密闭容器。发酵罐的容量,国内多采用 10 ~ 50t,国外普遍采用 100t 以上。目前从培养基灭菌、冷却到发酵都在同一罐内进行。

四、酶的提取与纯化

酶的提取是指在一定条件下,用适当的溶剂处理含酶原料,使酶充分溶解到溶剂中的过程,也称酶的抽提。常用的方法有 4 种。①盐溶液提取。一定浓度的盐存在时,酶的溶解度增加。②酸溶液提取。有些酶在酸性条件下溶解度较大,且稳定性较好。③碱溶液提取。有些酶在碱性条件下溶解度较大,且稳定性较好。④有机溶剂提取。有些与脂质结合比较牢固或分子中含非极性基团较多的酶,不溶或难溶于水、稀酸、稀碱和稀盐溶液中,需用有机溶剂提取,常用的有机溶剂是与水能够混溶的乙醇、丙酮或丁醇等。

酶的纯化,即酶的精制,根据酶分子的不同特性,可以采用以下一种或几种方法来进行。①根据酶分子溶解度不同的方法,主要包括盐析沉淀法、等电点沉淀法、有机溶剂沉淀法、复合沉淀法。②根据酶分子大小和形状不同的方法,包括离心分离法、凝胶过滤法、膜分离技术。③根据酶分子电荷性质的方法,包括离子交换柱层析、等电聚焦电泳、层析聚焦、电泳分离。④根据酶分子专一性结合的分离方法,包括亲和层析、免疫吸附层析、染料配体亲和层析、共价层析。⑤最后根据分配系数的分离方法,利用的是双水相萃取原理。

五、酶的改造与修饰

目前酶制剂的产量已不少,但精制或高活性品种少,而且品种单调,应用受到很大限制。因此人们需要通过各种方法使酶分子结构发生改变从而改变酶的某些特性和功能,即酶分子的改造或修饰。目前的修饰技术主要有 4 种。①金属离子置换修饰。金属离子通常是酶活性中心的组成部分,对酶的催化功能起重要作用。若加进不同的金属离子则可使酶呈现不同的特性,既可使酶活降低甚至失活,也可能使酶活提高并增加酶的稳定性。②大分子结合修饰。利用水溶性大分子与酶结合,使酶的空间结构发生某些精细的变化,从而改变酶的特性与功能。③肽链有限水解修饰。利用肽链的有限水解,使酶的空间结构发生某些细微变化,从而改变酶的特性和功能的方法。④酶的化学修饰。在分子水平上对酶进行改造,即在体外,将酶的侧链基团通过人工方法与一些化学基团进行共价连接,从而改变酶学性质。

六、酶的固定化与酶反应器

(一)酶的固定化

1. 酶固定化的方法

酶的固定化即将酶束缚在特殊的相上,让它既能保持酶的特有活性,又能长期稳定反复使用,同时又可以实现生产工艺的连续化和自动化。酶固定化的方法主要有 3 种。①载体结合法。通过一定的方法使酶与载体结合,反应条件温和,但结合不太稳定,酶容易脱落。主要包括物理吸附法、离子吸附法、共价结合法、金属离子螯合等;②共价交联法。通过双功能或多功能试剂(交联剂),在酶分子之间或酶分子与微生物细胞之间形成共价键的连接方法。交联法的反应条件较激烈,固定化的酶活力回收率较低,降低交联剂浓度和缩短反应时间,有助于固定化酶比活力的提高;③包埋法。将酶或微生物包埋在高分子凝胶网格中的称为凝胶网格包埋型,将其包埋在高分子半透膜中的称为微囊型。该法较少改变酶的高级结构,酶活力的回收率较高,但仅适用于小分子底物和产物的酶。

2. 固定化酶的性质

固定化酶所用载体的某些物理性质不仅减少了底物与酶的接触面积,而且使酶的性质发生了改变。①酶活力的变化。酶经固定化后,分子构象可能改变,导致了酶与底物结合能力或催化底物能力发生变化;②酶稳定性的变化。经固定化后,大多数酶的稳定性提高了;③最适 pH 的变化。如果酶反应产生酸或消耗酸时,pH 曲线会发生显著变化,最适 pH 也会相应变化;④最适温度变化。在一般情况下,固定化后的酶失活速度下降,所以最适温度也随之提高;⑤动力学常数的变化。

酶固定于电中性载体后,表观米氏常数往往比游离酶的米氏常数高,而最大反应速度变小;而当底物与带有相反电荷的载体结合后,表观米氏常数往往减小,这对固定化酶实际应用是有利的。此外,在高离子强度下,酶的动力学常数几乎不变。

(二)酶反应器

为适应酶的生物反应特点而设计制造的反应设备称为酶反应器。这种生物催化反应可以是单酶反应,也可以是增殖细胞内的多酶反应;可以是游离酶(细胞)反应,也可以是固定化酶(细胞)反应。由于催化反应非常多样,所以酶反应器的种类很多,常见的酶反应器的类型有间歇式搅拌罐、连续式搅拌罐、多级连续式搅拌罐、带循环的固定床、列管式固定床、多釜串联半连续操作等。

近几十年来,酶工程技术有了长足的发展,但是在已知的酶中已被利用的酶还是少数。目前工业上大规模使用的酶,仅限于水解酶和异构酶两大类中的一部分,而且大多是单酶系统,这就需要在生物反应器上花大力气。酶反应器的研制也在提高层次,第二代生物反应器的研制,主要包括以下几种类型:①辅因子再生反应器;②产物迅速移去的酶反应器;③两相或多相反应器;④多酶反应器。其中多相反应器进展较快,如可以利用脂肪酶的特点来合成具有重要医疗价值的大环内酯和光学聚酯。就第二代酶反应器的整体水平来看,多属实验室研究阶段,仍待发展和提高。由于酶蛋白具有高度的分子识别功能,固定化酶柱或酶管又有能被重复使用的优点,因而可以被开发成用于生产分析和临床化学检测的酶传感器。

第二节　酶工程与食品加工

一、酶工程技术与粮油加工

酶在食品工业中的应用十分广泛,几乎涉及所有食品领域。例如,酒类、乳品、焙烤食品、淀粉糖、果蔬制品、肉制品等加工过程的许多重要步骤均需依赖酶的作用。

(一)淀粉糖加工

1. α - 淀粉酶

α - 淀粉酶为淀粉内切酶,能随机水解直链或支链淀粉分子 α - 1,4 - 糖苷键生成不同长度的寡糖,因此液化淀粉速度快。细菌 α - 淀粉酶热稳定性高,主要用于淀粉高温液化,作用条件一般为 85℃,pH 5.5 ~ 7.0。真菌 α - 淀粉酶对热相当敏感,并且作用于淀粉后主要产生麦芽糖和其他低聚物,一般不用于液化工艺。

2. β - 淀粉酶

β - 淀粉酶是一种淀粉外切酶,在淀粉链非还原性末端水解 α - 1,4 - 糖苷键,产生麦芽糖。其最适作用 pH 为 6.5 ~ 7.0。与 α - 淀粉酶相同,β - 淀粉酶也不能水解 α - 1,6 糖苷键。如果将 β - 淀粉酶与脱支酶联合应用可将淀粉水解成麦芽糖。

3. 葡萄糖淀粉酶

葡萄糖淀粉酶也称淀粉葡萄糖苷酶,主要催化淀粉和寡糖的 α - 1,4 - 糖苷键水解,从分子的非还原性末端释放出 β - 葡萄糖分子。不足之处是对 α - 1,6 糖苷键活性较低,这样要达到所需要的水解程度,要加大酶量或延长保温时间,或将该酶与脱支酶联用。

4. 葡萄糖异构酶

在淀粉糖生产过程中葡萄糖异构酶能够将葡萄糖转化成果糖,是加工果糖和高果糖浆的重要酶类。能产生葡萄糖异构酶的微生物很多,主要有芽孢杆菌、链霉菌、密苏里游动放线菌(*Actinoplanes missouriensis*)等。葡萄糖异构酶很适合以固定化形式使用,是目前唯一以工业规模应用的固定化酶。

(二)油脂改良

脂肪酶是油脂改良中的关键酶,又称甘油三酯水解酶,能够在油—水界面上催化天然油脂水解,生成脂肪酸、甘油和甘油单酯或二酯,在有机相中进行酯的合成和酯交换反应。近年来,国外在利用脂肪酶进行油脂改良方面的研究非常多,主要包括以下几个方面:

1. n - 3 长链聚不饱和脂肪酸的富集

为了调节人类膳食中两种重要的必需脂肪酸 n - 6 和 n - 3PUFA(聚不饱和脂肪酸)的比例,利用生物技术对 n - 3PUFA 进行富集以及合成富含 n - 3PUFA 的甘油酯。n - 3PUFA 在甘油酯中的富集和合成是通过脂肪酶催化的水解、酸解、醇解、酯化和酯交换等反应途径实现的。其中水解醇解富集长链 n - 3PUFA 的机制与水解相同,是根据脂肪酶的选择性,直接作用于鱼油,将饱和及单不饱和脂肪酸从甘油三酯中分离出来,而长链 n - 3PUFA 仍然留在酰基甘油分子中。这样,通过控制油脂的水解程度能够达到富集 n - 3PUFA 目的。

2. 中(短)链脂肪酸酯的合成

中(短)链脂肪酸具有氧化稳定性,较低的熔点及黏度,代谢容易被吸收并且能够迅速提供能量等优点,近年来有关中(短)链脂肪酸甘油酯的合成研究也是油脂改良的重点之一。其中 Sn - 2 和 Sn - 1/3 中(短)链脂肪酸甘油酯的合成特别受到关注,作为功能型和营养型甘油酯,它能够提供容易吸收的脂肪酸,改善人体代谢条件并且治疗某些疾病。

3. 可可脂替代品的生产

天然可可脂由于价格昂贵而限制了其在食品中的应用,有关利用廉价油脂酶催化生产可可脂替代品的研究早已被关注。主要方法为利用棕榈油的分馏产物(POP)与硬脂酸或硬脂酸乙酯由 Sn - 1(3)脂肪酶作用进行酯交换,合成 POS(棕榈酰—油酰—硬脂酸酯)和 SOS(硬脂酰—油酰—硬脂酸酯),POS 和 SOS 均为可可脂的主要成分。

4. 塑性脂肪的合成

利用动物脂肪和蔬菜油以适当比例混合进行脂交换反应,在不同条件下可以得到从硬到软不同的塑性脂肪,产物随饱和脂肪酸酯含量的改变,熔点有一定变化范围,塑性范围

(固体酯含量)在 15% ~ 35% 的塑性脂肪通常涂抹性能良好。

(三)焙烤食品

1. α - 淀粉酶和 β - 淀粉酶

与焙烤食品加工过程有关的酶主要为 α - 淀粉酶和 β - 淀粉酶,两者协同作用使淀粉糖化生成葡萄糖、麦芽糖和含有 1,6 糖苷键的低分子寡糖。酵母麦芽糖酶再将麦芽糖分解为可发酵的葡萄糖并产生气体。小麦粉中 β - 淀粉酶含量和活性基本上能满足焙烤要求,但由于高精度加工使得小麦粉中 α - 淀粉酶损失很多、含量较低,因此产生的糊精浓度较低,最终形成的气体减少,加工的面包体积小、质量差。所以面包加工通常需要补充外源 α - 淀粉酶,发芽的小麦粉中 α - 淀粉酶活力高,在面包专用粉及面包冷冻面团中添加适量麦芽粉可弥补未发芽小麦粉中 α - 淀粉酶不足。

2. 蛋白酶

将蛋白酶添加到面粉中可以缩短和面时间、改善面团黏弹性、调节面团和面粉的面筋强度,改良面包的口感和质量。例如,使用枯草杆菌产生的热稳定性内肽酶,能够改善面团流变性质,增加面团的弹性,这样在饼干加工过程中可将面团铺得很薄;应用细菌蛋白酶和木瓜蛋白酶可降低稀面糊的黏度,提高其处理性能和缩短焙烤时间;在饼干生产中利用米曲霉蛋白酶可增加面团的伸展性,并提高面团的操作性能和产品质地。

3. 其他酶类

(1)葡萄糖氧化酶　是改善面包品质的新型酶制剂,对面团特性、面包体积和内部结构具有显著的改良作用,作用效果优于溴酸钾。但用量过大会造成过度氧化,面筋过强,并恶化面团性质。

(2)脂肪氧化酶　脂肪氧化酶在焙烤工业中应用较为成熟,作用是通过氧化面粉中的胡萝卜素起增白作用,此外脂肪氧化酶可作为一种面团调节剂增加面团的混合耐性和起发体积。

二、酶工程技术与畜禽水产加工保鲜

(一)乳品加工

乳制品加工过程中需要利用多种酶,例如乳糖酶、蛋白酶、脂肪酶、过氧化氢酶等,在乳糖水解、干酪凝结、风味形成及牛奶保藏等方面发挥重要作用。

1. 乳糖酶

乳糖酶也称 β - D - 半乳糖苷酶,广泛存在于桃、杏、苹果等植物及大肠杆菌、乳酸杆菌、酵母菌和霉菌等微生物中,其作用是将乳糖分解形成葡萄糖和半乳糖。乳糖酶可将乳中乳糖水解,排解乳糖不适应症;防止乳糖结晶,并且增加产品甜度,减少蔗糖用量;缩短乳凝固时间;制造乳清糖浆及半乳糖葡萄糖浆。

2. 凝乳酶

奶酪加工中一个重要的步骤为使液态乳转变成凝乳,凝结过程是利用凝乳酶类催化完成的。微小毛霉、米曲毛霉及浅白隐球酵母（*Cryptococcus albidus*）均能产生凝乳酶，微生物凝乳酶具有巨大的开发潜力，其不足之处是有些酶热稳定性较高，致使在乳制品中残留量升高。

3. 转谷氨酰胺酶

转谷氨酰胺酶能够催化蛋白质中赖氨酸上的 ε - 氨基和谷氨酸上 γ - 羟酰胺基之间的结合反应，并通过转谷氨酰胺作用形成共价化合物的聚合酶，经过转谷氨酰胺酶处理过的蛋白质具有很好的理化特性和功能效价。该酶存在于动物、植物和微生物中，已经发现肉桂链轮丝菌、茂原链轮丝菌、灰肉链轮丝菌均能产生转谷氨酰胺酶。

4. 乳制品加工其他用酶

（1）过氧化氢酶　是一种氧化还原酶，可将氢过氧化物分解成水和氧，主要用于牛奶保藏。

（2）溶菌酶　可作用于某些细菌细胞壁中 N - 乙酰 - D - 葡萄糖胺和 N - 乙酰胞壁酸之间的 β - 1,4 糖苷键并将细胞壁溶解。当溶菌酶应用于奶酪制品或生产奶酪的牛奶时，表现出特殊的防腐作用和抗菌活性。

（3）蛋白酶　能够将乳中的蛋白质分解产生氨基酸、肽类，在奶酪成熟、风味形成中发挥重要作用。并且能够缩短全脂奶酪成熟时间，改善低脂奶酪的风味和质地。

（4）脂肪酶　在乳品中的应用主要是在干酪生产中，用于加速干酪的成熟，缩短成熟时间，提高生产效率。

（二）鱼、肉制品加工

1. 木瓜蛋白酶

木瓜蛋白酶来源于番木瓜，是成分复杂的多酶体系，主要包括木瓜蛋白酶、木瓜凝乳蛋白酶及番木瓜蛋白酶等，其主要功能是催化蛋白质和肽类水解。其中木瓜肽酶 A 既有很强的蛋白水解催化活性，又含凝乳和溶菌活性。目前应用较多的是通过它的蛋白分解活性，在肉制品加工中用于肉的嫩化。

2. 转谷氨酰胺酶

转谷氨酰胺酶能催化蛋白质之间发生交联反应，在肉品加工过程中，可应用转谷氨酰胺酶这一特性对低价值碎肉进行重组，提高肉制品的外观及质构，增加产品的附加值。

三、酶工程技术与果蔬加工保鲜

（一）果胶酶

果胶酶是指内切或外切聚半乳糖醛酸酶，存在于真菌、植物和某些细菌中，它们水解聚半乳糖醛酸残基的 α - 1,4 糖苷键形成小分子果胶，在果蔬加工中应用最多，主要用于果汁、果酒的澄清以及柑去囊衣。

（二）纤维素酶

纤维素酶是一组包含果胶酶，蛋白酶，半纤维素酶和核糖核酸酶的多酶复合体，具有很强的降解纤维素和果实细胞壁的功能。能够将植物纤维素水解为纤维二糖和葡萄糖,使细胞内容物得以充分释放。纤维素酶主要应用于果汁澄清、板栗去皮等。

(三)柚苷酶

某些柑橘中含有苦味的物质柚苷,从而会影响到其加工产品的风味和质量。真菌柚苷酶能够将柚苷降解起到脱苦作用。而柑橘罐头加工中需要进行加热杀菌,所以一般选用耐热性强的柚苷酶。

(四)葡萄糖氧化酶

葡萄糖氧化酶能够将 $\beta-D-$ 吡喃葡萄糖氧化形成成葡萄糖酸,同时消耗氧气。果汁中含有的 $L-$ 抗坏血酸在有氧情况下极易被氧化,尤其在热加工过程中损失很大。在果汁加工过程中添加一定量的葡萄糖氧化酶,可以通过这种耗氧性质对 $L-$ 抗坏血酸起保护作用。

四、酶工程技术与酿造发酵工业

(一)啤酒酿造

1. 淀粉葡萄糖酶和 $\beta-$ 葡聚糖酶

通常在发酵后加入,前者是为了降解残留的糊精,以保证啤酒的最高乙醇含量,但在酿制鲜啤酒中不加淀粉葡萄糖苷酶,因为鲜啤酒不经过巴氏杀菌,添加的酶将存留在啤酒中不能除去。$\beta-$ 葡聚糖酶起到分解 $\beta-$ 葡聚糖调节啤酒酒精度的作用,并且有助于啤酒过滤。

2. 蛋白酶

蛋白酶分别在制浆和调理过程中加入,常使用的蛋白酶为木瓜蛋白酶。啤酒中的蛋白质与多酚、碳水化合物容易形成复合物,并且产生不溶性胶体沉淀,造成啤酒混浊。用木瓜蛋白酶对冷冻贮存中的啤酒进行处理,降解造成啤酒混浊的蛋白质及其复合物,保证啤酒在冷冻贮存中的高清晰度,同时,由于木瓜蛋白酶的作用产生了更多的多肽和氨基酸,能够改善啤酒品质。

3. 葡萄糖氧化酶

作为新型生物去氧剂,在啤酒中添加的主要作用是通过与啤酒中的葡萄糖生成葡萄糖酸,除去啤酒中的溶解氧和瓶颈氧,因此葡萄糖氧化酶对防止啤酒老化,保持啤酒原有风味,以及延长保质期有显著效果。

(二)白酒和酒精的生产

1. 纤维素酶

白酒酿造所用的原料中,纤维成分较多,大部分纤维素因转化不了而被浪费。使用纤维素酶后,可同时将淀粉和纤维素转化为糖,增加了可发酵糖含量,再经酵母分解转化为酒精,提高了出酒率,同时淀粉和纤维素利用率也相应提高。

2.酸性蛋白酶

可加速蛋白质降解及增加氨基酸含量,促使酒中总酸总酯明显提高,从而强化香味物质的形成。

3.脂肪酶

在酿酒工业中,脂肪酶通过催化有机酸和醇合成酯类增加浓香型曲酒的芳香成分。浓香型酒主体香气成分是乙酸乙酯,其含量是衡量曲酒质量的重要指标。利用脂肪酶可使乙酸乙酯含量明显提高,大幅改善酒的口感。

第三节 酶工程技术与食品原料和资源

一、酶工程技术与食品原料品质和改良

酶工程技术被广泛地应用于食品工业和化学工业,已成为食品原料开发、品质改良、工艺改造的重要手段。

(一)小麦面粉品质的改良

1.面包烘烤用粉的改良

小麦面粉中含有各种酶,面包是利用面粉中的酶和酵母菌的作用制成的食品。但是普通的面粉往往不一定具有适合于制造面包的性质,并且消费者对面包质量要求也日趋多样化,仅用面粉自身的酶是不够的。

(1)α-淀粉酶与面粉烘烤品质 小麦粉中加入α-淀粉酶时,因麦芽糖的生成量增加,酵母对其发酵后,二氧化碳的产生量大幅度增加,从而增加面包的体积。添加淀粉酶后,面团就变得柔软,因而增加了面团的伸展性和保持气体的能力,容积增大。如果α-淀粉酶少,淀粉凝胶的黏度过高,没有容纳气体的能力,制成的面包外形就会塌陷。因此,制作优良的面包必须补充适量的α-淀粉酶。

(2)蛋白酶与烘烤品质改良 蛋白酶作用于面筋蛋白质的肽键,将它分解为小分子量物质,使面筋软化,增加延伸性,使面团的黏弹性适中,缩短混揉时间,节约动力。蛋白酶面团发酵时所生成的氨基酸,在烘烤中会与糖发生羰氨反应(美拉德反应),可使面包外皮色泽更好,增加面包香味。但需适量,否则颜色有恶化的可能性。

(3)乳糖酶与面包品质改良 面包配方中添加脱脂奶粉及乳糖后,会感到甜度不够,酵母也不能发酵,但经乳糖酶分解后,生成的葡萄糖可以使酵母充分发挥,产生气体使面团膨大。另外,半乳糖也可通过羰氨反应提高面包的色泽。

(4)脂肪酶与面包品质改良 不饱和脂肪酸氧化还原酶可改善面包的风味和色泽等。加入小麦粉质量的0.5%~1.0%的大豆粉和脱脂大豆粉时,其中的不饱和脂肪酸氧化还原酶可漂白小麦粉中的类胡萝卜素及亚油酸。由亚油酸生成的过氧化物,可改善面包的香气。此外在面包用粉中添加植物种子来源的精制脂肪酶还能防止面包老化。

2. 饼干用粉品质改良

在饼干用粉中加入适量的蛋白酶可以矫正小麦粉中的面筋含量,能更好地发挥面团的机械适应性及伸张性,减少在烤炉中的收缩,改善烘烤弹性,并能缩短发酵时间,但不改变饼干的风味。

3. 面条用粉的改良

使用蛋白酶制造面条,小麦粉中的面筋变为肽、氨基酸,面条的风味就可以提高。用蛋白酶强化的面粉制作通心面条,延伸性好,风味佳。含有蛋白酶的面粉,使麸质部分水解,面条硬直,风味也好,制面工艺中应用蛋白酶仍有较好的前途和效益。

4. 糕点馅心的改良

糕点馅心中的填料和基料常用淀粉,添加 α - 淀粉酶可以改善馅心的风味和质地。糕点制作中添加转化酶后,可以使蔗糖水解为转化糖,防止糖浆析晶。

（二）水果类加工品质的改良

水果中均含有少量的果胶物质,使压榨和澄清发生困难,生产的果汁较为浑浊。

1. 果胶酶、纤维素酶对果汁的澄清和出汁率影响

在澄清果汁的生产中,需要加入果胶酶等酶制剂,使过滤容易,过滤时间缩短,以得到透明的果汁。同时果胶酶的加入,促使组织细胞释放出果汁,使果汁的出汁率增高。一般在溃碎的果实中加入果胶酶处理,即可达到目的。

纤维素酶对纤维素类物质的降解可促进果汁的提取与澄清,提高可溶性固形物含量,并可将果皮渣综合利用。果胶酶与半纤维素酶联用时,澄清更迅速,而且不影响天然果汁的风味与色泽,得到优质澄清的果汁。

2. 低糖果冻

采用纯化的果胶酶(PE)处理果汁,使果胶的甲基化程度降低。这种甲基化程度低的果胶在 Ca^{2+} 作用下,即使糖度较低,也能形成稳定的果冻。

3. 果胶酶与水果罐头加工

采用黑曲霉所产生的果胶酶、半纤维素酶和纤维素酶的混合物,可除去橘瓣囊衣,从而避免上述缺点。另外,莲子肉皮、大蒜膜层和杏仁等果实的皮膜,也可用果胶酶脱除。

4. 脱苦酶与水果的脱苦

（1）果汁和果汁罐头的脱苦　脱苦酶或柚苷酶由 β - 鼠李糖苷酶和 β - 葡萄糖苷酶组成,能将柚皮苷分子中的鼠李糖和葡萄糖水解掉而除去最终成为无苦味的柚皮素。脱苦酶可以由曲霉、青霉等菌株生产,市售的脱苦酶是由黑曲霉所制。从残次果、落果、受冻害的水果所得果汁或二次、多次榨汁后的苦味较强的低级果汁,使用脱苦酶处理后,制出富有风味的优质粉末果汁,可以将食用价值很低的原料加以回收利用。

（2）橘皮酱原料的脱苦　橘皮酱原料一般是酸橙、甜橙、柚子、橙子、橘子等柑橘类果皮,这些原料中由于柚苷的苦味非常强烈,所以需要用脱苦酶脱去苦味。随着脱苦酶的开发和生产,可以充分利用有苦味类果皮这类资源。

5. 橙皮苷酶与防止橘子罐头的白浊

橘子果肉中所含难溶性的橙皮苷,在橘子罐头的糖汁中会析出结晶,使糖汁生成白色沉淀,造成白色混浊,或在果肉上附着白斑等,降低产品质量。为了防止这些现象发生,用橙皮苷酶分解橙皮苷,使其水解成为水溶性的橙皮素,可解决这些问题,同时能使其保质期延长至 9 个月。

6. 花青素酶与有色水果果汁的脱色

花青素酶是 β - 葡萄苷酶的一种,能将花青素苷分解成为葡萄糖和花青素,因为花青素不稳定,分解为无色体,失去了花青素苷类特有的颜色。这类果汁,通常很容易发生酶促褐变,所以要对榨汁进行充分的灭酶处理后,再进行果汁的脱色处理,以防酶促褐变的突然发生。

(三)牛乳品质的改良

牛乳中约含 4.5% 的乳糖,它是一种缺乏甜味而且溶解度很低的双糖,难以消化,有些人饮牛乳后,发生腹泻、腹痛的原因就在此。在炼乳、冰淇淋中常有砂样结晶析出,影响食品风味,也是该原因。

1. 乳糖酶与分解乳糖

对不耐乳糖者可制造出单独的食用牛乳,在 1mL 牛乳中加入 1 ~ 2mg 乳酸酵母 (*Saccharomyces lactis*)乳糖酶,在 37℃ 保持 30min 即可完全分解其中的乳糖,再经 70℃、15min 杀菌后,对其风味无影响,而且处理乳还有"厚味"的好评。先将固定化乳糖酶装柱,再将灭菌后牛乳以一定速度通过酶柱,使大多数乳糖被水解,水解后的牛乳再经加热处理,使酶变性失活,并杀灭酶解过程中可能污染的有害菌,还可以加入风味物质制成低乳糖咖啡奶、可可奶、果味奶或经喷雾干燥制成低乳糖奶粉。

2. 脂肪酶与黄油增香

乳制品的特有香味主要是加工时产生的挥发性物质(如脂肪酸、醇、醛、酮、酯及胺类等)所致。乳品加工时添加适量的脂肪酶可增加干酪和黄油的香味。将增香黄油用于奶糖、糕点等食品,可节约黄油用量,提高风味。脂肪酶分解牛奶的脂质,其挥发性物质也可使牛奶增香。

3. 溶菌酶与婴儿奶粉

人乳与牛奶的区别之一在于溶菌酶含量的不同。奶粉中添加卵清溶菌酶可以防止婴儿肠道感染。

4. 脂肪酶与酒类增香

在浸米的水中加入脂肪酶,醪的发酵快,使白米中的甘油三酸酯分解为游离酸,在蒸煮工序这些游离酸经挥发分散,能制作香气更好的优质酒。

5. 脂肪酶与类可可脂的制造

由于可可果的原料和生产量的限制,可可脂的产量和价格均不能满足大生产的需要,通过科学家的长期努力,采用酶法改变橄榄油和硬脂酸中甘油三酸酯的脂肪酸组成,已能制备一种类可可脂。

二、酶工程技术与食品资源开拓和利用

（一）酶与提高发泡剂的保存质量

食品工业常用的发泡剂是干蛋白。禽蛋中含有微量的葡萄糖，葡萄糖的醛基具有很高的反应活性，容易与蛋白质、氨基酸中的氨基发生羰氨反应，使蛋白质在干燥和储藏过程中发生褐变，从而使其溶解度减少，起泡力和泡沫稳定性下降。为了防止这种劣变，可采用葡萄糖氧化酶处理，使葡萄糖氧化成葡萄糖酸。该法除糖效率较高，1 分子葡萄糖氧化酶在 1min 可催化氧化 3.4 万个葡萄糖分子，周期短，产品质量和效率提高。

（二）提高干酪的生产效率

随着酶技术的发展，现在已有85%的动物酶已由微生物酶所代替。微生物凝乳酶的凝乳作用强而蛋白质分解作用弱。目前，采用基因工程将牛的凝乳酶原基因植入大肠杆菌已表达成功，用发酵法已经可以生产凝乳酶。

（三）酶与提高酿造产品的得率及原料利用率

应用酶制剂，促进了原料的消化，故原料利用率、氮利用率得以提高，浓度与产量也得到提高。由于制曲量的减半，碳源损失少，约能节减小麦20%。在酿造过程中，由于准确地添加酵母菌、乳酸菌或种醪等，所以能正确地管理醪的成熟，更能稳定均一地酿造。

（四）酶技术使淀粉的转化利用率更高

目前产量最大的功能性低聚糖分为麦芽低聚糖和异麦芽低聚糖，其突出优点是具有预防龋齿和促进人体内双歧杆菌的增殖等诸多保健功能。麦芽低聚糖的生产一般先用 α - 淀粉酶将淀粉液化，再用低聚糖酶糖化，经纯化、成型等工序成为成品，异麦芽低聚糖则先用 α - 淀粉酶液化，再用 β - 淀粉酶糖化，同时用葡萄糖转移酶（α - 淀粉酶）将麦芽糖转化成为异麦芽低聚糖，酶技术的发展会使淀粉的转化利用率更高。

（五）酶制剂与提高茶叶等原料中有效成分的收率

茶叶的有效成分包括具有香味的氨基酸、碳水化合物、有苦味的咖啡因、配糖体、有涩味的丹宁和其他香气成分。这些有效成分几乎都被以纤维素为主体的细胞膜所包围，细胞之间还有原果胶粘连而构成。用木霉或黑曲霉的纤维素酶加入到茶叶的低温抽提液中后，比不加酶的对照的浸取提取率增加20%～50%，过滤可得到绿色和香气浓的滤液，加适当物质干燥后，制成粉末即为高品质速溶茶。

（六）酶制剂与提高豆制食品的得率

纤维素酶用于处理大豆，可促进其脱皮，增加从大豆或豆饼中提取优质水溶性蛋白质的得率，也可用于回收豆渣中的蛋白质和油脂，纤维素酶用于豆类制品加工，可缩短时间，提高质量。豆浆和豆腐是传统的豆制食品，它们均是以大豆为原料制成的重要大豆蛋白质食品，在常规生产中，添加以纤维素酶为主体的复合酶制剂后，豆浆或豆腐的产量均可增加10%以上。该酶制剂以用黑曲霉与根霉所制得的为好。

（七）酶制剂与草莓、辣椒等除蒂效率的提高

草莓、辣椒等原料在各自加工过程中必须除蒂，手工操作不能大量处理，速度太慢，用酶制剂处理可以提高除蒂效率。由于曲霉菌制得的果胶酶制剂中，以果胶酶为主，还混有半纤维素酶和少量纤维素酶，3 种酶活同时起作用，可大大提高除蒂效率。

第四节　酶工程技术与营养功能因子和食品添加剂

一、酶工程技术与食品营养功能因子

（一）低聚糖

低聚糖又称寡糖，是指由 2～10 个单糖通过糖苷键连接形成的直链或支链的低度聚合糖，分普通低聚糖和功能性低聚糖两大类。普通低聚糖包括蔗糖、乳糖、麦芽糖、麦芽三糖和麦芽四糖等，功能性低聚糖则包括低聚果糖、低聚半乳糖、木低聚糖、异麦芽低聚糖、低聚麦芽糖、大豆低聚糖、低聚异麦芽酮糖和低聚龙胆糖等。低聚糖重要的功能特性有：①很难或不被人体消化，产热低；②活化肠道内双歧杆菌并促进其生长繁殖；③不被口腔内微生物利用，不会引起龋齿；④属于水溶性膳食纤维，具有食用纤维的部分功能。

1. 异麦芽低聚糖

异麦芽低聚糖又称分支低聚糖，是指葡萄糖之间至少有一个以 $\alpha-1,6-$ 糖苷键结合而成的单糖数在 2～5 不等的一类低聚糖。它是功能性低聚糖中产量最大、应用最广泛的一种新型生物糖源，通常以优质淀粉为原料，采用多种酶联合作用制成。低聚异麦芽糖能够提高免疫力和抗病力，是公认的双歧杆菌生长促进因子。它甜味柔和、黏度低、保湿性好和水分活度低，酸性条件下对热稳定性好，是儿童糖果、饮料等食品的理想原料，目前在国外已经广泛应用于保健品工业和其他食品工业。

生产异麦芽低聚糖的关键酶为 $\alpha-$ 葡萄糖苷酶（$\alpha-$glucoasidase），又称葡萄糖基转移酶。它能切开麦芽糖和低聚麦芽糖分子中的 $\alpha-1,4-$ 糖苷键，并将游离出的一个葡萄糖残基转移到另一个葡萄糖分子或麦芽糖和麦芽三糖的分子的 $\alpha-1,6$ 位上形成异麦芽糖、异麦芽三糖、异麦芽四糖和潘糖等分支低聚糖。微生物中细菌、酵母、霉菌等菌株均能够分泌 $\alpha-$ 葡萄糖苷酶，其中黑曲霉产酶较高。

2. 壳低聚糖

壳低聚糖是指由甲壳质或壳聚糖制得的 2～8 糖的低聚糖，为了加以区别，可将由甲壳质制得的低聚糖称为甲壳质低聚糖；由壳聚糖制得的低聚糖称为壳低聚糖。甲壳质低聚糖具有非常爽口的甜味，随着聚合度的增大其甜味、吸湿性和溶解度降低，具有调节食品水分和改善食品结构等功能。

目前有关酶法制备壳低聚糖的方法很多。例如，可直接利用能生产甲壳质酶的微生物开发简便的酶解法。即在含有胶体状甲壳质的液体培养基中培养出从海水中分离出来的

鳗弧菌 E－383,可获得较高收率和选择性的 N－乙酰基壳二糖。还可利用芽孢杆菌属 R－4 生产的脱乙酰基壳聚糖酶获得 1~4 糖的低聚糖。

3. 蔗果低聚糖

蔗果低聚糖又称低聚果糖或寡果糖,通常指利用 β－果糖基转移酶在蔗糖的果糖残基 C1 和 C2 位置上,通过 β－1,2 糖苷键与 1~3 个果糖分子结合形成蔗果三糖(GF_2)、蔗果四糖(GF_3)和蔗果五糖(GF_4),属于果糖和葡萄糖构成的直链杂低聚糖。蔗果低聚糖是肠道内双歧杆菌的活化增殖因子,具有低聚糖的一般功能。

工业上蔗果低聚糖有两种生产方法:一种是以菊芋为原料提取菊粉,经酶水解而成。该法具有工艺简单、转化率高和副产物少等优点,生产的关键在于菊粉酶的提取。菊粉酶为 β－2,1－D－呋喃果糖水解酶,许多微生物如酵母、黑曲霉及少数几种细菌枯草芽孢杆菌均能合成此酶。另一种是由蔗糖经 β－果糖基转移酶或 β－呋喃果糖苷酶通过转果糖基反应生成蔗果低聚糖类。工业上用黑曲霉生产 β－果糖转移酶,此酶在低浓度蔗糖溶液中催化蔗糖的水解为葡萄糖和果糖,但在高浓度蔗糖溶液中却发生转移反应合成蔗果低聚糖。

4. 木低聚糖

木低聚糖是指由 2~7 个木糖以 β－1,4 糖苷键结合而成的直链低聚糖。木低聚糖一般以富含木聚糖的植物(如玉米芯、蔗渣、棉籽壳和麸皮等)为原料,通过木聚糖酶的水解作用分离精制而获得。木低聚糖产品的主要成分为木糖、木二糖、木三糖和三糖以上的木聚糖,其中木二糖为主要有效成分。木低聚糖在人体内难以消化,具有极好的促进双歧杆菌增殖活性。

木低聚糖的生产工艺包括木聚糖的提取、精制、水解和木低聚糖的纯化等过程,酶法制备木低聚糖时,由木聚糖酶从主链内部作用于长链木聚糖的糖苷键,能将木聚糖随机地切成不同链长的木低聚糖,而 β－1,4 木糖苷酶能够作用于木低聚糖的末端产生木糖。

(二)水解动植物蛋白

过去一直认为蛋白质必须通过人体消化道中的多种蛋白酶水解后,最终以氨基酸的形态被消化吸收。但是最近的研究表明,蛋白质在肠道最主要的吸收方式不是游离氨基酸而是小肽类,因此蛋白质的分解产物作为高效氮源受到国际营养界和食品产业的高度重视。

1. 水解植物蛋白

水解植物蛋白是指在酸、碱或酶作用下,水解含蛋白质的植物组织所得到的产物。这些产物通常分子量小、水溶性较高、无蛋白质变性、在人体内容易消化吸收,不仅具有可适用的营养保健成分,而且可用作食品调味料和风味增强剂。植物蛋白水解物的生产一般采用蛋白质含量为 50%~80% 的植物组织,一般采用脱脂大豆粕、玉米、麦类、稻米等,目前研究最多的是水解大豆蛋白。

大豆蛋白经蛋白酶水解、分离和精制后可得到以分子量低于 1000 为主的低聚肽混合物,即大豆多肽。大豆多肽的氨基酸组成与大豆蛋白相同,必需氨基酸平衡且含量丰富,同时无蛋白变性,无豆腥味。此外大豆多肽还具有比大豆蛋白更丰富的加工特性、营养特性和生理功能。

水解大豆蛋白制备的方法主要有酶法和化学法,由于酶法水解效率高,反应条件温和,产生毒性物质的可能性较小,因此受到国内外研究者的广泛关注。目前应用于实际生产的酶有胰蛋白酶、碱性蛋白酶、中性蛋白酶、木瓜蛋白酶等,其中碱性蛋白酶作用效果较好。

2. 水解动物蛋白

水解动物蛋白是指蛋白酶作为生物催化剂,把肉类、水产品及乳品中的蛋白质分解成含有多种氨基酸和肽类的水解液,水解动物蛋白产品含有多种氨基酸、肽类和核苷酸类物质,营养丰富,易于消化吸收。游离的氨基酸和核苷酸类都具有极好的呈味能力,味道鲜美,香气自然,稳定性较高,可作为调味剂或营养强化剂应用于多种食品的加工。同水解植物蛋白相同,水解动物蛋白质经过酶水解以后,它的某些功能特性和风味特征会发生一定程度的改变,通常是溶解性增加;热稳定性提高,受热不凝聚;黏度、乳化性能、渗透性减小。

二、酶工程技术与食品添加剂

(一)高甜度甜味剂

1. 阿斯巴甜

阿斯巴甜的化学组成为 L–天冬氨酰和 L–苯丙氨酰甲酯,是由天冬氨酸和苯丙氨酸形成的二肽化合物。阿斯巴甜的甜度是蔗糖的 180～200 倍,口感清爽,甜味特征优良,但对热不稳定,不适于在需要高温加热的食品中应用。

生产阿斯巴甜的关键在于苯丙氨酸和天冬氨酸的生产。这两种原料可以通过发酵的方法生产,也可以采用酶法合成。但与原有的发酵法生产 L–苯丙氨酸相比,酶法合成及其纯化具有工艺步骤少、生产能力较强和投资强度较低等优点,因此将成为最有效的 L–苯丙氨酸合成途径。

2. 三氯蔗糖

三氯蔗糖又称 4,1′,6′–三氯半乳蔗糖,甜味特征近似于蔗糖,甜度是蔗糖的 400～800 倍,产热量极低,对光、热、pH 均很稳定,不参与人体代谢,安全性较高,是一种很有发展前途的高度甜味剂。生产三氯蔗糖有两条路线。①葡萄糖—蔗糖路线。首先利用芽孢杆菌属的菌株在 30℃ 下发酵葡萄糖,生成葡萄糖–6–乙酸,然后由枯草杆菌产生的 β–果糖基转移酶作用于葡萄糖–6–乙酸与蔗糖的混合物生成蔗糖–6–乙酸,蔗糖–6–乙酸与由五氯化磷和 DMF 制成的 Vilsmeier 试剂反应,即可得到 4,1′,6′–三氯–4,1′,6′–三脱氧半乳糖蔗糖五乙酸。该五乙酸脱去乙酸基后,即得产物三氯蔗糖。②棉子糖路线。棉子糖广泛存在于甜菜和棉子等许多植物中,它也可以由 α–半乳糖苷酶催化半乳糖和蔗糖的饱和溶液合成。棉子糖在氧化三苯膦的存在下,用亚硫酰氯氯化生成 4,1′,6′,6″–四氯–4,1′,6′,6″–四脱氧半乳糖棉子糖庚乙酸。该庚乙酸经脱乙酸作用后,即可生成 4,1′,6′,6″–四氯–4,1′,6′,6″–四脱氧半乳糖棉子糖(TCR),TCR 在 30℃ 下,通过 α–半乳糖苷酶水解生成三氯蔗糖。

(二)防腐保鲜剂

5′-鸟苷酸(5′-GMP)和5′-肌苷酸(5′-IMP)与味精按一定比例复配后可得超鲜味精,也称为强力味精,其鲜味、风味及生产成本均优于味精。

5′-核苷酸可通过酶法水解酵母中RNA制取,酵母细胞RNA含量很高,在其生长的对数期初期,采用热碱溶液提取RNA,再通将RNA沉淀和干燥。RNA在氢氧化钾溶液中,在130℃下加热3~4h,进行化学水解,即可以产生核苷酸,核苷酸还可以再通过5′-核酸酶或外切核酸酶的酶解获得。再经过从腺苷到鸟苷的脱氨基作用,使核苷酸磷酸生成5′-IMP和5′-GMP。

(三)稳定剂

环糊精是指由6~9个D-吡喃葡萄糖单元通过α-1,4糖苷键连接形成的"锥筒"状分子化合物,相应于D-吡喃葡萄糖的分子数,分别称为α-、β-、γ-和δ-环糊精,具有腔内亲油腔外亲水的独特结构,这一结构使其在医药、食品、化妆品等领域有重要应用价值。例如应用于某些食品或添加剂,具有增强稳定性,防止氧化和消除异味等功能。

(四)新型酶制剂及其应用

1.微生物原果胶酶的作用机制及其应用

果胶是一种杂多糖类高分子化合物,D-半乳糖醛酸(或部分甲酯化的D-半乳糖醛酸)通过α-1,4-糖苷键连成主链,在主链中常间或地插入一些α-L-吡喃鼠李糖残基、阿拉伯聚糖、半乳聚糖、阿拉伯半乳聚糖等形成侧链,将果胶分子与蛋白质、半纤维素以及纤维素连在一起,形成不溶性的原果胶。一般认为,在植物细胞壁中的原果胶是由同型半乳糖醛酸区(光滑区)以及带有中性糖侧链的鼠李聚糖半乳糖醛酸骨架(发区)组成,通过原果胶适当地降解可生成果胶与果胶酸。

目前所研究的一些微生物原果胶酶依其作用机制可分为以下两类。

(1)A型原果胶酶 主要作用于原果胶分子中的"光滑区"。迄今发现了两类A型原果胶酶:一种为A1型原果胶酶,是一类内多聚半乳糖醛酸酶,能水解多聚半乳糖醛酸,对各种来源的原果胶分子均有作用。现已从酵母以及酵母状真菌:脆壁克鲁维酵母(*Kluyvermyces fragilis*)IFO0288,里氏半乳糖霉(*Galactomyces reessii*)L,帚状丝孢酵母(*Trichosporon penicillatum*)SNO3发酵液中结晶分离出,依次称为PPase-F,PPase-L和PPase-S。另外,在一些真菌如:泡盛酵母(*Aspergillus awamori*)的发酵液中也分离纯化到这种酶。另一种是A2型原果胶酶,Sakamoto等从枯草芽孢杆菌(*Bacillus subtilis*)IFO 3134的发酵液中分离到两种A2型原果胶酶(PPase-N,PPase-R),PPase-N能通过反式消去反应断开聚半乳糖醛酸链,而PPase-R对聚甲酯化半乳糖醛酸表现出很强的活性。

(2)B型原果胶酶 作用于原果胶分子中"发区"中的不同部位,这类酶对底物的作用专一性较强。Sakai等在枯草芽孢杆菌(*Bacillus subtilus*发酵液中发现了原果胶酶(PPase-C),能断开阿拉伯半乳聚糖中α-1,5-L-阿拉伯呋喃糖苷与阿拉伯聚糖间的键,切断果胶与细胞壁间的连接,释放果胶。PPase - C 对甜菜根,苹果皮中的原果胶有很强的作用活性。此外,从血红栓菌(*Trameetes sanguinea*)纯化到一种原果胶酶(PPase - T),能断开原果胶分子中半乳糖吡喃酰(galactopyranosyl)与鼠李糖吡喃酰"(rhamnopyranosyl)的连结。PPase - T 对 *Hassaku* 柑橘皮以及胡萝卜中的原果胶有很强的作用活性,但当它作用于甜菜根以及苹果皮中的原果胶时,活性不高。

原果胶酶,尤其是帚状丝孢酵母(*T. penicillatum*)、泡盛酵母(*A. awamori*)以及枯草芽孢杆菌(*B. subtilis*)中的原果胶酶,能作用于植物组织产生松散的单细胞。酶处理的蔬菜组织所获得的单细胞,细胞完整,各种营养成分保存完好,表面及内部的张力较小而易与牛奶、酸奶、冰淇淋、汤等混合,且易被胃蛋白酶以及胰凝乳蛋白酶消化,适宜用作老人、婴儿以及病人的食品;细胞规格统一能赋予食品光滑的质地。

此外,原果胶酶还可以用于植物原生质体的制备,Mitsui 等利用原果胶酶成功地制成了多种单子叶植物的叶肉原生质体。

2. 转谷氨酰胺酶的功能特性及其应用

转谷氨酰胺酶可通过催化转酰基作用,使蛋白质或多肽之间发生交联反应。该酶为非钙离子依赖型酶,功能与动物来源的转谷氨酰胺酶很相似。转酰基反应的酰基供体为蛋白质或多肽链上氨酰胺残基的 γ - 羟基酰胺基,受体可以为蛋白质肽链上赖氨酸残基的 ε - 氨基、游离氨基酸的 ε - 氨基和初级氨或水。转谷氨酰胺酶所催化的反应既可以发生在分子间,也可以发生在分子内,决定分子间交联反应程度的因素主要为蛋白质本身的构象以及转谷氨酰胺酶的类型。

转谷氨酰胺酶的功能特性:①成胶特性:转谷氨酰胺酶具有成胶特性,可使未加热状态的各种食品蛋白质成胶,赋予不能成胶的蛋白质(如乳蛋白)成胶性,提高成胶的黏弹性,形成耐热性、耐酸性及耐水性等稳定性高的胶体;②改善乳化性:转谷氨酰胺酶可以改善蛋白质的乳化性质。例如检测单质 β - 酪蛋白和 β - 酪蛋白聚合物混合液的稳定性,发现随着混合液中聚合物比例的增大,该混合液的乳化稳定性增加;③提高发泡性能:WPI 大豆 11S 球蛋白混合物的发泡稳定性较低,经过转氨酰胺酶处理过的 WPI 大豆 11S 球蛋白具有良好的稳定性。此外由于交联作用而使蛋白质流动性提高,赖氨酸残基上氨基电荷的去除也有利于增加泡沫的稳定性;④增强蛋白质溶液的黏稠性:蛋白质经聚合分子量增加后,其溶液的黏度通常也会增强,因此经过转谷氨酰胺酶处理过的蛋白质溶液往往具有较高的黏度;⑤提高凝胶的持水性:转谷氨酰胺酶催化形成的 Glur - Lys 键可提高凝胶的持水性能,使浓度为 2% 的蛋白质溶液也可以胶体化。这主要是因为所形成的交联键使蛋白质形成复杂的、严密的空间网络结构,对水分的束缚包容能力增强;⑥提高蛋白质的热稳定性:加热处理容易使蛋白质变性,并降低其功能特性。但是通过转谷氨酰胺酶发生交联所产生的 Glur - Lys 共价结合键,热稳定性很高,因此增强了蛋白质网络强度和凝胶断裂强度。

转谷氨酰胺酶除在肉制品和乳制品中有重要应用,在其他产品中也发挥重要作用。如在牛奶中的酪蛋白和乳清成分都有过敏原活性,通过转谷氨酰胺酶可以选择性地修饰抗原决定簇中的谷氨酰胺基,改变抗原决定簇的结构,阻止其与抗体的结合,减少抗原性。在保健食品中转谷氨酰胺酶交联蛋白质可作为脂肪的取代物等。

3.α - 乙酰乳酸脱羧酶的作用原理及其应用

α - 乙酰乳酸脱羧酶(α - acetolactate decarboxylase,简称 ALDC,EC4.1.1.5)可以将 α - 乙酰乳酸直接脱羧转化成乙偶姻(acetoin),而不经形成双乙酰的步骤。双乙酰(diacetyl)主要是啤酒酵母代谢的产物,由 α - 乙酰乳酸(α - acetolactate)经非酶氧化脱羧产生。双乙酰对酒的口味有不良的影响,酵母的双乙酰还原酶能够将其还原成乙偶姻,再由乙偶姻还原酶还原为 2,3 - 丁二醇。乙偶姻和 2,3 - 丁二醇几乎不影响啤酒风味。因此,把双乙酰含量降到阈值以下是啤酒熟化期的主要目的。

α - 乙酰乳酸的非酶氧化脱羧比双乙酰被还原的速度慢得多(后者约为前者速度的 10 倍),对啤酒熟化过程的时间起限制作用。如果在啤酒的熟化阶段 α - 乙酰乳酸不能充分除去,在随后的包装、杀菌过程中就会有较多的双乙酰形成,从而影响啤酒风味。若将 α - 乙酰乳酸脱羧酶用于啤酒生产,可以大大缩短啤酒熟化期,提高设备的利用率并且节省能源,具有一定的经济效益。

啤酒的风味成分有很多,其中双乙酰的含量直接影响啤酒的风味成熟。在成品啤酒中,双乙酰的浓度如果超过 0.15mg/kg,会使啤酒的风味有馊饭味。因此,把啤酒中双乙酰含量降至口味阈值以下,被普遍认为是啤酒成熟过程的主要目标。

第六章　发酵工程与食品工业

第一节　概述

人们熟知的利用酵母菌发酵制造啤酒、果酒、工业酒精;利用乳酸菌发酵制造奶酪和酸牛奶;利用真菌大规模生产青霉素等都是发酵的例子。随着科学技术的进步,发酵技术也有了很大的发展,现已经进入能够人为控制的现代发酵工程阶段。现代发酵工程作为现代生物技术的一个重要组成部分,具有广阔的应用前景。例如,用基因工程的方法有目的地改造原有的菌种并且提高其产量;利用微生物发酵生产药品,如人胰岛素、干扰素和生长激素等。

一、发酵工程的概念

发酵(fermentation)一词最初来源于拉丁语"发泡"(ferver)的派生词,其意思为像沸水一样鼓泡,这种现象是由酵母菌在无氧条件下利用果汁或麦芽汁中的糖类物质进行酒精发酵时产生 CO_2 气泡引起的。生物化学把"微生物在无氧时的代谢过程"称为发酵,而在工业发酵中,人们把借助微生物在有氧或无氧条件下的生命活动来制备微生物菌体本身,或其代谢产物的过程统称为发酵,甚至现在又将发酵扩展到培养生物细胞(包括动、植物细胞和微生物)来制得产物的所有过程。因此,微生物发酵工业中的"发酵"已远远超出了生化范畴内关于发酵的定义。

发酵工程也称微生物工程,是指利用微生物的生长繁殖和代谢活动来大量生产人们所需产品的技术,主要包括菌种选育、微生物代谢产物的发酵和分离纯化等环节,同时也包括微生物生理功能的工业化利用等。其中,现代发酵工程是将传统发酵与现代的 DNA 重组、细胞融合、分子修饰和改造等技术结合起来的现代生物技术。

二、发酵工程的发展历史

发酵工程按人类对微生物技术的利用程度可分为如下阶段。

(一)天然发酵时期

人类利用微生物的代谢产物作为食品,已有几千年的历史。大约在 9000 年以前,就有人开始用谷物酿造啤酒;在 4000 年前的龙山文化时期,我国祖先就会酿制黄酒;豆腐乳、豆酱、泡菜、奶酪、醋、酱油等传统食品的生产历史均在 2000 年以上。在这一时期,人们还没有对微生物有深入的研究,并不知道微生物与发酵的关系,生产也只能凭经验,很难人为控制发酵过程,所以被称为天然发酵时期。

(二)纯培养技术的建立时期

1680 年,荷兰博物学家列文·虎克发明显微镜后,人类用显微镜观察到了微生物。19世纪中叶,生物学家巴斯德用巴氏瓶证明了发酵是由微生物引起的,并发明了著名的巴氏消毒法。1872 年,布雷菲尔德创建了霉菌的纯培养法;德国人柯赫发明了固体培养基,建立了微生物的纯培养技术。由此,发酵技术从先前的凭借经验的天然发酵转变为可以靠人类控制和调节的纯培养发酵。

(三)深层培养技术的建立时期

随着发酵技术的不断提高,人们发现对于发酵的不同时期,改变发酵条件可以改变代谢工艺和提高发酵效率。1928 年,弗莱明发现了青霉素。20 世纪 40 年代,第二次世界大战爆发,由于前线对抗生素的需求量不断增大,从而极大推动了青霉素的研究进度。青霉素发酵从最初的浅盘培养到深层培养,使青霉素发酵单位从最初的 40U/mL 提高至 200U/mL。该法用液体深层发酵罐从底部送入无菌空气并由搅拌桨使之分散成微小气泡以促进氧的溶解。这种由罐底部通气搅拌的培养方法称为深层培养法。青霉素发酵技术的迅速发展推动了抗生素工业乃至整个发酵工业的发展。

(四)微生物工程时期

1953 年,美国的沃森(J. Watson)与克里克(F. Crick)发现了 DNA 双螺旋结构,为基因工程的理论和实际应用奠定了基础。20 世纪 70 年代,基因重组技术、细胞融合等生物工程技术的飞速发展,为人类定向培育微生物开辟了新途径,微生物工程应运而生。通过 DNA重组或细胞工程手段,人为设计并创造出"工程菌"和"超级菌",然后通过发酵生产出目标产品。传统的发酵技术,与现代生物工程中的基因工程、细胞工程、蛋白质工程和酶工程等相结合,使发酵工业进入到微生物工程的阶段。

三、发酵工程类型与发酵过程特点

(一)发酵工程的类型

根据发酵工程产品的生产方式和规模的不同可以对发酵工程进行分类。根据对通气(需氧)的要求不同可分为好氧发酵和厌氧发酵;根据培养介质的性状不同可分为固态发酵和液态发酵;根据发酵菌种的不同可分为纯菌发酵和混菌发酵;根据发酵规模的不同可分为研究规模发酵、中试规模发酵以及生产规模发酵。

1. 好氧/厌氧

(1)好氧发酵 也称通风发酵,指发酵过程中需要通风供氧的发酵形式。

(2)厌氧发酵 指发酵过程中不需要通风供氧的发酵形式,一般厌氧发酵过程需要密闭容器。

2. 固体/液体

(1)固体发酵 指微生物接种于固态培养基质的发酵过程。

(2)液体发酵 指微生物接种于液态培养基质的发酵过程。

3.纯菌/混菌

（1）纯菌发酵 指接种纯种微生物进行培养的发酵过程,大多数发酵过程采用纯菌发酵。

（2）混菌发酵 指接种多种微生物进行培养的发酵过程,一般传统发酵食品多采用混菌发酵。

4.研究/中试/生产

（1）研究规模发酵 指在实验室小试规模上进行的发酵过程,一般反应容器容积在10~100L。

（2）中试规模发酵 指介于实验室小试规模和工业规模生产之间的中试规模上进行的发酵过程,一般反应容器容积在100~3 000L。

（3）生产规模发酵 指在工业生产的规模上进行的发酵过程,一般反应容器容积在3 000L以上。

（二）发酵工程的特点

1.发酵过程的反应条件温和

与化学工业生产相比,发酵过程一般是在常温常压下进行的生物化学反应,反应安全,要求条件也比较简单。

2.发酵过程的周期短,不受气候、场地制约

与动植物提取相比,发酵过程周期短且不受场地面积和气候条件的制约。发酵时间一般几天或几周,远低于动物、植物的生长周期。发酵过程在反应器中可人为控制规模和环境条件,而动物和植物的培养过程往往受场地面积和气候条件等外界因素的制约。

3.发酵过程多是利用生物质为原料

发酵生产所用的原料以农副产品及其加工产品为主,这些生物质原料具有可再生的优点。发酵所用原料通常包括淀粉、糖蜜、玉米浆、酵母膏以及牛肉膏等。

4.发酵过程的生物特性

发酵过程是自发的生物过程,只需提供合适的营养和环境条件,微生物接种后,发酵过程就可以自发进行。发酵过程中的反应以生命体的自动调节方式进行,通过生物代谢网络生产化学合成过程难以合成的结构复杂的物质。发酵过程中细胞始终处于动态变化中,其变化受环境影响也对环境产生影响。从接种开始,发酵罐中的数量、营养物质浓度、溶氧及pH 等始终处于变化中,各个阶段环境条件微小的差异都可能导致发酵过程的变化。

四、发酵生产工艺流程和关键技术

（一）发酵生产工艺流程

除某些转化过程外,典型的发酵工艺过程大致可以划分为以下6 个基本过程:①用作种子扩大培养及发酵生产的各种培养基的配制;②培养基、发酵罐及其附属设备的灭菌;③扩大培养有活性的适量菌种,以一定比例将菌种接入发酵罐中;④控制最适发酵条件使

微生物生长并形成大量的代谢产物;⑤将产物提取与精制;⑥回收或处理发酵过程中所产生的三废物质。工业发酵过程的工艺流程及这6个部分之间的相互关系(见图6-1)。因此,有必要不断研究以逐步提高整个发酵过程的效率。如在一个发酵过程建立之前,生产菌株必须分离出来,通过改造使其合成目标产物,并且其产量应具有经济价值;应确定微生物在培养上的需求,并设计相应的设备;同时必须确定产品的分离提取方法。此外,整个研究计划也应包括发酵过程中不断优化微生物菌株、培养基和提取方法。

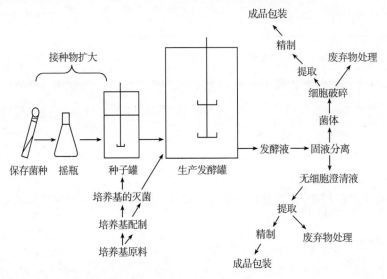

图6-1 典型的分批发酵流程图

发酵工程主要包括了菌种的选育、培养基的配制、种子扩大培养、发酵过程中发酵条件的控制、产品的分离提纯等内容。

1. 菌种的选育

欲通过发酵工程获得令人满意的产品,首先需要有优良的菌种。最初,人们是从自然界寻找所需要的菌种,工作量极大,且不能完全满足工业上大规模生产的需要。随后,人类开始用人工诱变的方法,从突变菌株中筛选出符合要求的优良菌种。这一方法已在氨基酸、核苷酸、某些抗生素等的菌株筛选中获得成功。随着生物技术的发展,现在生物学家开始用细胞工程、基因工程等方法,构建工程细胞或工程菌,再用它们进行发酵,不但可以提高产品的产量和品质,还能针对性地生产出人们需要的产品。

2. 培养基的配制

确定菌种之后,需要根据培养基的配制原则,选择原料制备培养基。由于培养基的组成对菌种、工艺和经济等方面有影响,因此,培养基的配方要经过反复的试验并综合考虑之后才能确定。

3. 种子扩大培养

在大规模的发酵生产中,菌种要达到一定数量才能够满足接种的需要。种子扩大培养是指将保存在砂土管、冷冻干燥管或冰箱中处于休眠状态的生产菌种,接入试管斜面活化后,再经过摇瓶及种子罐逐级扩大培养而获得一定数量和质量的纯种培养物的过程。这些纯种培养物称为种子。发酵产物产量和成品质量与菌种性能及种子的制备情况密切相关。

4. 发酵条件的控制

在发酵过程中,菌株的生长和产物代谢与细胞所处的环境息息相关。因此,除了取样检测培养液中的细菌数目、产物浓度等,还要及时添加必需的培养基组分,严格控制温度、pH、溶氧、通气量与搅拌速度等发酵条件。随时检测影响发酵过程的各种环境条件,并予以控制,才能保持发酵的正常进行。

5. 发酵产物的分离提纯

应用发酵工程生产的产品有两类:一类是代谢产物,另一类是菌体本身,如酵母菌和细菌等。产品不同,分离提纯的方法也不同。如果产品是菌体,可采用过滤、沉淀等方法将菌体从培养液中分离出来;如果产品是代谢产物,可采用蒸馏、萃取、离子交换等方法进行提取。目前,分离提纯是整个发酵生产中成本最高的一部分,开发出高效、经济的分离提纯技术对降低成本至关重要。

(二) 发酵工程关键技术

1. 菌种选育技术

菌种在发酵工业中起着重要作用,是发酵工业的灵魂,是决定发酵产品是否具有产业化价值和商业化价值的关键因素。进行产品的发酵生产,首先要有一株能满足生产需求的高产菌株。野生型微生物自身代谢过程是被严格调控的,并且还存在着代谢产物的分解途径,所有代谢产物都不可能过量积累,一般不能满足生产的需要,所以必须首先进行菌种的分离、纯化和各种选育或基因重组,以供发酵生产使用。

菌种选育是按照生产的要求,以微生物遗传变异理论为依据,采用人工方法使菌种发生变异,再用各种筛选方法筛选出符合要求的目标菌种。菌种选育的目的包括改善菌种的基本特性,以提高目标产物产量、改进质量、降低生产成本、改革工艺、方便管理及综合利用等。选育菌种的基本方法包括自然选育、诱变育种、杂交育种、原生质体融合育种、代谢工程育种、基因工程育种、基因组改组等。

2. 纯种培养技术

绝大多数工业发酵都采用纯种培养,要求发酵全过程只能有生产菌,不允许杂菌污染。微生物无菌培养直接关系到生产过程的成败,无菌问题解决不好,轻则导致所需产品数量的减少、质量下降以及后处理困难,重则造成倒灌,严重影响生产。因此,为保证纯种发酵,在生产菌种接种之前要对发酵培养基、空气系统、流加料、发酵罐及管道系统等进行灭菌,还要对环境进行消毒,防止杂菌和噬菌体的大量繁殖。在生产实践中,为了防止杂菌污染,经常要采用消毒与灭菌技术,统称为发酵工业的无菌技术。常用的无菌技术主要有干热灭菌法、湿热灭菌法、射线灭菌法、化学药剂灭菌法、过滤除菌法、火焰灭菌法等。

3. 发酵过程优化技术

微生物发酵是菌体大量生长繁殖并逐步合成和积累代谢产物的动态过程，是整个发酵工程的中心环节。发酵过程中发酵罐内部的代谢变化(菌体形态、菌体浓度、营养物质浓度、pH、溶氧浓度、产物浓度、温度等)较为复杂，次级代谢产物的发酵就更加复杂，受到诸多因素影响。因此，有必要进行优化，以提高微生物的发酵效率。发酵过程优化包括微生物细胞层面到宏观生化反应层面的优化，使细胞的生理调节、细胞环境、反应器特性、工艺操作条件与反应器控制之间复杂的相互作用尽可能简化，并对这些条件和相互关系进行优化，使之最适于特定发酵过程进行的系统优化方法，这种优化主要涉及细胞生长过程、微生物反应的化学计量、生物反应动力学以及生物反应器工程方面。

4. 发酵过程放大技术

为了达到实验室成果向工业规模推广和过度的目的，一般都要经过中试规模的工艺优化研究。为了克服这些困难，对一些规模比较大的发酵产品，要采取逐级放大的方法。发酵过程放大的方法包括：发酵罐几何相似放大、供氧能力相似放大、菌体代谢相似放大、培养条件相似放大、数学模型模拟与预测放大等。

5. 发酵过程自动监测、控制技术

某种意义上说，发酵过程的成败完全取决于能否维持一个生长受控和对生产良好的环境，达到此目的最有效的方法是通过直接测量各种参数变化(如：温度、压力、转速、发酵液黏度、pH等)和对生物过程进行调节。发酵工程自动监测、控制技术就是将计算机、传感器等现代监测手段运用于发酵工程之中，实现对发酵过程中实时数据的监控，并根据所监控到的数据变化而适时采用合理措施予以调节。如发酵温度控制，可通过温度探头或电信转换进行检测。同样，可通过自动控制向发酵罐的夹套或蛇形管中通入冷水、热水或蒸汽；可用覆膜氧电极来检测发酵液中的溶解氧浓度并加以控制；可通过溶氧探头及其控制元件调节搅拌转速或通气速率来控制溶氧量等。

6. 发酵工程下游分离纯化技术

发酵产物的下游分离纯化是将发酵目标产物进行提取、浓缩、纯化和成品化等过程。发酵产品的生物分离技术及工艺设计，不仅取决于发酵产物的存在部位、理化特性(如分子形状、大小、电荷、溶解度等)、含量、提取与精制过程规模等，还与产品的类型、用途、价值大小以及最终质量要求有关。通常分离纯化成本占整个发酵产物生产成本的很大比例，一般为50%～70%，有的甚至高达90%，往往成为实施生化过程代替化学过程生产的制约因素。因此，设计合理的提取与精制过程来提高产品质量和降低生产成本才能真正实现发酵产品的商业化大规模生产。

五、发酵工程与食品工业

在食品工业生产中，发酵工业占据重要地位，其既是食品工业的重要构成，又归属国家高新生物技术产业范畴。食品发酵工业是通过采用微生物发酵技术，以农副产品作为原

料,研制出可供人们食用及使用的各类发酵制品。研究食品发酵工业的发展现状及技术应用前景,对我国农业发展及农副产品综合开发利用意义重大。据报道,由发酵工程贡献的产品可占食品工业总销售额15%以上,如氨基酸可用作食品、饲料添加剂和药物。目前利用微生物发酵法可以生产近20种氨基酸。该法较蛋白质水解和化学合成法生产成本低,工艺简单,且全部具有光学活性。在欧美,乳制品及谷物的发酵是重要的食品发酵过程,与酸乳、酸性稀奶油和稀奶油干酪有关的特殊香味是由柠檬素发酵产生的。目前乳制品的发酵在我国已兴起,酸牛奶几乎普及到各个城市和乡镇。近年来,由国外引进了干酵母技术,由于活性干酵母的保存期可达半年以上,使得国内大多数城镇都能生产新鲜面包。此外,由于化学合成色素不断被限制使用,微生物发酵生产的生物色素如β-胡萝卜素、虾青素等受到重视。同时随着多糖、多肽应用的开拓,由微生物发酵生产的免疫制剂、抗菌剂以及增稠剂等都得到了优先发展。

发酵工程领域方面的相关专业技术,在为国民日常生活的便利提供诸多帮助的同时,自身也将引领生物技术迈向高端化、走向精细化。站在物质文明日益多元丰富的今天,食品安全是食品发酵工程领域人们关注的焦点,也是最起码的基点。因此只有大力发展生物技术,获取生物技术发展制高点,才能从根本上解决生物技术问题和商业竞争问题,现代食品工程领域的发酵工程技术才能得到长足的发展,我们国家的食品开发、食品生产才能提高生产效率,提高经济效益和社会效益。

面向未来,食品发酵工程相关生物技术的迅猛发展催生出新思路、新理念、新技术,食品工业必定成为现代生物技术应用最广阔、最活跃、最富有挑战性的领域。可以预见,随着现代食品发酵工程技术的持续推广应用,食品工业将摆脱传统农业、传统家庭的发展范畴,在更为广阔的领域获得长足的发展和进步,在国民生活中占据重要地位。通过重视食品行业中的发酵工程,坚持在发展中发现问题、解决问题、引领技术的发展思路,必能促进我国食品工业的改革、进步及有序发展。

第二节　微生物菌种制备原理与技术

一、发酵工业微生物菌种

(一)概述

菌种在发酵工业中起着重要作用,它是决定发酵产品是否具有产业化价值和商业化价值的关键因素,是发酵工业的灵魂。只有具备了良好的菌种,才有可能通过改进发酵工艺和设备,得到理想的发酵产品。早期工业生产使用的优良菌种都是从自然界分离得到的,然后经过多年的选育,发酵性能稳步提高。如青霉素生产菌种(*Penicillium notatum*),1929年弗莱明刚发现时,其浅表层培养只有1~2U/mL。经过40多年的诱变育种,目前已达到60 000U/mL以上,产量提高了几万倍。常规菌种选育包括自然选育、诱变育种、杂交育种、原生质体融合育种等技术。在得到了一株优良菌株后,只有采取合适的方法进行保藏,才能保持原始菌株的优良性状。但是,微生物菌种在传代繁殖的过程中将不断地受环境条件的影响,多数情况下会出现退化现象,从而对工业生产产生不利的影响。因此,对已发生退化的菌种采用恰当的方法进行复壮,恢复其原有的性状也是微生物发酵过程中需要解决的问题。本节将介绍工业菌种的种类、特点及菌种制备、选育及其保藏等基础知识。

(二)发酵工业菌种种类

微生物在自然界中分布极为广泛,不断开发和利用微生物资源是人类社会实现可持续发展的必由之路,也是解决现代社会经济高速发展所带来的人口、资源、能源、环境、健康等问题的重要途径。目前,人们所知的微生物种类不到总数的10%,而真正被利用的不到1%,进一步开发利用微生物资源具有很大潜力。其中,发酵工业应用的可培养微生物通常分为四大类:细菌、放线菌、酵母菌、霉菌,其中后二者为真核生物。

1. 细菌

细菌是一类单细胞的原核微生物,在自然界分布最广,数量最多,与人类生产和生活密切相关,也是工业微生物学研究和应用的主要对象之一,在工业上大量用于生产氨基酸、核苷酸、酶、多糖和有机酸。工业生产常用的细菌有枯草芽孢杆菌、醋酸杆菌、棒状杆菌、短杆菌等。用于生产各种酶制剂、有机酸、氨基酸、肌苷酸等。此外,细菌常作基因工程载体的宿主细胞,用于构建基因工程菌来生产外源物质,如利用大肠杆菌生产核酸和蛋白质疫苗等。

2. 放线菌

放线菌因菌落呈放射状而得名,是一类介于细菌和真菌之间的单细胞微生物,它的细胞构造和细胞壁的化学成分与细菌相同。但在菌丝的形成、外生孢子繁殖等方面则类似于丝状真菌。它是一个原核生物类群,在自然界中,尤其在含有机质丰富的微碱性土壤中分布较广,大多腐生,少数寄生。放线菌主要以无性孢子进行繁殖,也可借菌丝片段进行繁殖。它的最大经济价值在于能产生多种抗生素。从微生物中发现的抗生素有60%以上是由放线菌产生的,如链霉素、红霉素、金霉素、庆大霉素等。常用的放线菌主要来自于链霉菌属、小单孢菌属和诺卡菌属等。

3. 酵母菌

酵母菌通常指一类主要以出芽方式进行无性繁殖的单细胞真菌。酵母菌在自然界中普遍存在,主要分布于含糖较多的酸性环境中,如水果、蔬菜、花蜜和植物叶子上以及果园土壤中。酵母菌多为腐生,常以单个细胞存在,以出芽方式进行繁殖,母细胞体积长到一定程度时就开始出芽。工业生产中常用的酵母有啤酒酵母、假丝酵母、类酵母等,分别用于酿酒、制造面包、生产脂肪酶以及生产可食用、药用和饲料用酵母菌体蛋白等。按照路德(Lodder)的分类系统,酵母菌共分39属,372种。发酵工业上常用的酵母菌除了酵母属(Saccharomyces)外,还有假丝酵母属、汉逊氏酵母属、毕赤氏酵母属及裂殖酵母属等。

4.霉菌

霉菌,指"发霉的真菌",是一群在营养基质上形成绒毛状、网状或絮状菌丝真菌的通称。它在自然界广为分布,大量存在于土壤、空气、水和生物体中。喜欢偏酸性环境,大多数为好氧性,多腐生,少数寄生。霉菌的繁殖能力很强,能以无性孢子和有性孢子进行繁殖,多以无性孢子繁殖。霉菌与人类日常生活密切相关,除了用于传统的酿酒、制酱油外,近代广泛用于发酵工业和酶制剂工业。工业上常用的霉菌,有子囊菌纲的红曲霉、藻状菌纲的毛霉、根霉和犁头霉,以及半知菌纲的曲霉及青霉等。

应用微生物于食品生产,不仅可以制造多种具有丰富营养价值的美味可口的食品,并可开阔新食品资源。食品发酵工业中常见的微生物从类群来讲以细菌、放线菌、酵母和霉菌为主。食品发酵工业上常用的微生物见表6-1。

表6-1　食品发酵工业常用的微生物

微生物类别	微生物名	产物	用途
细菌	短杆菌	味精、谷氨酸、肌苷酸	食用
	枯草杆菌	淀粉酶	酒精浓醪发酵、啤酒酿造、葡萄糖制作等
	乳酸菌	乳酸	食用
	巨大芽孢杆菌	葡萄糖异构酶	由葡萄糖制造果糖
	醋酸杆菌	醋酸、山梨糖、酒石酸等	食用、食品添加剂
酵母菌	啤酒酵母	多种醇及氨基酸	酿造啤酒、白酒、果酒、饮料、制造面包等
	卡尔斯伯酵母	多种醇及氨基酸	食用
	德巴利氏酵母	柠檬酸	生产柠檬酸
	汉逊氏酵母	乙酸乙酯、磷酸甘露聚糖	食用
	假丝酵母	蛋白质	食用
霉菌	黑曲霉	柠檬酸、酸性蛋白酶、糖化酶	食用、柑橘罐头脱苦味、啤酒防浊剂、酒精发酵工业等
	根霉	根霉糖化酶	葡萄糖制造
	青霉菌	葡萄糖氧化酶	食品罐头保存
	木霉菌	纤维素酶	淀粉和食品加工
	红曲霉	红曲霉糖化酶、红曲色素	葡萄糖制造
放线菌	多类放线菌	各种抗生素	药物原料

(三)发酵工业微生物的基本要求

优良的微生物菌种是发酵的基础和关键,它直接决定着生产效率、产品成本和产品质量。要使发酵工业产品的种类、产量和质量得以改善,必须选育性能优良的菌种,这是发酵工业能否连续稳定生产的前提。并不是所有的微生物都能用于工业生产,能够用于工业生产的微生物菌种,一般应具有以下特性:

①能在较短的发酵周期内产生大量有价值发酵产品的能力。如高产菌株的运用,可以

在不追加投资的情况下,大幅度提高企业生产能力。

②能在廉价原料制作的发酵培养基上迅速生长并大量合成目的产物。如许多发酵工业都是用农副产品配制成发酵培养基,不仅能满足菌种发酵所要求的营养成分,转化率高,而且发酵原料易获得,价格低廉。

③对生长条件要求不高,能在易控制的培养条件(糖浓度、温度、pH、溶解氧、渗透压等)下迅速生长和发酵,缩短发酵周期。如在天气炎热地区选择耐高温的菌种,能和反应过程中所用的设备相适应。

④易于从发酵液中提取产物。菌种能尽可能少产生或不产生与目标产品性质相近的副产物及其他产物,以提高目标产物的产量并便于产物的分离。

⑤生长速度快,不易被噬菌体等异种微生物污染而造成倒罐现象。

⑥对人、动物、植物和环境不应该造成危害。如不产生任何有害物质和毒素,以保证产品的安全,还应注意潜在的、慢性的、长期的危害,要充分评估,严格保护。

⑦遗传特性稳定,不易退化,而且易于进行基因操作。这不仅可以提高发酵生产和产品质量的稳定性,而且还为菌种的进一步改良创造了很好的条件。

具备以上条件的菌株,才能保证发酵产品的产量和质量,这是发酵工业的最大目的和最低要求。对某些发酵过程,还需要菌株具有其他的特性,包括对极端环境的耐受能力强、安全无毒、环境污染少等。

二、菌种的制备原理与方法

一般工业微生物可以从以下几个途径获得:向菌种保藏机构索取有关的菌株,从中筛选所需菌株;由自然界采集样品,从中进行分离筛选;从一些发酵制品中分离目的菌株。本部分将着重介绍从自然界中分离筛选出目的菌株的一般步骤和方法。

(一)含微生物样品的采集

土壤由于具备了微生物所需的营养、空气和水分,是微生物最集中的地方。从土壤中几乎可以分离到任何所需的菌株,空气和水中的微生物也都来源于土壤,所以土壤样品往往是首选的采集目标。各种微生物由于生理特性不同,在土壤中的分布也随着地理条件、养分、水分、土质、季节而有很大变化。因此,在分离菌株前要根据分离筛选的目的,到相应环境和地区去采集样品。具体可参考的指标有:土壤有机质含量和通气状况、土壤酸碱度和植被状况、地理条件、季节条件等。另外,还可根据微生物的营养类型和生理特征采样。例如要筛选高温酶生产菌时,通常可以到温度较高的南方或温泉、火山爆发处采集样品。

(二)含微生物样品的富集培养

富集培养是在目的微生物含量较少时,根据微生物的生理特点,设计一种选择性培养基,创造有利的生长条件,使目的微生物在最适的环境下迅速地生长繁殖,由原来自然条件下的劣势种变成人工环境下的优势种,以利于分离到所需的菌种。一般可从以下几个方面来加以考虑:

1. 控制培养基营养成分

微生物的代谢类型十分丰富,其分布状态随环境条件的不同而异。如果环境中含有较多某种物质,则其中能分解利用该物质的微生物也较多。因此,在分离该类菌株之前,可在增殖培养基中人为加入相应的底物作为唯一碳源或氮源。那些能分解利用这些底物的菌株因得到充足的营养而迅速繁殖,其他微生物则由于不能分解这些物质,生长会受到抑制。

2. 控制培养条件

在筛选某些微生物时,可以通过它们对 pH、温度和通气量等条件的特殊要求来控制培养,达到有效的分离目的。如细菌、放线菌的生长繁殖一般要求偏碱(pH 7.0 ~ 7.5)的环境,而霉菌和酵母要求偏酸(pH 4.5 ~ 6.0)。

3. 抑制不需要的菌类

在分离筛选的过程中,可通过高温、高压、加入抗生素等方法来减少非目的微生物的数量,从而使目的微生物的比例增加。例如:在土壤中分离芽孢杆菌时,由于芽孢具有耐高温特性,100℃很难将其杀死。因此,可先将土样在 80℃ 中加热 30min 左右,杀死不产芽孢的微生物。在筛选霉菌和酵母时,通常可在培养基中加入氨苄西林或卡纳霉素等抗生素来抑制细菌的生长。对于含菌数量较少的样品或分离一些稀有的微生物时,采用富集培养可以提高分离效率和筛选到目的菌株的概率。但是如果按照常规的分离方法,就可在培养基平板上出现足够数量的目的微生物时,则不必进行富集培养,直接分离、纯化即可。

(三)微生物的分离

经富集培养后的样品,虽然目的微生物得到了增殖,但是培养液中依然是多种微生物混杂在一起。因此,培养液还需通过分离纯化,把需要的菌株从样品中分离出来。下面将分别对几种常用的分离方法进行介绍:

1. 稀释涂布和划线分离法

稀释涂布分离法是指将土壤样品以 10 倍的级差用无菌水进行稀释,取一定量的某一稀释度的悬乳液,涂布于分离培养基的平板上,经过培养,长出单菌落。

2. 利用平皿中的生化反应进行分离

分离培养基是根据目的微生物特殊的生理特性或利用某些代谢产物的生化反应来设计的,可显著提高菌株分离纯化的效率。具体的方法有:

(1)透明圈法　在平板培养基中加入溶解性较差的底物,使培养基浑浊。能分解底物的微生物便会在菌落周围产生透明圈,圈的大小可初步反应该菌株利用底物的能力。例如,可以利用含有淀粉的培养基筛选具有高淀粉酶活力的微生物。

(2)变色圈法　在底物平板中加入指示剂或显色剂,使所需微生物能被快速鉴别出来。例如,可以利用某些对 pH 敏感的染料制备平板,从而快速筛选具有较强积累有机酸能力的微生物。

(3)生长圈法　该法常用于分离筛选氨基酸、核苷酸和维生素的产生菌。将待检菌涂布于含高浓度的工具菌并缺少所需营养物的平板上进行培养,若某菌株能合成平板所需的营养物,在该菌株的周围便会形成一个浑浊的生长圈。其中的工具菌是一些与目的菌株相对应的营养缺陷型菌株。

（4）抑菌圈法　该法常用于抗生素产生菌的分离筛选,工具菌采用抗生素的敏感菌。若被检菌能分泌某些抑制工具菌生长的物质（如抗生素等）,便会在该菌落周围形成抑菌圈。

3.组织分离法

组织分离法是从一些有病组织或特殊组织中分离菌株的方法。如从患恶苗病的水稻组织中分离赤霉菌,从根瘤中分离根瘤菌,及从各种食用菌的子实体中分离孢子等。

4.通过控制营养和培养条件进行分离

各种微生物对营养和培养条件的要求不同,在分离筛选时,若在这两个方面加以调节和控制,往往能获得更好的分离效果。其原理和方法与富集培养类似。

(四)野生型目的菌株的筛选

在目的菌株分离的基础上,进一步通过筛选,选择具有目的产物合成能力相对高的菌株。一般可分为初筛和复筛两步。

1.初筛

初筛是从大量分离到的微生物中将具有合成目的产物的微生物筛选出来的过程。由于菌株多,工作量大,为了提高初筛的效率,通常需要设计一种快速、简便又较为准确的筛选方法。初筛一般分为平板筛选和摇瓶发酵筛选两种。在初筛时,使用平板筛选,将复杂而费时的化学测定改为平皿上肉眼可见的显色或生化反应,能较大幅度地提高筛选效率。由于摇瓶振荡培养法更接近于发酵罐培养的条件,效果比较一致,由此筛选到的菌株易于推广。因此,经过平板定性筛选的菌株还需进行摇瓶培养。一般一个菌株接一个瓶,培养得到的发酵液进行定性或定量的测定。初筛可淘汰85% ～90%不符合要求的微生物。但是由于初筛多采用定性的测定方法,只能得到产物的相对比较。因此,要得到确切的产物水平,必须进行复筛。

2.复筛

复筛时,一个菌株通常要重复3～5个摇瓶,培养后的发酵液采用精确的分析方法来测定。在复筛过程中,要结合各种培养条件,如培养基、温度、pH和供氧量等进行筛选,也可对同一菌株的各种培养因素加以组合,构成不同的培养条件来进行试验,以便初步掌握野生型菌株适合的培养条件,为以后的育种工作提供依据。一般经复筛后,可保留2～3株产量较高的菌株进行后续生产性能方面的检测。

三、菌种的鉴定

菌种鉴定工作是筛选获得目的菌纯培养物后首先要进行的基础性工作。不论欲鉴定的菌种对象属哪一类,鉴定工作基本类似。经复筛得到的野生型菌株一般都要进行菌种鉴定,为后续研究奠定基础。菌株鉴定分为3个步骤:①获得该微生物的纯种分离物;②测定一系列必要的鉴定指标;③根据权威鉴定手册(如《伯杰氏细菌鉴定手册》)进行菌种鉴定。常用的鉴定方法或指标如形态结构、生理生化特征、血清学反应和遗传特征等。

(一)经典的分类鉴定方法

所谓经典分类鉴定方法,是相对现代分类鉴定方法而言,通常指长期以来在鉴定中普遍采用的如形态、生理、生化、生态、生活史和血清学反应等指标。常用的鉴定指标有以下几种:

1.形态学特征

形态学特征包括菌落特征、细胞形态、细胞大小、细胞排列、特殊的细胞结构、染色反应等。

2.生理生化特征

生理生化特征包括营养类型、对氮源的利用能力、对碳源的利用能力、对生长因子的需要、需氧性;对温度、pH 渗透压的适应性;对抗生素及抑菌剂的敏感性;代谢产物及其与宿主的关系等。

3.血清学试验与噬菌体分型

血清学试验与噬菌体分型可以在生物体外进行不同微生物之间抗原与抗体反应试验——血清学试验来进行微生物的分类和鉴定。使用的方法除凝集反应外,还有沉淀反应(如凝胶扩散、免疫电泳)、补体结合、直接或间接的免疫荧光抗体技术、酶联免疫以及免疫组织化学等。

4.氨基酸顺序和蛋白质分析

氨基酸顺序和蛋白质分析可通过对比某些同源蛋白质氨基酸序列来分析不同生物系统发育的关系,序列相似性越高,其亲缘关系愈近。由此,可根据蛋白质的氨基酸序列资料构建系统发育树并据此进行系统分类。

(二)现代分类鉴定方法

近年来,随着分子生物学的发展和各项新技术的广泛应用,促使微生物分类鉴定工作有了飞跃的发展。对微生物鉴定工作来说,已从经典的表型特征的鉴定深入到现代的遗传学特性的鉴定、细胞化学组分的精确分析以及利用计算机进行数值分类研究等新的层次上。

1.微生物遗传型的鉴定

DNA 是除少数 RNA 病毒以外的一切微生物的遗传信息载体。每一种微生物均有其自己特有的、稳定的 DNA 成分和结构,不同微生物间 DNA 成分和结构的差异程度代表其亲缘关系的远近。因此,测定每种微生物的 DNA 若干重要数据,是微生物鉴定中极其重要的指标。可以通过 DNA 的碱基组成、核酸的分子杂交、遗传重组特性分析、rRNA 序列分析等技术鉴定微生物菌种。

2.细胞化学成分特征分类法

利用微生物之间除上述核酸成分外的其他化学成分的差异,可对微生物进行化学鉴定。常用于细菌分类的细胞成分分析有以下几种:①细胞壁的化学组分分析;②全细胞水解液的糖型;③脂肪酸组成及磷脂成分分析;④醌类及多胺类的分析;⑤可溶性蛋白的质谱分析。

细胞化学成分的分析方法有很多,比较常用的是红外光谱分析法。一般认为,每种物质的化学结构都有特定的红外吸收光谱,若两个样品的吸收光谱完全相同,可初步认为它们是同一种物质。因此,可用红外光谱技术测定微生物细胞的化学成分来进行微生物的分类。实验证明,这种技术适于"属"的分类,而不适于同一属内不同种或菌株之间的区分。该方法具有简单快速、样品用量少等优点。

3. 数值分类法

数值分类法(numerical taxonomy)亦称计量分类法(taxonometrics),是在 M. Adanson (1727—1806,法国植物学家)发表的分类原理基础上发展起来的。目前这种方法借助计算机技术而得到进一步发展。在工作开始时,必须先准备一批待研究菌株和有关典型菌种的菌株为运筹分类单位(OTU,operational taxonomic units)。其中,数值分类中的相似系数 Ssm 或 S_J 是以观察到的菌株间的共同特征的相似性为基础,因此要用 50 个以上甚至几百个特征进行比较,且所用特征越多,其结果也越精确。在比较不同菌株时,均要采用相同的可比特征,包括形态、生理、生化、遗传、生态和免疫等特征。

(三)权威鉴定机构鉴定菌种

国内外许多菌种鉴定机构和菌种保藏机构都提供菌种鉴定服务。可将筛选分离到的菌种送到这些机构直接鉴定。不仅可以节省大量时间,而且能得到较准确的结果。国内外权威的菌种保藏机构如下:

①中国微生物菌种保藏管理委员会(China Committee of Culture Collection for Microorganisms, CCCCM)。

②中国工业微生物菌种保藏管理中心(China Center of Industrial Culture Collection, CICC)。

③中国典型培养物保藏中心(Chinese Center for Type Culture Collection, CCTCC)。

④中国科学院典型培养物保藏委员会(the Committee on Type Culture Collection of Chinese Academy of Sciences, CTCCCAS)。

⑤美国典型培养物保藏中心(American Type Culture Collection, ATCC)。

⑥英国国家典型培养物保藏中心(the United Kingdom National Culture Collection, UKNCC)。

⑦德国科赫研究所菌种保藏中心(Robert Koch Institute, RKI)。

⑧法国巴斯德研究所菌种保藏中心(Collection de L'Institute Pasteur, CIP)。

四、菌种改良技术

菌种改良技术的进步是发酵工业发展的技术支撑。来源于自然界的微生物菌种,在长期进化过程中形成了一整套精密的代谢控制机制,微生物细胞内具有反馈抑制、阻遏等代谢调控系统,不会过量生产超过其自身生长、代谢需要的酶或代谢产物。因此,从自然界分离得到的野生菌株,不论在产量或质量上,均难适合工业化生产要求。育种工作者的任务是设法在不损及微生物基本生命活动的前提下,采用物理、化学或生物学以及各种工程学方法,改变微生物的遗传结构,打破其原有的代谢控制机制,使之成为"浪费型"菌株。同时按照需要和设计安排,过量生产目的产物,最终实现产业化的目的。

菌种选育改良的具体目标包括 4 部分。①提高目标产物的产量。生产效率和效益总是排在一切商业发酵过程目标的首位,提高目标产物的产量是菌种改良的重要标准;②提高目标产物的纯度,减少副产物。提高目标产物产量的同时,减少色素等杂质含量以降低产物分离纯化过程的成本;③改良菌种性状,改善发酵过程,包括改变和扩大菌种所利用的原料范围、提高菌种生长速率、保持菌株生产性状稳定、提高斜面孢子产量等;④改变生物合成途径,以获得高产的新产品。

广义上说,菌种改良可描述为采用各种技术手段(物理、化学、生物学、工程学方法以及它们的各种组合)处理微生物菌种,从中分离得到能显示所要求表型的变异菌种。常见的微生物菌种育种方法如下:

(一)诱变育种

诱变育种是利用物理或化学诱变剂处理均匀分散的微生物细胞群,使其突变率大幅度提高,然后采用简便、快速和高效的筛选方法,从中挑选少数符合育种目的的突变株,以供生产实践和科学研究用。当前发酵工业中使用的高产菌株,几乎都通过诱变育种大大提高了生产性能。诱变育种除能提高产量外,还可达到改善产品质量、增加品种和简化生产工艺等目的。尽管诱变育种具有有利变异少、盲目性大、处理量大等缺点,但具有方法简单、快速、收效显著等特点,仍是目前广泛使用的主要育种方法。当前发酵工业中使用的高产变异菌株,大部分都通过诱变大大提高了生产性能。

常用的诱变剂包括物理、化学和生物三大类。物理诱变剂主要包括紫外线、X 射线、激光、快中子等;化学诱变剂种类较多,如 2 - 氨基嘌呤、硫酸二乙酯(DES)、吖啶类物质等;生物诱变剂主要包括噬菌体、转座子等。

(二)杂交育种

杂交育种是指两个基因型不同的菌株通过接合,使遗传物质重新组合,从中分离和筛选具有新性状的菌株。一般指人为利用真核微生物的有性生殖或准性生殖,或原核微生物的接合、F 因子转导、转化等过程,促使两个具有不同遗传性状的菌株发生基因重组,获得优良的生产菌株。是一类重要的微生物育种手段,与诱变育种相比具有更强的方向性和目的性。杂交育种的目的是将不同菌株的遗传物质进行交换、重组,使不同菌株的优良性状集中在重组体中,不仅可克服长期诱变引起的生活力下降等缺陷,还可扩大变异范围,改变产品产量和质量,甚至创造出新品种。

（三）原生质体融合育种

原生质体融合技术开始于20世纪50年代，最早在动物实验室发展起来，后来在酵母菌、霉菌、高等植物以及细菌和放线菌中也得到了应用。原生质体融合就是首先用酶分别酶解两个出发菌株的细胞壁，在高渗环境中释放出原生质，将它们混合，在助融剂或电场的作用下，使其互相融合，促使两套基因组之间的接触、交换、遗传重组，在适宜条件下使细胞壁再生，在再生的细胞中获得重组体。原生质体融合技术是继转化、转导和接合等微生物基因重组方式之后，又一个极其重要的基因重组技术，由于这一技术可以打破种属间的界限、提高重组频率、扩大重组幅度等而备受关注。

（四）代谢控制育种

代谢工程育种是根据代谢途径进行定向选育，获得某种特定的突变体，以达到大量积累人们所需有用物质的目的。代谢工程育种通过特定突变型的选育，达到改变代谢通路、降低支路代谢终产物的生产或切断支路代谢途径及提高细胞膜的透性，使代谢流向目的产物积累的方向进行。代谢工程育种大大减少育种工作中的盲目性，提高育种效率。代谢工程育种首先广泛应用在初级代谢产物的育种中，这是由于初级代谢的代谢途径和调节机制已比较清楚。但在次级代谢方面，由于代谢复杂，很多代谢途径和调节机制尚未从理论上阐明，因此这方面工作相对落后。

（五）基因工程育种

基因工程是指按人们的愿望将某一生物体的遗传信息在细胞外与载体相连接，构建成一个新的重组DNA分子，然后将其转入另一生物体细胞中，使其在受体细胞中复制、转录、翻译，从而使生物体的遗传性状发生定向变异，以最大限度满足人类活动的需要。基因工程早已渗入传统发酵工业领域，大大提升发酵工业技术水平，带来十分可观的经济效益。基因工程在菌种选育上取得的成果令人振奋，对发酵行业的影响不可估量。如氨基酸、核苷酸、维生素、抗生素、多糖、有机酸、酶制剂、乙醇、饮料、啤酒等，均已采用重组DNA技术构建了重组DNA工程菌，有的已获准进行专门生产，如细菌 α - 淀粉酶、凝乳酶、L - 苏氨酸、L - 苯丙氨酸等。据悉，丹麦的诺维信（Novozyme）公司的工业酶已有75%是由工程菌生产，传统发酵领域里的基因工程菌数量也正在急剧上升。

（六）蛋白质工程育种

酶或蛋白质在医药、工业和环境保护中起着重要的作用，为了获得具有新功能的酶或蛋白质，可通过寻找新的物种，再从中分离筛选新蛋白质，或者通过对天然功能蛋白质进行改造的方法实现。实际工作中，由于常对蛋白质的性质有特殊要求，天然蛋白质难以满足要求，因此近年来在体外对蛋白质进行改造已成为医药和工业领域中获得新功能蛋白质的重要方法，也称为蛋白质工程。目前，根据实验的指导思想可以把蛋白质工程的方法分为理性设计（定点突变、定向改造）和非理性的体外定向进化（随机化突变、定向筛选）两大类。

五、菌种的保藏

菌种是发酵工业生产的根本,因此,菌种保藏是一项重要的工业微生物学基础工作,优良的菌种来之不易,所以在科研和生产中应该设法减少菌种的衰退和死亡,菌种保藏的目的就是在保证菌种不死亡的同时,尽可能保持其原有的优良发酵性状,不被杂菌所污染,并降低菌种衰退的速率。但保藏不可能保证绝对不变异,只是尽可能降低菌种的变异速度。

(一)菌种的退化和防止

菌种退化,主要指生产菌种或选育过程中筛选出来的较优良菌株,由于进行接种传代或保藏之后,群体中某些生理特征和形态特征逐渐减退或完全丧失。集中表现在目的代谢物合成能力降低,产量下降,有的则是发酵力和糖化力降低。菌种发生退化的原因主要有基因突变、连续传代以及不当的培养和保藏条件。

遗传是相对的,变异是绝对的。因此,要求一个菌种永远不衰退并不可能,但可以做到积极采取措施,延缓退化。防止菌种退化的方法主要有以下几种:①尽量减少传代;②经常对菌种进行纯化;③创造良好的培养条件;④用单核细胞移植传代;⑤采用有效的菌种保藏方法。

(二)退化菌种的复壮

在发生了退化的菌种中一般仍然有少量尚未衰退的个体存在。因此,可以通过人工选择法从中分离筛选出那些具有优良性状的个体,使菌种获得纯化,即为复壮。退化菌种的复壮可通过纯种分离和性能测定等方法实现,主要措施包括从退化菌种的群体中找出少数尚未退化的个体,以达到恢复菌种的原有典型性状。也可以在菌种的生产性能尚未退化前就常有意识地进行纯种分离和生产性能的测定工作,以达到菌种的生产性能逐步提高。

具体的菌种的复壮包括采用平板划线分离法、稀释平板法或涂布法,将仍保持原有典型优良性状的单细胞分离出来,经扩大培养恢复原菌株的典型优良性状,若能进行性能测定则更好。还可用显微镜操纵器将生长良好的单细胞或单孢子分离出来,经培养恢复原菌株性状;寄生型微生物的退化菌株可接种到相应寄主体内以提高菌株的活力;此外,还可用高剂量的紫外线辐射和低剂量的亚硝基胍联合处理对退化菌株进行复壮。

(三)菌种保藏的原理和方法

菌种保藏是指在广泛收集实验室和生产菌种的基础上,将它们妥善保藏,使之达到不死、不衰、不污染以便于研究、交换和使用的目的。菌种保藏的具体方法很多,原理却大同小异。首先挑选典型菌种的优良纯种,最好采用它们的休眠体(如分生孢子、芽孢等);其次,创造一个适合其长期休眠的环境条件,如干燥、低温、缺氧、避光、缺乏营养以及添加保护剂或酸度调节剂等。几种常用的菌种保藏方法如下:

1.斜面传代保藏法

斜面低温保藏法的原理是低温。方法是将菌种接种在不同成分的斜面培养基上,待菌种生长完后,便置于4℃左右冰箱中保藏,每隔一定时间进行移植培养,再将新斜面继续保藏。适用范围是各类微生物。保藏特点是操作简单,不需特殊设备,但该方法从保藏原理方面只满足了低温一项要求,因而代谢水平仍然很高,是一种短期的、过渡性的临时保藏方法。优点是简单快捷、操作方便,缺点是易变异、易污染,易使菌株发生自发突变、易引起菌种的退化甚至死亡。

2. 矿油封藏法

矿油封藏法又称液体石蜡保藏法,原理是低温、缺氧、缺营养。液体石蜡保藏法其实是斜面保藏的一种方式,该法由于在斜面中加入了液体石蜡,保存期间可以防止培养基水分蒸发并隔绝氧气,因此可以进一步降低代谢活动,推迟细胞退化。此法适用于不能利用石蜡作碳源的、产孢子的细菌、霉菌、放线菌等微生物。特点是简单易行,但工作量大,费人力。

液体石蜡保藏法能满足低温和缺氧两项条件,通常可保存较长时间。霉菌、放线菌、有芽孢细菌可保藏 2 年左右,酵母菌可保藏 1~2 年,一般无芽孢细菌也可保藏 1 年左右。

3. 沙土管保藏法

沙土管保藏法是国内常采用的一种菌种保藏方法,是利用微生物芽孢、孢子与干燥无菌细沙土混合进行菌种低温保藏的方法。沙土管保藏法一般较适合能产生芽孢的细菌及形成孢子的霉菌和放线菌保藏,但不能用于保藏营养细胞。保藏特点是干燥、低温、隔氧、无营养物,菌种可保存 2 年左右。

4. 冷冻干燥保藏法

冷冻干燥保藏法是较理想的保藏方法。保藏原理是将菌体在 -15℃下快速冷冻以保持细胞完整,再使水分升华,微生物暂时停止生长代谢,减少发生变异的概率。该方法的基本操作过程是先将微生物制成悬浮液,再与保护剂混合,然后放在特制的安瓿管,用低温酒精或干冰使其迅速冻结,在低温下用真空泵抽干,最后将安瓿管真空熔封,并低温保藏。保护剂一般采用脱脂牛奶或血清等。

冷冻干燥保藏法因为能满足低温、干燥和缺氧三项条件,菌种可保存 10 年以上,该方法需要一定的设备,有严格的操作要求,还需要保持剂,因而保藏成本相对较高。但由于该方法保藏效果较好,且适用于各类微生物,是目前最有效的菌种保藏方法之一,因而国内外都已普遍采用。

5. 液氮超低温保藏法

菌种以甘油、二甲亚砜等作为保护剂,在液氮超低温(-196℃)下保藏的方法。因为一般微生物在 -130℃以下新陈代谢活动即完全停止。因此,它比其他保藏方法都要优越,是防止菌种退化最有效的方法。该法适用于各种微生物菌种的保藏,甚至连藻类、原生动物、支原体都能用此法获得有效保藏。

液氮超低温保藏技术已经被公认为当前最有效的菌种长期保藏技术之一,在国外已普遍采用。尽管这一方法起步较晚,但其适用范围最广,尤其适用于一些不产孢子的菌丝体,因为用其他方法保藏这类微生物效果都不理想,用此方法保藏则时间较长。但这一方法对设备、材料及操作方法要求都较高,保藏期间维持费用也较高,因而使这一方法的应用受到一定限制。

6. 工程菌的保藏

目前常用的工程菌宿主主要是大肠杆菌和毕赤酵母,它们构建成基因工程菌之后也需要妥善的保藏,否则易造成质粒丢失、非同源重组或其他退化现象。常用的保藏方法是将甘油和菌体或菌悬液摇匀后置于 $-80℃$ 冰箱保藏,甘油的终浓度在 $10\% \sim 30\%$ 。也可在斜面上进行保藏,但保存时一定要在培养基中加入一定浓度的抗生素或其他的选择压力,以保持菌种的稳定性。该法较为简便,保藏期较长,但是需要有超低温冰箱。

无论采取上述何种菌种保藏方法,均需对保藏菌种进行质量控制,保藏样品制备前,应反复核对,监测生理生化指标,与亲本特征进行比较;保藏样品制备后,仍要按 3% 进行抽样检查,一旦有误则该批样品全部作废;同时还应注意菌种保藏的连续性;菌种保藏期限到之后应该进行活化检验,从中筛选高产菌种再进行保存。总之,菌种保藏是一项长期的工作。

第三节　发酵过程控制原理与技术

一、发酵过程控制概述

发酵体系是一个非常复杂的多相共存的动态系统,主要特征在于:①微生物细胞内部结构及代谢反应的复杂性;②所处的生物反应器环境的复杂性,主要包括气相、液相、固相混合的三相系统;③系统状态的时变性及包含参数的复杂性,这些参数互为条件,相互制约。所以,目前还不能对发酵进行全面控制,使其按人的意志进行目标产物的生物合成。尽管影响发酵的因素很多,甚至有些因素目前尚未知,且主要影响因素有时也会发生变化。但是,掌握发酵工艺条件对发酵过程的影响以及微生物代谢过程的变化规律,可以帮助人们有效地控制微生物生长和代谢产物的发酵生产,不断提高发酵水平。

发酵过程控制的首要任务是了解发酵进行的情况,采用不同方法测定与发酵条件及内在代谢变化有关的各种参数,了解生产菌对环境条件的要求和菌体的代谢变化规律,进而根据这些变化情况做出相应调整,确定最佳发酵工艺,使发酵过程有利于目标产物的积累和产品质量的提高。

(一)发酵相关参数

要实施发酵过程控制,首先必须了解发酵过程的各种参数。

(1)常规的发酵工艺控制参数　温度、pH、搅拌转速、空气流量、罐压、液位、补料速率及补料量等。

(2)表征发酵过程性质的直接状态参数　溶解氧、溶解 CO_2 、氧化还原电位、尾气中的 O_2 和 CO_2 含量、基质(如葡萄糖)或产物浓度、代谢中间体浓度、菌体浓度。

（3）发酵体系中各种间接状态参数　比生长速率、摄氧率、CO_2释放速率、呼吸商、氧得率系数、氧体积传质速率、基质消耗速率、产物合成速率等。

由于发酵生产水平主要取决于生产菌种特性和发酵条件的适合程度。因此，了解生产菌种的特性及其与环境条件（培养基、罐温等）的相互作用、产物合成代谢规律及调控机制，就可为发酵过程控制提供理论依据。

此外，通过发酵动力学研究，建立能定量描述发酵的过程的数学模型，并借助现代过程控制手段，为发酵生产的优化控制提供技术和条件支持。通常，一种发酵过程的优化控制实施可以通过以下四步来完成：①首先确定能反映过程变化的各种理化参数及其检测方法；②其次研究这些参数的变化对发酵生产水平的影响及其机制，获取最佳范围和最适水平；③建立数学模型定量描述各参数之间随时间变化的量化关系，为发酵过程优化控制提供依据；④最后，通过计算机实施在线自动检测和控制，验证各种控制模型的可行性及其适用范围，实现发酵过程的最优控制。

（二）发酵过程参数检测

发酵过程参数的测定是进行发酵过程控制的重要依据。发酵过程参数的检测分为两种方式，一是利用仪器进行在线检测，二是从发酵罐中取出样品进行离线检测。常用的在线检测仪器有各种传感器如 pH 电极、溶氧电极、温度电极、液位电极、泡沫电极、尾气分析仪等。离线分析发酵液样品的仪器有分光光度计、pH 计、温度计、气相色谱（GC）、高效液相色谱（HPLC）、气质联用（GC - MS）等。这些在线或离线检测的参数均可用于监测发酵的状态，直接作为发酵控制的依据。

工业发酵对在线测量传感器的使用十分慎重，现在采用的一些发酵过程在线测量仪器均为经过考验、可靠的传感器，如用热电耦测量罐温、压力表或压力传感器指示罐压、转子流量计测量空气流量以及测速仪测定搅拌转速。选择仪器时不仅要考虑其功能，还要确保该仪器不会增加染菌的概率，且置于发酵罐内的探头必须能耐高温、高压蒸汽灭菌，常遇到的问题是探头的敏感表面受微生物的黏附而使其精确性受到影响。

发酵过程直接参数测定方法见表 6 - 2，间接状态参数测定方法见表 6 - 3。综合直接状态参数和间接状态参数，可了解过程状态、反应速率、设备性能、设备利用效率等信息，以便及时调整。

表 6 - 2　发酵过程直接测定参数

参数名称	单位	测定方法	意义及主要作用
温度	K，℃	温度传感器	维持生长，合成代谢产物
罐压	Pa	压力表	维持正压，增加溶氧
空气流量	m^3/h	传感器	供氧，排出废气
搅拌转速	r/min	传感器	物料混合，提高传质效果
黏度	Pa·s	黏度计	反映菌体生长，$K_L a$ 变化

续表

参数名称	单位	测定方法	意义及主要作用
密度	g/cm³	传感器	反映发酵液性质
装量	m³,L	传感器	反映发酵液体积
浊度	(透光度)%	传感器	反映菌体生长情况
泡沫		传感器	反映发酵代谢情况
传氧系数 $K_L a$	1/h	间接计算,在线检测	反映供氧效率
加糖速度	kg/h	传感器	反映耗氧及糖代谢情况
加消泡剂速率	kg/h	传感器	反映泡沫情况
加中间体或前体速率	kg/h	传感器	反应前体和基质利用情况

表 6-3　通过直接状态参数计算得到的间接状态参数

计算对象	所需基本参数	计算公式
摄氧 OUR	空气流量 V,发酵体积 V_L,进气和尾气中的 O_2 含量 $Co_{2·in}$、$Co_{2·mt}$	$OUR = V(Co_{2·in} - Co_{2·mt})/V_L = Qo_2 X$
呼吸强度 Qo_2,$Y_{X/O}$	OUR,菌体浓度 X、$(Qo_2)_{m,p}$	$Qo_2 = OUR/X$ $Qo_2 = (Qo_2)_m + \mu/Y_{X/O}$
CO_2 释放率 CER	空气流量 V,发酵体积 V_L,进气和尾气中的 CO_2 含量、菌体浓度 X	$CER = V(Co_{2·in} - Co_{2·mt})/V_L = Q_{CO_2} X$
比生长速率 μ	Q_{O_2}、$Y_{X/O}$、$(Q_{O_2})_m$	$\mu = [Q_{O_2} - (Q_{O_2})_m] Y_{X/O}$
菌体浓度 X	$Y_{X/O}$、Q_{O_2}、$(Q_{O_2})_m$、X_t	
呼吸熵 RQ	进气和尾气中的 O_2 和 CO_2 含量	RQ = CER/OUR
体积溶氧系数 $K_L a$	OTR、C_L、C^*	$K_L a = OTR/(C^* - C_L)$

(三)发酵过程的代谢调控

微生物有着一整套可塑性极强和极精确的代谢调节系统,以保证上千种酶能正确无误、有条不紊地进行极其复杂的新陈代谢反应。从细胞水平上看,微生物的代谢调节能力要超过复杂的高等动植物。这是因为微生物细胞的体积极小,而所处环境条件十分多变,每个细胞要在这样复杂的环境条件下求得生存和发展,就必须具备一整套发达的代谢调节系统。

有人估计,在大肠杆菌细胞中,同时存在着 2500 种左右的蛋白质,其中上千种是催化正常新陈代谢的酶。如果细胞平均使用蛋白质,由于每个细菌细胞的体积只够装约 10 万个蛋白质分子,所以平均每种酶还分配不到 100 个分子。在长期进化过程中,微生物发展出一整套十分有效的代谢调节方式,巧妙地解决了这一矛盾。例如,在每种微生物的遗传因子上,虽然潜藏着合成各种分解酶的能力,但是除了一部分是属于经常以较高浓度存在的组成酶外,大量的都是属于只有当其分解底物或有关诱导物存在时才合成的诱导酶。据估计,诱导酶的总量约占细胞总蛋白含量的 10%。通过代谢调节,微生物能最经济地利用其营养物,合成出能满足自己生长繁殖所需要的一切中间代谢物,并做到既不缺乏也不剩余任何代谢物的高效"经济核算"。

微生物细胞的代谢调节方式很多,如调节营养物质透过细胞膜进入细胞的能力,通过酶的定位以限制它与相应底物接近,以及调节代谢流等。其中以调节代谢流的方式最为重要,包括两个方面:一是调节酶的合成量,常称为"粗调";二是调节现有酶分子的催化活力,又称为"细调"。两者往往密切配合和协调以达到最佳调节效果。

二、固态发酵及其工艺控制

(一)固态发酵的含义及特点

固态发酵是微生物在没有或基本没有游离水的固态基质上的发酵方式,固态基质中气、液、固三相并存,即多孔性的固态基质中含有水和水不溶性物质。广义上讲固态发酵是指一类使用不溶性固体基质来培养微生物的工艺过程,既包括将固态悬浮在液体中的深层发酵,也包括在没有(或几乎没有)游离水的湿固体材料上培养微生物的工艺过程。多数情况下是指在没有或几乎没有自由水存在下,在有一定湿度的水不溶性固态基质中,用一种或多种微生物发酵的一个生物反应过程。狭义上讲固态发酵是指利用自然底物作碳源及能源,或利用惰性底物作固体支持物,其体系无水或接近于无水的任何发酵过程。

固态发酵技术在传统功能食品和酒类酿造方面得到了广泛应用,如酱油、米酒、豆豉、黄酒和白酒等。从传统固态发酵发展到现代固态发酵,该技术在生产抗生素、酶制剂、精饲料、有机酸、生物活性物质等方面发挥了重大作用,并进一步扩大到生物转化、生物燃料、生物防治、垃圾处理及生物修复等领域。固态发酵作为潜在的技术引起人们的密切关注。

与液态发酵相比,固态发酵有以下优点:①水分活度低,基质水不溶性高,微生物易生长,酶活力高,酶系丰富;②发酵过程粗放,不需严格无菌条件;③设备构造简单、投资少、能耗低、易操作;④后处理简便、污染少,基本无废水排放。

(二)固态发酵的基本过程

固态发酵生产的基本过程包括原料的预处理阶段(备料、成型、灭菌、物料降温、进料)、菌种扩培阶段、菌体生长阶段(包括孢子萌发阶段)、发酵阶段(发酵控制,如通风、控温、控湿、搅拌翻料)、后处理阶段(出料、浸泡及产品提取、烘干、磨粉或磨浆、灭菌处理等操作)。有的操作过程属于单元操作过程(物理过程),有的属于反应类过程(生物化学过程)。有的单元操作过程中也包含反应类过程;有些反应类过程中也会导致物理变化;这些单元操作过程和反应过程相互影响。比如干燥脱水的过程,不仅是物料的干燥失水过程,而且物料中的微生物也会因干燥脱水而死亡;升温或降温会使物料中的微生物的活性下降或上升,使酶活力下降或增强,从而导致生物反应速度的变化。即使像固态发酵物料翻拌这种简单的操作,也会因物料的翻拌而导致蔓延在物料中的菌丝体被折断,从而影响菌丝的完整性,使其生物活性变差。

1. 原料预处理

固体发酵原料,大多都是天然的谷物原料,如小麦、稻米、大豆(或豆粕)、麸皮、木屑和秸秆等。有的由单一物料组成,有的则由多种物料配成。原料预处理的目的是使这些原料更适合被微生物利用。预处理的方法很多,如破碎、蒸煮(灭菌)、压制成型(块曲制造)、冷却等。

2. 物料的输送

大多数情况下,发酵物料的预处理、发酵和后处理 3 个过程分别在不同的设备中完成,故物料的输送是必需的。固态类物料的流动性差,其输送不像液态发酵那样可完全用泵输送。

3. 菌种扩培

固态发酵的微生物,有的是天然接种,有的是人工培养后接种。固态发酵所接种的菌种,有液态种和固态种两类。其扩大培养有固态种曲和液态种曲两种方式。

4. 固态发酵过程及控制

固态发酵是微生物在几乎没有游离水的固态培养基上生长、代谢,并产生代谢产物的过程。基本上属于生物反应类过程。根据发酵的目的,固态发酵分为两种基本类型:①以微生物(及孢子)的培养为目的;②以酶解反应及代谢产物的生产为目的。如以菌种培养为目的的种曲的培养过程,食用菌的繁殖属于第一种类型。但有的过程既包含微生物的培养,也包括酶解、大分子生物合成反应等。如酒曲的培养和酱油米曲的培养,既包含原料的部分酶解反应,也包括生物大分子酶的合成反应。而固态白酒的发酵,酱油的发酵,则以曲中各种酶系降解原料中的淀粉和蛋白质生成小分子化合物的反应为主。固态发酵过程涉及物质和热量的传递。由于固态物料的非均质性及不同固态发酵反应器的特点,物质和热量传递呈现非常复杂的规律,故不能用液态发酵的模式来解决其问题。如发酵物料温度的控制,既有热传导机制,更有对流传热机制发挥作用。发酵温度、物料的水分、通风,搅拌(或物料的翻料)及空气湿度、物料的 pH 是最重要的控制条件。

5. 固态发酵产品的后处理

应根据不同产品类型采用不同的后处理方式。后处理的主要操作单元包括:烘干、磨粉、筛分、灭菌、调配、分装等。有些固态发酵产品,如酒曲和酱油米曲是粗酶制剂,酶和发酵基质混为一体,而且发酵产品中含有的残余蛋白质和淀粉等营养物质,可作为进一步的发酵原料,这类发酵产品只需经过简单的加工处理(如磨粉或干燥)就可直接投入到下一阶段的生产。也有的固态发酵产品和固态发酵基质需先行分离提纯,如固态发酵酶制剂、氨基酸、有机酸、抗生素等需通过浸泡,使产物转移到水溶液中。再通过压榨,将固形物分离掉。有些固态发酵产品是挥发性的,如传统的白酒发酵,需通过蒸馏,纯化挥发性产物。

(三)影响固态发酵的因素

影响固态发酵过程的因素很多,主要取决于基质类型、微生物选取和生产规模,大致分为生物化学、物理化学和环境因素。所有的因素都密切相关,不能独立地看待。在特定的固态发酵过程中,单个因素作为生化或物化因素需要区分开。某个因素在生化反应中可看做独立的,但在物化反应中是相互影响的,反之亦然。所以,需要分析各个因素在固态发酵进程中的影响。

1. 固态发酵微生物

固态发酵使用较多的微生物为真菌和细菌,其中真菌较为理想。真菌菌丝穿过基质的皮壳到达淀粉颗粒。接种真菌孢子较营养细胞有一定优势,如接种方便、灵活且易于保存较长时间和较高活性,但也有一定的缺点,如较长的滞后期、孢子接种量较大;在孢子萌发之前需诱导孢子进入代谢活动和酶系合成以防孢子休眠。某些发酵过程需要菌丝接种,如将毛壳菌菌丝接入小麦秸秆中进行固态发酵。接种密度(个/g 物料)也是固态发酵的一个重要影响因子。

野生菌株在用于生产之前,都必须经过改良,改良后目标物产率通常可超过原来的 10倍。传统突变技术对菌株进行改良的方法仍然是改进产率的最主要的方法。与液体深层发酵相反,固态发酵更喜欢有球状、丝状、快速扩散的形态,以便固态基质能被有效占据。通常改良后的菌株生长较野生菌株慢,但在目标产物积累方面变得更加高效。

2. 水分活度

固态发酵基质含水量与水分活度有关,发酵过程中维持一定的水分含量,是固态发酵过程成败的关键。基质含水量的变化对微生物的生长及代谢能力有重要影响。低水分将降低营养物质传输、微生物生长、酶稳定性和基质膨胀;高水分将导致颗粒结块、通气不畅和染菌。固态发酵过程中水分含量应控制在 30% ~ 85%。不同微生物发酵,水分要求不同。微生物能否在底物上生长取决于该基质的水活度 A_w,细菌要求 A_w 在 0.90 ~ 0.99;大多数酵母菌要求 A_w 在 0.80 ~ 0.90;真菌及少数酵母菌要求 A_w 在 0.60 ~ 0.70。因此,固态发酵常用真菌就是由于其对水活度要求低,可降低杂菌的污染。在固态发酵过程中,水分由于蒸发、菌体代谢活动和通风等因素而减少,应进行补水操作。一般通过加无菌水、加湿空气和安装喷湿器等方法来提高 A_w,以保证菌体正常生长。

3. 基质和粒度

固态发酵基质常为农业副产物、天然纤维素、固体废料等。具有大分子结构的原料其惰性组织将氮源和碳源物质紧紧包裹,不利于发酵,因此原料的预处理是很重要的,主要通过物理、化学或者酶水解等方法降低被包裹或颗粒粒度,提高基质可利用率。采用天然基质进行固态发酵,随着微生物的生长,作为基质结构的部分碳源物质被消耗,影响了传质和传热,通常在发酵过程中加入适量的具有稳定结构的支持物来改善。基质粒度关系到微生物生长及传质传热效果,将直接影响到单位体积颗粒所能提供的反应表面积的大小,也会影响到菌体是否容易进入基质颗粒内部及氧的供给速率和代谢产物的移出速率等。小的颗粒可以提供较大微生物攻击表面积,提高固态发酵反应速率,是理想的选择,但是在许多情况下太小的颗粒容易造成底物积团,颗粒间空隙率也减小,导致阻力增大,对传热、传质产生不利的影响,导致微生物不良生长;大颗粒由于存在较大间隙有利于提高传质和传热效率,还可提供更好的呼吸及通气条件,但微生物攻击表面积较小。

4. O_2和CO_2浓度

固态发酵系统的气态环境直接影响到生物量的大小和酶合成的程度,需要控制空气流动来调整气态环境。好氧微生物的理论呼吸熵(RQ)为1.0,低于1.0将影响氧气传输,微生物生长受到阻碍。通过测定O_2吸收速率和CO_2合成速率(发酵尾气分析仪进行在线实时测定),可以判断微生物的生长程度(反应生物量的变化),通过改变O_2和CO_2的分压大小,可以控制微生物的生长和代谢,进而调节固态发酵过程。

5. 温度和pH

微生物的生长、蛋白质合成、酶和细胞活性及代谢产物合成对温度敏感,因此控制温度尤为重要。大多数真菌的生长温度范围在20~55℃,致死温度在50~60℃。在发酵过程中,微生物代谢产生大量的热,造成品温上升很快(有时高达2℃/h),如果产生的热不能及时散去,就会影响孢子发芽、生长和产物产率。此外,固态发酵不同料层的物料温度不同(在微生物生长对数期可超过3℃/cm),造成发酵不均一。因此,在固态发酵反应器设计方面,主要集中在如何提高传热效率。到目前为止,最好的解决办法是通风。

固态发酵过程中,由于代谢活动pH会发生一定变化,最常见的是有机酸的生成,造成pH下降。不同微生物的最适生长pH是不同的,真菌生长pH范围在2.0~9.0,最适范围在3.8~6.0;酵母最适范围在4.0~5.0。低pH可有效抑制污染菌的繁殖。对pH很难采用合适的技术进行在线测定和控制,可在发酵原料中加入具有缓冲能力的物质(对反应过程无影响)来缓冲pH的变化。

6. 通风和搅拌

通风和搅拌操作对好氧发酵过程中氧的供给及系统中传质、传热的需要有重要影响。增加空气传输速率既可提供微生物生长所需氧气,又可及时排除CO_2、挥发性代谢物和反应热。但很多因素会影响O_2的传输,如空气压力、通气率、基质空隙、料层厚度、培养基水分、反应器几何特征及机械搅拌装置的转速等。

由于基质的不均匀性,通风过程容易造成细胞代谢的差异变化,因此需要通过搅拌来提高物料发酵、水分、温度和气态环境的均一性。因此在选择基质时应考虑基质特性,避免在搅拌过程中出现结块,但也要控制搅拌强度,过分的翻动可能损伤菌丝体,抑制菌体生长;间歇搅拌较连续搅拌有较好效果,更有利于菌丝体的生长及其在基质上附着。

三、液态发酵及其工艺控制

液态发酵是在生物反应器中,将营养基质配制成液体培养基,灭菌后进行接种,提供适宜的培养条件,利用微生物的生长代谢获得发酵产品的技术。液态发酵的特点如下:①产量高,发酵速度快,生产周期短;②生产效率高,经济效益好;③发酵条件易控制;④操作规范标准化,易实现产业化生产;⑤生产环境要求高;⑥设备复杂,一次性投入大。

（一）温度对发酵的影响及其控制

在发酵过程中需要维持生产菌的生长和产物合成的适当发酵条件，其中之一就是温度。温度是保证各种酶活性的重要条件，微生物的生长和产物合成均需在其各自适合的温度下进行。所以，在发酵过程中必须保证稳定和最适宜的温度环境。

1. 影响发酵温度的因素

在发酵过程中，引起温度变化是由于发酵过程中所产生的净热量，称为发酵热，包括生物热、搅拌热、蒸发热、通气热、辐射热和显热等。由于生物热和搅拌热等在发酵过程中随时间而变化，因此发酵热在整个发酵过程中也随时间变化。为了使发酵在一定温度下进行，生产中都采取在发酵罐上安装夹套或盘管，在温度高时，通过循环冷却水加以控制；在温度低时，通过加热使夹套或盘管中的循环水达到一定的温度从而实现对发酵温度进行有效控制。

2. 温度对微生物生长的影响

温度对微生物的影响，不仅表现在对菌体表面的作用，而且因热平衡的关系，热传递到菌体内部，对菌体内部的结构物质都产生影响。微生物的生长表现为一系列复杂的生化反应的综合结果，其反应速率常受到温度的影响。其中死亡速率比生长速率对温度变化更为敏感。不同的微生物，其最适生长温度是不同的，大多数微生物在 20～40℃ 的温度范围内生长。嗜冷菌在低于 20℃ 下生长速率最大，嗜中温菌在 30～35℃ 生长，嗜热菌在 50℃ 以上生长。这主要是因为微生物种类不同，所具有的酶系及其性质不同，所要求的最适温度也就不同。而且同一种微生物，培养条件不同，最适温度也会不同。如果所培养的微生物能在较高一些的温度进行生长繁殖，将对生产有很大的好处，既可减少杂菌污染机会，又可减少由于发酵热及夏季培养所需的降温辅助设备和能耗，故筛选耐高温菌株有重要的实践意义。

3. 温度对基质消耗的影响

温度的改变可以影响基质的消耗与比生长速率。Righelato 曾假定微生物比生长速率 μ 取决于糖的比消耗速率 q_s。

$$q_s = m + B\mu$$

式中，m 为维持因子，即生长速率为零时的葡萄糖消耗量。m 与渗透压调节、代谢产物生成、转移性及除繁殖以外的其他生物转化等过程所需的能量有关。这些过程受温度的影响，所以 m 也和温度 T 相关。B 为生长系数，即同一生长速率下的糖耗，B 值越大，说明同样比生长速率下用于纯粹生长的糖耗越大。

改变温度可以控制 q_s 和 μ。在 q_s 一定的情况下，当 $T < T_m$ 时，m 增大，μ 增大，则 B 减小，底物转化效率高；当 $T > T_m$ 时，m 下降，μ 减小，B 增大，底物转化效率低；当 $T = T_m$ 时，$\mu = \mu_m$。其中，T_m 为最适生长温度；μ_m 为最大比生长速率。

从生长过程来看，取 $T = T_m$ 最合适。但从生产来看，则要求适度抑制生长，因为最适温度下会造成菌体过量生长，以致超过发酵罐的通气能力，最终导致整个细胞群体的退化和产率降低。显然,通过降低温度来控制 μ 在经济上并不合算,尤其在发酵温度与外界温度接近的条件下更是如此。当温度对产物合成影响不大时,适当提高温度以减少生长,将对生产节能有利。

4.温度对产物合成的影响

在发酵过程中,温度对生长和生产的影响不同。一般从酶反应动力学来看,发酵温度升高,酶反应速率增大,生长代谢速度加快,但酶本身容易因过热而失去活性,表现在菌体容易衰老,发酵周期缩短,影响最终产量。温度除了直接影响过程的各种反应速率外,还通过改变发酵液的物理性质影响产物的合成。如温度影响氧的溶解度和基质的传质速率以及养分的分解和吸收速率,间接影响产物合成。

温度还会影响生物合成的方向。例如,四环素发酵中所用的金色链霉菌,其发酵过程中同时能产生金霉素,在低于30℃下,合成金霉素的能力较强;合成四环素的比例随温度的升高而增大,当达到35℃时只产生四环素,而金霉素合成几乎停止。

5.温度控制策略

(1)最适温度的定义 最适温度是指最适于菌的生长或产物生成的温度,它是一个相对概念,是在一定发酵条件下测定的结果。不同的菌种、不同培养条件以及不同的生长阶段,最适温度会有所不同。

由于适合菌体生长的最适温度往往与发酵产物合成的最适温度不同,故经常根据微生物生长及产物合成的最适温度不同进行二阶段发酵。

(2)二阶段发酵 由于最适合菌体生长的温度不一定适合发酵产物的合成,故在实际发酵过程中往往不能在整个发酵周期内仅选一个最适培养温度,而需建立二阶段发酵工艺。例如,青霉素产生菌的最适生长温度是30℃,而青霉素合成分泌的最适温度是20℃。因此,在生长初期抗生素还未开始合成的阶段,菌体的生物量需大量积累,主要是需要促进菌丝迅速繁殖,大量积累生物量。这时应优先考虑采用菌体最适生长温度。到抗生素分泌期,菌丝已长到一定浓度,这时应优先考虑采用抗生素生物合成的最适温度。

(3)其他发酵条件 在通气条件较差的情况下,最适发酵温度通常选择比正常良好通气条件下的发酵温度低一些。这是由于在较低的温度下,氧溶解度更大,菌的生长速率则略小,从而防止因通气不足造成的代谢异常。

培养基成分和浓度也会影响到最适温度的选择。如在使用基质浓度较稀或较易利用的培养基时,提高培养温度会使养料过早耗竭,导致菌丝自溶,发酵产量下降。例如,提高红霉素发酵温度,在玉米浆培养基中的效果就不如在黄豆粉培养基中的效果好,因后者相对难以利用,提高温度有利于菌体对黄豆粉的同化。

(4)变温培养 在抗生素发酵过程中,采用变温培养往往会比恒温培养获得的产物更多。例如在四环素发酵中,前期0~30h以稍高温度促使菌丝迅速生长,以尽可能缩短菌体生长所需的时间;此后30~150h则以稍低温度尽量延长的抗生素合成与分泌所需的时间;150h后又升温培养,以刺激抗生素的大量分泌,虽然这样使菌丝衰老加快,但因已接近放罐,升温不会降低发酵产量且对后处理十分有利。

(二)pH对发酵的影响及其控制

pH是表征微生物生长及产物合成的重要状态参数之一,也是反映微生物代谢活动的综合指标。因此必需掌握发酵过程中pH的变化规律,以便在线适时监控,使其一直处于生产的最佳状态水平。不同种类的微生物对pH的要求不同。大多数细菌的最适生长pH为6.5~7.5;霉菌一般为4.0~5.8;酵母一般为3.8~6.0。

1. pH对发酵过程的影响

发酵液pH的改变将对发酵产生很大的影响:

(1)导致微生物细胞原生质体膜的电荷发生改变　原生质体膜具有胶体性质,在一定pH时原生质体膜可以带正电荷,而在另一pH时,则带负电荷。这种电荷的改变同时会引起原生质体膜对个别离子渗透性的改变,从而影响微生物对培养基中营养物质的吸收及代谢产物的分泌,妨碍新陈代谢的正常进行。

(2)pH变化还会影响菌体代谢方向　如采用基因工程菌毕赤酵母生产重组人血白蛋白,生产过程中最不希望产生蛋白酶。在pH 5.0以下,蛋白酶的活性迅速上升,对白蛋白的生产很不利;而pH在5.6以上则蛋白酶活性很低,可避免白蛋白的损失。

(3)pH变化对代谢产物合成的影响　培养液的pH对微生物的代谢有更直接的影响。在产气杆菌中,与吡咯并喹啉醌(PQQ)结合的葡萄糖脱氢酶受培养液pH影响很大。在钾营养限制性培养基中,pH 8.0时不产生葡萄糖酸,而在pH 5.0~5.5时产生的葡糖酸和2-酮葡萄糖酸最多。此外,在硫或氨营养限制性的培养基中,此菌生长在pH 5.5下产生葡萄糖酸与2-酮葡萄糖酸,但在pH 6.8时不产生这些化合物。发酵过程中在不同pH范围内以恒定速率(0.055%/h)加糖,青霉素产量和糖耗并不一样(见表6-4)。

表6-4　在不同pH范围内依恒定速率加糖,青霉素产量和糖耗的关系

pH范围	糖耗	残糖	PenG相对单位	pH范围	糖耗	残糖	PenG相对单位
pH 6.0~6.3加糖	10%	0.5%	较高	pH 7.3~7.6	7%	>0.5%	低
pH 6.6~6.9加糖	7%	0.2%	高	pH 6.8控制加糖	<7%	<0.2%	最高

2. 影响发酵过程pH变化的因素

在发酵过程中,pH是动态变化的,这与微生物的代谢活动及培养基性质密切相关。一方面,微生物通过代谢活动分泌有机酸如乳酸、乙酸、柠檬酸等或一些碱性物质,导致发酵环境的pH变化;另一方面,微生物通过利用发酵培养基中的生理酸性盐或生理碱性盐引起发酵环境的pH变化。所以,要注意发酵过程中初始pH的选择和发酵过程中pH的控制,使其适合于菌体的生长和产物的合成。

3. 发酵过程中pH的控制

一般地,pH调控通常有以下几种方法:①配制合适的培养基,调节培养基初始pH至合适范围并使其有很好的缓冲能力;②培养过程中加入非营养基质的酸碱调节剂,如$CaCO_3$

防止 pH 过度下降;③培养过程中加入基质性酸碱调节剂,如氨水等;④加生理酸性或碱性盐基质,通过代谢调节 pH;⑤将 pH 控制与代谢调节结合起来,通过补料来控制 pH,在实际生产过程中,一般可以选取其中一种或几种方法,并结合 pH 的在线检测情况对 pH 进行速有效控制,以保证 pH 长期处于合适的范围。

在发酵液的缓冲能力不强的情况下,pH 可反映菌的生理状况。如 pH 上升超过最适值,表示菌体处于饥饿状态,可加糖调节,而糖的过量又会使 pH 下降。发酵过程中使用氨水中和有机酸来调节需谨慎,过量的氨会使微生物中毒,导致呼吸强度急速下降。故在需要使用氨气调节 pH 或补充氮源的发酵过程中,可通过监测溶氧浓度的变化防止菌体出现氨过量中毒。

(三)溶解氧对发酵的影响及其控制

工业发酵使用的菌种多属好氧菌。生产上如何保证氧的供给,以满足生产菌对氧的需求,是稳定和提高产量、降低成本的关键之一。在好氧性发酵中,通常需要供给大量的空气才能满足菌体对氧的需求。同时,通过搅拌和在罐内设置挡板使气体分散,以增加氧的溶解度。但氧气属于难溶性气体,故常常成为发酵生产的限制性因素。

1.溶解氧对发酵过程的影响

好氧微生物发酵时,主要是利用溶解于水中的氧,只有当这种氧达到细胞的呼吸部位才能发挥作用,所以增加培养基中的溶解氧后,可以增加推动力,使更多的氧进入细胞,以满足代谢的需要。值得注意的是,在培养过程中并不是维持 DO 值越高越好。即使是专性好氧菌,过高的 DO 值对生长也可能不利。氧的有害作用是因为形成新生氧、超氧阴离子自由基 O_2^- 和过氧阴离子自由基 O_2^{2-} 或羟自由基 OH,破坏细胞及细胞膜。有些带巯基的酶对高浓度的溶解氧很敏感,好氧微生物就产生一些抗氧化保护机制,如形成过氧化物和超氧化物歧化酶,以保护其不被氧化。过低的溶解氧,首先影响微生物的呼吸,进而造成代谢异常。溶解氧的浓度不影响微生物呼吸时的浓度为临界氧浓度。临界氧浓度不仅取决于微生物本身的呼吸强度,还受到培养基的组分、菌龄、代谢物的积累、温度等其他条件的影响。

2.发酵过程中溶解氧的变化

通过对发酵过程中溶解氧变化规律的研究,可以了解 DO 与其他参数的关系,就能利用溶氧来控制发酵过程。发酵过程中从培养液的溶氧浓度变化可以判断菌的生长生理状况。随菌种的活力、接种量以及培养基的不同,DO 值在培养初期开始明显下降的时间也不同。通常,在对数生长期 DO 值下降明显,从其下降的速率可大致估计菌的生长情况。发酵过程中,达到 DO 值低谷所需要的时间,以及低谷时的 DO 浓度水平随工艺和设备条件不同而异。出现二次生长时,DO 值往往会从低谷处逐渐上升,到一定高度后又开始下降——这是微生物开始利用第二种基质(通常为迟效碳源)的表现。当生长衰退或自溶时,DO 值将逐渐上升。

3.发酵过程中溶解氧控制

发酵液中的溶氧浓度,是由供氧和需氧两方面所决定,即当发酵过程中供氧量大于需氧量时,溶氧浓度就上升,直到饱和,反之则下降。因此,要控制好发酵液中的溶氧浓度,需从这两方面着手。在供氧方面,主要是提高氧传递的推动力和液相体积氧传递系数 K_{La} 值,改变氧传递速率的方式通常有四种:①改变搅拌速度;②改变空气流速;③改变供气中的 O_2 含量;④改变发酵的总压力。提高搅拌速度,可以强化质量传递速率,且将大的空气气泡打成微小气泡而增加传质界面面积。增大空气流速可以提供更好的传质推动力。实践中常采用两种方法结合。在实际生产上还可以在通风压力许可的范围内考虑适当地增加操作压力,可以增加传质推动力。向发酵罐通入高纯度氧气,提高氧的分压,亦可提高氧的传递速率。在耗氧方面,通过采用控制菌体浓度、基质的种类和浓度以及培养条件等适当的工艺条件来控制需氧量,使菌体的生长和产物形成对氧的需求量不超过设备的供氧能力,使生长菌发挥出最大的生产能力。

4.溶解氧在发酵过程控制中的重要作用

掌握发酵过程 DO 值变化的规律与其他参数的关系后,就可以通过检测溶氧的变化来控制发酵过程。如果溶氧出现异常变化,就意味着发酵可能出现问题,要及时采取措施补救。而且,通过控制溶氧还可以控制某些微生物发酵的代谢方向。

(1)溶解氧判断操作故障或事故引起的异常现象　一些操作故障或事故引起的发酵异常现象能从 DO 值的变化中得到反映,如停止搅拌、未及时开启搅拌或搅拌发生故障、空气未能与液体充分混合都会使 DO 值比平常低得多,又如一次补糖过量也会使 DO 水平显著降低。

(2)溶解氧判断中间补料是否恰当　中间补料是否得当可以从 DO 值的变化看出,如赤霉素发酵,有些批次的发酵罐会出现"发酸"现象,这时氨基氮迅速上升,DO 值会很快升高。

(3)溶解氧判断发酵体系是否污染杂菌　当发酵体系污染杂菌后,DO 值一般会一反往常,迅速(一般 $2\sim5h$)下跌到 0,并长时间不回升。但不是一染菌 DO 值就下跌到 0,要看杂菌的好氧情况和数量,以及在罐内与生产菌相比是否占优;有时会出现染菌后 DO 值反而升高的现象,这可能是因为生产菌受杂菌抑制,而杂菌又不太好氧。

(4)溶解氧作为控制代谢方向的指标　在酵母及一些微生物细胞的生产中,DO 值是控制其代谢方向的主要指标之一,DO 分压高于某一水平才会进行同化作用。当补料速率较慢和供氧充足时糖完全转化为酵母、CO_2 和水;若补料速率提高,培养液的 DO 分压降至临界值以下,便出现糖的不完全氧化而生成乙醇,使酵母的产量减少。此外,DO 值还能作为各级种子罐的质量控制和很多种指标之一。

(四)二氧化碳(CO_2)和呼吸商对发酵的影响及其控制

1.CO_2 对发酵的影响

CO_2 是呼吸和分解代谢的终产物,几乎所有发酵均产生大量的 CO_2。CO_2 可作为一些物质合成的基质,如在精氨酸的合成过程中其前体氨甲酰磷酸的合成需要 CO_2 基质;牛链球菌发酵生产多糖,最重要的发酵条件是提供的空气中要含有 5% 的 CO_2。

大多数微生物适应低的 CO_2 浓度[0.02% ~0.04%(体积分数)],当尾气 CO_2 含量高于 4% 时,微生物的糖代谢与呼吸速率下降。如当发酵液中溶解 CO_2 为 0.0016% ,就会严重抑制酵母菌的生长。当 CO_2 的含量占混合气体的 80% 时,酵母活力与对照相比降低 20% ; CO_2 对肌苷、异亮氨酸、组氨基、抗生素等的发酵都会产生严重的抑制作用。

CO_2 及 HCO_3^- 对细胞的作用主要是影响细胞膜的结构,CO_2 主要作用于细胞膜的脂肪酸核心部位,而 HCO_3^- 则影响磷脂亲水头部带电荷表面及细胞膜表面上的蛋白质。当细胞膜的脂质相中 CO_2 浓度达到临界值时,膜的流动性及表面电荷密度发生变化,导致膜对基质的运输受阻,影响细胞膜的运输效率,使细胞处于"麻醉"状态,生长受抑制,状态异常。CO_2 除影响菌体生长、形态及产物合成外,还影响发酵液的酸碱平衡,使发酵液的 pH 下降,或与其他化学物质发生化学反应,或与生长必需金属离子形成碳酸盐沉淀,造成间接作用而影响菌体生长和产物合成。

2. CO_2 浓度的控制

CO_2 在发酵液中的浓度变化不像溶解氧那样有一定的规律,它的大小受到许多因素的影响,如细胞的呼吸强度、发酵液的流变学特性、通气搅拌程度、罐压大小、设备规模等。由于 CO_2 的溶解度大于氧气,所以随着发酵罐压力的增加,其含量比氧气增加得更快,有时为了防止"逃液"而采用增加罐压消泡的方法,会增加 CO_2 的溶解度,不利于细胞生长。

发酵过程中控制通风量,可达到调节 CO_2 浓度的目的。发酵中增大通风量,既可以保证发酵液中的溶解氧浓度,又可以随废气排出发酵产生的 CO_2,使之低于能产生抑制的浓度;降低通风量,有利于增加 CO_2 在发酵液中的浓度。

CO_2 的产生与补料发酵工艺控制密切相关,如在青霉素发酵中,补糖会增加发酵液中 CO_2 浓度和降低发酵液的 pH。因为菌体生长、菌体维持和青霉素合成等方面都消耗糖而产生 CO_2,增加发酵液中 CO_2 浓度,使 pH 下降。因此,补糖、CO_2、pH 三者之间具有相关性,被用于青霉素补料工艺的控制参数,其中排气中 CO_2 的变化比 pH 的变化更为敏感,故采用 CO_2 释放率作为控制补糖参数。

(五)基质浓度对发酵的影响及其控制

基质是指供微生物生长及产物合成的原料,有时也称底物,主要包括碳源、氮源和无机盐等。基质的种类和浓度直接影响菌体的代谢变化和产物合成。培养基过于丰富,会使菌生长过盛,发酵液非常黏稠,传质状况差,细胞用于非生产的能量倍增,对产物的合成不利。养分贫瘠则菌体难于生产。在实际发酵过程中,基质的浓度主要依靠补料来维持,所以发酵过程中一定要控制好补料的时间和数量,使发酵过程按合成产物最大可能的方向进行。

作为发酵底物的基质,首先必须注意质量。在确定的工艺条件下,稳定的原料质量是保证稳产、高产的基础。在实际生产中,对基质质量的考察不能仅局限于原料主要成分的产量,而忽略其他方面。实际上,目前还无法全面测定用于工业发酵的大多数天然有机碳源和氮源所含有的组分及含量,且某一碳源或氮源对某一产生菌的生长和产物的合成是"优质"的,但很可能对另一种产生菌的生长和产物的合成是"劣质"的。因此,考查某一原料,特别是天然有机碳源和有机氮源的质量时,除规定的诸如外观、含水量、灰分、主要成分含量等参数外,更重要的是需经过实验评价来确定,否则,将会被"假象"所迷惑。培养液中底物及代谢物的残留量是发酵控制的重要参数,控制底物浓度在适当的程度,可以防止底物的抑制和阻遏作用,也可以控制微生物处于适当的生长阶段。在此主要讨论碳源、氮源和磷酸盐对发酵过程的影响及控制。

1. 碳源对发酵的影响及控制

碳源浓度对产物形成的影响以酵母的克勒勃屈利(Crabtree)效应为例,酵母生长在高糖环境下,即使溶氧充足,它还会进行有氧发酵,从葡萄糖产生乙醇,当培养基中葡萄糖浓度 >5% 时就会出现此效应。

就碳源种类可以分为迅速利用的碳源和缓慢利用的碳源。迅速利用的碳源(如葡萄糖)有利于菌体生长,但有的分解代谢产物对产物的合成可能产生阻遏作用;缓慢利用的碳源,有利于延长代谢产物的合成,特别有利于延长抗生素的分泌,也常为许多微生物药物的发酵所采用。如乳糖、蔗糖、麦芽糖、玉米油等分别用于青霉素、头孢菌素 C、链霉素、核黄素发酵的最适碳源。选择最适碳源对提高代谢产物产量是很重要的,在工业上,发酵培养基中常采用含有快速和慢速利用的混合碳源,以控制菌体的生长和产物的合成。

控制碳源浓度可采用经验法和动力学法,即在发酵过程中采用中间补料的方法来控制,根据不同代谢类型来确定补料时间、补料量和补料方式。动力学方法是要根据菌体的比生长速率、糖的比消耗速率及产物的比生产速率等动力学参数来控制。

2. 氮源对发酵的影响及控制

氮源有无机氮源和有机氮源两类,它们对菌体代谢都能产生明显的影响,不同种类和浓度都能影响产物合成的方向和产量。如谷氨酸发酵,当 NH_4^+ 供应不足时,就促使形成 α-酮戊二酸;而过量的 NH_4^+ 则促使谷氨酸转变成谷氨酰胺。

菌种发酵期间,除了培养基中的氮源外,往往还需中途补加氮源来控制浓度,调节 pH。一般生产上采用的方法有:①补充无机氮源:根据发酵情况,在发酵过程中添加某些无机氮源如氨水等,既可补充氮源,又可起到调节 pH 的作用;②补充有机氮源:在某些发酵过程中添加酵母粉、玉米浆等有机氮源,可以有效提高发酵单位;在谷氨酸发酵过程中,由于 pH 持续下降不利菌体生长,因此必须定时流加尿素以控制 pH 在合理的范围,保证生产正常进行。

迅速利用的氮源(氨基酸等)容易被菌体利用,促进菌体生长,但对某些产物(如螺旋霉素等抗生素)的合成产生调节作用,影响产量;缓慢利用和氮源(黄豆饼粉、花生饼粉等)对延长次生代谢产物的分泌期、提高产物的产量有好处。发酵培养基中一般选用含有快速和慢速利用的混合氮源。如链霉素发酵采用硫酸铵和黄豆饼粉;氨基酸发酵时用铵盐和麸皮水解液、玉米浆。

3.磷酸盐浓度的影响

磷是微生物菌体生长繁殖的必需成分。微生物生长良好所允许的磷酸盐浓度为 $0.32 \sim 300mmol/L$,但对次级代谢产物合成良好所允许的最高平均浓度仅为 $1.0mmol/L$,如提高到 $10mmol/L$,就明显抑制其合成。磷酸盐浓度调节代谢产物合成机制,对于初级代谢产物合成的影响,往往是通过促进生长而间接产生的,对于次级代谢产物来说,机制较复杂。

磷酸盐浓度的控制,一般是在基础培养基中采用适当的浓度。对于初级代谢来说,要求不像次级代谢那样严格。对于抗生素发酵,常采用亚适量的磷酸盐浓度,也就是对菌体生长非最适但又不影响生长的量。其最适浓度取决于菌种特性、培养条件、培养基组成和来源等因素,必须结合当地具体条件和使用原料进行试验确定。除上述主要基质外,还有其他培养基成分影响发酵,如 Cu^{2+},在以醋酸为碳源的培养基中,能促进谷氨基产量的提高;Mn^{2+} 对芽孢杆菌合成杆菌肽等次级代谢产物具有特殊的作用,必须使用足够的浓度才能促进其合成等。

(六)泡沫对发酵的影响及其控制

1.发酵过程中泡沫的产生及对发酵的影响

在大多数微生物发酵过程中,由于通气搅拌、发酵产生的 CO_2 以及发酵液中糖、蛋白质和代谢物等稳定泡沫物质的存在,使发酵液含有一定量的泡沫,这是正常现象,泡沫的存在可以增加气液接触表面,有利于氧的传递。

泡沫也给发酵带来副作用:①降低了发酵罐的装料系数。发酵罐的装料系数一般取 0.7(料液体积/发酵罐容积)左右,通常充满余下空间的泡沫约占所需培养基的10%,且其成分也不完全与主体培养基相同。②增加了菌群的非均一性。由于泡沫高低的变化和处在不同生长周期的微生物随泡沫漂浮或黏附在罐壁上,使这部分菌体有时在气相环境中生长,引起菌的分化甚至自溶,从而影响菌群均一性。③增加了污染杂菌的机会。发酵液溅到轴封等处,容易染菌。④大量起泡,控制不及时会引起"逃液",导致产物的流失。⑤消泡剂的加入有时会影响发酵产量或给下游分离纯化与精制工序带来麻烦。

发酵液的理化性质对泡沫的形成起决定性作用。气体在纯水中鼓泡,生成的气泡只能维持一瞬间,其稳定性几乎等于零,这是由于围绕气泡的液膜强度很低所致。发酵液中的玉米浆、皂苷、糖蜜所含的蛋白质和细胞本身都具有稳定泡沫的作用,其中,蛋白质分子除分子引力外,在羧基和氨基之间还有引力,因而形成的液膜比较牢固,泡沫比较稳定。此外,发酵液的温度、pH 基质浓度以及泡沫的表面积对泡沫的稳定性也有很大影响。

2.发酵过程中泡沫的消除

在工业发酵中消除泡沫的方法有以下3种。

(1)物理法消泡 是指采用压力或温度的快速变化等纯物理因素,使泡沫黏度或弹性降低,从而使泡沫破裂。这种方法较少使用于工业。

(2)机械法消泡　就是借助机械力打碎泡沫或改变压力,促使气泡破裂。机械法消泡的优点在于不需要加入其他物质,从而减少了染菌机会和对下游工艺的影响。

(3)化学法消泡　就是利用化学消泡剂消泡。它具有用量少、效率高、作用迅速的优点,缺点是化学消泡剂可能会影响菌体代谢,增加染菌的机会,如用量过多会影响到氧的传递。

四、生物发酵过程中的污染控制

自发酵技术应用纯种培养以来,许多发酵过程都要求纯种培养,即在培养期间除大量繁殖生产菌外,不允许其他任何微生物(统称为杂菌)存在。若在培养过程中(特别是种子扩大培养和发酵前)有少数杂菌存在,它便可在发酵系统内迅速繁殖,与生产菌争夺营养成分,因而干扰生产菌正常发酵,甚至酿成倒罐。因此在发酵操作上要求设备、培养基、空气、环境等均要严格消毒灭菌,整个发酵过程和体系中均需要控制非发酵使用微生物的污染。

杂菌是指发酵培养中侵入了有碍生产的其他微生物。染菌是发酵工业的大敌。当以细菌和放线菌为生产菌株时,有噬菌体侵染所造成的损失是十分严重的。轻者影响产量和产品质量;重者可能导致倒罐,甚至停产。对于杂菌和噬菌体,在发酵工业上必须树立以防为主,防重于治的观念。染菌对发酵产率、提取收得率、产品质量和"三废"治理等都有很大影响。然而,生产不同品种,污染不同种类和性质的杂菌,不同的污染时间,不同的污染途径、污染程度,不同培养基和培养条件,所产生的后果不同。

(一)染菌对发酵的影响

1.污染不同种类和性质微生物的影响

噬菌体感染力强、传播蔓延迅速且较难防治,污染噬菌体后可使发酵产量大幅度下降,严重甚至造成倒罐,断种和停产。有些杂菌会使生产菌自溶产生大量泡沫从而影响发酵过程的通气搅拌,还有些杂菌则会使发酵液变臭、发酸,pH 下降,从而不耐酸的产品遭到破坏。由于芽孢耐热,不易杀死,因此往往污染一次芽孢杆菌后会反复染菌。

2.染菌时间对发酵的影响

种子培养阶段主要是生长繁殖菌体,生产菌体浓度低且培养基营养丰富,在此阶段染菌则会造成种子质量严重下降,危害极大,因此,应该严格控制种子染菌的发生,一旦发现种子染菌,就应灭菌后弃去并对种子罐和管道等进行检查和彻底灭菌。生产菌在发酵前期处于生长繁殖阶段,代谢产物较少,染菌后的杂菌迅速繁殖与生产菌争夺营养成分,因此该阶段发现染菌可灭菌并补加营养后重新接种;发酵中期染菌危害性大且较难处理,染菌将严重干扰生产菌的繁殖和产物的生成,因此生产过程中应做到早预防、早发现和早处理,处理方法应根据各种发酵的特点和具体情况来决定;发酵后期发酵液内已经积累大量的产物,特别是抗生素,对杂菌有一定的抑制或杀灭能力,因此,此阶段如果染菌不多对生产影响不大则可继续发酵,如果染菌严重且破坏性较大,可提前放罐提取产物。

3. 染菌途径对发酵的影响

种子带菌可使发酵染菌具有延续性,将会使后继发酵中出现杂菌,因此需要严格控制;空气带菌也使发酵染菌具有延续性,导致染菌范围扩大至所有发酵罐,可通过加强空气无菌检测进行控制;由于培养基或设备灭菌不彻底导致的染菌一般为孤立事件,并不具有延续性;而设备渗漏造成的染菌危害性较大,常会造成严重染菌和发酵失败。

(二)生物发酵中的污染检查

发酵过程是否染菌应以无菌试验的结果作为依据进行判断,检查杂菌和噬菌体的方法要求准确、可靠、快速,这样才能避免染菌造成严重经济损失。发酵过程中污染检查的程序制度,也是控制污染的重要手段和保障。检查需要在从菌种的扩大培养,到发酵的过程全程进行,总的原则是所有过程中的每一步操作前后均需要污染检查;同时在发酵培养间隔一定时间后也需要进行污染的检查。目前生产上对于杂菌的检查方法主要包括以下几种:

1. 显微镜检查

通常用革兰氏染色法对样品进行染色,并在显微镜下观察微生物的形态特征,根据生产菌和杂菌的特征进行区别以判断是否染菌,必要时可进行芽孢染色和鞭毛染色。镜检法是检查杂菌最简单、直接和最常用的方法。

2. 平板划线培养或斜面培养检查法

先将制备好的平板置于37℃培养箱保温24h,检查无菌后将待测样品在无菌平板上划线,分别于37℃和27℃进行培养,一般在8h后即可观察,如连续发现3次有异常菌落的出现即可判断为染菌。

3. 肉汤培养检查

将待检样品接入经灭菌并检查无菌的葡萄糖酚红肉汤培养基,于37℃和27℃进行培养24h,观察颜色变化,如连续3次由红色变为黄色或产生浑浊,则可定为染菌,其后取样镜检。此法适用于检查培养基和无菌空气是否带菌,用于噬菌体检查时使用生产菌作为指示菌。

4. 发酵过程的异常现象观察法

对以细菌为生产菌的发酵过程,发酵感染噬菌体后往往出现一些异常现象,如菌体停止生长,发酵液光密度(OD 值)不再上升或回降;糖耗缓慢或停止;产物合成减少或停止;镜检时菌体明显减少;有时 pH 逐渐上升或发现大量泡沫等。

(三)生物发酵过程中污染的原因分析

引起染菌原因很复杂,污染后发酵罐内的反应也多种多样,发现污染时还是要从多方面查找原因,采取相应措施予以解决。据国内外多年的发酵生产经验分析,污染原因或途径主要有以下几方面:

1. 种子污染

种子染菌包括种子本身带有杂菌和种子培养过程中污染杂菌两方面。常由于无菌室设计不合理,消毒工作不彻底,操作不妥及管理不善等造成,加强种子管理,严格执行无菌操作,种子本身带菌可以克服。

2. 灭菌不彻底

培养基及发酵罐、补料系统、消泡剂、接种管道等灭菌不彻底,都可能导致发酵污染。

3. 空气带菌

过滤器失效或设计不合理往往引起染菌,目前,国内外空气除菌技术虽已有较大改善,但仍然没有使染菌率降低到理想的程度,这是因为空气除菌系统较为复杂,环节多,稍有不慎便会导致空气除菌失败。

4. 设备渗漏

设备渗漏包括夹套或列管穿孔,阀门、搅拌轴封渗漏及设备安装不合理,死角太多等,加强设备本身及附属零部件的维护检修及严密度检查,对防止染菌极其重要。

5. 技术管理不善

这也是造成染菌的重要原因之一。技术管理不善的原因第一是生产设备维护检修验收制度不严;第二是违章操作;第三是操作不熟练。因此,技术管理要对发酵每个环节进行严格控制,不能因有侥幸心理而放松管理。

(四)生物发酵过程染菌的防治

1. 防止种子带菌

在每次接种后应留取少量的种子悬浮液进行平板和肉汤培养,以说明是否有种子带菌。种子制备过程中,对沙土管及摇瓶要严格控制。制备沙土时,要多次间歇灭菌,确保无菌;子瓶和母瓶的移种和培养时严格要求无菌操作;无菌室和摇床间要保持清洁。

2. 防止设备渗漏

发酵设备及附件由于化学腐蚀,电化学腐蚀,物料与设备摩擦造成机械磨损,以及加工制作不良等原因会导致设备及附件渗漏。设备一旦渗漏,就会造成染菌,如冷却盘管、夹套穿孔渗漏,有菌的冷却水便会通过漏孔而进入发酵罐中导致染菌。阀门渗漏也会使带菌的空气或水进入发酵罐而造成染菌。

设备的渗漏如果肉眼容易看见,则容易治理;但是有的微小渗漏,肉眼看不见,必须通过一定的试漏方法才能发现。试漏方法可采用水压试漏法。即被测设备的出口处装上压力表,将水压入设备,待设备中压力上升至要求压力时,关闭进出水,看压力是否下降,压力下降则有渗漏。但有些渗漏很小,看不出何处渗漏水,可以将稀碱溶液压入设备,然后用蘸有酚酞的纱布擦拭,酚酞变红处即为渗漏处。

3. 防止培养基灭菌不彻底

培养基灭菌前含有大量杂菌,灭菌时如果蒸汽压力不足,达不到要求的灭菌温度,灭菌时产生大量泡沫或发酵罐中有污垢堆积等均会造成灭菌培养基不彻底。

空罐预消毒或实罐灭菌时,均应充分排净发酵罐内的冷空气,这样在通入高温高压蒸汽时,发酵罐内能够达到规定的灭菌压力,保证达到要求的灭菌温度。同时,灭菌结束,开始冷却时,因蒸汽冷凝而使罐压突然下降甚至会形成真空,此时必须将无菌空气通入罐内保持一定压力,以免外界空气进入而引起杂菌污染。

灭菌时还会因设备安装或污垢堆积造成一些死角,这些死角蒸汽不能有效到达,常会窝藏湿热芽孢杆菌,因此,设备安装时,不能造成死角,发酵设备要经常清洗,铲除污垢。

4. 防止空气引起的染菌

无菌空气是引起发酵染菌的重要原因,要控制无菌空气带菌,就要从空气的净化流程和设备的选择,过滤介质的选材和装填,过滤器灭菌和管理方法的完善等方面来强化空气净化系统。压缩空气需要选择良好的气源。过滤器用蒸汽灭菌时,若被蒸汽冷凝水润湿,就会降低或丧失过滤效能,所以灭菌完毕后应立即缓慢通入压缩空气,将水分吹干。超细纤维纸作过滤介质的过滤器,灭菌时必须将管道中的冷凝水放干净,以免介质受潮失效。在实际生产中,无菌空气管道大多与其他物料管道相连接,因此,必须装上止回阀,防止其他物料逆流窜入空气管道污染过滤器,导致过滤介质失效。

(五)噬菌体的防治

1. 噬菌体对发酵的影响

噬菌体的感染力非常强,极易感染用于发酵的细菌和放线菌。噬菌体感染的传播蔓延速度非常快且很难防治,给发酵生产带来巨大的威胁。发酵过程受噬菌体侵染,一般会发生溶菌,随之出现发酵迟缓或停止,而且噬菌体感染后往往会反复感染,使生产无法进行,甚至倒罐。

2. 产生噬菌体污染的原因

环境污染噬菌体是造成噬菌体感染的主要根源。通常在工厂投产初期不会发觉噬菌体的危害,经过几年之后,主要由于生产和试验过程中不断将许多活菌体排放到周围环境中,自然界中的噬菌体就在活菌体中大量生长,为自然界中噬菌体快速增殖提供了良好条件。这些噬菌体随着风沙尘土、空气流动等到处传播,可能潜入生产的各个环节,尤其是通过空气系统进入种子室、种子罐和发酵罐。

3. 噬菌体污染的检测

要判断发酵过程中有无感染噬菌体,最根本的方法是噬菌斑检验。在无菌培养皿上倒入培养生产菌的灭菌培养基作下层。同样地,培养基中加入 20% ~30% 培养好的种子液,再加入待测发酵液,摇匀后,铺上层。培养 12~20h 后观察培养皿上是否出现噬菌斑。也可以在上层培养基中只加种子液,而将待测发酵液直接点种在上层培养基表面,培养后观察有无透明圈出现。

4. 噬菌体的防治措施

噬菌体的防治是一项系统工程,涉及发酵生产管理的各方面。从菌种保藏、种子培养、培养基灭菌、无菌空气制备、生产设备管理、检测分析到环境卫生等各个环节,均必须规范操作,严格把关,才能有效防止噬菌体的危害。主要做好三方面:①定期检查,及时消灭噬菌体;②加强管理,严格执行操作规程;③选育抗噬菌体菌株和轮换使用生产菌株。

5.噬菌体污染后的应急措施

发现了噬菌体污染时,首先必须取样检查,并根据各种异常现象做出正确的判断,尽快采取相应的挽救措施:①加入少量药物,以阻止噬菌体繁殖,如可加入少量草酸和柠檬酸等螯合剂阻止噬菌体吸附;加入一些抗生素抑制噬菌体蛋白质的合成及增殖,该法仅适用于耐药的生产菌株,由于成本较高,无法在较大的发酵罐中使用。②发酵过程中污染噬菌体时,可补入适量的新鲜培养基或生长因子,促进生产菌生长,加快发酵速度,使发酵得以顺利进行。③大量补接种子液或重新接种抗性菌种培养液,以便继续发酵至终点,防止倒罐,尽可能减少损失。在补种之前也可对已感染噬菌体的发酵液进行低温灭菌处理。

五、发酵终点的判断及控制

发酵类型不同,需要达到的目标也不同,因而对发酵终点的判断标准也不同。确定合适的微生物发酵终点,对提高产物的生产能力和经济效益十分重要。生产能力是指单位时间内单位罐体积所积累的产物量,单位为 $g/(L \cdot h)$。生产不能只单纯追求高生产力,而不顾及产品的成本,必须把两者结合起来,既要高产量,又要低成本。发酵过程中产物的生物合成是特定发酵阶段的微生物代谢活动,有的是随菌体生长而产生,如初级代谢产物氨基酸等;有的产生与菌体生长无明显的关系,生长阶段不产生产物,直到生长末期才进入产物分泌期,如抗生素的合成。但无论是初级代谢产物还是次级代谢产物发酵,到了末期,菌体的分泌能力都要下降,使产物的生产能力下降或停止。有的生产菌在发酵末期,营养耗尽,菌体衰老而进入自溶,释放出的分解酶还可能破坏已经形成的产物。因此要确定一个合理的放罐时间,其中需要考虑下列几个因素。

(一)经济因素

实际发酵时间的确定要考虑经济因素,也就是要以能最大限度地降低成本和最大限度地取得最大生产能力的发酵时间为最适发酵时间。在生产速率较小的情况下,单位体积发酵液每小时产物的增长量很小,如果继续延长发酵时间,则平均生产能力下降;而动力消耗、管理费用支出、设备消耗等费用仍在增加,因而使发酵成本增加。因此,要从经济学观点确定一个合理的放罐时间。

(二)对产品质量的影响

发酵时间长短对后续提取工艺和产品质量有很大的影响。如果发酵时间太短,势必有过多尚未代谢的营养物质(如可溶性蛋白质、脂肪等)残留在发酵液中。这些物质对后处理过程如溶媒萃取或树脂交换等不利。因为可溶性蛋白质易于在萃取中产生乳化,也影响树脂交换容量。如果发酵时间太长,菌体会自溶,释放出菌体蛋白或体内的酶,又会显著改变发酵液的性质,增加过滤工序的难度,不仅使过滤时间延长,甚至使一些不稳定的产物遭到破坏。所有这些影响都可能使产物的质量下降,杂质含量增加。所以,要考虑发酵周期长短对产物提取工序的影响。

(三) 特殊因素

在特殊发酵情况下,还要考虑个别因素。对老产品的发酵来说,放罐时间已掌握,正常情况下,可根据作业计划按时放罐。但在异常情况下,如染菌、代谢异常(糖耗缓慢等),就应根据不同情况进行处理。为了能够得到尽量多的产物,应该及时采取措施(如改变温度或补充营养等),并适当提前或拖后放罐时间。

合理的放罐时间由实验确定,即根据不同的发酵时间所得的产物产量计算出的发酵罐的生产能力和产品成本,采用生产力高而成本又低的时间,作为放罐时间。

不同的发酵类型,要求达到的目标不同,因而对发酵终点的判断标准也应有所不同。一般发酵和原材料成本占整个生产成本主要部分的发酵产品,主要追求提高生产率[kg/(m³·h)]、得率(kg 产物/kg 基质)和发酵系数[kg 产物/(罐容 m³·发酵周期 h)]。下游技术成本占比较大、产品价格较贵,除了高的产率和发酵系数外,还要求高的产物浓度。因此,考虑放罐时间时,还应考虑下列因素,如:体积生产率[g 产物/(发酵液量 L·h)]和总生产率(放罐时发酵单位/总发酵生产时间)。这里总发酵生产时间包括发酵周期和辅助操作时间,因此要提高总的生产率,则有必要缩短发酵周期。即在产物合成速率较低时放罐,延长发酵虽然略能提高产物浓度,但生产率下降,且耗电大,成本提高。

另外,放罐时间对下游工序有很大影响。放罐过早,会残留过多的养分(如糖、脂肪、可溶性蛋白质),对提取不利(这些物质能增加乳化作用,干扰树脂的交换);放罐过晚,菌体自溶,延长过滤时间,还会使产品的量降低(有些抗生素单位下跌),扰乱提取作业计划。放罐临近时,加糖、补料或消泡剂都要慎重,因残留物对提取有影响,补料可根据糖耗速度计算到放罐时允许的残留量来控制。一般判断放罐的主要指标有:产物浓度、氨基氮、菌体形态、pH、培养液的外观、黏度等。放罐时间可根据作业计划进行,但在异常发酵时,就应当机立断,以免倒罐。对新产品发酵更需摸索合理的放罐时间。不同的发酵产品,发酵终点的判断略有出入。总之,发酵终点的判断需综合多方面的因素统筹考虑。

第四节 发酵产物提取与精制技术

一、发酵产物分离概述

发酵产物的提取与精制(也即下游加工过程)作为发酵产品生产的重要环节,是发酵工程不可分割的重要组成部分,是生物制品实现产业化的必由之路。下游加工过程几乎涉及生物技术所有的工业和研究领域,其技术的优劣及技术进步对生物工业产业的发展有着举足轻重的作用。

发酵产物一般要经过一系列单元操作,才能把目标产物从发酵液中提取分离出来,精制成为合格的产品。发酵生物制品分离制取的一般流程见图 6-2。分离纯化不同的目标产物,由于其存在的环境、理化特性以及最终纯度要求等不同,采用的分离纯化技术和工艺路线也不同。在对发酵产品进行提取精制前,通常要考虑以下情况:明确发酵产物位于胞内还是胞外;发酵样品中产物和主要杂质的浓度;产物及主要杂质的理化特性与差异;产品用途及质量标准;产品的市场价格,涉及能源、辅助材料的消耗水平;污染物排放量及处理方式。

通常可将发酵产品的提取与精制大致分为两个阶段,即产物的粗分离阶段和纯化精制阶段。粗分离阶段是指在发酵结束后发酵产物的提取和初步分离阶段,操作单元包括菌体和发酵液的固液分离、细胞破碎和目标产物的浸提、细胞浸提液或发酵液的萃取、萃取液的分离和浓缩,以及采用沉淀、吸附等方法去除大部分杂质等环节。纯化精制阶段是在初步分离纯化的基础上,依次采用各种特异性、高选择性分离技术和工艺,将目标产物和杂质尽可能分开,使目标产物纯度达到一定要求,最后制备成可储藏、运输和使用的产品。

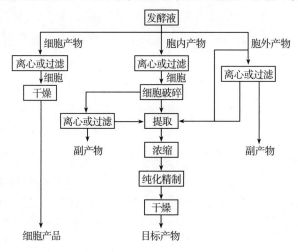

图 6-2　发酵产物提取与精制的一般工艺流程

二、发酵液的预处理和固液分离技术

(一)发酵液的预处理技术

1. 发酵液预处理的目的

微生物发酵结束后的培养物中含有大量的菌体细胞或细胞碎片、残余的固体培养基以及代谢产物。发酵液预处理的任务是分离发酵液和细胞,去除大部分杂质,破碎细胞释放胞内产物,对目标产物进行初步富集和分离。对于胞内产物,预处理的主要目的是尽可能多地收集菌体细胞。对于胞外产物,发酵液预处理应该达到以下 3 个方面的目的:①改变发酵液中菌体细胞等固体粒子的性质,如改变其表面电荷的性质、增大颗粒直径、提高颗粒硬度等,加快固体颗粒的沉降速度;②尽可能使发酵产物转移到液相中,以利于产品收率的提高;③去除部分杂质,减轻后续工序的负荷,如促使某些可溶性胶体变成不溶性粒子、降低发酵液黏度等。

2. 发酵液预处理方法

(1)降低黏度　根据流体力学原理,滤液通过滤饼的速率与液体的黏度成反比,因此降低液体黏度可以提高过滤速率,通过加水稀释法、加热升温法和酶解法来降低发酵液的黏度。

(2)调整 pH　pH 能影响发酵液中某些成分的表面电荷性质和电离度,改变这些物质的溶解度等性质,适当调节 pH 可以改善其过滤特性。例如,大多数蛋白质的等电点都在酸性范围内(pH4.0 ~ 4.5),利用酸性试剂来调节发酵液 pH 使之达到等电点,可除去蛋白质等两性物质。

(3)凝聚和絮凝　凝聚法是指在某些电解质作用下,破坏细胞,菌体和蛋白质等胶体粒子的分散状态,使胶体粒子聚集的过程。常用的凝聚剂有:无机盐类,如 $Al_2(SO_4)_3 \cdot 18H_2O$(明矾)、$AlCl_3 \cdot 6H_2O$、$FeCl_3$、$ZnSO_4$、$MgCO_3$ 等;金属氧化物类,如 $Al(OH)_3$、Fe_3O_4、$Ca(OH)_2$ 或石灰等。

絮凝是指使用絮凝剂在悬浮离子之间产生架桥作用而使胶粒形成粗大絮凝团的过程。常用的絮凝剂有:有机高分子聚合物,如聚丙烯酰胺类衍生物、聚苯乙烯类衍生物;无机分子聚合物,如聚合铝盐、聚合铁盐等;以及天然有机高分子絮凝剂,如聚糖类胶粘物、海藻酸钠、明胶、骨胶、壳多糖、脱乙酰壳多糖等。

(4)加入反应剂　加入某些不影响目的产物的反应剂,利用反应剂和某些可溶性盐类反应生成不溶性沉淀,可以消除发酵液中某些杂质对过滤的影响,从而提高过滤效率。如环丝氨酸发酵液用氧化钙和磷酸盐处理,生成磷酸钙沉淀,能使悬浮物凝固,多余的磷酸根离子还能去除钙、镁离子,并且在发酵液中不会引入其他阳离子,以免影响环丝氨酸的离子交换吸附。正确选择反应剂和反应条件,能使过滤速率提高 3 ~ 5 倍。

(5)加入助滤剂　发酵液中的菌体细胞、凝固蛋白质等悬浮物往往颗粒细小且受压易变性,直接过滤容易导致滤布等过滤介质的滤孔堵塞,过滤困难。为了改善发酵液的过滤速率,通常在发酵液预处理过程中加入助滤剂。助滤剂是一类刚性的多孔颗粒,一方面它能在过滤介质表面形成保护,延缓过滤介质被细小悬浮颗粒堵塞的速率;另一方面,加入助滤剂后,发酵液中悬浮的胶体粒子被吸附在助滤剂的表面,过滤时滤饼的可压缩性降低,过滤阻力减小。常用的助滤剂有硅藻土、珍珠岩、石棉粉、白土等非金属矿物质,以及纤维素、淀粉等有机质。

(二)发酵液固液分离技术

固液分离是指将发酵液(或培养液)中的悬浮固体,如细胞菌体、细胞碎片以及蛋白质等沉淀物或它们的凝聚体分离除去,以得到清液和固态浓缩物。可采用过滤、离心分离、重力沉降和浮选等,其中过滤和离心分离为较为常用的方法。

1. 过滤分离

利用多孔性介质(如滤布)截留固液悬浮物中的固体粒子,进行固液分离的方法称为过滤。依据过滤的原理不同,过滤操作可分为滤饼过滤和澄清过滤两种方式;按照料液流动方向的不同,分为封头过滤和错流过滤两种。

(1)滤饼过滤 以滤布为过滤介质,当悬浮液通过滤布时,固体颗粒被滤布截留并逐渐在滤布表面堆积形成滤饼,在滤饼达到一定厚度时即起到过滤作用,此时能获得澄清的滤液。悬浊液中的土体颗粒堆积形成的滤饼起着主要过滤作用。滤饼过滤中前期浑浊的滤液需要回流到悬浊液进行二次过滤,该种过滤方式适合于固体含量大于 0.1g/100mL 的悬浊液的过滤分离。

(2)澄清过滤 以硅藻土、珍珠岩、砂、活性炭等填充于过滤器内形成过滤层,也有用烧结陶瓷、烧结金属、黏合塑料等组成的成型颗粒滤层,当悬浊液通过过滤层时,固体颗粒被阻拦或吸附在滤层的颗粒上,使滤液澄清。在这种过滤方式中,过滤介质起主要过滤作用。澄清过滤适用于固体含量小于 0.1g/100mL 且颗粒直径在 5 ~ 100μm 的悬浊液的过滤分离。

(3)封头过滤 料液流动方向垂直于过滤介质表面,过滤时滤液垂直透过过滤介质的微孔,而固体颗粒在过滤介质表面逐渐堆积形成滤饼。在这种过滤方式中,随着过滤操作的进行滤饼厚度不断增加,过滤阻力不断增强,致使过滤速率下降,此时为了维持或提高过滤速率,必须同步提高过滤压力。封头过滤适合颗粒直径 10μm 以上的悬浮固体的过滤分离。

(4)错流过滤 料液流动方向平行于过滤介质表面,过滤时滤液在过滤介质表面快速流动产生剪切作用,阻止固体颗粒在介质表面沉积从而维持较高过滤速率。理论上,流速越大,剪切力越大,越有利于维持高速过滤。其优点是能减缓过滤介质表面污染,实现恒压下高速过滤,缺点是切向流所产生的剪切力作用可使蛋白质等活性产物失活。通过采用反向脉清洗,即在错流过滤过程中,间歇地在过滤介质的背面施加一反向压力,以滤液冲掉沉积在膜面上的固体沉积物和空隙中的堵塞物。

在生物分离中,应用较广并有工业意义的过滤设备是板框压滤机和转鼓真空过滤机。在生物反应领域中,几乎所有的发酵液均存在或多或少的悬浮固体,常采用过滤操作。如谷氨酸发酵用糖液的脱色过滤处理和啤酒生产中麦汁的过滤澄清。过滤技术常用于生物制药行业中对组织、细胞匀浆和粗制提取液的澄清以及半成品乃至成品等液体的除菌。

2. 离心分离

离心分离是基于固体颗粒和周围液体密度存在差异,在离心场中使不同密度的固体颗粒加速沉降的分离过程。不同密度或不同大小及形状的物质在重力作用下的沉降速率不同,在形成密度梯度的液相体系中的平衡位置不同。离心分离过程就是以离心力加速不同物质沉降分离的过程。被分离物质之间必须存在或经人为处理产生密度或沉降速率差异才能以离心方法进行分离。在液相非均一系的分离过程中,利用离心力来达到液—液分离、液—固分离或液—液—固分离的方法统称为离心分离。

离心分离可分为离心沉降和离心过滤两种形式。①离心沉降:利用悬浮液密度不同的特性,在离心机无孔转鼓或管子中,液体被转鼓带动高速旋转,密度较大的物相向转鼓内壁沉降,密度较小的物相趋向旋转中心而使液—固或液—液分离的操作;②离心过滤:利用离心力并通过过滤介质,通过有空转鼓离心机中转鼓的带动作用,使得悬浮液高速旋转,液体和其中悬浮颗粒在离心力作用下快速甩向转鼓而使转鼓两侧产生压力差,在此压力差作用下,液体穿过滤布排出转鼓,而悬浮颗粒被滤布截留形成滤饼,从而实现液—固分离操作。

常用的离心分离设备是离心机。根据其离心力大小,可分为低速离心机、高速离心机和超离心机;按型式可分为管式、多室式、卧螺式和碟片式等;按作用原理不同可分为过滤式离心机和沉降式离心机两大类;按出渣方式可分为人工间歇出渣和自动出渣等方式。离心机在食品和发酵工业中的应用十分广泛,如酵母发酵醪的浓缩、啤酒和果酒的澄清、谷氨酸结晶的分离、各种发酵液的微生物分离以及抗生素、干扰素生产等都离不开各种类型离心设备的使用。与其他固液分离方法相比,离心分离具有分离速率快、分离效率高、液相澄清度很高等优点。缺点是离心分离设备存在投资费用高、能耗大,以及连续排料时固相干度不如过滤设备。

(三)微生物细胞的破碎

微生物代谢产物大多分泌到细胞外,如大多数小分子代谢物、细菌或真菌产生的胞外蛋白酶等,都称为胞外产物。但有些目标产物,如谷胱甘肽、虾青素、花生四烯酸等以及一些基因工程产物如胰岛素、干扰素、生长激素等,都存在于胞内,称为胞内产物。当待分离产物存在于胞内时,必须通过细胞破碎技术先破碎细胞,才能进行目标产物的分离与纯化。细胞破碎技术是指利用外力破坏细胞壁和细胞膜,使细胞内目标物释放出来的技术。

1. 细胞壁结构与细胞破碎

微生物细胞壁的形状和强度取决于细胞壁的组成以及它们之间相互关联的程度。破碎细胞必须克服的主要阻力是连接细胞壁网状结构的共价键。在机械破碎中,细胞的大小、形状以及细胞壁的厚度和聚合物的交联程度是影响破碎难易程度的重要因素。在合理选用酶法和化学法破碎细胞时,非常有必要了解细胞壁的组成,其次是细胞壁的结构。各种微生物细胞壁的结构与组成见表6-5。

表6-5 各种微生物细胞壁的结构与组成

项目	革兰氏阳性细菌	革兰氏阴性细菌	酵母菌	霉菌
壁厚/nm	20~80	10~13	100~300	100~250
层次	单层	多层	多层	多层
主要组成	肽聚糖(40%~90%) 多糖 胞壁酸 蛋白质 脂多糖(1%~4%)	肽聚糖(5%~10%) 脂蛋白 脂多糖(11%~22%) 磷脂 蛋白质	葡萄糖(30%~40%) 甘露聚糖(30%) 蛋白质(6%~8%) 脂类(8.5%~13.5%)	多聚糖(80%~90%) 脂类 蛋白质

2. 常用破碎方法

进行细胞破碎的目的是释放胞内目标产物,方法很多(见表6-6),按其是否使用外加压力可分为机械破碎法和非机械破碎法两大类(见表6-7)。

表6-6 细胞破碎方法分类

分类		作用机制	适用范围
机械法	珠磨法	固体剪切作用	可达到较高破碎率,可较大规模操作,大分子目的产物易失活,浆液分离困难
	高压匀浆法	液体剪切作用	可达较高破碎率,可较大规模操作,不适合丝状菌和革兰氏阳性菌
	超声破碎法	液体剪切作用	对酵母菌效果较差,破碎过程升温剧烈,不适合大规模操作
	高压挤压法	固体剪切作用	破碎率高,活性保留率高,对冷冻敏感目的产物不适应
非机械法	酶溶法	酶分解作用	具有高度专一性,条件温和,浆液易分离,但释放率较低,通用性差
	化学渗透法	改变细胞膜渗透性	具有高度专一性,浆液易分离,但释放率较低,通用性差
	渗透压法	渗透压剧烈改变	破碎率较低,常与其他方法结合使用
	冻融法	反复冻结-融化	破碎率较低,不适合对冷冻敏感的目的产物
	干燥法	改变细胞膜通透性	条件变化剧烈,易于引起大分子物质失活

表6-7 机械破碎法与非机械破碎法的比较

比较项目	机械破碎法	非机械破碎法
破碎机制	切碎细胞	溶解局部壁膜
碎片大小	碎片细小	细胞外形完整
内含物释放	全部	部分
黏度	高(核酸多)	低(核酸少)
时间、效率	时间短、效率高	时间长、效率低
设备	需专用设备	不需专用设备
通用性	强	差
经济	成本低	成本高
应用范围	实验室、工业范围	实验室范围

三、发酵产物提取方法

发酵液提取的目的是除去与目标产物性质有很大差异的杂质,这一步可以使产物浓缩,并明显的提高产品质量。常用的分离技术有沉淀、吸附、膜分离和萃取。

(一)沉淀技术

沉淀是通过改变条件或加入某种试剂,使溶液中的溶质由液相转变为固相析出的过程。沉淀分离是一种初级分离技术,也是另一种形式的目标产物的浓缩技术,广泛应用于实验室和工业规模的发酵产物的回收、浓缩和纯化,有时多步沉淀操作也可直接制备高纯度的目标产品。沉淀法具有成本低、设备简单、收率高、浓缩倍数高和操作简单等优点。

根据所加入沉淀剂的不同,主要分为以下几类:盐析法、等电点法、有机溶剂沉淀法。

1. 盐析法

盐析法原理是:在溶液中加入中性盐,利用盐离子与蛋白质分子表面带相反电荷的极性基团的相互吸引作用,中和蛋白质分子表面的电荷,降低蛋白质分子与水分子之间的相互作用,蛋白质分子表面的水化膜逐渐被破坏。当盐离子达到一定浓度时,蛋白质分子之间的排斥力降到很小,于是很容易相互聚集,形成沉淀颗粒,从溶液中析出。不同的蛋白质盐析时所需盐的浓度不同,因此,调节盐的浓度,可以使蛋白质分段析出,达到分离纯化的目的。

生产中最常用的盐析剂有硫酸铵、硫酸钠、磷酸钾、磷酸钠等。其中硫酸铵的溶解度大,在 2 ~ 3mol/L 时可以防止蛋白酶和细菌的分解作用,使蛋白质稳定保存数年,是最常用的盐析剂。

2. 有机溶剂沉淀法

有机溶剂沉淀的原理是:加入有机溶剂后,会降低溶液介电常数,使溶质分子间的静电引力增加,溶解度降低;同时引起蛋白质脱水而沉淀;另外,有机溶剂破坏蛋白质之间的化学键,导致空间结构发生某种变形,疏水基团暴露,蛋白质沉淀。

常用有机溶剂及其沉淀能力次序为:丙酮 > 乙醇 > 甲醇。但丙酮易挥发且价格高,工业上多采用乙醇。用量一般为酶液体积的 2 倍左右,终浓度为 70%。

3. 等电点沉淀法

等电点法沉淀的原理是:蛋白质在等电点时溶解度最低;利用不同蛋白质具有不同的等电点达到分离浓缩的目的。因蛋白质在等电点时仍有一定的溶解度,等电点沉淀法单独使用较少,主要用于从粗酶液中除去某些等电点相距较大的杂蛋白;多数情况下与其他条件和方法联合使用,如降温法、盐析法、有机溶剂法等。几种酶和蛋白质等电点见表6 - 8。

表 6 - 8　几种酶和蛋白质的等电点(pI)

种类	胃蛋白酶	β - 乳球蛋白	胰凝乳蛋白酶	血清蛋白	血红蛋白
等电点	1.0	5.2	9.5	4.9	6.3
种类	溶菌酶	γ - 球蛋白	细胞色素	卵清蛋白	肌红蛋白
等电点	11.0	6.6	10.65	4.6	7.0

(二) 吸附技术

吸附是指流体(液体或气体)与固体多孔物质接触时,流体中的一种或多种组分传递到多孔物质的外表面和微孔内表面并附着的过程。被吸附的流体称为吸附质,多孔的固体物质称为吸附剂。吸附分离技术是利用适当的吸附剂,将生物样品中某些组分选择性吸附,再用适当的洗脱剂将被吸附的物质从吸附剂上解吸下来,从而达到浓缩和提纯的分离方法。

吸附的类型包括物理吸附、化学吸附和离子交换吸附。物理吸附是指吸附剂和吸附质之间通过分子间引力产生的吸附;化学吸附是指吸附剂和吸附质之间通过发生电子的转移产生化学键的吸附;离子交换吸附是指吸附剂(离子交换树脂)和吸附质之间依据电荷差异而通过库仑力产生的吸附。在吸附条件上,温度、pH、盐的浓度,以及吸附质的浓度与吸附剂的量均对吸附效果有影响,实际在生产中吸附条件的选择主要应靠实践来确定。

常见的吸附剂包括:①活性炭:常用于生物产物的脱色和除臭,还应用于糖、氨基酸、多肽及脂肪酸等的分离提取;②硅胶:常用于萜类、生物碱、酸性化合物、磷脂类、脂肪类和氨基酸类的吸附分离;③氧化铝:广泛应用在醇、酚、生物碱、染料、氨基酸、蛋白质以及维生素、抗生素等物质的分离;④大网格聚合物吸附剂:适合于在水中溶解度不大,而较容易溶于有机溶剂中的活性物质,如维生素 B_{12}、四环素、土霉素、红霉素等的提取。也可用作食品工业糖浆的脱色。除上述吸附剂外,还有白陶土(白土、陶土、高岭土)、磷酸钙凝胶、氢氧化铝凝胶、滑石粉、硅藻土、皂土等吸附剂。

(三)膜分离技术

膜分离技术是目前被国际上公认的最有发展潜力的高效分离技术之一,利用膜对混合物中各组分的选择通透性来分离、浓缩和纯化目标产物。膜分离过程在常温下进行,具有设备简单、操作方便、处理效率高和节省能量等优点,适用于热敏物料、无相变和无化学变化的分离过程,已成为一种新型的分离单元操作。

1.膜分离技术基本原理

膜分离过程的原理是:以选择性透过膜为分离介质,当膜两侧存在某种推动力(如压力差、浓度差、电位差、温度差等)时,原料组分选择性地透过膜,以达到分离、提纯的目的。目前已经工业化应用的膜分离过程有微滤(MF)、超滤(UF)、反渗透(RO)、透析(DS)、电渗析(ED)等。以下是几种常见的膜分离技术,基本特征见表6-9。

表6-9 常用膜分离技术的基本特征

项目	膜结构	操作压力/MPa	分离原理	适用范围
微滤(MF)	对称微孔膜,$0.02\sim10\mu m$	$0.05\sim0.5$	筛分	含微粒或菌体溶液的消毒、澄清和细胞收集
超滤(UF)	不对称微孔膜,$0.001\sim0.02\mu m$	$0.1\sim1$	筛分	含生物大分子物质、小分子有机物或细菌、病毒等微生物溶液的分离
纳滤(NF)	带皮层不对称复合膜,$<2nm$	$0.5\sim1.0$	优先吸附,表面电位	高硬度和有机物溶液的脱盐处理
反渗透(RO)	带皮层不对称复合膜,$<1nm$	$1\sim10$	优先吸附,溶解扩散	海水和苦咸水的淡化,制备纯水
透析(DS)	对称或不对称膜	浓度梯度	筛分,扩散度差	小分子有机物和无机离子的去除
电渗析(ED)	离子交换膜	电位差	离子迁移	离子脱除、氨基酸分离

2.膜分离过程的操作特性和影响因素

对膜分离过程的影响因素包括三个方面:一是引起过滤效率下降的因素,如渗透压、溶液黏度等;二是引起膜堵塞的因素,如生物质、胶体等大分子在膜表面形成污垢等;三是引起膜损坏的因素,如高温、高压、游离氧等对膜的损害。

3.膜分离技术应用示例

(1)酶制剂的浓缩 传统蒸发浓缩能耗高,热相变过程生物酶易褐变、失活,超滤则能很好地解决这些问题,目前已应用于淀粉酶、糖化酶、蛋白酶等酶制剂的发酵生产中。采用膜分离技术对酶制剂进行精制、浓缩,可使产品的纯度较传统的方法提高 4~5 倍,酶回收提高 2~3 倍,高污染液产出量减少到原来的 1/3~1/4。

(2)酱油和醋的超滤澄清 传统的澄清技术往往达不到国家规定的卫生标准,而且浊度高,存放过程中会有大量的沉淀产生。采用超滤技术处理酱油、醋,能除去其中的大分子物质和悬浮物,达到澄清的目的,同时保持风味不变,卫生标准也符合要求。

(3)啤酒澄清除菌 啤酒的膜微滤技术主要用于啤酒的除菌过滤。我国有许多厂家如钱江啤酒厂、青岛啤酒厂、北京燕京啤酒厂,引进了德国、日本的设备和滤膜,用于生产纯生啤酒,取得了极其显著的经济效益。

(4)乳制品加工 乳制品加工中引入膜分离技术,在国外已得到较普遍的应用,并不断地进行技术改进和扩大应用范围。如从干奶酪中回收乳清蛋白;将巴氏杀菌过程和膜分离相结合,生产浓缩的巴氏杀菌牛奶,采用反渗透技术可将全脂奶浓缩 5 倍,脱脂奶浓缩 7 倍。

(四)萃取分离技术

萃取技术是 20 世纪 40 年代兴起的一项化工分离技术,它是用一种溶剂将目标产物从另一种溶剂(如水)中提取出来,达到浓缩和提纯的目的。相比其他分离方法,萃取分离技术具有以下优势:比化学沉淀法分离程度高;比离子交换法选择性好,传质快;比蒸馏法能耗低;生产能力大,周期短,便于连续操作,容易实现自动化等。

萃取分离技术在生物合成工业上是一种重要的提取和分离混合物的方法,广泛应用于抗生素、有机酸、维生素、甾体激素等发酵产物的提取分离。近 20 年来研究溶剂萃取技术与其他技术相结合从而产生了一系列新的分离技术如超临界萃取、逆胶束萃取、液膜萃取等。以下主要介绍溶剂萃取和双水相萃取分离技术。

1. 溶剂萃取

溶剂萃取法以分配定律为基础。在溶剂萃取中,被提取的溶液称为料液,其中欲提取的物质称为溶质,用以进行萃取的溶剂称为萃取剂。经接触分离后,大部分溶质转移到萃取剂中,得到的溶液称为萃取液,而被萃取出溶质的料液称为萃余液。分配定律是指溶质在萃取剂和萃余液中的分配不同而达到分离溶质的作用。

萃取法提取物质效果的好坏,关键在于选择适宜的溶剂(萃取剂),萃取用的溶剂除对产物有较大的溶解度外,还应有良好的选择性及萃取能力高,分离程度高。在操作使用方面还要求:①溶剂与被萃取的液相互溶解度要小,黏度低,界面张力适中,使相的分散和两相分离有利;②溶剂的回收再生容易,化学稳定性好;③溶剂价廉易得;④溶剂的安全性好。在生化工程中常用的溶剂有乙酸乙酯、乙酸丁酯和丁醇等。

影响萃取操作的主要因素有 pH、温度、盐析、带溶剂等。①在萃取操作中正确选择 pH 很重要,一方面 pH 影响分配系数,因而对萃取收率影响很大;另一方面 pH 对选择性也有影响。②温度对产物的萃取有很大的影响,一般生化产品在温度较高时都不稳定,故萃取应维持在室温或较低温度下进行。但在个别场合,如低温对萃取速度影响较大,此时为提高萃取速度可适当升高温度。此外温度也会影响分配系数。③加入盐析剂如硫酸铵、氯化钠等可使产物在水中的溶解度降低,而易于转入溶剂中去,也能减少有机溶剂在水中的溶解度。盐析剂的用量要适当,用量过多会使杂质一起转入溶剂,当盐析剂用量大时,应考虑回收和再利用。④有的产物水溶性很强,通常在有机溶剂中的溶解度都很小,如要采用溶剂萃取法来提取,可借助于带溶剂,即使是水溶性不强的产物,有时为提高其收率和选择性,也可考虑采用带溶剂。所谓带溶剂是指能和欲提取的生物物质形成复合物,而易溶于溶剂中的一种产物,且此复合物在一定条件下又要容易分解。

2. 双水相萃取

影响萃取操作的因素除上述外,生产上还常会发生乳化。乳化是一种液体分散在另一种不相互溶的另一种液体中的现象。乳化产生后会使有机溶剂相和水相分层困难,出现两种夹带即发酵液废液中夹带有机溶剂微滴,溶剂相中夹带发酵液微滴。产生的乳化有时即使采用离心分离机也往往不能将两相分离完全。所以必须破坏乳化。

当将有机溶剂(通常为油)和水混在一起搅拌时,可能产生两种形式的乳化液,一种是以油滴分散在水中,称为水包油型或 O/W 型乳浊液;另一种是水以水滴形式分散在油中,称为油包水型或 W/O 型乳油液。众所周知,油和水是不相溶的,两者混在一起,会很快分层,并不能形成乳浊液。一般要有第三种物质——表面活性物质存在时,才容易发生乳化,这种物质称乳化剂。表面活性物质是一类分子中一端具有亲水基团[(如—COONa,—SO$_3$Na,—OSO$_3$Na、—N(CH$_3$)$_3$Cl、—O(CH$_2$CH$_2$O)$_n$H 等)],另一端具有亲油基团(烃链)且能降低界面张力的物质。这种物质具有亲水、亲油的两性性质,所以能够把本来不相溶的油和水连在一起,且其分子处在任一相中都不稳定,而当处在两相界面上,亲水基伸向水,亲油基伸向油时就比较稳定。破坏乳化液的方法有过滤和离心分离、加热、加电解质、吸附法、顶潜法和转型法及添加去乳化剂。在生物合成工业上使用的去乳化剂有两种,一种是阳离子表面活性剂溴代十五烷基吡啶,另一种是阴离子表面活性剂十二烷基磺酸钠。

四、发酵产物的精制方法

在获得发酵产物的粗产品后,需要进一步精制以提高产品的质量与应用价值。常用的精制方法有色谱分离、结晶以及干燥等。

(一)色谱分离技术

色谱分离是一种物理分离方法,是依据混合物中各组分在互不相溶的两相中分配系数、吸附能力或其他亲和作用性能的差异进行分离的方法。用高灵敏度的检测器,将要分离组分的浓度变化转化为电信号(电压或电流),然后通过记录仪绘制成色谱图,最后根据色谱图中各个色谱峰的峰高或峰面积得出各组分的含量。

1. 色谱的基本原理

色谱是利用物质在两相中分配系数的差异来进行分离的,当两相相对移动时,被测物质在两相之间反复多次分配,原来微小的分配差异即会产生很大的效果,从而实现样品中各组分的分离。其中,分配系数的差异可以是物质在溶解度、吸附能力、立体化学特性、分子的大小、带点情况、离子交换、亲和力的大小及特异的生物学反应等方面的差异。

　　色谱的主要装置有泵、进样器、色谱柱、检测器、记录仪等,见图6-3。将样品输送到色谱柱和检测器,通过色谱柱将混合样品的复杂组分分离成单一组分;然后检测器把浓度或质量信号转化为电信号,或者把组分信号转变为光信号,然后再转变为电信号;最后由记录检测器输出电压信号,进行样品组分的定量与定性分析。

　　与其他分离纯化方法相比,色谱分离具有以下特点:分离效率高、应用范围广、选择性强、在线检测灵敏度高、分离快速、易于实现过程控制和自动化操作。

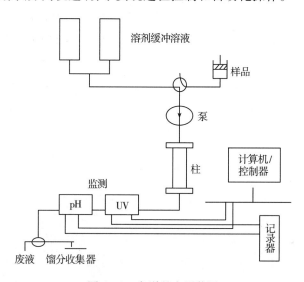

图6-3　色谱的主要装置

2. 色谱的分类

　　色谱技术根据不同的分类方法有着不同的分类体系。按照分离相和固定相的状态,色谱技术可分为液相色谱法、液固色谱法、液液色谱法、气相色谱法、气固色谱法、气液色谱法;根据固定相的几何形状,色谱技术可分为柱色谱法、纸色谱法和薄层色谱法等;按照分离操作方式可分为间歇色谱和连续色谱;按照分离原理或者物理化学性质的不同,色谱法又可分为吸附色谱法、分配色谱法、离子交换色谱法、尺寸排阻色谱法和亲和色谱法,其中吸附色谱、离子交换色谱和亲和色谱在我国目前工业生产中应用广泛。

　　气相色谱主要用于挥发性成分的分析,在生物产品的分离纯化中主要采用的是液相色谱。液相色谱分离的主要特点:分离效率高、选择性好,适用于多种多元组分复杂混合物的分离;应用范围从无机物到有机物,从天然物质到合成产物,从小分子到大分子,从一般化合物到生物活性物质等,几乎包括了所有类型的物质。其中,适用于大规模生物分子分离纯化的主要色谱方法见表6-10。

表6–10　适用于大规模生物分子分离纯化的主要色谱方法

分离方法	分离原理	特点	应用
离子交换色谱	电荷	通常分辨率高;选用介质得当时流速快,容量很高,样品体积不受限制;成本较低	最适用于大量样品处理的前期阶段
疏水色谱	疏水性	分辨率好;流速快;容量高,样品体积不受限制	适用于分离的任何阶段,尤其是当样品的离子强度高时,即在盐析、离子交换和亲和色谱后使用
亲和色谱	亲和性	分辨率非常高;流速高,样品体积不受限制	适用于分离纯化的任何阶段,尤其是样品体积大、浓度很低而杂质含量很高时
凝胶渗透	分子大小	在分级方法中分辨率中等,但对脱盐效果优良;流速较低,对分级每周期约8h,对脱盐仅30min 容量受样品体积的限制	适用于大规模纯化的最后步骤,在纯化过程的任何阶段均可进行脱盐处理,尤其适用于缓冲溶液更换时
吸附色谱	范德华物理吸附	吸附剂比较廉价;分辨率较高;选择时工作量大	可用于大规模分离的初步分离,适合小分子的分离纯化
共价色谱	共价键作用	选择性好	适合含硫醇蛋白质的分离纯化

(二)结晶技术

工业结晶技术是一种高效、低能耗、低污染,并能控制固体特定物理形态的分离纯化技术,是发酵工业生产过程中重要的单元操作之一,现已广泛应用于抗生素、氨基酸、有机酸等发酵产品的精制过程。

1. 结晶的基本原理

结晶是使溶质呈晶态从溶液中析出的过程。晶体为化学性均一的固体,具有一定规则的晶形,特征为以分子(或离子、原子)在空间晶格的结点上进行对称排列。按照结晶化学的理论,晶体具有以下特性:①在宏观上具有连续性、均匀性,一个晶体由许多性质相同的单位粒子有规律地排列而成;②具有方向性或向量性,区别一个物质是晶态或非晶态,最主要的特点在于晶体的许多性质(如电学性质和光学性质)在晶体同一方向上相同;③具有晶体各向异性,即在晶体的不同方向上具有相异性质,一切晶体均具有各向异性;④晶体还具有对称性。因此,晶体可定义为许多性质相同的粒子(包括原子、离子、分子)在空间有规律地排列成格子状的固体。每个格子常称为晶胞,每个晶胞中所含原子或分子数可依据测量计算求出。

为了进行结晶,必须使溶液达到过饱和后,过量的溶质才会以固体态结晶出来。晶体的产生最初形成极细小的晶核,然后晶核再成长为一定大小形状的晶体,溶质浓度达到饱和浓度时,溶质的溶解度与结晶速度相等,尚不能使晶体析出。当浓度超过饱和浓度达到一定的过饱和程度时才可能析出晶体。过饱和程度通常用过饱和溶液的浓度与饱和溶液浓度之比来表示,称为过饱和率。因此,结晶的全过程应包括形成过饱和溶液、晶核形成和晶体生长等三个阶段。

溶液达到过饱和是结晶的前提。溶解度和温度的关系可用饱和曲线表示,开始有晶核形成的过饱和浓度和温度的关系用过饱和曲线表示(见图6-4)。饱和曲线和过饱和曲线根据实验大体相互平行。可以把温度-浓度图分成三个区域:①稳定区,不饱和状态,不会发生结晶;②不稳定区,过饱和状态,结晶能自动进行;③介稳区,饱和状态,介于稳定区和不稳定区之间。结晶不能自动进行,但如果加入晶体,则能诱导产生结晶,这种加入的晶体称为晶种。也可以采用其他方法诱导结晶形成。在介稳区主要是晶体长大,在不稳定区(过饱和区),主要是新晶核形成。因此结晶必须控制在介稳区中进行。

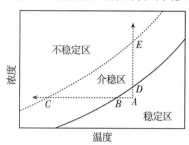

图6-4　饱和曲线与过饱和曲线

2.结晶的方法

结晶的首要条件是使溶液达到过饱和状态,制备过饱和溶液一般有4种方法:①将热饱和溶液冷却,此法适用于溶液溶解度随温度降低而显著减少的情况;②将部分溶剂蒸发,使溶液中溶剂减少,就会使溶液浓度升高直至过饱和溶液,是工业上用得较多的一种方法;③化学反应结晶,加入反应剂或调节pH产生新物质,当其浓度超过溶解度时,就有结晶析出;④盐析结晶,加一种物质于溶液中,以使溶质的溶解度降低,形成过饱和溶液而结晶的方法称为盐析法。这种物质可以是另一种溶剂或能溶于溶液中的另一种溶质。加入的溶剂必须和原溶剂能互溶。

当溶液浓度达到某种过饱和程度时,致使溶质分子能互相吸引自然聚合形成微小的颗粒,这就是晶核。外界因素也可以促进晶核的形成,称为起晶。根据是否达到不稳区的操作条件,工业结晶有三种不同的起晶方法:①自然起晶法,在一定温度下使溶液浓缩进入不稳定区析出晶核,这是一种古老的起晶方法;②刺激起晶法,将溶液浓缩至介稳区,再加以冷却而至不稳定区,从而生成一定量的晶核;③晶种起晶法,将溶液蒸发或冷却到介稳区的较低浓度,加入一定量和一定大小的晶种,使溶液中的过饱和溶质在所加的晶种表面上长大。晶种起晶法是一个普遍被采用的方法。

(三)干燥技术

干燥是发酵产品提取与精制过程中最后的操作单元。干燥的主要目的是:除去发酵产品中水分,使发酵产品能够长期保存而不变质;同时减少发酵产品的体积和质量,便于包装和运输。对于具有生理活性的、食用的和药用的发酵产品,如酶制剂、抗生素和维生素等,在干燥过程中应注意保存其活性、药效和营养价值。

1.干燥的基本原理

干燥是将潮湿的固体、半固体或浓缩液中的水分(或溶剂)蒸发除去的过程。根据水分在固体中的分布情况,可分为表面水分、毛细管水分和膜包围的水分等三种。表面水分又称自由水分,它不与物料结合而是附着于固体表面,蒸发时完全暴露于外界空气中,干燥最快、最均匀。毛细管水分是一种结合水分,如化学结合水和吸附结合水,存在于固体极细孔隙的毛细管中,水分子逸出比较困难,蒸发时间长并需较高温度。膜包围的水分,如细胞中被细胞质膜包围的水分,需经缓慢扩散于胞外才能蒸发,最难除去。

干燥过程的实质是在不沸腾的状态下用加热汽化方法驱除湿材料中所含液体(水分)的过程。这个过程既受传热规律的影响,又受水分性质、物料与水分结合的特性、水气运动和转化规律的影响。当热空气流过固体材料表面时,传热与传质过程同时进行。空气将热量传给物料,物料表面的水分汽化进入空气中。由于空气与物料表面的温度相差很大,传热速率很快;又由于物料表面水分的蒸气压大大超过热空气中的水蒸气分压,故水分汽化的速率也很快。以后由于内部扩散速率减慢,微粒表面被蒸干,蒸发面向物料内部推移,一直进行到干燥过程结束。由此可见,干燥过程是传热与传质同时进行的过程。

2.常规干燥方法

目前,工业发酵生产较常用的干燥方法有3种:对流加热干燥法、接触加热干燥法和冷冻升华干燥法。

(1)对流加热干燥法　是指热能以对流给热的方式由热干燥介质(通常是热空气)传给湿物料,使物料中的水分汽化,物料内部的水分以气态或液态形式扩散至物料表面,然后汽化的蒸汽从表面扩散至干燥介质主体,再由介质带走的干燥过程。对流干燥过程中,传热和传质同时发生。干燥过程必需的热量,由气体干燥介质传送,它起热载体和介质的作用,将水分从物料上转入到周围介质中。

对流加热干燥法在工业发酵中获得广泛应用,常用的有气流干燥、沸腾干燥和喷雾干燥等。应用设备主要有转筒干燥器、洞道式干燥器、气流干燥器、空气喷射干燥器、喷雾干燥器和沸腾床干燥器等。燥器、空气喷射干燥器、喷雾干燥器和沸腾床干燥器等。

(2)接触加热干燥法　又称为加热面传热干燥法,即用某种加热面与物料直接接触,热量通过加热的表面(金属方板、辊子)的导热性传给需干燥的湿物料,使其中的水分汽化,然后,所产生的蒸汽被干燥介质带走,或用真空泵抽走的干燥过程。根据这一方法建立的,并用于微生物合成产品干燥的干燥器有单滚筒和双滚筒干燥器、厢式干燥器、耙式干燥器、真空冷冻干燥器等。该法热能利用较高,但与传热壁面接触的物料在干燥时,如接触面温度较高,易局部过热而变质。

(3)冷冻升华干燥法　是将被干燥物料冷冻成固体,在低温减压条件下利用冰的升华性能,使物料低温脱水而达到干燥目的的一种方法。冷冻升华干燥法是先将物料冷冻至冰点以下,使水分结冰,然后在较高的真空条件下,使冰直接升华为水蒸气而除去。整个过程分为三个阶段:①冷冻阶段,即将样品低温冷冻;②升华阶段,即在低温真空条件下冰直接升华;③剩余水分的蒸发阶段。此法适用于具有生理活性的生物大分子和酶制剂、维生素及抗生素等热敏发酵产品的干燥。

冷冻升华干燥也可不先将物料进行预冻结,而是利用高度真空时汽化吸热而将物料进行冻结,这种方法称为蒸发冻结。其优点是可以节约能量,但易产生泡沫或飞溅现象而导致物料损失,同时不易获得均匀的多孔性干燥物。

冷冻干燥有如下特点:

①因物料处于冷冻状态下干燥,水分以冰的状态直接升华成水蒸气,故物料的物理结构和分子结构变化极小。

②由于物料在低温真空条件下进行干燥,故对热敏感的物料,也能在不丧失活力或生物试样原来性质的条件下长期保存,故干燥产品十分稳定。

③由于干燥后的物料在被除去水分后,原组织的多孔性能不变,所以冷冻制品复水后易于恢复原来的性质和形状。

④干燥后物料的残存水分很低,如防湿包装效果优良,产品可在常温条件下长期贮存。

⑤因物料处于冷冻的状态,升华所需的热量可采用常温或温度稍高的液体或气体为加热剂,所以热量利用经济。干燥设备往往无须绝热,甚至可以导热性较好的材料制成,以利用外界的热量。

第五节　发酵工程在食品工业中的应用

发酵工程在食品工业中应用广泛,已逐步形成产业。人类利用发酵工程技术开发了调味品、乳制品、发酵饮料、食品添加剂以及酶制剂等产品,占据生物技术其他工程技术之首,其产品类别包括调味品及发酵食品(如食醋、酱油、腐乳、泡菜等)、乳制品(如干酪、酸奶等)、含醇饮料(如以果汁及谷物加工的白酒、啤酒、果酒、葡萄酒等)、功能性食品(如真菌多糖、螺旋藻、维生素、酵母等)、食品添加剂(如柠檬酸、味精、赖氨酸、天然色素等)、酶制剂(如糖化酶、葡萄糖异构酶、α-淀粉酶、蛋白酶、脂肪酶、纤维素酶和果胶酶等)。

近年来,发酵工程应用于食品生产和开发,促进了食品工业的飞速发展,概括来讲主要包括以下四个方面:一是对食品资源的改造与改良;二是将农副原材料加工成商品,如酒类、调味品等发酵产品;三是对产品进行二次开发,形成新的产品,如许多食品添加剂等;四是改造传统食品加工工艺,降低能耗,提高产率,改善食品品质等。

一、酒类生产

(一)白酒

我国的白酒,生产工艺独特,是以高粱、大米等为原料,用曲作为糖化剂和发酵剂酿制而成,再利用固态蒸馏技术得到的一种蒸馏酒,其酒精度较高,具有独特的芳香和风味。

1. 白酒生产的原辅料

原料以淀粉质原料,如玉米、大米、高粱、小麦、大麦、荞麦、豌豆等为主;辅料采用麸皮、稻壳、米芯、谷糠、花生壳、木屑等。

2. 酒曲的生产

(1)大曲　以小麦、大麦和豌豆为原料,经破碎,加水拌料,压成砖块样曲坯后,在人工控制的温度、湿度下培养而成。大曲含霉菌、酵母菌、细菌等多种微生物及其产生的各种酶类。大曲生料制曲、自然接种,是大曲酒生产的糖化发酵剂。根据大曲培养过程中控制品温不同分为高温曲和中温曲。高温曲品温达60℃以上,用纯小麦制曲,用于生产酱香型白酒;中温曲品温50℃以下,用于生产清香型白酒;品温在55~60℃称为偏高温大曲,用于生产浓香型白酒。

(2)小曲　也称酒药、白药、酒饼等,以米粉或米糠和麸皮为原料,并添加少量中药材或辣蓼草,接种曲母,人工控制培养温度,制成颗粒状或饼状,主要含根霉、毛霉和酵母等微生物。

(3)麸曲　以麸皮为主要原料,接种霉菌,纯种扩大培养而成,主要用于生产麸曲白酒、糖化剂。麸曲糖化力强,原料淀粉利用率高达80%以上。麸曲白酒发酵周期短,原料适用面广,易于实现机械化生产。近年来使用酶制剂取代麸曲,效果较好。

3. 白酒的生产

(1)大曲酒的生产　包括浓香(泸州老窖、五粮液等)、清香(汾酒等)、酱香(茅台酒等)等香型。清香型白酒多采用清蒸清烧工艺,即原料的蒸煮和酒醅的蒸馏分别单独进行,工艺流程见图6-5。

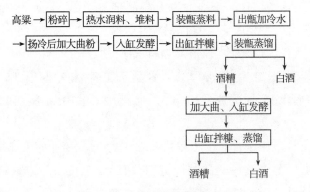

图6-5　清蒸清烧工艺流程图

浓香型和酱香型白酒采用混蒸混烧工艺,即在发酵成熟的酒醅中加入未蒸煮处理过的粉状原料,然后边蒸酒边蒸料,蒸馏完毕,将蒸完酒的酒醅扬冷,加入大曲后继续发酵,工艺流程见图6-6。

(2)麸曲白酒的生产　是以高粱、薯干、玉米等含淀粉的物质为原料,采用纯种麸曲和酒母代替大曲作糖化发酵剂所生产的蒸馏酒。但操作过程并无防止杂菌污染的措施,因此

原料
粉碎
出窖配料
蒸酒蒸粮
酒
酒醅
出窖
废渣
发酵
扬冷
入窖
加曲
大曲

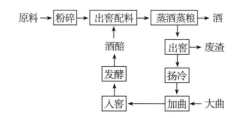

图 6 - 6　混蒸混烧工艺流程图

发酵过程有杂菌存在。生产中主要采用清蒸和混烧两种工艺。

(3)小曲酒生产　以小曲为糖化发酵剂,根据所用原料和生产工艺的不同分为两类,一类是云贵等省盛行的以高粱、玉米等为原料,小曲箱式固态培菌,配醅发酵,固态蒸馏的小曲白酒;另一类是两广及福建等省盛行的以大米为原料,采用小曲固态培菌糖化,半固态发酵,液态蒸馏的小曲白酒。半固态发酵法又可分为先培菌糖化后发酵和边糖化边发酵两种工艺,见图 6 - 7 和图 6 - 8。

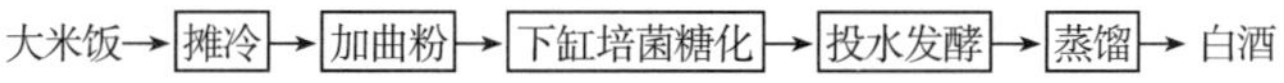

大米饭
摊冷
加曲粉
下缸培菌糖化
投水发酵
蒸馏
白酒

图 6 - 7　先培菌后糖化工艺流程图

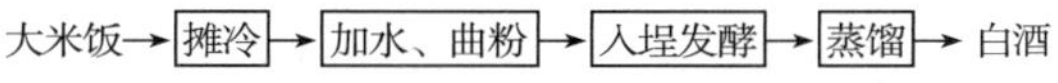

大米饭
摊冷
加水、曲粉
入埕发酵
蒸馏
白酒

图 6 - 8　边糖化边发酵工艺流程图

(4)液态法白酒生产　液态法是指原料的糊化、糖化、发酵和蒸馏等工艺全部在液态下进行,采用类似酒精生产的方法制造白酒。液态法生产白酒周期短,机械化程度高,原料出酒率可提高 5% 以上,原料适应性强。液态法生产工艺可分为全液态法、液固结合法和调香勾兑法,应用较多的是液固结合法和调香勾兑法。随着生产工艺的改进,液态法白酒的质量不断提高,几乎达国内白酒总产量的 60% 。

(二)啤酒

啤酒是以麦芽、水为主要原料,加啤酒花(包括酒花制品),经酵母发酵酿制而成,含有二氧化碳,起泡的低酒精度发酵酒。要酿制啤酒,首先必须制备麦芽汁,然后在冷却的麦汁中接入酵母菌种,进行啤酒主发酵,大约 1 周后,发酵醪糖度由 10° ~ 12°Bx 下降到 4°Bx 左右,就可进入后发酵。后发酵在 0 ~ 2℃ 的密闭发酵罐中进行,经过 3 个月左右,啤酒成熟,经过滤、装瓶、消毒,就可以上市了。啤酒生产过程主要分为:制麦、糖化、发酵、罐装四个部分。在计算机及检测设备的配合下,借助监控组态软件平台,可根据不同需要选择不同控制方案,实现生产过程温度、压力等参数的精确调节,确保生产工艺要求。

1. 啤酒发酵的原料

啤酒发酵的主要原料为麦芽汁,是由麦芽经粉碎后兑水糖化而成。为了降低成本,大多数厂家都会适当添加一些辅助原料。另外,为了保证啤酒的品质和口味,麦汁中必须添

加一定浓度的酒花。

（1）水　啤酒中水的含量占90%以上，因此水对啤酒口味影响极大。同时水也用于洗涤、冷却、消防和生活等各个方面。酿造用水是指糖化用水、酵母洗涤用水以及高浓度酿造时的稀释用水，必须达到饮用水标准，一般由深井水经改良处理而成。

（2）麦芽　以啤酒大麦为原料，经浸麦、发芽、烘干、焙焦而成。麦芽是啤酒生产的主要原料，是"啤酒的灵魂"。麦芽按其色度可分为淡色、浓色、黑色三种，应根据啤酒的品种和特性来选择麦芽种类。

（3）辅料　在啤酒酿造中，应根据各地区的资源和价格，采用富含淀粉的谷类、糖类或糖浆作为辅助原料（最高用量可达50%）。前国内大多数啤酒厂选用大米作辅料，其比例控制在30%左右，其他常用的辅料有玉米、大麦、糖、糖浆等。

（4）酒花　酒花是酿造啤酒的特殊原料，一般在麦汁煮沸过程中加入。酒花的用量不大（$1.4\sim2.4kg/kL$啤酒），但它赋予啤酒特有的酒花香气和苦味，增加啤酒的防腐作用，提高啤酒的非生物稳定性，促进泡沫形成并提高泡沫持久性。

2. 麦汁制造

麦汁制造俗称糖化，主要包括以下步骤：

（1）麦芽和谷物的粉碎　麦芽及辅料必须在糖化前进行粉碎，粉碎的程度对糖化快慢、麦汁的组成及原料利用率有很大的影响。粉碎过细会增加麦皮中有害成分的溶解，使麦汁过滤困难；粉碎过粗，则会影响麦芽有效成分的利用，降低麦汁浸出率。因此应经常观察粉碎粒的均匀度，使粗细粉粒之比达到1:2.5左右，并尽可能使麦皮完整。

（2）糖化制成麦芽汁　糖化是利用麦芽所含的酶使原料中的大分子物质如淀粉、蛋白质等逐步降解，使可溶性物质如糖类、糊精、氨基酸、肽类等溶出的过程。由此制备的溶液称为麦芽汁。

（3）过滤分离麦糟　麦汁过滤分为过滤和洗糟两个操作单元。过滤是麦汁通过麦糟层和过滤介质（滤布或筛板）组成的过滤层而得到澄清液体的过程，滤液称为头号麦汁或过滤麦汁；洗糟是利用热水（称洗糟水）洗出残留于麦糟中的浸出物的过程，洗出的麦汁称为第二次麦汁或洗涤麦汁。过滤的好坏，对麦汁的产量和质量有重要影响，因此要求过滤速度正常，洗糟后残糟含糖量适当，麦汁吸氧量低，色香味正常。

（4）麦汁煮沸并添加酒花　过滤后的麦汁需进行煮沸并添加酒花。其目的是：①蒸发多余水分，使麦汁浓缩到规定浓度；②使酒花有效成分溶入麦汁中，赋予麦汁独特的香气和爽口的苦味，提高麦汁的生物和非生物稳定性；③使麦汁中可凝固性蛋白质凝固析出，以提高啤酒的非生物稳定性；④使酶失活，对麦汁进行灭菌，以获得定型的麦汁。

麦汁煮沸要求适当的煮沸强度，分批添加酒花，在预定时间内，使麦汁达到规定浓度，并保持明显酒花香味和柔和的酒花苦味，以保证成品啤酒有光泽、风味好、稳定性高。

（5）麦汁冷却并分离固形物　麦汁在进行正式冷却之前，常进行预冷却来分离煮沸过程中产生的热凝固物。回旋沉淀槽是最常用的预冷却方法。预冷却后的麦汁，通过麦汁冷却器,迅速冷却至发酵所需的温度,同时析出冷凝固物。在其管路上常装置有充氧器,常用的冷却设备为薄板冷却器。

3.啤酒酵母的扩大培养

酵母扩大培养是啤酒厂微生物工作的核心,目的是提供优良、强壮的酵母,以保证生产的正常进行和良好的啤酒质量。从斜面种子到卡氏罐培养为实验室扩大培养阶段。汉生罐以后的培养为生产现场扩大培养阶段。

4.啤酒发酵工艺

啤酒发酵是在啤酒酵母的参与下对麦芽汁进行发酵的过程。麦汁中的可发酵糖等营养物被酵母细胞中的酶分解成酒精和二氧化碳,并产生诸如双乙酰、高级醇、醛、酸、酯和硫化物等一系列味活性物质,将麦汁的风味转变成啤酒风味。传统发酵工艺分成前发酵和后发酵两个阶段。将冷却麦汁充氧后流入发酵槽中,加啤酒酵母进行前发酵(又称主发酵),一般将发酵液品温控制在 $9 \sim 10℃$,发酵 $7 \sim 10d$ 即成嫩啤酒;嫩啤酒输到贮酒室内的贮酒罐中进行后发酵(又称贮酒),一般在 $0 \sim 3℃$ 下贮酒 $42 \sim 90h$,以达到啤酒成熟、二氧化碳饱和和啤酒澄清的目的。目前,许多啤酒厂采用了一罐法(前酵和后酵在同一发酵罐完成)和高浓酿造工艺。

(三)葡萄酒

葡萄酒是用新鲜的葡萄汁酿制成的低酒精饮料。它的主要成分有单宁、酒精、糖分、有机酸等。葡萄酒的品种繁多,按酒色分为白葡萄酒、桃红葡萄酒、红葡萄酒;按酒中糖分含量分为干葡萄酒、半干葡萄酒、半甜葡萄酒、甜葡萄酒;按酿造方法分为天然葡萄酒、加强葡萄酒、添香葡萄酒;按酒中 CO_2 含量分为静酒和起泡酒。葡萄酒的酿造是利用葡萄皮自带的酵母或人工接种的葡萄酒酵母菌,将新鲜葡萄汁中的葡萄糖、果糖发酵,生成酒精、CO_2 ,同时生成高级醇、脂肪酸、挥发酸、酯类等副产物。用于酿酒的葡萄品种很多,酿制白葡萄酒的主要品种有雷司令、贵人香、李将军等;酿制红葡萄酒的主要品种有佳丽酿、赤霞珠、蛇龙珠、黑品乐等。另外我国特产山葡萄用于酿制山葡萄酒,紫北塞、烟74 等品种用于红葡萄酒的调色。

红葡萄酒的酿制工艺是葡萄经破碎后,果汁和皮渣共同发酵至残糖 5g/L 以下,经压榨分离皮渣进行后发酵,其工艺流程见图 6 - 9;白葡萄酒与红葡萄糖的前加工工艺不同,白葡萄经破碎后,压榨分离果汁,果汁单独进行发酵,其工艺流程见图 6 - 10。优良的葡萄品种,如在栽培季里一切条件合适,常常可以得到满意的葡萄汁。但由于气候、栽培等因素,往往使压榨出的葡萄汁成分不一,需要对葡萄汁成分(主要是糖度、酸度)进行调整。

酿制葡萄酒一般都需经二氧化硫(SO_2)处理,其主要作用包括:选择性杀菌作用;澄清作用,抗氧化作用,溶解作用,增酸作用。但 SO_2 的添加量必须在食品法规规定的范围内。近年生产葡萄酒多使用以葡萄汁酵母制得的活性干酵母。葡萄酒在发酵后一般要经过半年以上的贮存及稳定性处理。

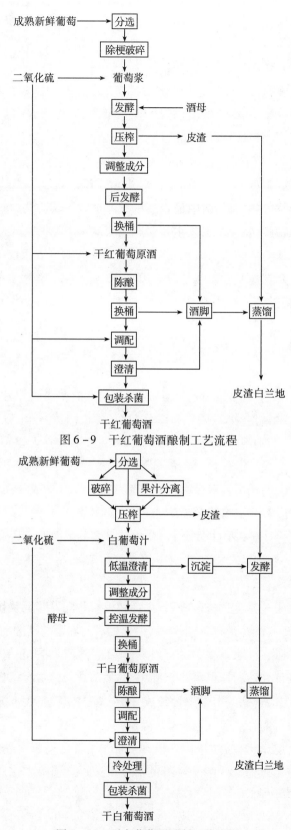

图 6-9 干红葡萄酒酿制工艺流程

图 6-10 干白葡萄酒酿制工艺流程

二、氨基酸发酵

氨基酸发酵属于典型的代谢控制发酵,是由于氨基酸的生物合成受到严格反馈调节。目前用于发酵生产氨基酸的菌种主要有谷氨酸棒状杆菌、黄色短杆菌、乳糖发酵短杆菌、短芽孢杆菌、黏质沙雷菌等。这些菌株包括野生型菌株,如谷氨酸、丙氨酸、缬氨酸等生产菌种;包括营养缺陷型突变株,如赖氨酸、苏氨酸等生产菌种;包括氨基酸结构类似抗性突变株,如赖氨酸、精氨酸等生产菌种;还包括营养缺陷型兼结构类似抗性突变株,如高丝氨酸、亮氨酸等生产菌种。

L-谷氨酸是生物机体内氮代谢中最重要的氨基酸之一,是连接糖代谢与氨基酸代谢的中间产物。L-谷氨酸发酵生产工艺主要包括以下工序:原料预处理、培养基配制、种子培养、发酵、谷氨酸提取与精制。

(一)菌种

目前国内大多数厂家使用的菌种是天津工业微生物研究所选育的天津短杆菌 T6-13 及其变异株(如复旦大学选育的 FM-415、华南理工大学选育的 S9114、浙江工学院选育的 L-S168 和天津轻工业学院选育的 TG931 等菌株)。这些菌株均是优良的谷氨酸生产菌,具有高产酸、高转化率等特点,在许多方面优于国外菌种。目前谷氨酸生产菌能够在体外积累 100g/L 以上的谷氨酸。

(二)L-谷氨酸发酵培养基

已知所有谷氨酸产生菌只能以葡萄糖等作为碳源。所用的山芋淀粉、玉米淀粉、大米或木淀粉都需先进行水解,制成葡萄糖。谷氨酸分子中氮含量占 9.5%,所以培养基中必须提供相对充足的氮源。尿素是国内谷氨酸发酵中较常用的氮源,目前也常通入气态氨以补允氮源。生物素是谷氨酸产生菌的必需生长因子,培养基中必须提供生物素,但是生物素过量对谷氨酸的合成和分泌又有十分不利的影响,所以生物素浓度要控制在谷氨酸产生菌的亚适量。

(三)谷氨酸发酵生产

发酵初期,即菌体生长的延滞期,糖基本没有利用,尿素分解放出氨使 pH 略上升。延滞期的长短取决于接种量、发酵操作方法(分批或流加)及发酵条件,一般为 2~4h。接着进入对数生长期,代谢旺盛,糖耗快,尿素大量分解,pH 很快上升。但随着氨被利用,pH 又下降,溶氧浓度急剧下降,然后又维持一定水平上,菌体浓度迅速增大。这个时期,为了及时供给菌体生长必需的氮源及调节培养液的 pH 至 7.5~7.8,必须流加尿素。又由于代谢旺盛,泡沫增加并放出大量发酵热,需加入消泡剂及冷却,使温度维持在 30~32℃。这个阶段主要是菌体生长,几乎不产酸,一般为 12h 左右。

当菌体生长基本停止就转入谷氨酸合成阶段,此时菌体浓度基本不变,糖与尿素分解后产生的 α-酮戊二酸和氨主要用来合成谷氨酸。这一阶段,为提供谷氨酸合成所需的氨及维持 pH 在 7.0~7.2,必须及时流加尿素,又为促进谷氨酸的合成需要加大通气量,并将发酵温度提高到谷氨酸合成的最适温度 34～37℃。

发酵后期,菌体衰老,糖耗缓慢,残糖低,此时流加尿素必须相应减少。当营养物质耗尽酸度不再增加时,需及时放罐。发酵周期一般为 30～36h。

(四)谷氨酸提取

从谷氨酸发酵液中提取谷氨酸方法,一般有等电点法、离子交换法、金属盐沉淀法、盐酸盐法和电渗析法等,其中以等电点法和离子交换法较普遍。

三、有机酸发酵

有机酸发酵的原理是微生物在碳水化合物代谢过程中,有氧降解被中断而积累多种有机酸,现已确定的有 60 余种,但目前工业化生产的不过 10 余种。有机酸在食品、医药、化工、轻工等方面有着广泛的用途。

我国目前发酵法生产的有机酸仅柠檬酸、乳酸、苹果酸等几个品种。从消费量上看,美国人均年消费量为 150g,日本为 30g,我国仅有 3～5g。随着生活水平的不断提高,特别是无醇饮料、碳酸饮料、果汁饮料的大幅度增长,有机酸的用量将明显增加。在大力发展现有品种的基础上,近年来我国已开发葡萄糖酸、富马酸、曲酸等有机酸的研制和生产。

(一)柠檬酸发酵

柠檬酸(citric acid)又称枸橼酸,学名 2 - 羟基丙烷 - 1,2,3 - 三羧酸,分子式为 $C_6H_8O_7$,为无色、无臭、半透明结晶或白色粉末,密度为 1.542g/cm³(18℃),易溶于水及酒精等有机溶剂,是生物体主要的代谢产物之一。20 世纪 70 年代中期,柠檬酸工业已初步形成生产体系。目前我国柠檬酸产量居世界第一位,主要应用于食品工业,作为食品的酸味料和油脂的抗氧化剂,其次用于医药工业、塑料工业等。

1. 生产原料及发酵机制

柠檬酸发酵的原料有糖质原料(甘蔗废糖蜜、甜菜废糖蜜)、淀粉质原料(主要是甘蔗、马铃薯、木薯等)和正烷烃类原料三大类,以及一些新原料(如稻米等)。

柠檬酸发酵的机制普遍认为与三羧酸循环有密切的关系,见图 6－11。糖经糖酵解途径(EMP 途径),形成丙酮酸,丙酮酸羧化形成 C4 化合物,氧化脱羧形成 C2 化合物,两者缩合形成柠檬酸。

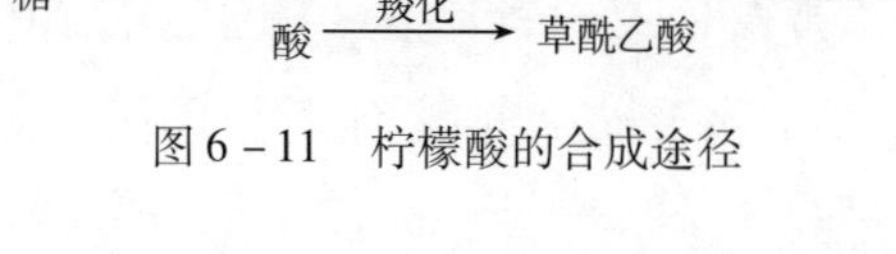

图 6－11　柠檬酸的合成途径

2. 菌种

很多微生物可以产生柠檬酸,目前生产商用柠檬酸常用产酸能力强的黑曲霉作为生产菌,因为其产量最高,且利用多样化的碳源。无论采用何种微生物都是典型的好氧发酵。

3. 生产工艺

工业上发酵的方法有三种,即表面发酵、固体发酵、液体深层发酵。液体深层发酵工艺设备占地少,发酵周期短,产酸高,原料消耗低,可发酵蔗糖、淀粉水解液、糖蜜、薯干粉等。目前多采用薯干粉为原料生产,发酵周期为4d左右。以甘薯(红薯)粉渣作原料为例,利用发酵法制取柠檬酸(见图6-12)。

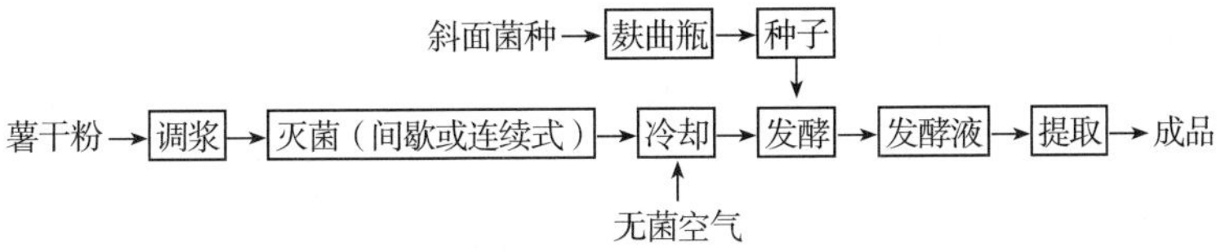

斜面菌种 → 麸曲瓶 → 种子

薯干粉 → 调浆 → 灭菌(间歇或连续式) → 冷却 → 发酵 → 发酵液 → 提取 → 成品

无菌空气

图6-12　采用甘薯粉渣作原料生产柠檬酸的工艺流程

(二)苹果酸生产

发酵法生产的L-苹果酸是国际上公认的安全性食品添加剂,在各种饮料、罐头、糖果、果冻、果酱、糕点等加工中用作酸味剂,如与柠檬酸配合使用,其果香更加浓郁。在欧美和日本等国生产的果汁速溶饮料、果酒、人造奶油等产品中,它成为不可缺少的酸味剂,在葡萄酒酿造过程中加入少量L-苹果酸可使酒陈化。

L-苹果酸广泛存在于水果和蔬菜中,在未成熟的水果中含量特别丰富,以前制取苹果酸是采用压榨水果提取的,20世纪初发现酵母、曲霉能形成L-苹果酸。目前一般采用以天然糖质为原料利用霉菌进行发酵生产L-苹果酸或者利用霉菌加细菌或酵母进行混合发酵生产L-苹果酸。

1. 苹果酸产生菌

不同的苹果酸发酵工艺所采用的微生物也不同。一步发酵法采用黄曲霉、米曲霉、出芽短梗霉等;两步法采用华根霉、无根根霉、短乳杆菌、膜醭毕赤酵母等;酶法转化用短乳杆菌、大肠杆菌、产氨短杆菌、黄色短杆菌等。

2. 苹果酸发酵工艺

一步发酵法是以糖质为原料,黄曲霉、米曲霉等直接发酵生产苹果酸。培养基组成:葡萄糖7%～8%,豆饼粉1%,$FeSO_4$ 0.05%,NaCl 0.001%,K_2HPO_4 0.02%,$MgSO_4$ 0.01%,$CaCO_3$ 6%(单独灭菌)。温度33～34℃,发酵40h,当残糖降到0.1%以下时放罐。

两步发酵法也称混合发酵工艺,是先用根霉将糖类发酵成富马酸(或富马酸与苹果酸的混合物),再由酵母或细菌发酵成L-苹果酸。前一步称富马酸发酵,后一步称转化发酵。当华根霉6508发酵4～5d后,再接入膜醭毕赤酵母3130培养5d,苹果酸对糖的产率可达62.5%。

酶转化法工艺相当于两步法发酵工艺中的转化发酵。酶法转化是以富马酸盐为原料,利用微生物的富马酸酶转化成苹果酸(盐)。酶法转化是目前国内外生产L-苹果酸的主要方法,应用固定化酶或细胞技术连续生产L-苹果酸是其发展趋势。

3.苹果酸的提取

苹果酸的提取方法与柠檬酸类似,主要过程也是加入 $CaCO_3$ 或 $Ca(OH)_2$,滤出生成的苹果酸钙,滤饼用硫酸处理,析出 $CaSO_4$,含苹果酸的滤液经精制、真空浓缩后获得苹果酸结晶。

四、单细胞蛋白的发酵生产

单细胞蛋白(single cell protein,SCP)又称微生物蛋白、菌体蛋白,按其产生菌的种类不同,又可以分为细菌蛋白、真菌蛋白等。单细胞蛋白所含的营养物质极为丰富,其中蛋白质含量高达 40%~80%,比大豆高 10%~20%,比肉、鱼、奶酪高 20% 以上;含有多种必需氨基酸,尤其是谷物中含量较少的赖氨酸,还含有多种维生素、碳水化合物、脂类、矿物质,以及丰富的酶类和生物活性物质,如辅酶 A、辅酶 Q、谷胱甘肽、麦角固醇等。SCP 不仅能制成"人造肉",供人们直接食用,还常作为食品添加剂,用以补充蛋白质、维生素和矿物质等。此外,SCP 还能提高食品的某些物理性能,如意大利烘饼中加入活性酵母,可以提高饼的延展性能。酵母的浓缩蛋白具有显著的鲜味,已广泛用作食品的增鲜剂。

(一)SCP 的生产菌种和原料

1.生产 SCP 的菌种

用于生产 SCP 的微生物种类很多,包括细菌、藻类、酵母菌、丝状真菌等。在 SCP 中,酵母 SCP 与丝状真菌、细菌、藻类等微生物蛋白相比,产品质量更具竞争力。酵母蛋白质含量丰富、氨基酸种类齐全,且含丰富的 B 族维生素、微量元素、酶、碳水化合物,是一种营养价值高且能替代鱼粉的优质蛋白。因此,生产 SCP 多以酵母为生产菌株,它们中的一些菌株除能利用己糖外,还可以利用戊糖、有机酸等。酿酒酵母、假丝酵母、红酵母等许多种属的酵母菌都是良好的 SCP 的生产菌种。

2.SCP 生产的原料

用于 SCP 生产的原料来源有:有机工业废水、城市废弃物,农畜牧业废弃物等,这些废弃物中含有大量残余的淀粉、糖、纤维素水解物等营养物质。利用这些废物进行 SCP 生产,不仅可获得优质的蛋白质,还可以减轻环境污染的压力。目前,工业中常用于生产酵母 SCP 的原料主要有:糖蜜、纤维素水解物、淀粉、工业生产的发酵废液。

(二)SCP 的发酵生产工艺

大多数 SCP 生产过程是在无菌条件下进行的,生产过程中不能有杂菌污染,尤其是人体病原菌的污染。在工业生产中,由于设备投资大,操作费用高,为获得最优的经济效益,尽量采用连续培养技术进行生产。

SCP 的生产可综合利用淀粉厂、豆制品厂、味精生产厂等工业生产废水。但是对于不同来源的工业废水,原料处理的方式有所不同。用酵母作为菌种生产 SCP,所用的工业废水需先经过淀粉水解,然后加入一定比例的营养盐,灭菌后配制成培养基。酵母的培养有种子的扩大培养和发酵两个阶段,前者的培养基一般采用麦芽汁,而后者则需采用上述的原料,培养基接种前需要进行空罐灭菌(空消)和实罐灭菌(实消)。

在发酵过程中需液体深层通气,一般的发酵条件为:pH 为 4.0 ~ 4.5,温度为 26 ~ 30℃,发酵时间为 13 ~ 15h。发酵结束后及早将酵母从培养基中分离出来。生产 SCP 的工艺流程见图 6 - 13。

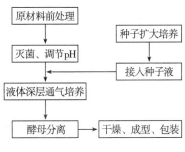

图 6 - 13　SCP 的生产流程

(三)SCP 的分离和纯化

如发酵后不及时分离,酵母菌发生自溶,则影响 SCP 产量和质量,一般最好在 1h 内就进行分离。SCP 的发酵产品为菌体本身,分离工艺比较简单,只需过滤就可以得到菌体。经第一次过滤,酵母菌体上还会带有培养基中的物质,需用冷水洗涤,再过滤。得到的酵母浓缩物,采用 30℃热风干燥,制成块状或粒状。

第七章　生物技术与食品安全及品质控制

第一节　概述

一、食品安全概念

国以民为本,民以食为天,食以安为先。随着世界经济的高速发展,国民经济水平的整体提高,食品由数量向质量再向健康过渡,其安全性不容忽视,只有足够安全的食物,才能使百姓"各安其居而乐其业,甘其食而美其服"。在 1974 年的"世界粮食会议"上,联合国粮农组织(FAO)将"食品安全(Food Safety)"这一概念描述为"足量的必要食物以满足并维持人的生存和健康",这一表述着重强调的是保证人类生存需要的食品数量安全。到了 20世纪 80 年代,对食品安全的概念界定逐渐开始重视卫生、品质以及营养问题。相对于FAO,世界卫生组织(WHO)对"食品安全"的定义更加具体和完整化,在其 1984 年发布的《食品安全在卫生和发展中的作用》一文中,以"保障在食品生产、储存、配送和制作等所有环节安全可靠,适合人群消费的各种必要条件和措施,不危害使用人员的人身健康或者对健康有利。"的描述具体定义了"食品安全"。到了 90 年代,人们对食品安全的认识也越发清晰起来,1996 年 WHO 将"食品安全"定义为:"对食品按其原定用途进行制作和(或)食用时不会使消费者受害的一种担保。"国际标准化组织(ISO)于 2005 年颁布了 ISO 22000:2005(食品安全管理体系)标准,在这一标准中关于食品安全的定义描述为:"保障食品在目标用途进行制备和食用时不对消费者的健康与生命产生危害",另外,此标准还在注释中特别强调:"营养不良等部分与消费者健康相关内容同属于食品安全危害的范围"。我国于 2015 年颁布的《中华人民共和国食品安全法》用"食品在符合应其当有的营养要求外,需保证无毒、无害,不对人体健康造成任何急性、亚急性或者慢性危害"的解释定义了"食品安全"这一概念。总体来说,食品安全是一个不断发展的动态概念,人们对食品安全的定义标准也随着社会生产力的发展和科学认识的不断深化而逐渐完善和科学。

二、食品安全检测技术概述

随着我国经济的发展与人民生活水平的提高,食品的数量与种类日益丰富,食品的安全问题也日益突出。另外,我国加入 WTO 以来,食品的安全问题已成为我国开展农产品和食品对外贸易,获得国际市场准入的重要制约因素。所以,如何提高我国的食品安全是非常迫切的问题。要从根本上解决我国的食品安全问题,就必须对食品生产、加工、流通和销售等各环节实施全程管理和实时监控,这就需要大量能够满足这一要求的快速、方便、准确、灵敏的食品安全分析检测技术。

长期以来有着广泛应用的物理、化学、仪器等方法，由于内在的局限性，已经不能满足现代食品检测的全部要求；传统的微生物检测方法虽然有效且特异性高，但存在检测成本高、速度慢、效率低等问题，难以满足现代社会快速检测的要求；近些年出现的转基因食品中转基因成分的安全检测也难以用传统检测方法进行检测。

进入 20 世纪 70 年代以后，人们相继建立了各种现代生物技术，主要包括 PCR 技术、免疫学检测技术、分子杂交技术、生物传感器技术、生物芯片技术等。这些技术在食品安全检测和分析领域的应用，不仅克服了传统食品安全检测方法的缺点，而且还具有灵敏度高、操作简便、检测周期短、检测成本低等优点。食品安全检测技术呈现出一些新的发展趋势，日益趋向于高技术化、系列化、速测化、便携化。这些新型生物检验技术在食品安全检测中的应用必将成为未来食品行业发展的趋势，为该行业的发展带来新的光芒。

生物技术如同其他新出现的学科一样，是一把双刃剑，有对人类有利的一面，即利用生物技术为人类造福是每个科学家的愿望。目前，生物技术已在以下领域的研究中得到广泛的应用：

①利用生物技术改造农作物，使其自身可以对病虫害产生抵抗力，从而减少对农药的需求。据有关统计数据，我国转基因棉花用药减少 70% 以上，一方面减轻了农民的负担，另一方面减少了农药对益虫的灭杀作用，保护了生态环境。

②利用生物技术生产生物农药，在提高药效的同时，减少了降解的时间和对人畜的毒性。

③利用生物技术改造植物，使一些植物可以富集更多的重金属，有利于改善人类生存的环境。

④利用生物技术改造微生物，可以用于对污水和城市垃圾的处理，减少有害物质向环境的扩散。

⑤利用生物技术改造家畜和家禽，使其对病害的抵抗力增加，减少抗生素的使用；利用基因工程技术改造家畜和家禽使其内源生长激素分泌增加，对饲料的利用率提高，脂肪生成减少，瘦肉增加，可以杜绝抗生素、激素和违禁药物的使用。

⑥利用基因敲除技术和基因沉默技术，可以消除一些食品中的已知过敏原，使过敏性人群可以享受这些食品。

⑦利用生物技术改造植物，减少可以产生真菌毒素的微生物在植物体内的定植和繁殖，从而减少农产品中真菌毒素的积累，保护人类的健康。

⑧利用生物技术将一些无害的天然产物高效表达，生产绿色环保的食品保鲜剂和食品添加剂，减少人工合成的食品保鲜剂和食品添加剂使用，既有利于人体健康，也有利于环境保护。

⑨利用现代生物技术检测方法可以快速、准确地测定食品中的有害有毒物质，更好地保障食品的安全食用。

⑩利用现代生物技术检测方法可以快速、准确地测定食品中的有害、有毒物质,更好地保障食品的安全。因此,生物技术可以改善食品生产的环境、提高食品的营养、消除食品的污染源,在改善和保障食品安全方面有着巨大的应用前景。

同时,生物技术也有对人类不利的一面。如果对生物技术不加以管理,就会对人类产生灾难性的后果,这些后果有短期的,也有长期的。随着现代生物技术的快速发展,越来越多的技术趋于成熟,越来越多的基因得到克隆和应用。其中一些基因及其产物对人类健康和环境安全存在潜在的风险,这就需要建立科学合理的转基因食品风险评估体系和有效的管理机制,来消除生物技术可能给人类带来的不利影响。生物技术对人类的潜在危害在其发展的初期就被科学家们认识到了,在发展转基因食品的同时,相应的管理和安全性评价也在世界各国展开。

三、生物技术在食品检测中的应用

现代生物技术在食品安全检测领域中的应用已成为食品科技发展的重中之重。随着我国食品科学技术的发展以及对外贸易的需要,食品的检测与分析已升至极其重要的地位。特别是为了保证食品的标准品质,开展食品科学技术研究,寻找食品污染的根源,人们更需要对食品进行有效营养物质和对人体有害、有毒物质的检验和分析。目前生物技术在食品检测中的应用主要有:对食品成分和品质的分析,对农药残留的检测和分析,检测微生物的种类和数量,对转基因食品的检测,对违禁药品的检测。

(一)食品的成分以及品质分析

食品的成分和品质决定着食品的营养价值。如果个体食用了含有非安全成分或变质的食品,轻者导致营养涉入不足,重者威胁身体健康乃至生命安全。因而,对食品成分及食品品质的检验就成为食品检验不可或缺的方面。生物传感器是最早应用的技术,最初的生物传感器多是针对食品中葡萄糖的检测。如今,生物传感器还可以用于生鲜食品的检测中,例如:鱼类、肉类等的新鲜程度检测,或者对食品内部香味成分的检测,展现出了更全面、更方便、更高检验率的优势。

(二)食品有害微生物的检测

食品中致病微生物会对人体的健康造成威胁,采用生物检测技术来检测食品中的致病微生物,经过实践的检测与操作已经收到了一定的效果。现阶段,在食品微生物检测方面,已有多种方法,如酶联免疫技术、聚合酶链式反应技术以及分子杂交技术等,特别是分子杂交技术用于食品中多种微生物的检测。食品中需检测的有害微生物如:沙门氏菌、单核细胞增生李斯特菌、链球菌、布鲁氏菌、金黄色葡萄球菌、志贺氏菌、副溶血性弧菌等致病菌;肝炎病毒、风疹病毒、疱疹病毒、轮状病毒、禽流感病毒等病毒;弓形虫、阿米巴疟原虫等寄生虫。

(三)药物残留检测

由于市场竞争的日趋激烈以及利益的驱使等原因使我国许多农产品、畜产品的培育都使用了过量的农药和兽药。而由此引发的有毒食品的案件也是比比皆是,这种现象的存在严重威胁着人们的健康和生命安全。因而,食品中的农药、兽药的检测已经成为当前食品安全检测工作重点项目之一,常用的生物检测技术包括:酶技术、生物传感器技术等。

(四)转基因食品检测

随着科学技术的发展,以及人们对转基因食品认识程度的不断加深,转基因食品越来越受到人们的关注。所以,转基因食品的利弊还需要进一步的检测。目前蛋白质检测、酶检测、酶活性检测均取得了良好的效果。

(五)食品中违禁药物的检测

有些食品中含有罂粟等违禁药物,使人们食用成瘾,这种做法是有违道德的,并且严重危害消费者的身体健康。因此,对食品中违禁药物的检测十分必要。罂粟壳中含有吗啡、可卡因等成分,可以通过检测食品中是否含有此类物质,进而判断该食品中是否掺有罂粟壳。

总之,食品安全检测工作任重而道远。在关乎国民生命健康的食品安全问题面前,我们只有不断发展和完善现有的生物检测技术,并不断创新突破,才能不断提高食品安检工作水平,满足食品安全监管工作的需要,保障广大人民群众的饮食安全。

第二节　食品检验中的生物技术

生物技术在日新月异的科技推动下已经日臻完善并不断实现自我突破,而全球信息化更是推动了生物技术研究成果的大范围推广。生物技术可以大大减少检测和鉴别微生物所花的时间和人力。本节主要介绍食品检测中的 PCR 技术、核酸探针技术、生物芯片技术、生物传感器技术、免疫学检测技术。

一、PCR 检测技术

PCR 是在体外模拟 DNA 复制的过程,在体外合适的条件下以单链 DNA 为模板,以人工设计和合成的寡核苷酸为引物,利用热稳定的 DNA 聚合酶沿 $5'→3'$ 方向掺入单核苷酸来特异性地扩增 DNA 片段的技术。整个反应过程通常由 20～40 个 PCR 循环组成,每个循环由变性—退火(复性)—延伸 3 个步骤组成:第一步升高温度(94～96℃,1 至数分钟)使 DNA 变性,氢键打开,双链变成单链,作为 DNA 扩增的模板;第二步降温(50～65℃,1 至数分钟)退火,寡核苷酸引物与单链 DNA 模板进行特异性的互补结合,即复性;第三步温度再上升到适宜的温度(72℃,1 至数分钟),DNA 聚合酶以单链 DNA 为模板沿 $5'→3'$ 方向掺入单核苷酸,使引物延伸合成模板的互补链。经过变性—退火—延伸这样一个 PCR 循环,1 条双链就变成了 2 条;再来 1 个循环,就变成了 4 条。如此循环往复,就使得 DNA 片段得到有效的扩增。只需要两三个小时就可完成 25～30 个循环,可将单一拷贝的基因扩增 100 万～200 万个拷贝。

(一)PCR 种类及原理

Mullis 等在建立 PCR 方法的初期,是用大肠杆菌 DNA 聚合酶 I 的 Klenow 片段催化引物的延伸反应。由于此酶在变性温度下会失活,所以每一轮反应都需重新加一次酶,这样反应只能扩增短片段,产量不高,操作烦琐。常规应用受到限制。其后人们采用从嗜热细菌分离的耐热 TaqDNA 聚合酶解决了这一问题,现在天然的 TaqDNA 聚合酶或经基因工程重组生产的 TaqDNA 聚合酶在高温下都很稳定,故在整个过程中不需要添加新的 TaqDNA 聚合酶,从而使 PCR 技术迅速发展起来。结合其他技术衍生出了许多优良技术,如反转录 PCR、多重 PCR、不对称 PCR、错配 PCR、原位 PCR、PCR - RFLP、PCR - SSCP、PCR - ASO、RAPD - PCR、DDRT - PCR、免疫 PCR、实时 PCR 等。

1. 多重 PCR

常规 PCR 内一对引物扩增,只产生一个特异的 DNA 片段。许多情况下,欲检测的基因十分庞大,可达上千个千碱基对(kbp),这些基因常常多处发生突变或缺失,而且这些改变相距数十至数百个千碱基对,超过 PCR 扩增 DNA 片段的长度,欲检测整个基因的异常改变,采用常规 PCR 需分段进行多次扩增,费时费力,采用多重 PCR(multiplex PCR)则可克服上述问题。多重 PCR 就是首先设计合成位于多个缺失区域两侧的引物,每对引物之间核苷酸长度尽量不同,以使扩增后电泳分析时有各自的条带位置,然后将多对引物加入反应体系,进行常规 PCR 扩增。30 ~ 40 个循环后,对 PCR 产物进行电泳检测。如果基因某一区段缺失,则相应的电泳图谱上此区段 PCR 扩增产物长度变短或片段消失,从而发现基因异常。多重 PCR 特别适用于检测单拷贝基因缺失、重排、插入等异常改变,其结果与 Southern 杂交同样可靠,且多重 PCR 尚可检测小片段缺失。应用多重 PCR 可同时检测多个目的基因的特点,在食品微生物检验、转基因植物的检测中显示了诱人前景。

2. 免疫 PCR

免疫 PCR(immune PCR)就是利用抗体与 DNA 特异结合来检测抗原,把抗原抗体反应与 PCR 联合应用而建立的一种抗原检测系统。

在免疫 PCR 中,一个中介分子同时具有与 DNA、抗体分子特异结合的能力。其一端连接 DNA(标记物),另一端连接抗原 - 抗体复合物,形成一个特殊的抗原 - 抗体 - DNA 连接物。作为标记物的 DNA 分子可用 PCR 扩增,若存在特异的 PCR 产物,则证明作为标记物的 DNA 分子已特异地与抗原 - 抗体复合物结合,而且表明了抗原的存在。可采用 SAP(streptavidin - protein A)嵌合体作为中介物,它具有双特异性结合能力,一端为链霉亲和素,可结合生物素,另一端为可与 IgG 的 Pc 段结合的蛋白 A。这样可特异地把生物素化的 DNA 分子和抗原 - 抗体复合物连接在一起。免疫 PCR 产物在普通的琼脂糖电泳上就可以检测出来,如将放射性同位素、荧光物或酶等掺入到 PCR 产物中,可进一步提高其灵敏度。

3. PCR - SSCP 分析技术

由于单链 DNA 片段呈复杂的空间折叠构象,这种立体结构主要是由其内部碱基配对等分子内相互作用力来维持的,当有一个碱基发生改变时,会或多或少地影响其空间构象,使构象发生改变。空间构象有差异的单 DNA 分子在聚丙烯酰胺凝胶中受排阻大小不同。出此,通过非变性聚丙烯酰胺凝胶电泳(PAGE),可以将构象上有差异的分子分离开,这种技术称为单链构象多态性(single - strand conformation polymorpHism,SSCP)分析。将 SSCP 用于检查 PCR 扩增产物的基因突变,从而出现了 PCR - SSCP 技术,进一步提高了检测突变方法的简便性和灵敏性。其基本过程:①PCR 扩增 DNA;②将特异的 PCR 扩增产物变性,而后快速复性,使之成为具有一定空间结构的单链 DNA 分子;③将适量的单链 DNA 进行非变性聚丙烯酰胺凝胶电泳;④通过放射性自显影、银染或溴化乙锭显色分析结果。

若发现单链 DNA 带迁移率与正常对照的相比发生改变,就可以判定该链构象发生改变,进而推断该 DNA 片段中有碱基突变。该方法简便、快速、灵敏,不需要特殊的仪器,符合实际需要。

4. 实时荧光定量 PCR

实时荧光定量 PCR(realtime PCR)是对 PCR 产物进行实时检测分析的方法。PCR 产物不需要电泳分析,具有快速、定量的优点。该方法必须使用 PCR 仪和荧光分光光度计一体化的定量 PCR 装置,即 realtime PCR 扩增仪。通常 realtime PCR 的实时检测是使用荧光物质来进行的。荧光检测方法有许多种,如 *Taq*ManTM 探针法、嵌合荧光检测法、Molecular Beacon 法。下面要介绍 *Taq*ManTM 探针法。

(1)*Taq*Man 技术的工作原理　*Taq*Man 技术是一种对单管 PCR 产物进行实时荧光定量检测的技术。在普通 PCR 扩增系统中,加入一个与靶基因序列特异互补的双荧光标记探针,利用荧光信号积累实时监测整个 PCR 进程,最后通过标准曲线对未知模板进行定量分析。该方法过程:在所设计的寡核苷酸探针的 5′端标记一个报告荧光基团(reporter R),靠近 3′端标记淬灭荧光基团(quencher Q)。当探针保持完整时,报告基团反射的荧光信号被淬灭荧光基团吸收,淬灭荧光基团抑制了报告荧光基团的荧光信号而不发光,该检测系统不能检测到报告荧光的信号。PCR 反应前,探针与模板互补结合,PCR 反应开始后,随着产物链的延伸。*Taq* 酶沿着 DNA 模板移动到荧光标记探针结合位置,PCR 扩增时,淬灭荧光基团被具有 5′→3′外切酶活性的 *Taq*DNA 聚合酶切掉,使报告荧光基团和淬灭荧光基团分离,淬灭荧光基团的抑制作用消失而产生荧光,从而荧光监测系统可接收到荧光信号。即每扩增一条 DNA 链,就有一个荧光分子形成,实现了荧光信号与 PCR 产物形成完全同步,通过对荧光的实时动态检测可对 PCR 产物进行定性和定量。荧光信号的强弱与 PCR 产物的数量成正比。

(2)定量步骤

①确定 CT 值[C 表示循环数(cycle),T 表示荧光域值(threshold)],即每个反应管内的荧光信号到达设定的域值时所经历的循环数。

②利用标准曲线对未知样品进行定量测定。获得未知样品的 CT 值后,从标准曲线计算出该样品的起始拷贝数。每个模板的 CT 值与该模板的起始拷贝数的对数存在线性关系,即起始拷贝数越多,CT 值越小。值得注意的是,实时荧光定量 PCR 是一种采用外标准

曲线的方法。在荧光定量标准曲线图中,横坐标代表起始拷贝的对数,纵坐标代表 CT 值。*Taq*Man – PCR 反应结果可用 Sequence DetectorV 分析。

③软件数据处理,拷贝数大于 0 者为阳性,否则为阴性。测量 PCR 产物的 *Taq*Man 探针是由一个短的脱氧寡核苷酸(20 ~ 25 个碱基)组成,3′和 5′两标记的荧光染料,分别用 6 – 羧基荧光素(6 – carboxyfluorescein,FAM)和 6 – 羧基四甲基罗丹明(6 – carboxytetramethylrhodamine,TAMRA)标记荧光报告基团和淬灭荧光基团,也叫作双记荧光寡核苷酸探针。

5. 反转录 PCR

反转录 PCR(Reverse Transcription – Polymerase Chain Reaction,RT – PCR)即反转录 PCR,是将 RNA 的反转录(RT)和 cDNA 的聚合酶链式反应(PCR)相结合的技术。RT – PCR 首先经反转录酶的作用从 RNA 合成 cDNA,再从 cDNA 为模板,扩增合成目的片段。RT – PCR 技术灵敏而且用途广泛,可用于检测细胞/组织中基因表达水平,细胞中 RNA 病毒的含量和直接克隆特定基因的 cDNA 序列等。作为模板的 RNA 可以是总 RNA、mRNA 或体外转录的 RNA 产物。无论使用何种 RNA,关键是确保 RNA 中无 RNA 酶和基因组 DNA 的污染。

6. 不对称 PCR

在 PCR 反应体系中,限制引物之一的浓度[(50 ~ 100):1]进行扩增,经若干循环后,低浓度的引物被消耗尽,以后的循环只产生高浓度引物的延伸产物,所以可得到单链 PCR 产物(ssDNA)。因为 PCR 反应中使用的两种引物浓度不同,所以称为不对称 PCR(asymmetric PCR)。该法产生的单链 DNA 可用于制备单链测序模板或单链 DNA 杂交探针。不对称 PCR 有两种方法:

①PCR 反应开始时即采用不同浓度的引物。

②进行二次 PCR 扩增,第一次 PCR 用等浓度的引物,以期获得较多的目的 DNA 片段,提高不对称 PCR 产率,以第一次扩增产物(含双链 PCR 片段),用单引物进行第二次 PCR 扩增产生单链 DNA。

7. 反向 PCR

反向 PCR(inverse PCR,IPCR)是用反向的互补引物来扩增两引物以外的未知序列的片段,而常规 PCR 扩增的是已知序列的两引物之间 DNA 片段。实验时选择已知序列内部没有切点的限制性内切酶对该段 DNA 进行酶切,然后用连接酶使带有黏性末端的靶序列环化连接,再用一对反向的引物进行 PCR,其扩增产物含有两引物外未知序列,从而对未知序列进行分析研究。反向 PCR 的目的在于扩增一段已知序列旁侧的 DNA,也就是说这一反应体系不是在一对引物之间而是在引物外侧合成 DNA。反向 PCR 可用于研究与已知 DNA 区段相连接的未知染色体序列,所以又可称为染色体缓移或染色体步移。这时选择的引物虽然与核心 DNA 区两末端序列互补,但两引物 3′端是相互反向的。扩增前先用限制性内切酶酶切样品 DNA,然后用 DNA 连接酶连接成一个环状 DNA 分子,通过反向 PCR 扩增引物的上游片段和下游片段;现已制备了酵母人工染色体(YAC)大的线状 DNA 片段的杂交探针,这对于转座子插入序列的确定和基因库染色体上 DNA 片段序列的识别十分重要。

(二)PCR 检测技术在食品检验中的应用

PCR 技术已用于细菌、真菌、病毒和寄生虫的检测,如沙门氏菌、单核细胞增生李斯特菌、链球菌、结核分枝杆菌、布鲁氏菌、金黄色葡萄球菌、军团菌、志贺氏菌、副溶血性弧菌、肝炎病毒、风疹病毒、疱疹病毒、轮状病毒、禽流感病毒等,寄生虫如弓形虫、阿米巴疟原虫等。

PCR 技术虽是一种快速、特异、灵敏、简便、高效的检测新技术,但其广泛应用仍受到多种因素限制,包括操作过程中样品间的交叉污染和极少量外源性 DNA 的污染,都会对检测结果产生很大影响,从各种食品原料中高效率抽提 DNA 的方法有待于开发,不能区别活菌和死菌,容易受到食品基质、培养基成分的干扰,残留食物成分会抑制 PCR 反应,引物的设计及 PCR 反应条件是影响特异性和敏感性的重要因素。因而,实验室操作的规范化在 PCR 技术中是极其重要的,随着研究的不断深入,PCR 检测方法也会得以发展和改善,必将在食品安全检测中得到更多的应用。

二、核酸探针技术

核酸探针技术,是 20 世纪晚期在生物学领域中发展起来的一项新技术。核酸探针又称基因探针(gene - probe),是指一段用放射性同位素或其他标记物(如酶与荧光素等)标记的已知序列的核酸片段。

(一)核酸探针检测的原理

核酸探针检测所依据的是核酸分子杂交,其工作原理是碱基配对,即两条碱基互补的 DNA 链(或两条碱基互补的 DNA 链和 RNA 链)在适当条件下可以按碱基配对原则,形成杂交 DNA 分子,杂交后通过放射自显影、荧光检测或显色技术,使杂交区带显现出来。

每个生物体的各种性质和特征都是由其所含的遗传基因所决定的,例如一种微生物的病原性就是由于这种微生物含有并表达了某个或某些有害的基因而产生的。从理论上讲,任何一个决定生物体特定生物学特性的 DNA 序列都应该是独特的。如果将某一种微生物的特征基因 DNA 双链中的一条进行标记,例如用 ^{32}P 同位素标记,即可制成 DNA 探针。由于 DNA 分子杂交时严格遵守碱基互补配对的原则,通过考查待测样品与标记性 DNA 探针能否形成杂交分子,即可判断样品中是否含有此种微生物,并且还可以通过测定放射性强度考查样品中微生物数量。

(二)核酸探针的种类

根据核酸的来源和性质,核酸探针可分为基因组 DNA 探针、cDNA 探针、RNA 探针和人工合成的寡糖核苷酸探针等。

基因组 DNA 探针(genomic probe)是最常用的核酸探针,指长度在几百碱基对以上的双链 DNA 或单链 DNA 探针。现已获得的 DNA 探针数量很多,有细菌、病毒、原虫、真菌、动物和人类细胞 DNA 探针。这类探针多为某一基因的全部或部分序列,或某一非编码序列。

cDNA(complementary DNA)探针是指互补于 mRNA 的 DNA 分子,是由反转录酶催化而产生的,该酶以 RNA 为模板,根据碱基配对原则,按照 RNA 的核苷酸顺序合成 DNA(其中 U 与 A 配对)。cDNA 探针是目前应用最为广泛的一种探针。

RNA 探针是一类很有前途的核酸探针,由于 RNA 是单链分子,所以它与靶序列的杂交反应效率极高。早期采用的 RNA 探针是细胞 mRNA 探针和病毒 RNA 探针,这些 RNA 是在细胞基因转录或病毒复制过程中得到标记的,标记效率往往不高,且受到多种因素的制约。这类 RNA 探针主要用于研究目的,而不是用于检测。

人工合成的寡聚核苷酸探针是指根据已知的核酸序列或根据蛋白质的氨基酸顺序推导出核酸顺序(需考虑密码子的兼并性),采用 DNA 合成仪合成一定长度的寡核苷酸片段,多用于克隆筛选和点突变分析。

根据标记物核酸探针可分为有放射性标记探针和非放射性标记探针两大类。

放射性标记探针用放射性同位素作为标记物。放射性同位素是最早使用,也是目前应用最广泛的探针标记物。常用的放射性同位素有 ^{32}P、^{3}H、^{35}S,以 ^{32}P 应用最普遍。放射性同位素标记的探针灵敏度较高,可以检测到 pg 级,但由于半衰期限制,标记后存放的时间有限,且对操作者和环境有放射性危害,因而近年来越来越多地被非放射性标记物所取代。

目前比较常见的非放射性 DNA 探针检测系统是通过酶促反应将特定的底物转变为生色物质或化学发光物质而达到放大信号的目的。常用的标记物包括金属、荧光染料、地高辛、生物素和酶等,可通过酶促反应、光促反应或化学修饰等方法标记到核酸分子上。

(三)核酸探针的标记方法

1. 缺口平移法

用适当浓度的 DNA 酶 I 在探针 DNA 双链上制造一些缺口,然后在 DNA 聚合酶 I 的 $5'\rightarrow3'$ 外切酶活性和 $5'\rightarrow3'$ 聚合酶活性作用下,先切去带有 $5'$ 磷酸的核苷酸,同时将标记的互补核苷酸(如 $\gamma^{32}ATP$)等补入缺口,两种活性的交替作用使缺口不断向 $3'$ 的方向移动,同时 DNA 链上的核苷酸不断被标记的核苷酸所取代。

2. 随机引物法

将 DNA 水解、分离得到的六脱氧核苷酸作为随机引物加到待标记 DNA 探针溶液中,经变性退火后,引物与单链 DNA 在多处互补结合,同时在引物的 $3'-OH$ 端发生延伸反应,标记的单核苷酸便掺入到新合成的 DNA 链中。

3. 末端标记法

适合标记合成的寡核苷酸探针,它是在大肠杆菌 T4 噬菌体多聚核苷酸激酶(T4PNK)的催化下,将标记 ATP 的磷酸连接到带羟基的待标记寡核苷酸 $5'$ 末端上。

4. PCR 标记法

将标记的 dNTP 加到待扩增 DNA 溶液中,在 DNA 聚合酶的作用下,经过多次变性、退火和延伸过程的重复性循环,使合成的 DNA 片段中掺入标记物。这种标记法简便、快速、重复性好,对模板 DNA 纯度的要求低,适合大量制备。

(四)核酸探针杂交技术

目前使用的 DNA 探针杂交方法总体上可以分为两类:一类是异相杂交(即固相杂交技术),另一类是同相杂交(即液相杂交技术)。近年来 DNA 探计杂交技术在食品安全检测中的应用研究十分活跃,目前已可以用 DNA 探针检测食品中的大肠杆菌、沙门氏菌、志贺氏菌、李斯特菌、金黄色葡萄球菌等。该法特异性强、灵敏度高,不需要进行复杂的细菌扩增和获得纯培养而节省了时间,而且提高了检测的准确性。

1.异相杂交

Southern 印迹法是最早的 DNA 探针杂交技术,由英国分子生物学家 Southern 所发明。其操作步骤:首先将从待检测样品中提取的 DNA 经限制性内切酶降解后,用琼脂糖凝胶电泳进行分离。将带有 DNA 片段的琼脂糖凝胶浸泡在碱中使 DNA 变性,然后将变性的 DNA 转移到硝酸纤维素膜上,在 80℃下烘烤 4~6h,使 DNA 牢固地吸附在膜上。与放射性标记的 DNA 探针进行杂交数小时后,通过洗涤除去未杂交的 DNA 探针。将硝酸纤维素膜烘干后进行放射自显影。杂交结果即可在 X 光片上显示出来。

目前大多是先制成标记的脱氧核苷三磷酸 dNTP(dATP、dGTP 和 dTTP),然后来用缺口平移法、末端标记法、随机引物法或聚合酶链反应法(PCR)等技术标记到核酸分子上。

2.同相杂交

(1)双探针常规技术　同相杂交技术最早由 Heller 和 Mirrison 提出,该项技术的特点是不需要支持物,减少了固定 DNA 以及去除未杂交 DNA 等操作。常规的同相杂交技术中使用了 2 个探针,这 2 个探针分别与目标 DNA 的 2 个相邻区域互补。第 1 个探针在 3′末端标记,第 2 个探针在 5′末端标记,利用标记物的光谱特性,使第一标记物为第二标记物提供能量。当探针与目标 DNA 杂交时,2 个探针彼此靠近,通过光吸收或化学反应激发供体标记物,并通过能量转移引起受体标记物的激发。因此,通过测定第一标记物发射光的减少或第二标记物发射光的增加,即时定量考查 DNA 探针的杂交情况。

(2)分子信标　分子信标是一种设计巧妙的荧光探针。在长度为 15~30mer(调制误差比)寡核苷酸探针的两端分别加上 5~8mer 序列互补的茎区。在自由状态时,由于茎区互补序列的结合使探针分子形成发夹结构,所以又被称为发夹探针。探针的 5′端及 3′端分别连接荧光索分子及淬灭剂分子。

自由状态时,发夹结构的两个末端靠近,使荧光分子与淬灭分子靠近(为 7~10nm)。此时发生荧光共振能量转移,使荧光分子发出的荧光被淬灭分子吸收并以热的形式散发,荧光几乎完全被淬灭,荧光本底极低。当分子信标与序列完全互补的靶标分子结合形成双链杂交体时,信标茎互补区被拉开,荧光分子和淬火分子距离增大。根据 Foerster 理论,中心荧光能量转移效率与两者距离的 6 次方成反比。杂交后,信标分子的荧光几乎 100% 恢复。且所检测到的荧光强度与溶液中靶标的量成正比。

由于食品中污染的致病菌的数量很小,所以通过 PCR 技术可以特异性扩增出致病菌的某一特定的 DNA 序列。因此,PCR 技术常与 DNA 探针技术联合使用,用于检测样品中微量的病原微生物,大大提高了 DNA 探针检测技术的灵敏度。

三、生物传感器检测技术

生物传感器(biosensor)是对生物物质敏感并将其浓度转换为电信号进行检测的仪器,是由固定化的生物敏感材料作识别元件(包括酶、抗体、抗原、微生物、细胞、组织、核酸等生物活性物质)与适当的理化换能器(如氧电极、光敏管、场效应管、压电晶体等等)及信号放大装置构成的分析工具或系统。生物传感器具有接受器与转换器的功能,对生物物质敏感并将其浓度转换为电信号进行检测。

1967 年,第一个葡萄糖氧化电极由 Updike 和 Hicks 研制成功,他们使用聚丙烯酰胺固定葡萄糖氧化酶,然后再固定到电极上。葡萄糖电极可以定量测定溶液中葡萄糖的含量,标志着生物传感器的发展起点,随后生物传感器迅速发展,各种不同的酶、微生物和细胞等固定到电极上,这些生物传感器具有检测特定底物的功能。现已发展了第二代生物传感器(微生物、免疫、酶免疫和细胞器传感器)。第三代生物传感器是将系统生物技术和电子技术结合起来的场效应生物传感器,20 世纪 90 年代开启了微流控技术,生物传感器的微流控芯片集成为药物筛选与基因诊断等提供了新的技术前景。由于酶膜、线粒体电子传递系统粒子膜、微生物膜、抗原膜、抗体膜对生物物质的分子结构具有选择性识别功能,只对特定反应起催化活化作用,因此生物传感器具有非常高的选择性。缺点是生物固化膜不稳定。

生物传感器涉及生物物质,主要用于临床诊断、治疗时实施监控、发酵工业、食品工业、环境和机器人等方面,而在食品检测中的应用主要包括食品成分、食品添加剂、有害毒物及食品鲜度等的测定分析。

(一)生物传感器的结构及其原理

生物传感器的结构有两个主要的部分:生物反应元件与信号转换器,见图 7-1。生物反应元件一般是生物活性物质,比如酶和细胞等,这部分的底物特异性决定了生物传感器的检测底物。信号转换器能将生物膜与底物的反应转化为其他信号,主要有电化学电极、光学检测元件和热敏电阻等几种类型,而且信号强度与被测底物含量成正比,再将信号转化为人可识别的数字或图像,便可直观地了解到所测底物的含量。

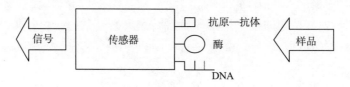

图 7-1　生物传感器的结构

生物传感器的工作原理主要是将固定化分子识别元件的感受器经过扩散运动使被检测的物质与感受器相结合,并且可以发生特定的物理反应或化学反应,产生信号,通过一定的技术手段,将这种结果信号进行放大等专业的数据处理并稳定的输出,从而得到检测结果。但是生物传感器并不具有通用性,而是需要根据被检测的元件进行特定的设计才可以得到上述工作原理的结果。

(二)生物传感器的分类

生物传感器可以从以下几个角度来进行分类:

①基于电化学或光学传感的原理,原则上生物传感器可分为电化学式和光学式两大类。其中电化学式包括电位式、电流式和电导式,光学式包括吸光式、反光式和发光式。

②根据传感器输出信号的产生方式可分为生物亲和型、代谢型和催化型。生物亲和型生物传感器利用抗原与抗体间特异性识别或键合性质来对抗原、半抗原或抗体进行检测,它检测的是热力学平衡的结果;催化型生物传感器则利用酶专一性和催化性,在接近中性和室温条件下对酶作用的底物进行检测,它检测的是整个反应动力学过程的总效应。

③根据生物传感器中生物分子识别元件上的敏感物质可分为酶传感器、微生物传感器、组织传感器、基因传感器和免疫传感器等。

④根据生物传感器的信号转换器类型对分为电极式、热敏电阻式、离子场效应晶体管式、压电晶体式、表面声波式和光纤式等。

(三)生物传感器的特点

(1)底物特异选择性　由于生物反应底物的专一性,如酶电极,只对应某一类底物选择性结合,所以即使被测物中其他物质种类很多,也能精确地测出对应底物物质的含量,受其他因素的影响较小,一般不需要进行样品的预处理,被测组分分离与检查同时完成。

(2)检测速度快　检出时间短,不需要很长的反应时间,可以在 1min 得到结果。

(3)灵敏度高　很小量的底物含量也可以被精确的检测出来,像目前市场上应用的高精度血糖分析仪,其分析精度可以达到 $0.5\% \sim 2.0\%$,采用就是固定化酶的生物传感器。

(4)体积积小　可实现在线连续监测,操作方便、可靠、耗材廉价,便于推广。

(四)存在问题及展望

自 1962 年生物传感器原理的提出,经过四十多年的长足发展,生物传感器研究出现了蓬勃发展的局面。生物传感器的问世使得部分传统的分析方法发生了变化,不仅减少了分析时间,提高了灵敏度,而且测定过程变得更为简单。生物传感器作为一种新型的检测仪器,虽然研究起步较晚,可是发展较快,但生物传感器在实际应用方面依然存在一些问题,值得进一步探讨,包括传感器稳定性、传感器重现性和传感器的使用寿命等诸多限制。

生物传感器是用生物活性材料(酶、蛋白质、DNA、抗体、抗原、生物膜等)与物理化学换能器有机结合的一门交叉学科,是发展生物技术必不可少的一种先进的检测方法与监控方法,也是物质分子水平的快速、微量分析方法。在未来 21 世纪知识经济发展中,生物传感器技术必将是介于信息和生物技术之间的新增长点,在国民经济中的临床诊断、工业控制、食品和药物分析(包括生物药物研究开发)、环境保护以及生物技术、生物芯片等研究中有着广泛的应用前景。

四、生物芯片技术

生物芯片技术是伴随着"人类基因组计划"的完成而发展起来的一项重大技术革新。在人类基因组计划实施初期,随着越来越多的基因序列被测定,紧接着要做的就是要准确确定不同基因的具体功能(又称后基因组计划)。而要确定如此数目众多的基因群的功能,传统的核酸分子杂交技术如 Southern 印迹杂交与 Northern 印迹杂交等就显得力不从心,因而迫切需要建立一种高效、快速、准确、自动化的基因分析系统,以解决后基因组研究中的难题。20 世纪 80 年代初,有人提出将寡核苷酸分子作为探针并集成在硅片上的设想,直到 20 世纪 90 年代 Fodor 等才研制出基因芯片。自此以后,生物芯片技术迅速发展。

所谓生物芯片就是通过光导原位合成方式将大量生物分子有序固化在支持物表面,然后组成密集二维分子并排列,与已标记的待测生物样品杂交,最后通过特定仪器的高效扫描和计算机数据分析计算等构建的生物学模型。

(一)基本原理与种类

生物芯片是运用基因信息、分子生物学技术、表面化学和分析化学等原理,以硅片、玻璃载片或高分子材料为基质进行设计和加工,所制作的高科技器件,其工作原理是将许多特定的探针(基因片段或抗体)有规律地排列、固定于支持物上,然后通过与待测的样品按碱基配对,抗原抗体作用原理进行杂交和反应,再通过检测系统对其进行扫描,并用相应软件对信号进行检测和比较,得到所需的大量信息,进行基因高通量、大规模、平行化、集约化的信息处理和功能研究。

生物芯片包含的种类较多,目前尚未有完全的统一分类方式。根据作用方式可分为主动式芯片和被动式芯片。主动式芯片是指将生物实验中的样本处理、样本纯化、反应标记及结果检测等多个实验步骤集成为一步反应完成。这类芯片包括微流体芯片(microfluidic chip)和缩微芯片实验室(lab on chip)。而被动式芯片则是指把生物实验中的多个实验集成,操作步骤跟主动式芯片相同,特点是高度的并行性。在大多数情况下,根据固定在载体上的物质类别分为以下几类:基因芯片[又称 DNA 芯片(DNA chip)或 DNA 微阵列(DNA microarray)],是将 cDNA 或寡核苷酸按微阵列方式固定在微型载体上制成;蛋白芯片,是将蛋白质或抗原等一些非核酸生命物质按微阵列方式固定在微型载体上;细胞芯片,是将细胞按照特定的方式固定在载体上,用来检测细胞间相互影响或相互作用;组织芯片,是将组织切片等按照特定的方式固定在载体上,用来进行免疫组织化学等组织内成分差异研究。将整个生化检测分析过程缩微到芯片上的"芯片实验室"是生物芯片技术发展的最终目标。

(二)工作流程

(1)构建芯片 构建芯片是通过表面化学方法和组合法来处理芯片,然后将基因片段和蛋白质分子按照顺序排列在芯片上。由于芯片种类较多,所以制备方法各不相同,主要有微矩阵点样法和原位合成法两种。其中,微矩阵点样法是通过液相化学合成寡核苷酸链探针,然后通过阵列复制器将紫外线交联固定后得到芯片;原位合成法主要是通过光导化学合成技术在载体表面合成寡核苷酸探针。

（2）样品制备阶段　这一过程主要是复杂生物分子合体,所以要进行生物处理。

（3）生物分子反应　这是芯片检测比较关键的步骤,反应过程需要满足高盐浓度、低温和长时间这三个条件。

（4）反应图谱的检测和分析　当生物芯片和荧光标记目标基因杂交之后,就可以通过激光共聚焦扫描芯片把芯片测定结果转换成图像或数据。

(三)生物芯片在食品安全检测中的应用

（1）生物芯片在食品中毒事件调查中的应用　通常食品中毒事件的发生是突发性和暴发性的,对这类事件的处理,首先要找到"毒源"（即致病因子）,而致病因子又往往不容易发现。例如,对于由细菌引起的食品中毒事件的调查,由于能引起食品中毒的细菌种类很多,因此要判断到底是哪种细菌引起的食品中毒常常需要耗费大量的人力和物力来进行分析,更主要的是需要很长的检测时间才能得到检测结果,这对于食品中毒事件的控制和中毒人员的及时治疗都是不利的。如果能将常见的引起食品中毒的细菌特异性 DNA 片段集成于一块载体薄片上做成 DNA 芯片,那么有可能仅需一次实验就可以判断出引起食品中毒的细菌种类,从而大大地节约检测时间和检测费用。

（2）生物芯片在农产品和食品生物毒素污染检测中的应用　食品中可能污染的生物毒素包括真菌毒素、细菌毒素、植物毒素、藻类毒素和动物毒素等,其中每一类毒素又包括很多种。以粮食为例,导致其被污染的真菌毒素有黄曲霉毒素、赭曲霉毒素、杂色曲霉毒素、腐马菌素和 T-2 毒素等几种甚至十几种,而目前的检测方法,每次实验通常仅能检测出一种毒素的含量,因此为了节省检测时间和费用,一般仅对其中的一种或几种真菌毒素进行检测和分析。如果能将抗常见真菌毒素的抗体集成于一块蛋白质芯片上,那么仅需一次试验就可以判断出粮食中常见的污染真菌毒素的种类和含量。同样也可以将常见的细菌毒素和藻类毒素等的抗体分别制成芯片或集成于一块芯片上。

（3）生物芯片应用于食源性病原体的检测　凡是通过摄食而进入人体的病原体,使人患感染性或中毒性疾病,统称为食源性疾病。据世界卫生组织估计,在数以亿计的食源性疾病患者中,大约70%是由致病性微生物污染的食品和饮水所致。在水产品、奶制品、禽肉及其制品中,常见的病原微生物如霍乱弧菌、副溶血性弧菌、单核细胞增生李斯特菌、沙门氏菌、金黄色葡萄球菌、大肠杆菌 O157、炭疽杆菌、绿脓杆菌、结核分枝杆菌、SARS 病毒、禽流感病毒等均可导致严重的疾病,威胁人类健康。

传统方法对各种导致食品腐败的致病菌的检测,多采用细菌培养、生化鉴定、血清分型、PCR 等方法,检测指标单一,花费时间长,有时不能确定是何种病原体造成的感染。而生物芯片技术可以将这些病原菌的特异性致病基因片段固定于一块芯片上,只需一次实验就可以判断出食品中各种病原菌的污染情况。由于其具有高通量、高灵敏度和高特异性等优点,可以及时反映食品中微生物的污染情况,因而获得了人们的青睐。

（4）生物芯片在食品营养学中的应用　饮食和个体差异之间的关系对基因表达的影响是非常巨大的,目前营养学家将他们的研究领域从流行病学和生理学转向营养基因组学。营养基因组学主要是根据人类基因组以及决定营养物与机体之间相互作用的基因谱来研究;营养遗传学则是根据个体之间的遗传决定的代谢差异来研究。二者均旨在以个性化饮食来促进人类健康以及防止与营养相关的疾病。

目前许多食品营养学已经开始应用生物芯片技术、生物信息学等探讨营养物对基因表达的影响以及健康食品的作用机制,这些新技术与营养基因组学的结合有助于饮食健康,它提供了新的知识来改善饮食结构、发现新的天然成分来防治疾病(如癌症和糖尿病等)。

总之,随着研究的深入,生物芯片等生物技术必将在食品安全保障中发挥着越来越重要的作用。

五、免疫学检测技术

（一）基本概念

1. 抗原(antigen)

凡能刺激机体产生抗体和致敏淋巴细胞,并能与之结合引起特异性免疫反应的物质称为抗原。刺激机体产生抗体和致敏淋巴细胞的特性称为免疫原性(immunogenicity);与相应抗体结合发生反应的特性称为反应原性(reactionogenicity)或免疫反应性(immunoreactivity),二者统称为抗原性(antigenicity)。既具有免疫原性又具有反应原性者称为完全抗原(complete antigen)。只有反应原性而没有免疫原性者称为不完全抗原(incomplete antigen),亦称半抗原(hapten)。半抗原又有简单半抗原(simplehapten)和复合半抗原(complexhapten)之分。

2. 抗体(antibody)

是在抗原刺激下产生的,并能与之特异性结合的免疫球蛋白。抗体在体内存在的形式有许多种。抗体是由 B 细胞分化的浆细胞产生的,存在于组织液、淋巴液、血液和脑脊髓液等体液中,抗体的化学本质是免疫球蛋白(immunoglobulin,Ig)。

3. 血清学试验

抗原抗体在体外发生的特异性结合反应、抗原抗体的反应一般都要用血清,故称为血清学试验或血清学反应。通过血清学试验,可用已知的抗原检测未知的抗体,也可用已知的抗体检测未知的抗原。血清学检测方法包括经典的凝集反应、沉淀反应和补体结合反应,以及现代免疫学新方法如酶联免疫分析技术、放射免疫分析技术等。

（二）免疫学检测技术的原理

免疫学检测技术的原理是借助抗原和抗体在体外特异结合后出现的各种现象,对标本中的抗原或抗体进行定性或定量的检测。定性检测比较简单,即用已知的抗体和待检样品混合,经过一段时间,若有免疫复合物形成的现象发生,就说明待检样品中有相应的抗原存在。若无预期的现象发生,则说明样品中无相应的抗原存在;同理也可用已知的抗原检测样品中是否有相应抗体。对抗原或抗体进行定量检测时,反应中加入抗原和抗体的浓度与形成免疫复合物的浓度成函数关系。根据免疫复合物产生的多少来推算样品中抗原(或抗体)的含量:在一定的反应条件下,加入的已知抗体(或抗原)的浓度一定,反应产生的免疫复合物多少与待检样品中含有相应抗原(或抗体)量成正比。也就是抗体(或抗原)浓度一定时,免疫复合物越多,则样品中的抗原(或抗体)量也越多。可用实验性标准曲线推算出样品中抗原(或抗体)的含量。如免疫单向扩散试验、免疫比浊试验和酶联免疫检测等都属于这类方法。可作为抗原进行检测的物质分为以下4类:

①各种微生物及其大分子产物:细菌、病毒、真菌、各种毒素等。

②生物体内各种大分子物质:包括各种血清蛋白(如各类免疫球蛋白、补体的各种成分)可溶性血型物质、激素、细胞因子及癌胚抗原等均可作为抗原进行检测。

③人和动物细胞的表面分子:包括细胞表面各种分化抗原(如 CD 抗原)、同种异型抗原(ABP 和 Rh 血型抗原)、肿瘤相关性抗原等。

④各种半抗原物质:某些药物、激素和炎症介质等属于小分子的半抗原,可以分别将它们偶联到大分子的载体上,组成人工结合的完全抗原。用其免疫动物,制备出各种半抗原的抗体,应用于各种半抗原物质的检测。例如对某些病人在服用药物后进行血中药物浓度的监测。对运动员进行服用违禁药品的检测,都是应用半抗原检测的方法。在食品检验中可用于药物残留和激素的检测。

(三)免疫学检测技术

免疫学检测技术是以抗原抗体的特异性反应为基础建立的,由此衍生出的检测方法种类繁多,几乎所有的免疫学方法都可以用于食品安全检测,而在食品安全检测应用中有普及潜力的主要有以下几种。

1. 酶联免疫吸附测定(ELISA)

酶联免疫吸附测定(enzyme-linked immunosorbent assay,ELISA)是继放射免疫测定技术之后发展起来的一项新的免疫学技术。自 20 世纪 70 年代出现开始,ELISA 就因其高度的准确性、特异性、适用范围宽、检测速度快以及费用低等优点。在临床和生物疾病诊断与控制、食品检验检疫等领域中倍受重视,成为检验中最为广泛应用的方法之一。

ELISA 是在免疫酶技术的基础上发展起来的一种新型的免疫测定技术。其基本原理是抗体(抗原)与酶结合后,仍然能和相应的抗原(抗体)发生特异性结合反应,将待检样品事先吸附在同相载体表面称为包被;加入酶标抗体(抗原),酶标抗体(抗原)与吸附在固相载体上的相应的抗原(抗体)发生特异性结合反应,形成酶标记的免疫复合物,不能被缓冲液洗掉;当加入酶的底物时,底物发生化学反应,呈现颜色变化,颜色的深浅与待测抗原或抗体的量相关,借助分光光度计的吸光度计算抗原(抗体)的量,也可用肉眼定性观察。因此,它可定量或定性地测定抗原或抗体。

随着 ELISA 在生物检测分析领域的广泛使用,根据试剂的来源和标本的情况以及检测的具体条件,逐渐演变出了几种不同类型的检测方法:夹心法、间接法、竞争法、双位点一步法、PCR-酶联免疫测定法和斑点免疫酶结合试验等。

自建立 ELISA 方法以来,其在食品安全中的应用就得到了充分的体现。1977 年,LaWell 首先采用了 ELISA 法来检测了黄曲霉毒素,目前食品中许多致病菌如沙门氏菌、大肠杆菌 O157 等微生物都可以用此方法来进行检测。另外主要的药物残留如抗生素类、磺胺药类、呋喃药类、激素药类和驱虫药类等的 ELISA 检测方法都已经建立,其中 T-2 毒素、黄曲霉毒素 B_1、脱氧雪腐镰刀菌烯醇等的 ELISA 检测方法已列入我国标准方法。但 ELISA 对试剂的选择性高,很难同时分析多种成分,对结构类似的化合物有一定程度的交叉反应,分析分子量很小的化合物或很不稳定的化合物有一定的困难。虽然如此,人们对该方法的热情依然不减,而基于 ELISA 方法的检测抗生素、农药、食品添加剂等的残留检测试剂盒已经实现了产业化,它正以其方便、廉价的优越性成为人们钟爱的首选方法。

2. 免疫胶体金技术

Faulk 于 1971 年把胶体金引入免疫化学,被公认为免疫胶体金技术的诞生。近年来,研究人员根据胶体金的物理及化学性能,设计的各种检测方法能在几十分钟甚至几分钟内就获得检测结果,从而判断样品中是否含有待检测的物质,并初步判定是否超标,但是该方法不能进行准确的定量。我国赖卫华等应用胶体金试纸条快速检测赭曲霉毒素 A,发现赭曲霉毒素 A 快速检测试纸条的检测限为 10ng/mL,检测时间为 10min,使用方便,经济适用。而谌志强等用胶体金免疫渗滤法检测大肠杆菌 O157∶H7 后认为此方法在基层进行细菌检测中具有良好的推动作用。许春光等在用胶体金同 ELISA 结合检测盐酸克伦特罗后发现该方法的敏感性和特异性均可达到 ELISA 的水平。所以,可以认为该方法具有良好的普及潜力。目前由此已经衍生出许多与之相结合的检测方法,如链霉亲和素-胶体金探针(SAG),胶体金免疫层析技术等。总之,它正以其优越的可操作性在食品安全检测中发挥出了越来越重要的作用。

3. 免疫磁珠法

免疫磁珠法是非常有效的从食品成分中分离靶细菌的方法。它应用抗体包被的免疫磁珠,同食品样品的提取液混合,样品中病原菌特异性地与抗体结合到固定的颗粒上,分离磁珠即可分离出病原菌,不仅缩短分析时间,而且克服了选择性培养基的抑制作用问题。2001 年世界标准化组织(ISO)发布的《食品和动物饲料微生物学-大肠杆菌 O157 检测方法》(ISO16654)就采用了免疫磁珠分离技术。TanW 认为应用该方法不仅能够节约时间,而且灵敏度也有很大的提高。寇运同等用免疫磁珠捕集法快速检测食品中的单核细胞增生李斯特菌检测低限均达到甚至超过了传统方法,检测结果基本不受干扰菌影响,简便快速、便于灵活掌握。目前认为食品卫生检验中的沙门氏菌、单核细胞增生李斯特菌等方法已经成熟,并且被越来越多的应用。

4. 免疫捕获 PCR 法

根据特异性抗体与病原菌菌体抗原特异性结合的免疫学原理,将特异性抗体包被于磁珠或 PCR 管壁上,富集或捕获菌悬液和标本中的病原菌,再进行 PCR 反应,即可检测目标病原菌。牛建军等对大肠杆菌 O157:H7 检测认为基于生化特性的传统培养法约需 72h,而本方法只需 4~5h,样品中大肠杆菌 O157:H7 的含量只要不少于 10cfu/mL,经过 6h 增菌均能检测出来。Waller 等用该方法对食品中空肠弯曲菌进行分离定量分析,认为效果非常明显。而李晓虹等用免疫磁珠和复合 PCR 联用,从样品中直接浓缩获取单增李斯特菌,用 IMS/PCR 方法和 SN 方法同时检测了样品 162 份,结果通过 API 方法确证,符合率达到 100%。建立的 IMS/PCR 方法较常规方法简便、快速、灵敏度高,可达 1.5cfu/mL,在 24h 可快速检出单核细胞增生李斯特菌,有很好的应用前景和研究价值。

5. 免疫传感器技术

免疫传感器技术是将免疫测定技术与传感技术相结合的一类新型技术,具有精确度、灵敏度高、特异性强、样品前处理简单的特点。对于有的样品甚至不需要前处理过程,响应和检测迅速,每个样品只需几十秒至几分钟。选择性好、操作简单、携带方便、能重复利用,并能实现现场检测和在线检测等优点,有望发展成为食品安全检测中最有效的新技术。

运用该方法可以按照不同的使用方法分为多种,目前已经可以用于大肠杆菌 O157:H7 等多种细菌,而用电化学免疫传感器检测黄曲霉毒素 M_1,用光纤免疫传感器技术检测低水平的单核细胞增生李斯特菌,用压电晶体免疫传感器检测葡萄球菌肠毒素 B 都有明显效果。

6. 免疫荧光技术

免疫荧光技术是用荧光素标记的抗体检测抗原或抗体的免疫学标记技术,又称荧光抗体技术。它是标记免疫技术中发展最早的一种,由 Coons 等于 1941 年首次采用荧光素进行标记而获得成功。其原理是将抗体分子与一些示踪物质结合,利用抗原抗体反应进行组织或细胞内抗原物质的定位,主要有直接法和间接法。目前对于痢疾志贺氏菌、霍乱弧菌、布氏杆菌和炭疽杆菌等的实验诊断有较好效果。荧光抗体技术的一种特殊应用是流式细胞分析,既可用于检测受染细胞内的病毒抗原,也可检测受染细胞表面的病毒抗原,另外,该技术在检测抗生素残留方面也有一定的应用。总之,由免疫荧光技术衍生出的许多方法都可以发挥到食品安全检测的各个领域,为更加精确的检测提供方便快捷的方法。

7. 免疫芯片

免疫芯片指包被在固相载体上的高密度抗原或抗体微点阵,是继基因芯片之后提出的一种新型的生物芯片技术。它将几个、几十个,甚至几万个或更高数量的抗原(或抗体)高密度排列在一起制成,目前可以分为间接法免疫芯片、双抗体夹心法免疫芯片、竞争法免疫芯片、免疫-PCR 芯片、酶标法免疫芯片、放射性同位素法免疫芯片、荧光法免疫芯片、金标法免疫芯片以及生物素-抗生物素蛋白法免疫芯片等。据不完全统计,已有 4 家美国公司基于液态芯片技术平台产品获得 FDA 的批准用于临床诊断。用该方法进行污染物的检测具有灵敏度高、特异性强、短时间内可以检测多种待测物的优点,但是在检测前需要对样品进行提取、纯化等预处理。当前制约免疫芯片广泛应用的根本原因在于如何获得更多的针对各种污染物的高效价单克隆抗体。采用多克隆抗体检测时,标记的抗体可能会与封闭液中的蛋白质发生非特异性结合,导致荧光背景的升高。我国已经能生产用于商品化的检测克伦特罗、磺胺二甲嘧啶、链霉素、恩诺沙星等多种兽药的残留情况的免疫芯片。

8.化学发光免疫技术

化学发光免疫技术是基于放射免疫分析的基本原理,将化学发光与免疫测定结合起来的一种高效检测手段。这种方法由 Halman 于 1977 年建立,其特点是以化学发光物质为示踪物,是一种简便、快速、灵敏度高的测定方法,且重复性好,无放射性污染。可以将其分为化学发光酶免疫分析、微粒体发光免疫分析、电化学发光免疫分析、时间分辨荧光免疫分析、激光免疫分析等。由于这些方法在测试中不使用有害的试剂,所以具有一定的推广前途,用此方法可以进行细菌、病毒、毒素等物质的检测。

总之,随着人们生活水平的提高以及科技的发展,对食品安全的要求也越来越高,国内外已经有很多公司生产了基于免疫学的食品安全检测仪器,并且由于其快速、廉价、方便的特点被人们广泛接受,相信不远的将来,会有更好的免疫学方法应用到食品安全的检测中。

第三节　生物技术及其食品安全管理

一、食品生物技术的伦理、安全和规范

当对一个新技术的伦理问题进行评价时,不仅仅是简单的对与错的问题,对风险性与益处的评估也应当一起进行。这些风险的本质和严重性随着食品生物技术类型的变化而变化,并且这些风险通常被认为与人类的健康有着直接的联系。市场上的生物技术产品(如转基因作物),可能含有的毒性直接威胁到人类健康;同时,检测系统中潜藏着间接的风险,这种间接的风险也是非常重要的。检测系统如果不能正确检测出食物中的微生物,可能会导致极为严重的后果(见表 7 - 1)。

表 7 - 1　食品生物技术的益处与风险

类型	益处	潜在的风险	规范
重组蛋白质	改善粮食供应(如凝乳酶);提高酶活(重组淀粉酶)	毒性	国家标准
转基因作物	提高农业水平(如除草剂抗性);减少杀虫剂的应用;提高营养含量	毒性;破坏环境(如严重的杂草问题)	国家标准和国际标准
检测技术	快速检测病原体;改良特性;在线监测	降低灵敏性;检测结果不具有连续性	协会(如 AOACa);国家标准和国际标准
转基因动物	提高质量(如牛奶);促熟(用激素催熟大马哈鱼)	毒性;降低动物的免疫能力;破坏环境(如对野生鱼群的破坏)	国家标准
微生物技术	提高效率(如淀粉的改良);新的食品添加剂	毒性(如嗜酸细胞过多引起的肌痛症)	国家标准和工业标准
保健食品	提高大众健康水平	毒性(尤其是与食物相关);误导消费者	国家标准

生物技术程序的规范性标准一般都是国家或国际(欧盟)标准,这就使得政府处于非常微妙的处境。生物技术对环境和健康的危害必须与其带给环境、健康和经济的益处保持平衡。拥有科学的证据也是安全评估中重要的因素,由于安全评估已经涉及法律、政治、贸易和经济等多方面的问题,所有这些都影响着食品生物技术的本质和发展方向。由于错综复杂的原因,政府也面临着来自商业团体的压力,这种压力要求标准的限制保持在最低的程度。由于这些因素的影响力不同,政府趋向于应对最主要的问题。因此,尽管安全评估可以采用同一种方法,但是不同的政府也可能会公布不同的标准。在欧洲和美国对转基因作物的培养和使用标准的不同,就是这种现象的典型例子。在欧洲,只有两种转基因栽培变种可以被种植、销售和出口。在欧洲的大部分地方,转基因作物的种植面积很小,并且百货商店中没有含有转基因作物的食物。相反,在美国、加拿大和其他的几个国家,作为食品的转基因作物的种植面积有几百万公顷,并且销售含有转基因玉米和大豆的食物的百货商店随处可见。

另外,许多政府大力支持生物技术研究,这种支持的潜在风险受到了许多激进团体和科学团体的关注。如果一个政府支持生物技术,那么这个政府还能够诚实并有效地规范它的应用吗?假若对生物技术的正反两方面的评估责任有明确分工的话,那么这个问题的答案则是肯定的。对政府部门其他的普遍批评是大多数国家所执行的生物技术标准是不公开的。由于许多公司需要对产品的实验数据做一些保密的限制,政府通常不公布其对健康和环境的影响的评测数据,这导致了科学家和人们对政府和企业的不满,并且这很可能是目前人们对食品生物技术工业不信任的因素之一。最后的批评是关于标准的制定,在大多数国家,食品生物技术标准是根据现有的食品安全法制定的,有时也应用于杀虫剂。在美国,食品生物技术法由三个部门管理,即美国农业部(USDA)、美国环境保护局(EPA)和美国食品和药品管理局(FDA)。这种复杂的管理网对于生物技术公司执行标准的操作性来说是不利的,并且似乎也很难进行管理。在欧洲,情况更为复杂,因为在欧盟中法律的制定必须得到其他国家法律的承认,并且欧洲民众对生物技术都有敌对的情绪。不管怎样,生物技术产品已经得到规范,并已经拥有良好的、健康的环境安全纪律。

二、生物技术食品安全管理的内容

世界各国对生物技术都倾注了极大的兴趣并寄予高度的希望。但对基因工程工作及其产品的安全性也同样采取十分谨慎的态度,主要是对基因改性产品的安全性具有相对的不确定性而涉及人体健康、环境保护、伦理、宗教等影响;生物技术产品跨越政治界限的生态影响和地理范围;在一国或地区表现安全的基因产品在另一地区是否安全,需要经过评价,实施规范管理。另外,随着世界市场的开放及其影响范围的扩大,表明生物技术产品已超越本国的影响限度,这就带来无可回避的风险问题。

生物技术安全管理的法规体系建设主要包括:

①建立健全生物安全管理体制的法规体系,明确规定将生物技术的实验研究、中间试

验、环境释放、商品化生产、销售、使用等方面的管理体制纳入法制轨道。

②建立健全生物技术的安全性评价、检测、监测的技术体系,制定能够准确评价的科学技术手段。

③建立、完善和促进生物技术健康发展的政策体系和管理机制,保证在确保国家安全的同时,大力发展生物技术,进一步发挥生物技术创新在促进经济发展,改善人类生活水平和保护生态环境等方面的积极作用。

④建立生物技术产品进出口管理机制,管理国内外基因工程产品的越境转移,有效地防止国外生物技术产品越境转移给国内人体健康和生态环境带来的危害。

⑤提高生物技术产品的国家管理能力,建立生物安全管理机制和机构设置,加强生物安全的监测设施建设,构建生物安全管理信息系统,增强生物安全的监督实力,培训生物安全科学技术的人力资源。

总之,生物技术安全管理的总体目标是:通过制定政策和法律法规,确立相关的技术标准,建立健全管理机构并完善监测和监督机制,积极发展生物技术的研究与开发,切实加强生物安全的科学技术研究,有效地将生物技术可能产生的风险降低到最低限度,以最大限度地保护人类健康和环境生态安全,促进国际经济发展和社会进步。

三、国内外生物技术食品安全管理及相关法规

由于转基因技术开辟了一个新的领域,目前的科学技术水平还不能准确地预测外源基因在受体生物遗传背景中的全部表现,人们对生物技术食品的潜在危险性和安全性还缺乏足够的预见能力。因此,必须采取一系列严格措施对遗传工程体从实验到商品化生产进行全程安全性评价和监控管理,以保障人类和环境安全。各国根据国情和世界卫生组织、联合国粮农组织、经合组织制定的生物技术产品安全性评价原则制定各自的生物技术安全指南和管理,建立起一系列的生物技术产品的安全管理的程序和规范。

(一)美国转基因食品的管理

美国的生物技术食品是由食品和药品管理局(FDA)、美国环保局(EPA)、美国农业部(USDA)负责检测、评价和监控。其中,FDA的食品安全与应用营养中心是管理绝大多数食品的法定权力机构。而美国农业部的食品安全和检测部门则负责肉、禽和蛋类产品对消费者的安全与健康影响的管理。EPA管理食品植物杀虫剂的使用和安全。

1992年FDA颁布了食品安全和管理法规,以保证FDA对现代生物技术生产的食品和食品添加剂进行管理的权利。该管理指南与联合国粮农组织(FAO)、世界卫生组织(WHO)和美国国家科学院(NAS)对新食品管理的原则是一致的。即一种新食品的研制方法,例如生物技术,并不能作为决定这种新食品安全性的因素。同样,安全性评价应根据"实质等同性"原则来进行评价。生物技术食品要接受FDA的食品销售法规的管理,加入食品中的物质应按照食品添加剂的要求进行上市前审批。FDA同时认为,由于重组DNA技术等快速发展,管理方针应具有足够的灵活性以便允许随技术革新而做必要的修改。

1992 年的指南强调了对转基因食品的评估重点是新增基因编码有害蛋白质的可能性,以及评估新品种所含已知毒性物质和营养物质可被接受的水平。另一个显著特点是由引入新基因产生的蛋白质或其他食品添加剂成分,如果从结构、功能方面与现有食品该组分存在显著的不同,则需要获得批准才能上市。相反如果与现有食品的组分非常相似,将无须进入市场前的审查。所以对大多数通过重组 DNA 技术生产的食品添加剂不需要申请市场化许可。由于基因在不同生物体之间的转移可能造成一定人群的过敏,因此,来自引起过敏的食品如牛奶、蛋、鱼、坚果等生物体的基因则需要科学鉴定,以证明过敏原不在新食品中,如有过敏原则需标签以提醒易感人群。

1998 年 FDA 的食品安全与营养中心发布了转基因植物应用抗生素标记基因的工业指南。提出对抗生素抗性基因的安全性评价首先是该基因编码酶或蛋白质的安全性,即是否有潜在毒性或致敏性,以及因存在于食品中是否影响到相应抗生素的口服使用疗效。尽管抗生素抗性标记基因从植物中转移给肠道或环境微生物的可能性极小,但食品与药品管理局要求在个案分析的原则基础上,从事转基因植物的人员应从以下几个方面评价标记基因的安全性:①所涉及的抗生素是否在药物治疗上非常重要;②是否为常用药;③是否口服;④是否为独一无二的药物;⑤是否存在相应基因发生转化的选择压力;⑥在菌群中存在对相应抗生素的抗性水平。如果 FDA 认为该标记基因可能影响相应抗生素的应用疗效,或该抗生素是唯一的特效药,则该标记基因不能用作转基因作物的标记基因。

(二)加拿大转基因食品的管理

加拿大负责法规和标签的权力机构是卫生部,其所属的健康保护局在加拿大食品和药物管理局领导下行使权力,该局根据《新食品管理条例》和《新食品安全评价准则》的规定对生物技术食品进行管理。其新食品包括:①没有安全食用史的物质(包括微生物);②采取新方法生产、制造、保存或包装的食品,或使食品发生巨大变化的方法,该方法可能对食品的成分、结构、公共价值、或已确认的食品生理产生有害影响,或可能改变对该食品代谢或对食品的安全产生影响。加拿大的新食品管理条例和准则反映了经济合作发展组织所提出的实质等同性原则,所收集的新食品安全信息也得到了联合国粮农组织的认可。按加拿大食品与药物管理局授权,该国的食品标签政策由加拿大卫生部和加拿大食品监测局制订。准则要求其标签内容必须真实且容易理解,并且不能造成误导。那些对于健康和安全可能有影响的食品,如可能引起过敏、造成毒性、成分与营养改变的食品,则实行强制性标签。

(三)欧盟转基因食品的管理

欧盟国家对生物技术食品评价作了严格的法律规定。欧盟管理体系基于两方面的考虑:一是考虑生物技术的应用可能引起的特定风险,二是考虑最终产物及其安全性。1997年 5 月 14 日,欧盟通过了《欧盟议会和委员会新食品和食品成分管理条例第 258/97 号令》。该法规规定了新食品的定义、新食品和食品成分上市前安全性评价的机制和对转基因生物(GMOSs)产生的食品和食品成分的标签要求。欧盟认为新食品包括含有 GMOSs 的食品和食品成分、对 GMOSs 来源的食品和食品成分以及其他分子结构经过修饰的食品和食品成分等。新食品和食品成分不应给消费者带来危险，不能误导消费者，不能明显不同于现有的食品以至于营养学上不利于消费者。该法规保障消费者有权知道该食品是否为转基因食品，为了保证最终消费者了解必要的信息，欧盟要求新食品必须贴有标签。对于转基因食品和食品成分则实行强制性标签。标签上必须标明该食物的组成、营养价值和食用方法。

（四）我国生物技术食品安全管理及相关法规

我国由于转基因技术发展晚于欧美，在安全性法规和管理上起步晚于发达国家。目前，有关国际组织和国外的现行法规将转基因食品归入"新食品"的管理范畴。所谓新食品是指一个地区或国家以前无食用习惯的食品。在我国的现行法律法规中将这一类食品归类为新资源食品，并将转基因食品也归入新资源食品的管理范畴。在 1990 年颁布的《新资源食品卫生管理办法》对新资源食品的定义为：食品新资源系指在我国新研制、新发现、新引进的无食用习惯的，符合食品基本要求的物品。以食品新资源生产的食品称新资源食品（包括新资源食品原料及成品）。

在《新资源食品卫生管理办法》中还规定："新资源食品的试生产、正式生产由中华人民共和国卫生部审批，卫生部聘请食品卫生、营养、毒理等有关方面的专家组成新资源食品评审委员会，负责新资源食品的审评，新资源食品审评委员会的审评结果，作为卫生部对新资源食品试生产、生产审批的依据。"

为了顺利进行新资源食品的审批，卫生部还制定和颁布了《新资源食品审批工作程序》，依照《食品卫生法》及该程序的规定，新资源食品的审批内容包括：①食品新资源名称及国内外研究利用情况；②新资源食品的名称、配方及生产工艺；③产品成分（包括营养物质、有生物效应物质及有毒有害物质等）的分析报告；④食品新资源的安全性毒理学评价报告或有关文献资料；⑤个别地区有食用习惯的食品应提供有关食品食用历史的证明资料；⑥该产品的质量标准；⑦产品标签及说明书。

对于新资源生产的食品添加剂必须由卫生部进行审批。评审内容包括：生产工艺，理化性质，质量标准，使用效果、范围，加入量、毒理学评价结果等。为了开展对新资源食品原料、新资源食品、利用新资源生产加工的食品添加剂进行食品安全性评价，我国还颁布了国家标准的《食品安全性毒理学评价程序与方法》。

此外，我国对基因工程管理的部分内容也适用于对生物技术食品的管理。1993 年 12 月中华人民共和国科学技术委员会发布了《基因工程安全管理办法》对基因工程的安全等级和安全性评价、申报和审批、安全控制措施等作了相应规定。随后，1996 年 4 月农业部颁布了《农业生物基因工程安全管理实施办法》对不同的农业生物遗传工程体做了详细的规定：植物遗传工程体及其产品安全性评价，动物遗传工程体及其产品安全性评价，植物用微生物遗传工程体及其产品安全性评价，兽用遗传工程体及其产品安全性评价，水生动植物遗传工程体及其产品安全性评价。这些管理细则分别从受体生物的安全性评价、基因操作的安全性评价、遗传工程体及其产品的安全性评价、释放低点、试验方案上进行管理。

继欧盟、日本、韩国、俄罗斯等国之后,我国从 2002 年 3 月 20 日起实施《农业转基因生物标识管理办法》。凡是列入标识管理目录并销售的农业转基因生物应当标识。未标识和不按规定标识的,不得进口或销售。第一批实施标识管理的农业转基因生物包括:大豆种子、大豆、大豆粉、大豆油;玉米种子、玉米、玉米油、玉米粉;油菜种子、油菜籽、油菜籽油、油菜籽粕;棉花种子;番茄种子、鲜番茄、番茄酱。

第八章　生物技术与食品综合利用

第一节　生物技术与果蔬综合利用

一、生物技术在果蔬综合利用中应用概况

我国是一个农业大国,果蔬资源丰富,各类水果年产量已超过 5000 万吨,蔬菜产量居世界首位,每年收获季节除大量供给市场新鲜果蔬和储藏加工外,往往还有大量的副产品,因而果蔬加工过程中产生大量的下脚料。如在制作果蔬汁中,下脚料占加工原料的质量百分比分别为:柑橘 50% ~ 55%、葡萄 30% ~ 32%、苹果 20% ~ 25%、香蕉 30%、青豌豆 60%、胡萝卜 40% 和辣椒 24%。另外,在原料生产基地,从栽培至收获的整个生产过程中,会有很大数量的落花、落果及残次果实,而这些原料中又含有很多有用的成分,可以加工或提取有相当价值的产品。这些下脚料和落果等均属于可再生资源,来源丰富,价格低廉,安全无毒副作用。

果蔬综合利用是根据各类果蔬不同部分所含的成分和性质,对它们进行全植株的综合利用,从而充分挖掘副产品资源的再生潜力,这是现代食品工业的一项重要课题。从综合利用所得产品的用途上可分两类,一类为可食性物质的提取,另一类为非可食性物质的提取。可食性物质有果胶、香精油、天然色素、糖苷、有机酸类、种子油、蛋白质、维生素、可食性纤维、饲料等;非可食性物质有乙醇、甲烷、柠檬烯(杀虫用)、麝香草酚(杀菌用)、活性炭、康酿克油等。果蔬经综合利用不仅可节省大量物资,提高了原料的利用率,增加经济效益,而且还能够减少环境污染,保护生态环境,实现农产品原料的梯度加工及增值,提高经济效益和社会效益。

目前,在果蔬综合利用中经常使用的生物技术是发酵工程技术、酶工程技术和蛋白质工程技术。发酵工程技术是利用微生物的特殊功能生产有用物质的一种技术体系。这项技术包括菌种的选育和改造、代谢产物的分离与提纯等操作。它涉及新食品原料、食品加工催化剂、食品保藏稳定剂、氨基酸及其衍生物以及废弃物的发酵。其中,后者就是利用果蔬生产加工中的废弃物作原料,通过发酵工程生产酒精、单细胞蛋白、食品添加剂、有机酸和氨基酸等产品。酶工程技术是利用生物酶生产有用物质的一种技术体系,它包括产酶菌的诱变和筛选、酶解条件的优化、酶解产物的分离提取等。在果蔬综合利用中主要使用的酶有纤维素酶、果胶酶和淀粉酶。使用纤维素酶已成功地水解柑橘皮渣制取饮料,柑橘皮渣经酶解后有 50% 的粗纤维转化为可溶性糖,剩余的转化为短链低聚糖,后者即为果肉饮料的膳食纤维。同时该酶可以使细胞壁膨胀和降解,提高可消化性和改善口感,可

用该酶浸渍果蔬的非食用部分,使果蔬去皮、去苦。果胶酶可以把果肉原料部分或全部液化,降低机械工作强度,并利于浓缩、改善透明度、可溶性和稳定性,从而简化了对色素、风味物质等果汁成分的提取。此外,淀粉酶也是具有特殊功能的生物酶,常用于果蔬的综合利用中。

　　长期以来,我国对果蔬的综合利用并不算好,其主要问题是:国内多数的食品生产企业的生产线没有能力将加工过程中产生的废弃物和下脚料转化为有一定经济价值的产品;即使有些企业能够做得到,其产品质量也不稳定。目前,我国主要研究和建立的果蔬综合利用体系主要有柑橘皮渣、苹果皮渣、葡萄皮渣、猕猴桃皮渣和胡萝卜皮渣等利用体系,这些体系在实践应用中得到不断完善。表8-1为果蔬综合利用的常见产品。

表8-1　果蔬综合利用情况

下脚料原料	综合加工产品
柑橘类	柠檬酸、香精油、种子油、蛋白质、果胶
苹果	果汁、果胶、柠檬酸、食用纤维素、多酚
葡萄	酒石酸、单宁、葡萄籽油、天然色素、白藜芦醇
猕猴桃	果胶
胡萝卜	胡萝卜素、膳食纤维、果胶
核果类	种子油、香精油、活性炭
番茄	番茄籽油和蛋白质
马铃薯	淀粉、果胶、燃料酒精
蔬菜类	叶蛋白
食用菌	调味品、饮料、酒
辣椒	速冻食品,罐头食品

二、生物技术在果蔬综合利用中具体应用

　　从果蔬加工的下脚料和废弃物中,不但可以提取果胶、香精油、色素、黄酮类物质、油脂、蛋白质、可食纤维等可食性产品;而且还能够以果蔬皮渣为原料,制取酒精、沼气等发酵产品。其中,综合利用做得比较完全的有苹果、柑橘、葡萄、胡萝卜和猕猴桃等。

(一)苹果皮渣的综合利用

　　我国有大量的苹果资源,年产量约占世界总产量的40%。苹果加工的主要产品有浓缩果汁、糖水罐头、果脯、果酒、果酱、果冻、果醋等。但在苹果加工中还会产生大量副产品——由果皮、果心、种子及残余果肉组织等混合而成的苹果渣。目前,对苹果渣的利用主要有两条途径:一是直接利用其天然成分提取功能因子,如果胶、香精、色素、纤维素、柠檬酸、苹果籽油等;二是利用其营养成分经微生物发酵后来生产柠檬酸、乙醇、饲料、活性炭及用作制造天然气的能源。苹果渣中各成分含量见表8-2。

表 8 - 2　苹果下脚料中各成分平均含量

成分	含量/%	成分	含量/%
干物质	21.0~23.0	单宁、色素	0.1~0.2
糖类	6.0~8.0	矿物质(Ca、K)	0.2~0.7
果胶	0.9~1.9	维生素 B_6	1.65(mg/kg 干重)
纤维素	2.7~3.2	维生素 C	26.7(mg/kg 干重)
无氮浸出物	11.2	有机酸	0.3~0.7
蛋白质	1.2~2.0	脂肪	1.25

1. 提取果胶

苹果皮渣及残次果、落果均能用于提取果胶。一般苹果果皮的果胶含量为 1.24%~2%,苹果渣的果胶含量为 1.5%~2.5%,干苹果渣果胶含量为 10%~15%。因此,苹果渣是制取果胶的一个重要资源。

(1)工艺流程:

苹果皮渣→清洗→干燥→粉碎→酸液水解→过滤→浓缩→沉析→干燥→粉碎→检验→标准化处理→成品

(2)操作要点:

①原料处理。苹果皮渣原料来源于苹果浓缩汁厂或罐头厂,一般新鲜的苹果皮渣含水量较高,极易腐烂变质,要及时处理。一般是将新鲜苹果渣用 90~95℃热处理 10~30min,钝化其中的果胶酶,防止果胶水解,再用 30℃的温水反复漂洗,洗去原料中的糖分、色素等,在温度为 65~70℃的条件下烘干后,粉碎到 180μm 左右待用。为了加强脱糖、脱色效果,可用 75℃的 0.5% NaHSO₃ 溶液浸泡果渣后洗至滤液无色,然后再微波辐射 5min,70~80℃干燥备用。也可加入体积分数 95% 的乙醇,加热 1.5h 后过滤,以乙醇洗涤多次,再以乙醚处理,除去全部糖类、脂类及色素,乙醚挥发去除。

②提取。果胶的提取方法多采用传统的酸水解法,可辅助微波、超声波、高压脉冲电场等技术提高萃取效果,也可采用乙醇、酶(微生物)等方法。

酸法提取:是一种最古老的工业果胶生产方法,基本原理是利用果胶在酸性溶液中的可溶性,将其从植物组织中萃取出来。通常用热的酸性溶液,如 HCl、H_2SO_4、H_3PO_4、H_2SO_3 等,也可用柠檬酸、酒石酸、乙酸、乳酸和苹果酸等有机酸。以 HCl 的提取效果最为理想。用 H_3PO_4 和 H_2SO_4 水解提取果胶时,可将粉碎后苹果皮渣粉末加入 8 倍左右皮渣粉末质量的水,用盐酸调节 pH 为 2~2.5 进行酸解。在 85~90℃下酸解 1~1.5h 完成提取,然后过滤,收集滤液待用。

乙醇提取:以乙醇为提取剂,水解温度 90℃,用盐酸调节 pH 为 2.0,水解 1.5h,提取的苹果果胶产品外观较好,提取效率较高。

微波辅助提取:微波用于提取果胶,具有快速、选择性强、操作时间短、溶剂耗量小、提取率高、成本低和果胶色度纯、质量好等诸多优点,是果胶提取中一种非常有发展潜力的新技术。研究发现,在 pH 为 1.0、提取时间 20.8min,功率 499W,料液比 1:14.5(m/V)的微波辅助提取条件下处理苹果渣,其果胶得率、纯度和总离子含量均显著高于传统工艺(pH 为 2.0、提取时间 1.5h、温度 85℃,料液比 1:13)。

超声波辅助提取:超声波能够引起空化效应,对细胞壁有很大的破坏作用。在料液比 1:10、超声处理时间 60min、温度 70℃、功率 400W 的超声波辅助提取条件下处理苹果渣,果胶得率达到 7.53%。得率相同的条件下,与普通的提取方法比较,超声波提取所用的温度低,时间短,这样就可以节约能源,降低成本。超声波辅助提取将为果胶工业开辟出一条新的发展途径。

高压脉冲电场法提取:高压脉冲电场是近年来兴起的非热处理技术,在处理热敏性物质方面具有巨大的优势,已被广泛应用于商业杀菌。同时高压脉冲电场可成功破坏植物细胞膜,并在增加细胞内物质溶出方面取得了显著效果。在电场强度为 15kV/cm、pH 为 3、脉冲数为 10、料液比为 1:19、温度为 62℃,该条件下处理苹果渣,果胶得率最高为 14.12%,优于酸法、超声波法及微波法。是一种较为有效的辅助提取果胶的方法。

③浓缩。将提取过滤后的滤液在温度为 50~54℃、真空度为 0.085MPa 条件下进行浓缩。

④沉析。浓缩后所得浓缩液要及时冷却并进行沉析。一般有盐沉析、酒精沉析法、果胶酸钙沉析等多种方法。

⑤纯化。

脱色:在果胶提取液中加入 0.5%~1.0% 的活性炭,于 80℃ 加热 20min 进行脱色和除异味,趁热抽滤。但活性炭不易除去,易造成果胶灰分过高。也可用大孔树脂脱色。

脱蛋白:在脱色后利用低浓度三氯乙酸可脱除 61.49% 左右的蛋白质。

⑥干燥与粉碎。将所得湿果胶在 60~70℃ 以下进行真空干燥 8~12h,然后粉碎到 180μm 左右,即成为果胶粉。必要时可添加 18%~35% 的蔗糖进行标准化处理,以达到商品果胶的要求。

2. 提取苹果多酚

(1)乙醇提取法

①工艺流程:

果渣→乙醇提取→过滤→蒸发→真空干燥→粉碎→成品

②操作要点:称取冷冻果渣,按料液比 1:(10~20)加入 60% 乙醇,浸提温度 60℃,浸提时间 4h,过滤。30℃ 旋转蒸发除去有机溶剂,真空干燥,粉碎,即为成品。

(2)微波萃取法

①工艺流程:

果渣→加入 60% 乙醇→微波萃取→过滤→蒸发→真空干燥→粉碎成品

②操作要点:将苹果渣粉碎过 140 目筛,放入微波萃取仪容器中,按 1:50 的料液比加

入60%的乙醇溶液,设置微波辅助功率750W,萃取时间60s,将提取液置于离心机中,以4200r/min离心15min,然后真空抽滤,真空干燥,粉碎,即为成品。

(3)超高压法

①工艺流程:

乙醇

↓

苹果渣→真空封袋→超高压处理→过滤→真空浓缩→真空干燥→粉碎→成品

②操作要点:将苹果渣粉碎过140目筛,按1:50的料液比加入80%的乙醇溶液,在200MPa压力下处理时间2min,将提取液置于离心机中,以4200r/min离心15min,然后真空抽滤,真空干燥,粉碎,即为成品。

3.发酵生产蛋白饲料

苹果渣是鲜苹果加工后的下脚料,主要是由果皮、果核和部分残余果肉组成。苹果渣经过适当加工处理即可用作畜禽的饲料。苹果渣的营养价值较高,适口性好,各种畜禽都喜欢采食。据分析,风干的苹果渣粉含粗蛋白质3%~5%、粗脂肪5%~7%、粗纤维13%~16%、无氮浸出物(包括各种糖类、淀粉、黏液物质、水果酸、果胶、单宁、色素)65%~75%。苹果渣中的赖氨酸是玉米粉的1.7倍,精氨酸是玉米粉的2.75倍,其消化能为11 388kJ/kg,代谢能为9 337kJ/kg,1.5~2.0kg的苹果渣粉相当于1.0kg玉米粉的营养价值。

(1)菌株筛选　采用苹果渣双层平板法筛选。从长期堆放的甜菜渣、苹果渣、淀粉渣等富含半纤维素、果胶的区域采集出15个样品,分别配成1%的悬浮液,取少量悬浮液混入上层培养基中,30℃下培养2~3d,挑选菌落直径最大的酵母菌,经纯化、镜检,保存在斜面培养基上。经初步筛选的数株酵母菌装入有30mL培养基的300mL的培养瓶中,在30℃的摇床上培养适当时间,离心收集菌体,测粗蛋白含量及分析氨基酸组分。最后得到粗蛋白含量最高、氨基酸组成齐全的一株酵母菌,作为固态发酵的菌种。

(2)发酵　给苹果渣中添加2.5%~3.0%苹果渣重的尿素作为氮源,同时调节pH为6~6.5,保持苹果渣的水分含量为55%左右,添加已筛选出的酵母菌,在35℃下,发酵24~36h后,即为蛋白动物饲料。

(二)柑橘皮渣的综合利用

柑橘属芸香科柑橘亚科植物果实,是人们日常生活中必不可少的果品之一。中国是世界柑橘主产国,2006年柑橘种植面积171.4万公顷,约占世界柑橘种植总面积的24%,年产量高达1900万吨,占世界总产量的16%,种植面积和年产量分居世界第一位和第二位。目前,柑橘主要用来加工成罐头和压榨成柑橘汁,还可以用于生产果醋、果酒、果冻等各类产品。

目前,我国柑橘加工的主要产品有柑橘汁、糖水橘瓣罐头、柑橘果冻和果酱、柑橘果酒、柑橘蜜饯等,可是在加工中还剩有40%~55%的柑橘皮渣未能得到充分加工利用。柑橘果皮中含有果胶20%~30%,橘皮苷、橘香油0.2%,橙色素0.2%以及磷、钾、钙、铁等微量元素,因此若将这些柑橘皮渣或质次的柑橘整果经过适当的物理、化学处理,可得到具有很高使用价值的柑橘香精、果胶、天然类胡萝卜素、黄酮苷(如橙皮苷、柚皮苷)、柑橘籽油、膳食纤维素、饲料以及半合成衍生物甲基橙皮苷、二氢查耳酮和食用纤维素粉等天然食品添加剂、医药日化原料。美国每年处理柑橘皮渣300多万吨,转化成100多种产品,其中有30万吨用于提炼果胶、精油和植物蛋白,其余则烘干成饲料。

1. 提取柠檬酸

果蔬中的有机酸主要有柠檬酸、苹果酸、酒石酸、草酸等。其中柑橘中柠檬酸含量高达5%。未成熟的果实中含柠檬酸比较多,因此常利用未成熟的落果及残次果作提取柠檬酸的原料。以柑橘残次落果提取柠檬酸为例,介绍柠檬酸的发酵生产及提取工艺。

(1)提取方法 用石灰中和柠檬酸生成柠檬酸钙而沉淀,然后用硫酸将柠檬酸钙重新分解,硫酸取代柠檬酸生成硫酸钙,而将柠檬酸重新析出。这种提取方法是由柑橘果的特性所决定的,由于果汁中的胶体、糖类、无机盐等均会妨碍柠檬酸结晶的形成,所以要达到这种沉淀,用酸碱交互进行的方法,将柠檬酸分离出来,获得比较纯净的晶体。

(2)提取过程

①榨汁。将原料捣碎后用压榨机榨取橘汁。残渣加清水浸湿,进行第二次甚至第三次压榨,以充分榨出所含的柠檬酸。

②发酵。榨出的果汁因含有蛋白质、果胶、糖等,故十分浑浊,经发酵,有利于澄清、过滤、提取柠檬酸。方法是:将浑浊橘汁加酵母液1%,经4~5d发酵,使溶液变清,酌加少量的单宁物质,并搅拌均匀加热,促使胶体物质沉淀;再过滤,得澄清液。

③中和。这一步是提取柠檬酸的最重要工序,直接关系到柠檬酸的产量和质量,要严格按操作规程进行。柠檬酸钙在冷水中易溶解,所以要将澄清橘汁加热煮沸,中和的材料为氧化钙、氢氧化钙或碳酸钙。中和时,将石灰乳慢慢加热,不断搅拌,终点以柠檬酸钙完全沉淀后汁液呈微酸性为准。鉴定柠檬酸钙是否完全沉淀,可以加少许碳酸钙于汁液中,如果不再起泡沫说明反应完全。将沉淀的柠檬酸钙分离出来,沉淀分离后,再将溶液煮沸,促进残余的柠檬酸钙沉淀,最后用虹吸法将上部黄褐色清液排出。余下的柠檬酸钙用沸水反复洗涤,过滤后再次洗涤。

④酸解及晶析柠檬酸。将洗涤的柠檬酸钙放在有搅拌器及蒸汽管的木桶中,加入清水,加热煮沸,不断搅拌,再缓缓加入 $1.26g/cm^3$ 硫酸,继续煮沸,搅拌30min以加速分解,使生成硫酸钙沉淀;然后用压滤法将硫酸钙沉淀分离,用清水洗涤沉淀,并将洗液加入到溶液中。滤清的柠檬酸溶液用真空浓缩法浓缩至30°Bé冷却。如有少量硫酸钙沉淀,再经过滤,滤液继续浓缩到40~42°Bé,将此浓缩液倒入洁净的缸内,经3~5d结晶即析出。

⑤离心干燥。上述柠檬酸结晶还含有一定量的水分与杂质,用离心机进行清洗处理。在离心时每隔5~10min喷一次热蒸汽,可冲掉一部分残存的杂质,甩干水分,得到比较洁净的柠檬酸结晶,随后以75℃以下的温度进行干燥,直至含水量达到10%以下时为止。最后将成品过筛、分级、包装。

2. 提取香精油

柑橘香精油是柑橘表皮油胞中含有的一类具有芳香气味、在常温下能挥发的油状液体的总称,由萜烯类、醇类、醛类和酯类组成,主要成分有柠檬烯、香叶烯、石竹烯、松油醇、柠檬醛、芳樟醇、月桂烯、α-蒎烯、β-蒎烯等。萜烯的主要成分为萜二烯,它本身对柑橘香精的风味影响不大,但因其对热、光敏感,易被氧化和进行酶促反应产生香芹酮、香芹醇等异味物质而导致香精油品质下降。醇类对香精油影响较大,主要是沉香醇和 α-萜烯醇,冷榨柑橘香精油中的沉香醇质量分数为 0.5% ~2.8%。

(1)直接压榨法　柑橘类果皮中精油位于外果皮的表层,含精油的油囊直径一般可达 0.3~0.7mm,周围由退化的细胞堆积包围而成。压榨法是以强大压力压榨柑橘皮,使其油细胞破裂,导致精油与皮汁一起射出,通过离心分离而得到精油。用此法榨取晚熟系温州蜜柑鲜皮的得油率 0.3% 左右。

(2)水蒸气蒸馏法　橘子油有一定沸点和挥发性。而在用水蒸气蒸馏法蒸馏时,因温度升高和水分的侵入,使油细胞涨破,油便随水蒸气蒸馏出来。蒸汽通过冷凝器冷凝成液体,经导液管流入分离器,因油轻水重,油便浮在水的上面。这样,油水便可分离。

3. 提取色素

柑橘皮色素是一类性能较稳定、安全可靠的天然色素,可代替人工合成色素用于食品着色。主要成分是柠檬烯和类胡萝卜素,同时含有维生素 E 和稀有元素硒,可防止癌细胞的生长,尤其能够治疗皮肤癌,延迟细胞衰老和增强人体免疫力。

(1)工艺流程　柑橘皮渣→清洗→干燥→粉碎→有机溶剂萃取→分离→浓缩→真空干燥→色素

(2)操作要点　对于从柑橘果皮渣中提取色素的原料,可以用柑橘加工厂废弃的柑橘皮渣,也可以用提取香精后的渣。粉碎后皮渣的粒度对橙黄色素的提取率有很大影响。一般而言,皮渣粒度越小,溶剂渗透的能力越强,提取率越高。萃取是从柑橘果皮渣中提取橙黄色素的关键工序。一般采用有机溶剂,如丙酮、氯仿、石油醚、乙醇、乙酸乙酯等。萃取后,先进行有机溶剂的回收,然后进行低温真空浓缩,就可以得到黏稠、膏状色素。若要粉末状色素,还需进行真空干燥。

(三)葡萄皮渣的综合利用

葡萄是世界上普遍栽培的水果之一,据统计,全世界年产葡萄约 7000 万吨,中国年产葡萄约 140 万吨,而且还在逐年增加,其中约 80% 用于酿酒、7% 用于加工果汁及其他葡萄产品、13% 用作食用。葡萄酿酒或进行果汁加工的主要副产品是葡萄皮与葡萄籽,两者约占鲜果的 30%,其中葡萄皮渣约占 25%,它含有丰富的葡萄籽油、葡萄红色素、天然的多酚类抗氧化剂。

葡萄中酒石酸含量为 0.43% ~0.74%。酒石酸(包括左旋体和右旋体)为无色半透明晶体或白色细至粗结晶粉末,有酸味。化学名称为 2,3-二羟基丁二酸。酒石酸广泛用于食品、化工等工业,在食品工业中主要作饮料和其他食品的酸味剂。迄今为止,酒石酸主要来源是葡萄酒生产厂。欧洲各大葡萄酒厂是世界最大的酒石酸的主要生产基地。可利用酒石酸盐在高温溶解、低温结晶的性质从葡萄皮渣中制取酒石酸。一般是利用葡萄酒生产厂产生的葡萄皮渣、酒脚、葡萄酒桶壁以及白兰地蒸馏后的废渣中提取粗酒石(酒石酸的酸式盐)后,然后再纯化得到纯酒石(酒石酸氢钾),或粗酒石在经过进一步处理制取酒石酸或其他酒石酸盐。

此外,葡萄皮渣经发酵后纤维素含量可由23%降至15%以下,蛋白质含量可由12%升至25%以上。从葡萄皮渣中经过发酵而蒸馏出酒精,再经过陈酿和调配,制造出高级葡萄酒。同时,利用生物技术提取白藜芦醇、花色苷、酒石酸等也是葡萄渣综合利用的热点之一。

(四)猕猴桃皮渣的综合利用

猕猴桃皮渣可以制取蛋白酶,用于防止啤酒冷却时生产的浑浊,也可以作为肉质嫩化剂,在西药方面作为消化剂和酶制剂。猕猴桃皮渣中提取蛋白酶的工艺为:猕猴桃皮渣锤磨粉碎→通入 SO_2(200mg/g 果胶)→压滤去渣→离心收集液体→加入食盐(24%)→沉淀过夜→离心获得粗制酶→精制→冷冻干燥→成品。

猕猴桃皮渣也可以经固态发酵生产柠檬酸和食用酒精。

(五)胡萝卜加工过程的综合利用

蔬菜综合加工的技术手段跟水果类似,只是原材料和产品有所不同。以胡萝卜为例,在胡萝卜的加工过程中得到大量的胡萝卜渣,占原料的30%～50%,它含有较高的胡萝卜素、矿物质、氨基酸和纤维素。以前,胡萝卜渣基本上作为动物饲料处理,经济价值很低。目前,胡萝卜渣用作酿制的原料,大大提高了产品的附加值。用胡萝卜渣酿成的醋相较粮食酿制的醋更具有风味和营养。

另外,利用核果类的种仁中含有的苦杏仁苷,经苦杏仁酶水解后(50℃,1h),可生产苯甲醛和杏仁香精;利用姜汁的加工废弃物提取生姜蛋白酶,可用于凝乳。其他果蔬原料的综合利用方面,也有大量的研究。

第二节　生物技术与畜禽综合利用

一、生物技术在畜禽产物综合利用中应用概况

畜禽产物综合利用主要包括对猪、牛、羊、鸡、鸭、鹅等畜禽的血液、骨、内脏、皮毛、蹄等的进一步加工利用,特别是利用畜禽产物进行生化制药,这是与现代生物科技紧密结合的一项产业,已成为畜禽副产物开发的方向。其类型主要表现在以下三个方面:

(一)生化制药

世界上利用动物性副产物进行生化制药的已达400余种,还有大部分未能充分利用或有待开发。我国已超过百种,能够进行生化制药的脏器主要有胃膜、肝、胰、胆汁、心脏、甲

状腺、小肠、咽喉、软骨、脑垂体、脾等，所生产的产品主要有胃酶、胰酶、胆红素、冠心舒、甲状腺素、肝素、软骨素、氨基酸制剂、肝精片等。其中肝素为抗凝血药，能抑制血液的凝结作用，用于防治血栓的形成，可降低血脂和促进免疫，可用于美容化妆品，以防止皮肤皲裂，改善局部血液循环等。其他产品在医学临床上应用极为广泛。另外，其他动物性食品的副产物，如蜂胶、鱼油、鱼精蛋白等在医药及食品工业中也得到了广泛的应用。

（二）工业原料

作为工业原料的畜禽副产物主要有皮、毛、骨、血、肠等。动物皮中胶原蛋白的含量可达 90% 以上，是世界上资源量最大的可再生动物生物资源，因此可利用动物皮生产胶原蛋白。胶原蛋白在医药上应用非常广泛，可用于阿胶、白明胶注射液、吸收性明胶海绵和精氨酸等多种氨基酸及药物基质等。另外，动物皮主要供给制革业，作为制革工业的原材料，最终制作成高附加值的各类皮具等皮制品。血液可生产各种食品添加剂应用于食品工业，因它含丰富的蛋白质、矿物质和各种酶类，常作为营养强化剂，来提高食品的营养价值，另外也可用于制作生物黏合剂等。近年来我国相继开发出了一些血液产品，如畜禽饲料、血红素、营养补充剂、超氧化物歧化酶等高附加值的产品。小肠可以加工成肠衣，其质地坚固富有弹性，能随水分的变化而收缩，也可食用。它不仅在国内肠制品生产中应用广泛而且每年出口量较大。马、牛、驴等大牲畜身上的绒毛是高档的毛纺织品原料，可以制成呢绒、地毯、服装等毛绒产品。

（三）饲料

饲料生产是动物性副产物综合利用最有发展前途的途径之一。血液除了可以生产各种食品添加剂和工业原料外，还可以加工血粉和发酵血粉饲料，骨头也可以加工成骨粉和骨肉粉，作为畜禽饲料添加剂，其他屠宰的废弃肉、脏器渣等副产物均可以加工成复合动物蛋白质饲料。各种动物性副产物或废弃物营养丰富，营养成分种类繁多，并且易于消化吸收，可制出各种畜禽全价饲料。

畜禽产物在现代食品生物科技包括现代生物分离技术、自动化实时监控生产技术、产品检测技术等的支撑下，取得了较大的发展和较高的社会经济效益，已在我国工农业生产中发挥着重要的作用。但我国畜禽副产物综合利用中一些关键技术落后，综合利用率低。包括：

①产物有效成分分离提取技术，尤其多种产品的同步分离提取技术落后，如脏器的利用方面，更多基于对某一种有效成分的提取而进行加工。

②产品精制技术落后，导致我国畜禽粗加工产品多，且产品的纯化及回收技术落后，产品纯度不高、得率低，如血粉的生产仅通过加热消毒干燥，产品的干燥程度低、颗粒流动性差。对骨头的加工主要通过机械粉碎生产骨粉，粒度和可吸收程度达不到超微粉碎机械生产的产品质量水平。

③环保型加工处理技术缺乏，如畜禽粪便、副产物加工中废气及废水污染，且我国多数企业无法实现全封闭收集动物血液，安全性低。

因此,今后应增强畜禽产物综合利用能力,不断开发和利用畜禽副产物加工高新技术,如微电子技术、真空冷冻干燥技术、无菌包装技术、超微粉碎技术、膜分离技术、超临界流体萃取技术、生物工程技术等,提高劳动生产率、产品质量和经济效益,降低生产成本,减少生产损耗。其次,改造传统工艺,提高产品的产量和质量;再次,加大畜禽副产物加工规模。此外,还应深化畜禽副产物综合利用中的环保技术,严格控制血液、粪便等畜禽副产物的流向,推广应用膜分离、超临界萃取等环保型技术,有效遏制环境污染现象。

二、生物技术在畜禽产物综合利用中具体应用

(一)畜禽血液的综合利用

畜禽血液中含有丰富的营养物质和多种生物活性物质,据分析,畜禽血液中干物质含量为19%～25%,干物质中蛋白质含量高达90%,其中60%～65%为血红蛋白,其他非蛋白质成分中75%左右是类脂化合物。

国外畜禽血液在食品加工上的应用历史比较长,日本将血色素作香肠的着色剂,将血浆粉代替肉作为香肠原料,德国和比利时曾大量进口血浆粉作为食品黏结剂和乳化剂,瑞典、丹麦把血浆用于肉制品中,保加利亚用血生产酸乳酪,俄罗斯除利用猪血制作血肠外还利用血浆作饺子馅。目前畜禽血液在我国食品工业上应用还不多,主要是将血液制成高蛋白富铁食品。另外,畜禽血液在医药工业中的利用已有较长的历史,从畜禽血液中提取水解蛋白、血色素、超氧化物歧化酶、胸腺因子多肽激素、免疫球蛋白、干扰素等是在血液资源开发和利用上所取得的重要科技成果。

1. 超氧化物歧化酶的提取

超氧化物歧化酶,简称SOD,是一种广泛存在于动植物及微生物中的金属酶。研究证实SOD可能与机体衰老、肿瘤发生、自身免疫病和辐射防护等有关,临床上主要用于延缓人体衰老、防止色素沉着、消除局部炎症。特别是治疗风湿性关节炎、慢性多发性关节炎及放射治疗后的炎症,无抗原性,毒副作用较小,是很有临床价值的治疗酶。同时含有SOD的化妆护肤品备受消费者青睐,其产品具有很强的竞争力。

(1)牛血提取SOD

①工艺流程:

②工艺要点:

分离血细胞:取新鲜牛血,按100kg牛血加3.8g柠檬酸三钠投料,搅拌均匀,装入离心管中,以3000r/min离心15min,收集血细胞,血浆可用于制备凝血酶。

提取:把收集的血细胞用9g/L氯化钠溶液洗3遍(每次用为血细胞2倍体积的氯化钠溶液洗),然后加入蒸馏水(和牛血等量的水),在0～4℃条件下搅拌溶血30min,再缓慢加

入溶血的血细胞0.25倍体积的95%乙醇和0.15倍体积的氯仿(乙醇和氯仿要事先冷却至4℃以下),搅拌均匀,静置20min,置于离心机中离心30min,收集上清液,弃去沉淀。

沉淀:在上清液中加入2倍体积的冷丙酮,搅拌均匀,于冷处静置20min,离心收集沉淀。沉淀物用1~2倍体积的水溶解,在55℃水浴中保温15min,离心收集上清液。再用2倍冷丙酮使上清液沉淀,静置过滤。然后离心收集沉淀,上清液可用于回收丙酮。

分离纯化:把以上沉淀溶于pH 7.6,2.5μmol/L K_2HPO_4 – KH_2PO_4 缓冲液中,用离心法除去杂质,收集上清液准备上柱(DEAE – SepHadexA – 50)。先把DEAE – SepHadexA – 50装入3cm×40cm的柱中用pH 7.6,2.5μmol/L K_2HPO_4 – KH_2PO_4 缓冲液上柱,等流出液的pH为7.6时,将样品上柱,用pH 7.6,2.5μmol/L K_2HPO_4 – KH_2PO_4 缓冲液进行梯度洗脱,收集具有SOD的活性峰,将洗脱液倒入透析袋中,在蒸馏水中进行透析,然后将透析液经超滤浓缩后,冷冻干燥即为SOD产品。

(2)猪血提取SOD

①工艺流程:

②工艺要点:

分离血细胞:取新鲜猪血,事先加入为猪血体积1/7的38g/L柠檬酸三钠溶液,搅拌均匀,以3000r/min离心15min,除去黄色血浆,收集红细胞。

除血红蛋白:红血球用两倍9g/L氯化钠离心洗涤三遍,然后向洗净的红细胞中加入等体积去离子水,剧烈搅拌30min,于0~4℃静置过夜。再向溶血液中分别缓慢加入0.25倍体积的预冷乙醇和0.15倍体积的预冷氯仿,搅拌15min左右,静置30min,然后用离心法除去沉淀,收集微带蓝色的清澈透明粗酶液体。

沉淀:向上述粗酶液中加入等量冷丙酮,搅拌均匀,即有大量白色沉淀产生,静置30min,用离心法收集沉淀物。

热变:把沉淀物溶于pH 7.6,2.5μmol/L K_2HPO_4 – KH_2PO_4 缓冲液中,加热到55~65℃,恒温20min,然后迅速冷却到室温,离心收集上清液,弃去沉淀物。在上清液中加入等体积的冷丙酮,静置30min,离心分出沉淀,脱水干燥即得粗品SOD,可用于化妆品或食用。

分离纯化:把沉淀溶于pH 7.6,2.5μmol/L K_2HPO_4 – KH_2PO_4 缓冲液中,用离心法除去杂质;上清液上DEAE – SepHadexA – 50柱,用2.5~50μmol/L K_2HPO_4 – KH_2PO_4 缓冲液中进行梯度洗脱,收集具有SOD的活性峰。将洗脱液装入透析袋中,在蒸馏水中透析,超滤浓缩透析液,然后冷冻干燥即得精品。

2.血红蛋白加工

血红蛋白存在于动物血液的红细胞中。血红蛋白的含量以每100mL血液中所含的质量(g)表示,各种成年畜禽的血液中,血红蛋白的含量为7~15g,正常情况下,每1g血红蛋白能与 36mL 的 O_2 结合，所以 100mL 的血红蛋白约有 200mL 的 O_2。一般来说，血液中的红细胞数量多血红蛋白的含量也就高，但血浆中的血红蛋白含量受年龄、性别、季节、环境变化及饲料等因素影响。如海拔 2500m 以上的高原地带动物的血红蛋白比平原动物高，饲料条件好的血红蛋白含量也高。畜禽血液综合利用时，易产生一种特殊的"腥味"，主要由红细胞的碎片所产生，有些消费者难以接受。另外，血红蛋白加入产品后易呈暗棕色，影响产品的感官色泽。因此，血红蛋白加工中的脱色工序是技术关键。

（1）物理脱色法　由于珠蛋白每条肽链以非极性基结合一个血红素，当血红蛋白在水中加热时，珠蛋白变性，并释出血红素，进而氧化血红素形成氧化型血红素，呈暗棕色。在1974 年 Smirnitskaya 等利用凝固的乳蛋白来隐藏血红素。1975 年 Zayas 采用经超声波处理的脂肪化法，其主要是基于分散的脂肪颗粒，具有光散射作用，但该方法不能完全将加工后的产品色泽隐去，限制了在血红蛋白脱色中的应用。

（2）蛋白酶分解法　利用蛋白分解酶将珠蛋白与血红素分开。在该过程中，释放出的血红素因具有疏水性而聚合成微粒，珠蛋白分解成肽态和氨基态，可用超滤或离心法将珠蛋白同血红素分开。蛋白酶分解法有多种，常用的酶有 Alcase 和 Proteinase AP114。前种酶水解率一般在 8%～20%，产品得率为 78%～85%。该分解法不能完全消除色泽，而应辅以活性炭或硅藻土来吸附以除去色泽和不良气味。另外，也有采用使 pH 达 2.5 的含血红素的蛋白酶的溶解液离心，分离出血红素，再用 H_2O_2 来氧化残留在珠蛋白中的血红素。所以采用蛋白酶分解法辅以除臭吸附工艺是可行的。但分离最终产物的工艺复杂，使产品价格提高。

（3）氧化破坏血红素　在畜禽正常体内，血红蛋白可被氧化破坏形成无色物质。如采用 H_2O_2 作为氧化剂，氧化脱色或采用臭氧氧化脱色。虽然这两种方法可十分有效地破坏血红素，但红细胞中的内源性过氧化氢酶的活力将抑制 H_2O_2 的氧化作用，必须使该酶失活。常用的方法是在加入 H_2O_2 之前，将溶血红细胞加热到 70℃。过氧化氢酶也可在常温下，用弱酸或弱碱水溶液使其灭活。H_2O_2 的使用浓度，常为血液量的 0.3%～1%，反应温度是 50～70℃，其氧化过程可在常温下进行，避免了 H_2O_2 对珠蛋白功能、特性和营养价值的影响。

（4）吸附脱色法　该法是在酸化的血红蛋白溶液中加入吸附剂，吸附血红素，并将其同珠蛋白分开。常用的有活性炭、羧甲基纤维素（CMC）、硅质酸、二氧化锰，作为吸附剂进行比较，认为活性炭效果最好，再用等电点沉淀法将珠蛋白从纯化的溶液中分离出来。目前工业化生产主要利用 CMC 稀释液加入溶血的红细胞溶液中，结合生成 CMC 血红素复合物，经离心沉淀分离。提取出的蛋白质的纯度，可用蛋白中的二价铁的浓度反映出来。CMC 法提取的珠蛋白含二价铁量少于丙酮法。

（5）综合脱色法　综合脱色法是一种有效利用畜禽血液的较科学的方法。该方法首先用加热和亚硫酸氢钠对血液处理，使红细胞发生溶血，红细胞破碎，释出血红蛋白，同时该过程还可以破坏血液中的过氧化氢酶，以免影响后续的氧化剂氧化脱色处理，然后用酸性丙酮碎解,使珠蛋白和血红素之间配位键断裂。通过抽滤,滤去血红素,得到灰白色的全血蛋白颗粒,实现初步脱色的效果,血红素滤液通过酸性丙酮蒸馏回收处理,得到高纯度的血红素。已脱去血红素的蛋白颗粒,由于已破坏了过氧化氢酶,用少量的过氧化氢处理,即可达到脱色的目的,得到淡黄色的血粉颗粒,经40℃干燥粉碎后,即为高蛋白食用血粉,此产品蛋白质含量高达70.17%,血红素纯度含量达73.75%,其中含铁量9.44%。该方法与其他方法相比,工艺简单,成本低,便于实用。

(二)动物油脂的综合利用

动物油脂是指以构成动物有机体的脂肪组织所提炼出的固体或半固体脂类,其主要成分是棕榈酸、硬脂酸的甘油三酯。油脂主要集中于脂肪组织和内脏中,如猪脂、牛脂、羊脂等,还有少量存在于骨髓中。我国动物油脂的产量呈逐年上升的趋势由于动物油脂胆固醇含量高,不宜大量食用,但价格低廉、来源广泛、饱和脂肪酸含量高,因此广泛用作饲料、化工原料以及制造硬化油、肥皂、甘油、润滑油和制革工业及药品和其他特殊工业用料。

1. 羊油制取透明香皂

羊油制取透明香皂,其天然动植物高级脂肪酸含量达40%,味香润滑,不溶于水,去污力较强,用作洗涤剂。

(1)工艺流程:

羊油+椰子油 → 皂化锅 → 加蓖麻油 → 皂化 → 加甘油 → 加蔗糖
→ 加配料 → 冷却 → 成型 → 产品

(2)工艺要点:

①原料的选择与处理:利用羊油制取透明香皂所用的主要原辅料有:羊油、椰子油、氢氧化钠、乙醇、纯甘油、蔗糖、香精、着色剂等。选择90份羊油与100份椰子油混合,直接用火加热至80℃,趁热过滤,注入皂锅中。

②皂化:加入80份蓖麻油,搅拌下快速加入由147份32%的氢氧化钠与40份95%乙醇组成的混合液,控制料液温度为75℃,皂化完全时,取样滴入去离子水中,如清晰表明皂化完全,停止搅拌,加盖,保温静置30min。

③加纯甘油、蔗糖和配料:静置后,在搅拌的情况下加入15份纯甘油,搅匀加入85份蔗糖液(溶于80℃清水中)搅匀,取样检验,氢氧化钠浓度应低于0.15%,合格后,加盖静置。当温度降至60℃时,加适量香精及着色剂,搅匀,出料。

④成品:将料液冷却至室温,切成所需大小,打印标记,用海绵或布蘸乙醇轻轻指擦,使块皂透明,然后包装,得成品。

2. 猪油脚制备油酸

油酸是十八碳、含一个双键的脂肪酸,原料来源广泛,可以从猪皮油、骨油、菜籽油和猪油下脚料(油脚)中提取,可用于制取油墨、复写纸、圆珠笔油,合成尼龙,制造农药乳化剂、纺织助剂、矿物浮选的捕收剂、塑料生产中的润滑剂和脱模剂、纺织工业中作为印染助剂和溶剂等,具有广泛的用途。猪油脚制备油酸所用原料为:猪油脚、氯化钠、硫酸、烷基苯磺酸。

（1）工艺流程:

猪油脚→水解→水洗→脱水→粗脂肪酸→减压蒸馏→混合脂肪酸→冷却→分离→油酸

（2）工艺要点:

①水解。将油脚加入搪瓷缸中,加入等量的清水,搅拌下用浓硫酸调节 pH 2 左右,再加入 3% 烷基苯磺酸,加热至 100℃,保温反应 12h,静置 1h,待油水分层后,弃去水,油液可再加水,加 1.5% 烷基苯磺酸,在 100℃ 条件下搅拌水解 8h,静置,弃去下层水溶液。

②水洗。将水解后的油酸加热到 95～100℃,加入油量 90% 的氯化钠水溶液（水温 100℃、溶液含量 5%）,搅拌水解 20min,静置 1h,弃去下层水溶液,再按同法洗两次,直至洗出废水呈中性。

③脱水。将上述油液在 95～100℃ 条件下,保温脱水 3h 左右,等油面上无水气产生时停止加热,即得粗脂肪酸。

④减压蒸馏。将粗脂肪酸在 100～110℃ 条件下蒸馏在残压 0.7～1.3MPa 下,温度 190～260℃ 可馏出脂肪酸,继续升温,直至达 260～270℃,可馏出含粗脂肪酸 85% 左右的混合脂肪酸。

⑤分离。将混合脂肪酸冷却到 5℃ 左右,等固体脂肪酸结晶完全后,装入布袋中,每袋装 0.5kg 左右,封口,平整地放在压榨机上,要求轻压、勤压,使压力缓慢升高,保持油酸细流不断,最终压力为 10MPa,使油酸滴干为止,收集油酸,即为产品。

（三）畜禽脏器的综合利用

畜禽内脏包括心、肝、胰、脾、胆、胃、肠等,我国畜禽脏器产量较高,脏器中很多虽然不能食用,但可以从中提取出各种有效的生物化学成分,作为食品添加剂或应用到医药业。猪、牛、羊等畜禽类的肺、胰、胸腺、小肠黏膜、肝脏中存在酶类、肽类、多糖类与脂类物质,这些生理活性成分是生化制药的主要原料,但是由于提取技术相对落后,市场上此类产品数量少,价格较高,供应不足。利用畜禽副产品进行生化制药,是与现代生物科技紧密结合的一项产业,已成为畜禽内脏产品开发的方向之一。

利用畜禽脏器可以开发多种生化制品。胰含有淀粉酶、脂肪酶、核酸酶等多种消化酶,可以从中提取高效能消化药物胰酶、胰蛋白酶、糜蛋白酶、糜胰蛋白酶、弹性蛋白酶、激肽释放酶、胰岛素、胰组织多肽等,用于治疗多种疾病。肝脏可用于提取多种药物,如肝精、水解肝素、肝宁注射液等。心脏可制备许多生化制品,如细胞色素、乳酸脱氢酶、柠檬酸合成酶、延胡索酸酶、谷草转氨酶、苹果酸脱氢酶、琥珀酸硫激酶、磷酸肌酸激酶等。猪胃黏膜中含有重要的消化酶,利用它可以生产胃蛋白酶。从猪脾中可以提取猪脾核糖、脾腺粉等。猪、羊小肠可做成肠衣,剩下的肠黏膜可生产抗凝血、抗血栓、预防心血管疾病的药物,如肝素、肝素钙、肝素磷酸酯等。猪的十二指肠可用来生产治疗冠心病的药物冠心舒、类肝素等。

猪、牛、羊胆汁在医药上有很大价值,可用来制造粗胆汁酸、脱氧胆酸片、胆酸钠、降血压糖衣片、人工牛黄、胆黄素等几十种药物。利用畜禽脏器制取生化制品的主要提取方法有盐溶液提取、酸溶液提取、破碎提取和有机溶剂提取等;分离纯化方法主要有超声、盐析、离心、透析、膜分离、层析等,其中一些传统技术也已广泛应用于工业化生产。

(四)畜禽皮骨的综合利用

畜禽屠宰后剥下的鲜皮,在未经鞣制之前称为生皮,制革学上称为原料皮;生皮经脱毛鞣制而成的产品称作革,而带毛鞣制的产品称为毛皮。目前,畜禽皮主要供给制革业,作为制革工业的原材料,并最终制作成高附加值的各类皮具等皮制品。随着生物技术的发展,畜禽皮类目前还可用于生产明胶、胶原蛋白及寡肽,用于饲料工业、提取混合脂肪酸以及相关的食品。

骨在动物体中占体重的20%~30%,是一种营养价值非常高的肉类加工副产物,它含有丰富的营养成分,主要为蛋白质、脂肪、矿物质等。近年来,随着人们对肉类食品消费量的增多,畜禽骨也在大量的增加,我国每年产生的骨头就有1 500多万吨,由于骨头价格低,储存不便,因而往往废弃,或加工成骨粉添加到饲料中,造成极大的浪费和污染。目前我国已开发利用畜禽骨生产出了骨胶、明胶、骨油、食用蛋白质、肥料和工业用的各种磷酸盐等产品。

(五)畜禽羽毛的综合利用

我国的角蛋白资源极其丰富,尤其在现代农业中,大规模的家禽养殖产生了大量的角蛋白废物,其中羽毛废弃物产量最多,年产量达70多万吨。据测定,羽毛角蛋白的粗蛋白含量约在80%以上,氨基酸含量在70%以上,还含有常量元素、微量元素、维生素以及一些未知生长因子。由于羽毛中半胱氨酸含量很高,超过鱼粉6倍多,而半胱氨酸与甲硫氨酸同属含硫氨基酸,在代谢过程中可以代替50%的蛋氨酸,因此在饲料中添加一定量的羽毛蛋白饲料,可较好地补偿原饲料中甲硫氨酸的缺乏。

第三节　生物技术与粮油加工综合利用

一、生物技术在粮油加工综合利用中应用概况

粮油作物是指小麦、稻谷(含粳谷、籼谷、元谷)、大豆、杂粮(含玉米、绿豆、赤豆、蚕豆、豌豆、荞麦、大麦、元麦、燕麦、高粱、小米、米仁)、鲜山芋、山芋干、花生果、花生仁、芝麻、菜籽、棉籽、葵花籽、蓖麻籽、棕榈籽等。粮油加工业历来是国民经济的一个重要支柱产业,其生产加工过程中产生的副产物和废弃物也是一类庞大的生物资源,包括稻壳、米糠、麸皮、油料皮壳、饼粕、油脚、皂脚及脱臭馏出物等。粮油副产物中蕴含着丰富的具有各种生理功效的生物活性物质,将其分离提纯出来,可以作为很好的保健功效成分应用于食品,这对提高粮油资源的综合利用和产品附加值以及带来经济效益和社会效益具有十分重要的意义。如由粮油

加工副产物开发生产的植物功能性蛋白、植物烷醇、低聚糖、异黄酮、营养膳食纤维等;粮食的综合利用中用稻壳酿酒、用大豆制作乳酸豆奶、用稻壳制作膳食纤维等;用砻糠生产活性炭、从米糠中制取糠蜡、用油脚(皂脚)制肥皂、玉米穗及皮生产出日用品等。

二、生物技术在粮油加工综合利用中具体应用

(一)纤维素类副产品

纤维废料的原料主要有棉籽壳、玉米芯、稻壳、燕麦壳、甘蔗渣、花生壳、葵花籽壳、小麦秆、棉秆、稻草等。其内含成分主要有纤维素、半纤维素、木质素、灰分等。这些纤维素废料进行水解等处理,可制取糠醛、酒精、酵母、木糖醇等化工产品。

1. 生产单细胞蛋白

生产单细胞蛋白(SCP)的原料包括:矿物资源,如石油、液蜡、甲烷、泥炭等;纤维素类资源,如各种作物秸秆、木屑、蔗渣、淀粉渣等;糖类资源,如薯类淀粉原料、糖蜜等;石油二次制品,如甲醇、乙醇、乙酸、丙酸等。纤维素是 SCP 发酵生产的潜在资源。几种食品的发酵工业废渣已经成为 SCP 生产的纤维质原料,除淀粉外,这些废渣中主要是纤维素和半纤维素作为碳源底物,其有效成分含量见表 8 – 3。

由于纤维质原料蛋白质含量很低,这些废渣直接用来饲喂动物时,消化性很差。若利用微生物转化其中的纤维素,合成菌体蛋白,改善其可消化性,这样既可获得高蛋白含量的饲料,又可部分地解决食品发酵工业废渣大量排放所带来的环境污染问题。以纤维素物料生产 SCP,其核心问题是生物降解。白腐真菌是已知唯一能在纯培养中有效地将木质素降解为 CO_2 和水的微生物。利用纤维素作为碳源生产 SCP 有三条路线:一是预处理—酶解—发酵路线;二是酸解—发酵路线;三是混合发酵法。前两条路线的关键是酶解和酸解,是将纤维素水解成糖。酸解法条件剧烈,会生成糠醛等有毒的分解产物,而且成本高,对设备有腐蚀作用,所以不宜在发酵工业上应用。

表 8 – 3　几种食品发酵工业废渣中有效成分含量　　单位:%(质量分数)

废渣种类	淀粉	粗蛋白	粗脂肪	粗纤维	木质素	果胶	灰分
味精厂木薯渣	31～37	5.4～6.2	3.1～3.5	35～42	3～5	0.42	1.5～2.2
玉米淀粉渣	25～40	8～11	1.5～2.5	47～61	3～5	0.67	2～3
啤酒淀粉渣	—	24.6	8.22	17	—	—	3.45
糖厂甘蔗渣	—	—	—	40～56	19～26	—	2.14

高酶活单细胞蛋白是用生物技术生产的具有较高酶活性、高蛋白质含量和多种生物活性物质的新型饲料添加剂,具有明显提高畜禽体重、节省饲料消耗、减少动物疾病等功效和显著的经济效益。

2. 生成木糖醇

木糖醇是一种集甜味剂、营养剂、治疗剂等功能于一体的五碳糖醇,广泛应用于医药、

食品、轻工等行业,具有很高的药用价值和经济价值。木糖醇的生产方法可分成三种:提取、化学合成、生物合成。目前,工业生产主要采用化学合成法。生物合成法是利用微生物中的还原酶来生产木糖醇,它可有效降低木糖醇的生产成本。发酵法不仅可省去木糖纯化步骤,还可以简化木糖醇的分离步骤,是一种很有前途的生产方法。酶法合成木糖醇,则是通过木糖还原酶辅酶因子的代谢平衡来实现连续高效生产。有研究报道了木糖醇的发酵法生产及生产中的影响因素,指出有多种微生物可产木糖醇,其中酵母最好。木糖醇的生产过程中有许多影响因素,如通气率、木糖浓度、氮源、pH 和温度等。目前研究表明,菌株培养早期应维持较高水平的通气率,而后应当降低菌株的呼吸率;铵盐是最好的无机氮源,酵母提取物是最好的有机氮源;最适 pH 范围为 4 ~ 6,最适温度范围为30 ~ 48℃。其工艺流程如下:

富含木聚糖的木质纤维素→水解(催化剂)→水解产物→提纯→木糖溶液→解毒→发酵→精制→木糖醇。

3. 木聚糖类半纤维素

中国是一个农业大国,成为环保负担最多的是大量的秸秆。而秸秆半纤维素的90%以上是木聚糖,这正是结构单一、易于水解,而且取之不尽的可再生资源。它的彻底降解需要3~4 种酶参与:木聚糖酶、木糖苷酶、阿拉伯糖苷酶和葡萄糖醛酸酶,有的木糖苷酶同时也是阿拉伯糖苷酶。这种半纤维素的分解产物主要是木糖和少量阿拉伯糖、葡萄糖醛酸,可以用作基本碳源生产各种发酵产品,包括有机酸、氨基酸、单细胞蛋白、糖醇、工业酶类、溶剂或燃料醇。

目前研究关注于以基因重组技术开发木聚糖类半纤维素资源。用分子生物学技术构建能分解利用半纤维素的发酵工程菌有两条基本途径:①用编码半纤维素酶的基因转化现有的发酵工程菌,使它们获得所需要的酶类;②把能够分解利用半纤维素的自然菌株构建成能够大量积累目标产品的发酵工程菌。

许多发酵工程菌如芽孢杆菌、啤酒酵母和常用霉菌都能以木糖为生长基质,但多数不具备完善的酶系统来进行半纤维素的分解,因而需根据所利用的半纤维素的种类选择必要的基因进行转化并表达。自然界也有一些微生物能够直接利用半纤维素进行生长,酶学分析或基因分析结果表明它们具有完善的半纤维素酶系统。这些微生物包括一些放线菌、瘤胃细菌和真菌、嗜热细菌或真菌、树木致病菌和食用真菌等,如 *B. sterarothermopHilus*、*T. saccharolyticum*、*T. maritima*、*A. niger*、*T. reesei* 等,其中,*T. saccharolyticum* 只拥有半纤维素酶系统,不能分解利用纤维素,因此应用作基因供体提供热稳定性酶,不宜用来构建发酵工程菌;*T. reesei* 是树木致病菌,用来构建发酵工程菌时应注意病源控制。值得注意的是,基因组研究已经完成的极端高温菌 *T. maritima* 能够分解淀粉、纤维素、半纤维素等多种多聚糖,是代谢工程的理想材料;*A. niger* 亦已被构建成基因表达系统,用于某些工业酶的基因表达。除此以外,具有更高实用价值的酶系统和基因表达系统正在研制之中,有望在近期取得突破性进展。

(二)淀粉类副产品

粮食作物都含有大量淀粉,提取方法一般是先机械破坏原料的组织,然后从中把淀粉分离出来。淀粉是食品、饲料、造纸、纺织、化工、医药等工业部门不可缺少的原料或助剂,我国年消耗量在100万吨以上。同时,淀粉的衍生品如变性淀粉、糖、醇、酸、接枝共聚物等的产量日益增大,副产品种类不断增多,作为一种可再生资源,是取之不尽的工业原料。生产淀粉原料的主要作物有玉米、土豆、甘薯等。

1. 玉米副产物

(1)生产膳食纤维　玉米淀粉厂的玉米皮已经是从谷物中分出来的纤维物质,但国外研究证实玉米皮在未经生物、化学、物理加工前,难以显示其纤维成分的生理活性。必须使玉米皮中的淀粉、蛋白质、脂肪通过分离手段除去,获得较纯的玉米质纤维,才能成为膳食纤维,用作高纤维食品的添加剂。此外,如不经分离提纯,玉米质纤维不仅缺乏生理活性,而且会使口感变坏。研究表明,玉米纤维的活性部分,主要是半纤维素,特别是可溶性部分,将这一部分作为食品添加剂,其口感要比不溶性部分好。

日本研究者提议用酶制剂酶解玉米皮,使淀粉、脂肪、蛋白质降解而除去,精制玉米纤维其半纤维素含量达60%~80%。将这种食物纤维制成饼干,含量在2%时口感好。动物实验表明,其对抑制胆固醇上升有明显效果。

玉米食物纤维具有多孔性,吸水性好,添加到豆酱、豆腐、肉类制品中,能保鲜并防止水的渗出;用于粉状制品(汤类)可作载体;用于饼干中可使生面团易于成型。美国玉米制品公司生产一种食物纤维含量高达90%的玉米麸皮制品,可作面包、饼干、点心、早餐谷物的添加剂,产品高纤维、低脂、低脂酸,没有令人厌恶的风味。美国营养食品公司生产的玉米、黑麦、麦芽复合谷物纤维,总纤维含量达62%,制成的面包、点心、焙烤食品,外表色泽金黄,具有天然果仁风味。

(2)生产蛋白质饲料　胚芽饼是玉米胚经榨取玉米胚芽油后的残渣,胚芽饼含粗蛋白23%~25%,无氮浸出液42%~53%、脂肪3%~9.8%、粗纤维7%~9%,是一种以蛋白质为主的饲料或者饲料添加剂,直接做饲料时,由于胚芽饼中混有粗纤维和部分无氮浸出物,发酵后有一种特殊的异味,影响饲料的适口性,所以应对其进一步处理,一般应经过脱溶脱臭后再利用。

2. 小麦麸皮

小麦加工面粉的副产品——麸皮的数量约占小麦的15%。麸皮中含有多种营养成分,如蛋白质、脂肪、糖类、纤维、灰分等,主要用于酿造、饲料和制药业。麦麸主要由膳食纤维组成,并含有4%~5%的植酸和0.4%~1.0%与之相结合的阿魏酸。植酸的水解物肌醇具有许多药理作用,能治疗肝硬化、肝炎、脂肪肝等,是优良的营养增补剂和医药工业原料,同时也是我国重要的出口产品之一。阿魏酸能抗血栓,治疗冠心病、动脉粥样硬化、抗结肠癌、护肤。由于其能抑制多种微生物生长,具有抗氧化活性,目前日本已将其作为天然食品添加剂用于食品保鲜。麦麸膳食纤维虽具有许多保健作用,但完全以原料的形式食用还难以为人们所接受,而以麦麸制备得到的低聚糖将更受欢迎。黑曲霉可同时分泌阿拉伯聚糖酶、植酸酶和阿魏酸酯酶。因此它能以麦麸为原料,将肌醇、阿魏酸和低聚糖从麦麸中释放出来。

欧仕益等对利用黑曲霉发酵麦麸制备阿魏酸、肌醇和低聚糖进行了初步研究。结果表明,黑曲霉能部分释放麦麸膳食纤维上所束缚的阿魏酸,并将多糖和植酸分别水解成低聚糖和肌醇。其中固体培养法比液体培养法能释放出更多的阿魏酸、低聚糖和肌醇。不过由于黑曲霉在释放这些物质的同时又将其作为营养源,因此利用黑曲霉直接发酵麦麸生产这三种物质是不经济的,而利用它们产生的酶来生产阿魏酸、肌醇和低聚糖可能更好。

3. 米糠

米糠是稻谷脱壳后依附在糙米上的表面层,它是由果皮、中果皮、种皮糊粉层及胚芽等组成。其化学成分以糖类、脂肪、蛋白质为主,还含有较多的维生素和灰分(常以植酸盐形式存在)。我国是世界上第一产米大国,其每年可产米糠950万吨以上,因此米糠是一项巨大待开发的再生资源,经综合利用后将会取得显著的经济效益。目前世界各国对米糠的综合利用表现出极大的兴趣,特别是日本、韩国以及东南亚一些较为发达的国家,对其综合利用进行了大量的研究工作。我国至今绝大多数仍只当作畜禽饲料或仅仅用其生产单一产品,造成一定浪费。如我国目前只从米胚芽中提取胚芽油进而提炼维生素E,日本则生产各种营养食品或食品强化剂及食品抗氧化剂等制品十几种。我国米胚芽制品尚属空白,应积极开发。谢永荣论述了用米糠生产胚芽粉或油、米糠油、糠蜡、谷维素、肥皂、脱模剂、植酸钙、植酸、肌醇、米蛋白、糖浆、食品香料和饮料等多种系列产品,指出了米糠综合利用的途径。

(三)油脂类副产物

植物油脂主要贮存在种子中,也有些存在于果实、果肉、果皮或种仁中。常见植物油脂根据碘值大小,即含不饱和脂肪酸的多少,把油脂分为干性油、半干性油和不干性油三类。干性油碘值在130以上,因所含不饱和脂肪酸多,氧化能力强,所以在空气中很快干燥,如桐油、亚麻仁油、苏子油、大麻油、梓油等。半干性油碘值在100~130,这类油在空气中干燥较慢,不容易在表面形成薄膜,即使形成也不像干性油那样坚固,较易剥落,如大豆油、向日葵油、棉籽油、芝麻油等。不干性油碘值在100以下,这类油在空气中氧化极慢,长期不能结膜,如花生油、蓖麻油、茶油等。油脂副产品也有很多的利用,如米糠油皂脚可以用来提取谷维素,米糠饼粕可以提取植酸。

第四节　生物技术与水产品综合利用

一、生物技术在水产品综合利用中应用概况

我国内海和边海的水域面积约470万平方千米,有着丰富的海洋生物资源。我国海洋鱼类主要有3000多种,其中可以捕捞的有1700多种,因此水产品也创造了巨大的经济价

值。水产品的综合性利用是渔业生产的延续,在多年的发展进程中,随着水产捕捞和水产养殖的不断发展,已经逐渐成为我国当前渔业内部的支柱性产业之一。

一方面在水产品加工过程中,会产生大量的头、皮、鳍、尾、骨及其残留肉等下脚料,其质量约占原料的40%~55%。这类废弃物中含有丰富的营养物质和有用成分,有些组分甚至还有一定的功能特性和生理活性,因而是一类重要的生物资源。

另一方面海产品下脚料中具有大量特殊化学结构并具特殊生物活性和功能的物质,包括:①活性多糖类:如海藻多糖、海参多糖、甲壳多糖等;②多肽类:如河豚毒素、蜈蚣藻肽等;③多烯脂肪酸类:如亚油酸、亚麻酸、DHA、EPA 等;④甾醇类:如岩甾醇等;⑤萜类:如海鞘氨醇、海兔素等;⑥皂苷类:如刺参皂等;⑦糖蛋白类:如海兔蛋白等;⑧天然色素类:如 β - 胡萝卜素、藻蛋白等;⑨酶类:如 SOD 等;⑩氨基糖类:如丁酰苷菌素等。

水产品综合利用涉及的领域很广,包括食品、饲料、医药、化工等多种行业。水产综合利用的各种产品已渗透到各行各业,起着不可低估的作用。国内外学者对此类资源的开发利用一直比较重视,主要研究包括:以鱼、虾、蟹壳为原料生产甲壳质及其衍生物,同时得到色素、蛋白质、调味品、生物活性钙等;从鱼皮、鱼鳞、鱼骨和鱼刺中提取生物碱、钙剂、明胶和胶原蛋白,还可制成磷灰石生产人造骨骼和假牙;从鱼内脏中提取生物酶、生物活性等物质;从鱼糜漂洗液中提取酶,回收并利用其中的水溶性蛋白等。虾、蟹等甲壳类水产加工下脚料可以制作虾味汤料、调味料等营养补充剂。其中,采用蛋白酶水解虾加工下脚料,从中获取具有高附加值的氨基酸营养液,作为天然调味料或者参与复合调味料的调配,具有广阔的应用前景。鱼、虾、蟹的综合利用不仅仅在于营养物质的提取,更主要在于开发它们的化工产品。如虾、蟹壳是制造甲壳素的优良原料,甲壳素是直链高分子多糖,其化学结构和性质类似于纤维素,由于分子中有特殊氨基的存在,使其具有纤维素没有的特性,通过不同的化学修饰反应可以获得多种衍生物。由于甲壳质及其衍生物具有特殊的理化性质,甲壳素产品已广泛地应用于食品、饲料、医药、烟草、化工、日用化妆品、生化实验、食品添加剂和污水处理等领域中。

二、生物技术在水产品综合利用中具体应用

(一)鱼鳞、鱼头加工

1. 鱼鳞胶的加工

鱼鳞中胶原蛋白的含量是比较高的,所以一般鱼鳞主要作为生产明胶的原料。以鱼鳞为原料生产的明胶称鱼鳞胶。带有无毒鳞片的海、淡水食用鱼类大多可作为生产鱼鳞胶原料,如加工时废弃的大、小黄鱼,青鱼,草鱼,鲤鱼,鲢鱼,罗非鱼等鱼的鳞片。根据测定,鱼鳞约占鱼体质量的1%~3%,淡水鱼鳞占鱼体质量的比重大于海水鱼。用鱼鳞生产明胶,其成品率一般在13%左右。随着淡水养殖业的发展,鱼鳞的来源必将不断增加,这为进一步发展鱼鳞胶生产创造了有利条件。

2. 鱼鳞酶解液的制备

鱼鳞中的蛋白质经蛋白酶水解,制得的酶解液可用于调味品生产和功能性食品添加剂。加入不同类型的蛋白酶将鱼鳞中的胶原蛋白大分子进行水解,得到聚合度较小的多肽类和游离的氨基酸。首先一些游离氨基酸和短肽本身具有呈味作用,水解液可以作为调味料的原料。另外在水解过程中还会产生具有特定功能的功能肽,已经有实验证明,鱼鳞蛋白水解液具有抗氧化和降低血压、降低血液总胆固醇以及抗衰老等功效。

3. 鱼皮胶的制备

以各种鱼皮为原料生产的明胶称为鱼皮胶。鱼皮的组织结构与陆产动物皮相比,组织较松散,胶原易于水解提取。此外,鱼皮的脂肪及色素等含量较多,所以必须除去脂肪和色素,才能提高鱼皮胶的质量。鱼皮的厚度以及脂肪、色素等的含量因鱼种不同差异很大。因此,在制胶过程中对不同的鱼种,要采取不同的处理方法。鱼皮胶的生产技术与鱼鳞胶基本相同。

4. 鱼头加工

淡水鱼的鱼头比较大,往往占到鱼体总质量的 24% ~34%,因此鱼头的处理不单单关系到产品的价格,也会对环境产生巨大的影响。虽然淡水鱼的鱼肉口感往往比海水鱼要差,但鱼头则有比较好的风味。因此市场上某些淡水鱼鱼头的价格比鱼肉的价格还要高。鱼头中含有丰富的卵磷脂和 EPA、DHA,这两类物质对儿童大脑的发育以及预防老年人的反应迟钝都有显著的疗效。以鳙鱼的鱼头来讲,其粗脂肪中 EPA、DHA 含量分别为 6.37%和 7.29%,而海水鱼中的沙丁鱼、金枪鱼、虹鳟鱼中不饱和脂肪酸的含量分别为 1.7%、1.3% 和1.2%。

5. 鱼粉

鱼粉是饲料的主要原料,是国际市场上畅销的产品,世界每年有 1/3 左右的渔获物被用来生产鱼粉。中国鱼粉的原料主要是经济价值比较低的鱼类和原料鲜度比较差的鱼类以及水产品加工的废弃物,包括鱼的头、尾、骨、鳍和内脏等。

鱼粉生产的方法主要分为干法和湿法两种,其中干法又分为直接干燥和干压榨法,而湿法又分为湿压榨法和离心法,此外,还有萃取法和水解法。不同的加工方法具有不同的工艺特点和优劣,至于具体选择哪一种方法生产鱼粉,一般取决于原料鱼种的差异,对产品质量的不同要求和投资能力的大小等因素。也可将上述方法结合起来生产鱼粉,可取得较好的效果。

(二) 甲壳素、壳聚糖的加工

大量研究表明,甲壳质及其衍生物具有成膜性、可纺性、抗凝血性、促进伤口愈合等功能。因此,甲壳质及其衍生物在食品、生化、医药、日用化妆品及其污水处理等众多领域得到广泛应用。虾、蟹壳是提取甲壳素的主要原料。甲壳素的含量因壳的种类而不同,虾壳中含量约在 14% ~25%,蟹壳中含量约在 10% ~25%。甲壳素是一种多聚乙酰氨基葡萄糖,属含氮多糖类,其不溶于水、有机溶剂及酸、碱溶液中,只有经过浓碱处理或其他方法脱去其分子中的乙酰基后,它才能溶解于稀酸中,成为可溶性甲壳素,即壳聚糖。

(三) 贝类副产品的加工

以贝类加工副产物或废弃物为原料,利用多种不同的酶对贝类副产品进行分段酶解,利用超滤膜分离和反渗透等高新技术手段,可制造出富含活性多肽、短肽、游离氨基酸等营养活性成分的水解动物蛋白、保健品、海洋药物等。

我国的扇贝养殖发展很快,目前已成为主要养殖品种之一,但加工技术落后,特别是扇贝加工废弃的大量裙边,至今尚未得到很好利用,造成资源浪费和环境污染。扇贝的副产品是指其内脏团、外套膜(即扇贝边)、贝壳及扇贝汁。

扇贝在加工干贝、冻扇贝柱以及扇贝罐头时,其外套膜为下脚料,约占鲜贝质量的20%,其产量比鲜贝柱高出1倍。扇贝边裙富含氨基酸、无机盐、维生素等营养元素。将扇贝边酸解或蒸煮,再浓缩调配可加工成调味品,其味道鲜美,营养丰富,是极佳的调味料。另外,扇贝边也可加工成软罐头食品。扇贝脱壳后,取出贝柱和外套膜,余下的就是扇贝的内脏部分。目前的利用形式,只是将它装盘速冻入冷库,作鱼虾的鲜饵料用。所谓扇贝汁是指在加工干贝时,经蒸煮多次鲜柱的原汤。目前,山东、辽宁等地有些厂家将其收集,经多次提炼制成高档调味剂——扇贝油。

第九章 转基因食品的发展与安全

第一节 转基因食品的发展

一、转基因食品概念

利用基因工程的方法将一种或几种外源性基因转移到其他生物中去,使其获得新的品质和特性,这样得到的生物称为转基因生物(genetically modified organism,GMO)。以转基因生物为原料生产和加工的食品和食品添加剂称为转基因食品(genetically modified foods,GMF)。在我国《转基因食品卫生管理办法》中,将转基因食品定义为:利用基因工程技术改变基因组构成的动物、植物和微生物生产的食品和食品添加剂,包括①转基因动植物、微生物产品;②转基因动植物、微生物直接加工品;③以转基因动植物、微生物或者其直接加工品为原料生产的食品和食品添加剂。

二、转基因食品分类

根据转基因食品的来源,可将其分为转基因动物性食品、转基因微生物性食品和转基因植物性食品。转基因动物性食品主要以提高动物的生长速度、瘦肉率、饲料转化率,增加动物的产奶量和改善奶的组成成分为主要目标,主要应用于鱼类、猪、牛等。2005年,科学家利用体细胞克隆技术获得人乳铁蛋白转基因克隆牛,人乳铁蛋白表达量达到3.4g/L,且具有与天然蛋白相同的生物活性。2006年6月,世界上第1个利用转基因动物乳腺生物反应器生产的基因工程蛋白药物——重组人抗凝血酶Ⅲ(商品名为ATryn)获准上市许可;2007年,阿根廷科学家成功繁育出能够生产人体胰岛素的转基因牛。从而使奶牛变成一个生化反应器,能分泌出含人类胰岛素的牛奶,可提取人体胰岛素,用于治疗糖尿病。2008年,我国首批转基因保健猪在武汉培育成功,这批猪体内被转入了一种编码 $\omega-3$ 脂肪酸的特殊基因。食用这些猪的肉,可以预防心血管疾病。2010年,青岛农业大学成功研究出转入了生长激素基因的猪,能大大缩短生猪的出栏时间。

转基因微生物性食品主要改造微生物,生产食用酶,提高酶产量和活力,主要有食品发酵用酶、转基因酵母等。如生产奶酪的凝乳酶,传统的生产方法是从小牛的胃中提取,现在利用DNA重组技术,将小牛凝乳酶克隆转入微生物中,进行发酵生产,获得大量凝乳酶产品,从而避免了大量小牛的宰杀,也降低了生产成本,解决了奶酪工业的一大难题;经过基因工程改良的啤酒酵母和面包酵母已经被批准进行商业化使用,将具有优良特性的酶基因转移到面包酵母中,最终制造出的面包产品膨发性能良好,松软可口。

转基因植物性食品主要包括抗虫(Bt)、抗除草剂、延缓成熟、耐极端环境、抗病毒、抗枯萎等性能的作物;另外还有培育不同脂肪酸组成的油料作物、多蛋白的粮食作物等,以提高作物的营养成分。目前,世界范围内的转基因食品主要是植物源的转基因食品,涉及的食品或食品原料主要包括:转基因大豆、玉米、番茄、油菜、马铃薯等。

三、转基因食品的发展及现状

(一)转基因食品的发展

自 1983 年世界上第 1 例转基因作物(含有抗生素类抗体的烟草)问世以来,植物性转基因食品的研究和生产发展迅猛。1994 年,第一例市场化的转基因食品,即由美国孟山都公司研制的延熟保鲜转基因西红柿在美国批准上市,至 1996 年由其制造的番茄酱得以在超市出售。同年,转基因棉花和转基因玉米在美国成功上市。至 1999 年全球转基因作物种植面积达 3 990 公顷。

(二)转基因食品的发展现状

近年,随着分子生物学和生物技术的迅猛发展,转基因作物的发展更为迅速,世界上许多国家正大力开展转基因食品的研究,并形成了可观的产业规模。转基因作物的种植规模持续增长,被批准进入商业化的转基因产品也越来越多。国际农业生物技术应用服务组织(ISAAA)的调查数据显示,1996 年,全球仅有 6 个国家商业化种植转基因作物,种植面积为170 万公顷,此后转基因作物的累计种植面积持续增加,截止到 2013 年,全球有 27 个国家种植了 1 800 种转基因作物,种植面积超过了 1.752 亿公顷,全球转基因作物的种植面积增加了 100 倍以上。在种植转基因作物的 27 个国家中,发展中国家占有 19 个,种植面积达9 400万公顷,占 54%。发达国家占 8 个,种植面积为 8 100 万公顷,占 46%,约 40 亿人即世界 60% 的人口居住在这 27 个转基因作物种植国中。其中,排名前十位的国家,其种植面积均超过 100 万公顷。

至 2013 年,美国仍是全球转基因作物的领先生产者,种植面积占全球种植面积的40%(为 7 010 万公顷),位居第一,转基因作物主要包括玉米、大豆、油菜、甜菜、苜蓿、番木瓜和南瓜等。在全球转基因作物种植国家中排名第二的巴西,其转基因作物种植面积达到了4 030万公顷,占全球转基因作物种植面积(1.75 亿公顷)的 23%。

2013 年以来,在转基因商业化种植政策方面,多个国家均有所突破。其中,孟加拉首次批准了转基因作物——Bt 茄子的种植;印度尼西亚批准了耐旱甘蔗的商业化种植;巴拿马批准了转基因玉米的商业化种植;而欧盟则发放了美国杜邦先锋良种公司的 TC1507 号转基因玉米的种植许可。

我国转基因作物种植发展迅速,2013 年种植面积达到 420 万公顷(其中绝大部分为转基因棉花),排在美国、巴西、阿根廷、印度、加拿大之后,位居第六。目前,中国已批准发放了 7 种转基因作物的农业转基因生物安全证书,其中包括耐贮存番茄(1997 年)、抗虫棉花(1997 年)、改变花色矮牵牛(1999 年)、抗病辣椒(1999 年)、抗病番木瓜(2006 年)、抗虫水稻(2009年)和转植酸酶玉米(2009年)。我国进行了转基因棉花的大规模种植,而用作食物的转基因作物,仅转基因番木瓜进行了商业化种植,转基因主粮获得安全证书后并未获准进入商业化生产程序,其余已有证书的转基因作物也尚未大面积种植。另外,我国已先后批准转基因棉花、大豆、玉米和油菜共4种作物的进口安全证书。其中进口的转基因大豆、玉米、油菜均只用于加工生产,如制造食用油。目前,我国并未批准种植任何一种进口的转基因粮食作物种子。因此,我国大规模种植的用于食用的转基因作物并不多,也就是说我国餐桌上的国产转基因食品只占很小的部分,但人们却通过进口渠道食用转基因食品。

第二节　转基因食品的安全性

一、转基因食品的利弊

转基因食品给人类带来了巨大的社会和经济利益。然而,转基因技术与任何一项新技术一样有其利弊,如何权衡其利弊,这也是国际上一直争论的焦点。

(一)转基因食品的优点

1.延长食品的储藏期

通过转移或修饰与控制成熟期有关的基因,使转基因生物成熟期延迟或提前,以适应市场需求。目前,已有商品化的转基因耐贮番茄生产,如第一种市场化的转基因植物食品——延迟成熟的西红柿,具有长时间保存而不软化、不腐烂等特点。另外,在普通的番茄里加入一种在北极生长的海鱼抗冻基因,就能使其保鲜期大大延长。相关研究已扩大到草莓、香蕉、芒果、桃、西瓜等。

2.抗病虫害能力增强,减少农药的使用量

转基因技术的应用,可以减少或避免使用农药、化肥,极大减少了环境污染、人畜伤亡等事故,解决了发展与代价的矛盾,有利于现代农业的可持续发展。例如,转基因抗虫棉的种植,让农药的使用量降低了60%～80%。

3.缩短生长期,增加作物产量

通过转基因技术可以改变作物特性,培育出高产、优质的生物新品种,从而达到缩短生长期,增加作物产量的目的,解决粮食短缺问题,进而带动相关产业的发展。并可从根本上缓和需求与供给、人口与资源的矛盾。

4.抗逆性增强,适应不同的生长环境

通过基因工程技术的利用,定向改造生物,可以改变作物的生长特性,一批具有耐寒、耐热、耐干旱、耐涝等不同特性转基因作物的涌现,以适应不同的生长环境。从而更加有效地获得人类预想的作物和食品。

5.增加食物的种类,改善食品的营养

通过转移粮食作物缺少的人体必需的氨基酸、脂肪酸、维生素等营养素的表达基因或去除编码不良成分的基因,使其营养成分的配比、组成更加合理,以改善其食用品质或加工特性。如英国已经培育出了一种命名为"金稻－2"的新型转基因水稻,其维生素 A 原(胡萝卜素)的含量比传统水稻提高了 20 多倍。另外,有研究者通过减少转基因大米中米胶蛋白含量,可以减少对大米食物不耐症状的发生。

6.发展保健型食品,满足人体健康需要

通过转移病原体抗原基因或毒素基因等至粮食作物或果树中,使粮食、水果含有疫苗。如我国香港的研究人员将乙肝病毒的抗原基因植入大豆中,食用便能达到预防乙肝的效果。另外,日本科学家利用转基因技术成功培育出可以减少血清胆固醇含量、防止动脉硬化的水稻新品种;欧洲科学家新培育出了米粒中富含维生素 A 和铁的转基因水稻,有利于减少缺铁性贫血和维生素 A 缺乏症的发病率。

(二)转基因食品可能产生的威胁

1.转基因食品对人体可能产生的威胁

(1)转基因食品产生毒性物质　提供基因的生物本身并不能作为食物,其基因转入到食品生物后,可能会产生对人体有毒的物质。另外,新基因的转入有可能会改变生物基因的原"管理体系",将编码毒素的沉默基因开启,从而导致有毒物质的产生。另外,也可能引起基因缺失、错码等突变,使得应表达的蛋白与预期不相符,产生出有毒物质或抗营养因子等,从而对人体健康造成不良影响。

(2)转基因食品产生过敏原　1996 年美国先锋种子公司试验将巴西坚果的某种基因转入大豆中,然而,研究发现对巴西坚果过敏的人群对该大豆也产生了过敏,故该项研究被终止。另外,研究者也可能将无食用史的过敏原转入到转基因作物。因此在转基因食品的研制过程中,过敏性评价是非常重要。

(3)转基因食品使人体产生抗药性　转基因的研制过程中,通常会带上抗药性的标记基因,因此,人们在食用了这些转基因食物后,可能将抗性基因传给体内的致病细菌,使其产生抗药性。如 2002 年,在英国所进行的转基因食品 DNA 人体残留试验,7 名做过切除大肠组织手术的志愿者食用转基因食品后,在其小肠肠道的细菌中能检测到转基因 DNA 的残留物。

(4)转基因食品改变食品的营养品质。通过生物技术转入外源性基因,极有可能会使作物原有基因发生突变,导致表达的蛋白质发生变化,降低食品的营养价值。如由美国生产的一种耐除草剂转基因大豆,其抗癌成分异黄酮比一般大豆低 12% ~ 14%。

2.转基因食品对生态环境可能产生的影响

(1)破坏生态系统中的生物种群　很多转基因生物具有较强的生存能力或抗逆性,它们进入环境中会竞争性地伤害到生态系统中的其他生物,如植入抗虫基因的农作物会比一般农作物抵抗病虫的能力强。因此经过一段时间,转基因作物就有可能会取代原来的作物,造成原有物种灭绝;一些本不适合农业种植的盐碱、沼泽、雨林等地区,由于转基因作物的出现,这些地区都被用来种植农作物,使该区域的生物栖息地遭到破坏,造成生态系统失衡。

(2)转基因生物对非目标生物的影响 释放到环境中的抗虫和抗病类转基因植物,除对害虫和病菌致毒外,对有益生物也可能产生直接或间接的不利影响。如研究发现,棉铃虫对转基因抗虫棉产生了抗性。当具有转基因抗性的害虫成为具有抵抗性的超级害虫时,农药的需要量就会更大,对农田和自然生态环境的危害也更大。

(3)转基因生物可能破坏生物多样性 转基因作物的优良特性可能会使多数人选择其种植,从而大大降低作物的多样性。然而,保持生物多样性是减少生物遭受疫病侵袭的重要方式。

(4)基因漂移产生不良后果 转基因作物可能将其抗性基因杂交传递给其野生亲缘种。如对除草剂耐性的作物与杂草杂交可能产生"超级杂草",抑制别的植物的生长。

(三)转基因食品安全性争论事件

Pusztai 事件:英国 Rowett 研究所 Pusztai 博士用转雪花莲凝集素基因的马铃薯喂大鼠,1998 年秋在英国电视台发表讲话,声称大鼠食用后"体重和器官重量减轻,免疫系统受到破坏"。此事引起国际轰动,若被得到证实,将对转基因技术产生重大影响。英国政府对此非常重视,委托皇家学会组织了同行评审,评审结果指出 Pusztai 的实验结论不成立,存在 6 方面的错误,即不能确定转基因和非转基因马铃薯的化学成分有差异;对食用转基因马铃薯的大鼠未补充蛋白质以防止饥饿;供试动物数量少,饲喂几种不同的食物,且都不是大鼠的标准食物,缺少统计学意义;实验设计不合理,未做双盲测定;统计方法不当;实验结果无一致性等。虽然,最终结果表明该讲话的不可靠性,但人们对转基因食品食品安全的疑虑却并未得到消除。

大斑蝶事件:1999 年 5 月,康奈尔大学的一个研究组在 Nature 上发表文章,称用带有转基因抗虫玉米花粉的马利筋(一种杂草)叶片饲喂美国大斑蝶,导致44%的幼虫死亡,由此引发转基因作物环境安全性的争论。美国政府高度重视这一问题,组织相关大学和研究机构在美国 3 个州和加拿大进行专门试验,结果表明,康奈尔大学研究组的试验结果不能反映田间实际情况,缺乏说服力。主要理由有:一是玉米花粉相对较大,扩散不远,在玉米地以外5m,每平方厘米马利筋叶片上只找到一粒玉米花粉,远低于康奈尔大学研究组的试验花粉用量;二是田间试验证明,抗虫玉米花粉对大斑蝶并不构成威胁;三是实验室研究中用 10 倍于田间的花粉量来喂大斑蝶的幼虫,也没有发现对其生长发育有影响。这个事件最终虽然也同样未得到证实,但是其提醒了人们,在对转基因食品进行安全评价时,要考虑到非靶标生物是否会受新增特性的影响。

墨西哥玉米基因污染事件:2001 年 11 月,美国加利福尼亚州立大学伯克莱分校的两位研究人员在 Nature 上发表文章,称在墨西哥南部地区采集的 6 个玉米地方品种样本中,发现有 CaMV35S 启动子及与转基因抗虫玉米 Bt11 中的 adhl 基因相似的序列。文章发表后受到很多学者的批评,指出其试验方法上有许多错误。一是原作者测出的 CaMV35S 启动子,经复查证明是假阳性;二是原作者测出的 adhl 基因是玉米中本来就存在的 adhl-F 基因,与转入 Bt11 玉米中的外源 adhl-S 基因,两者的基因序列完全不同。事后,*Nature* 编辑部发表声明,称"这篇论文证据不充分,不足以证明其结论"。墨西哥小麦玉米改良中心也发表声明指出,经对种质资源库和从田间收集的 152 份材料的检测,均未发现 35S 启动子。这一事件提醒人们在研究和发展转基因作物的同时,要注意保持野生型植物基因纯正性,避免基因污染。

转基因玉米品种对大鼠肾脏和肝脏毒性事件:2009 年,de Vendomois 等在《国际生物科学杂志》发表论文,称 3 种转基因玉米"MON 810""MON 863"和"NK603"对哺乳动物大鼠肾脏和肝脏造成不良影响。欧洲食品安全局转基因小组对论文进行了评审,重新进行了统计学分析,认为文中提供的数据不能支持作者关于大鼠肾脏和肝脏毒性的结论,其所提出的有关肾脏和肝脏影响的显著性差异,在欧洲食品安全局转基因生物小组当初对 3 个转基因玉米的安全性作出判断时就已被评估,不存在任何新的有不良影响的证据,不需对这些转基因玉米的安全性重新进行评估。

二、转基因食品的安全性评价

(一)安全性评价的目的

转基因食品在给人类带来巨大利益的同时,也给人类健康和环境安全带来潜在的风险。因此,转基因食品的安全管理受到了世界各国的重视。其中,转基因食品的安全性评价是安全管理的核心和基础。转基因食品的安全性评价的目的是分析生物技术及其产品的潜在危险,对生物技术的研究、开发、商品化生产和应用的各环节的安全性进行科学、公正的评价,以期在保障人类健康和环境安全的同时,促进生物技术的健康、有序和可持续发展。

(二)安全性评价的原则

1. 实质等同性原则

1993 年,经济发展合作组织(OECD)首次提出了转基因食品的评价原则——实质等同性原则,即如果某种转基因食品或食物成分与现有的食品或食物成分大体上等同,那么在安全性方面就应采取同样措施。1996 年 FAO/WHO 召开的第二次生物技术安全性评价专家咨询会议,将转基因植物、动物、微生物生产的食品分为 3 类:①转基因食品与现有的传统食品具有实质等同性;②除某些特定的差异外,与传统食品具有实质等同性;③与传统食品没有实质等同性。

2. 预先防范性原则

目前,虽然没有直接证据表明转基因生物及其产品对环境和人类健康产生危害,但是其潜在的风险也不可忽视。因此,需采取预先防范措施,降低风险,以科学为依据,采用对公众透明的方式,结合其他的评价原则,对转基因生物及其产品进行风险评估。

3.个案评估原则

通常转基因生物及其产品中导入的基因来源、功能均不相同,且受体生物及基因操作方法也有所不同,因此,须采取个案评价原则,即针对性地对逐个转基因生物进行评价,这也是目前世界各国大多数采取的评价原则。

4.逐步评估原则

转基因生物及其产品的研制过程包括实验室研究、中间试验、环境释放、生产性试验和商业化生产等几个环节。逐步评价原则要求依次在每个环节上对转基因生物及其产品进行风险评估,并且以上一步的实验相关数据作为评价基础,来判断是否进入下一开发阶段。

5.风险效益平衡原则

对转基因生物及其产品的效益和它可能带来的风险进行综合性的评估,从而确定相关产品是否继续开发。

6.熟悉性原则

转基因食品的风险评价工作既可以在短期内完成,也可能通过长期的监测。这取决于人们对转基因生物有关背景知识的熟悉程度。对于背景知识熟悉的转基因生物,可以借鉴已知的程序进行评价。

7.遗传特性分析原则

对转基因食品评价首先要考虑对供体、受体和修饰基因的特性分析,这样有利于判断某种新食品与现有食品是否有显著差异。

三、转基因食品的标识

转基因食品标识是指在食品说明书或标签中标注说明该食品是转基因食品或者含有转基因成分,或由转基因生物生产但不包含该生物的食品或食品成分,以便与传统食品区分开来,并供消费者选择的行为,是一种以生产方法或者检测结果为基础的标识。

欧盟是最早提出对转基因食品进行标识管理的,早在1990年就已颁布了《转基因生物管理法规》(220/90号指令),确立了转基因食品标识管理的框架;至1997年,又颁布了《新食品管理条例》(258/97),进一步要求在欧盟范围内对所有转基因食品进行强制标识管理,并设立了1%的阈值,该条例还要求对动物饲料进行标识管理。1998年,欧盟通过第1138/98号条例,以明确对转基因大豆和转基因玉米的管理。2002年,欧盟再次修改了转基因标识管理政策,要求对所有转基因植物衍生的食品及饲料进行标识,且将标识的阈值降低到0.9%。1999年,为应答公众对于美国缺乏转基因产品标识的关注,美国政府及工业企业提出了一套自愿标识管理系统。到2000年,已有16个州立法要求对转基因食品实施标识管理。我国也确立了转基因食品强制标识制度,并确定了实施标识管理的转基因生物目录。截至2012年12月,全球已有欧盟27国及中国、中国香港、中国台湾、美国、加拿大、日本、俄罗斯、韩国、瑞士、阿根廷、南非、印度尼西亚、墨西哥等54个国家及地区对转基因产品进行标识管理。

(一)标识的类别

按照管理方法的不同,标识主要分为两大类,一是自愿标识,二是强制标识。

自愿标识是指由生产者或销售者根据具体情况决定是否对转基因食品加以标识,它是建立在转基因食品与传统食品的实质等同原则上的。如果转基因食品与传统食品是实质等同的,就不必对转基因食品加以标识。只有出现差异时,才需对其加以标签进行标识。目前美国、加拿大、阿根廷、南非、菲律宾等国家和地区对转基因食品采取自愿标识的政策。

强制标识是指食品中转基因物质超过规定的含量,必须加以标识。强制标识是建立在给予消费者充分的信息以保证其知情权和选择权的基础上,这与转基因食品的安全性无关。大部分国家和地区采用的是这种模式,例如欧盟、中国、澳大利亚、新西兰、日本、俄罗斯、韩国、泰国等。

(二)标识的范围

标识的范围可分为 2 种:①对所有的转基因食品均进行标识管理,如欧盟、澳大利亚、新西兰、巴西等国家和地区;②只对重要的转基因食品进行标识。目前多数国家标识的范围主要为全球种植最多的转基因玉米、棉花、马铃薯、油菜和大豆 5 类。其中棉花由于并不作为食品直接进入人类消化系统,所以除了中国、日本外,其他国家都不要求标识;油菜主要用于榨油,精炼油里一般不再含转基因成分(外源 DNA 或蛋白质),且其副产品菜籽饼也不直接进入人类消化系统,因此除欧盟和中国外,其他国家都不要求对其标识。

2002 年,我国农业部颁布实施《农业转基因生物标识管理办法》,规定必须加贴转基因食品标签的农业转基因生物及其衍生产品包括以下 5 类 17 种产品:①大豆种子、大豆、大豆粉、大豆油、豆柏;②玉米种子、玉米、玉米油、玉米粉;③油菜种子、油菜籽、油菜籽油、油菜籽粕;④棉花种子;⑤番茄种子、鲜番茄、番茄酱。

(三)标识阈值

大部分国家和地区允许在食品(饲料)中存在少量转基因成分。这种转基因成分无法通过技术手段加以消除,但可确定食品(饲料)中转基因成分的最高限量,即阈值。若食品(饲料)中转基因成分的含量超过这一阈值,则需对该食品(饲料)进行标识。比如,澳大利亚、新西兰等国家规定的标识阈值为 1%,欧盟的标识阈值为 0.9%,韩国、马来西亚的标识阈值为 3%。瑞士规定原材料或单一成分饲料中转基因成分超过 3%,混合饲料中转基因成分超过 2%,则需要进行标识。俄罗斯、日本等的标识阈值为 5%。但我国的转基因标识管理为定性标识,没有阈值。

四、转基因食品的安全管理

转基因技术的安全管理主要分为两大模式:分别是开放鼓励型的美国模式和严谨限制型的欧盟模式,可以看出,这两种模式在转基因食品安全管理的方法和理念上存在极大差异,其他国家实行的模式则介于两者之间。

开放鼓励型的美国管理模式以产品为基础,认为转基因食品与传统食品之间没有本质差别,具有同样的安全性。美国管理模式宽松,在国内对转基因食品实行的是自律管制,在国际上则推行转基因产品贸易自由。美国没有制定完整的法规来管制转基因食品,仅纳入到现有的法律管制范围内。

欧盟对转基因食品管理一向严谨。虽然到目前为止,欧盟的研究表明目前市场上的转基因食品是安全的,但其认为该食品的安全评估需要靠长期的试验和观察。欧盟的管理模式以转基因食品的工艺过程为基础,所有的转基因生物都要接受严格的安全性评价和监控。转基因食品管理的理论基础是"预防"原则,以保证人类和动物的生命健康、保护环境免遭破坏。

我国对转基因食品采取较为严格的管理模式。我国对转基因食品的原则是积极研究、加强监管、审慎推广、稳妥推进。2015 年的中央一号文件明确提出:要加强农业转基因生物技术研究、安全管理、科学普及。这也是近几年来中央一号文件中第 6 次提到转基因技术。由此可以看出我国对转基因的积极研究态度。

但是相对美国和欧盟,中国在转基因作物和相关食品安全方面的法律规制总体而言处在滞后状态。中国目前没有专门针对转基因作物的单行法律,而已有的法律规制,其立法层次较低,大多为相关部委、监管机构或地方性的规范性文件或政策性指引,且分布在各单行法、行政法规、规章、通知和意见中,没有上升到统一有序的体系,从而影响其稳定性和权威性,限制其效力范围,甚至可能影响食品安全体系的完善以及农业改革的推进(见表 9 - 1)。

我国现行的《中华人民共和国食品安全法》第六十九条明确规定生产经营转基因食品应当按照规定显著标示。而为了保障相关法规的实施,我国成立了国家农业转基因生物安全委员会和农业转基因生物安全管理领导小组,制定了农业转基因生物安全管理部际联席会议制度以及农业转基因生物安全评价管理程序、进口安全管理程序、标识审查认可程序、临时措施管理程序四个规范性文件,对有关申请、受理、审查和批复等各环节及时间要求做出明确规定,并公开发布。

转基因食品安全管理必须自始至终坚持审慎原则。对转基因食品必须加以严格审批和预先监管,进而避免严重的安全隐患。在转基因食品安全的指导上应该采取"优先考虑风险、严格预防管控"原则。既要考量转基因食品在短期内在粮食供给和经济效益等方面带来的益处,更要重视其给人类健康和环境安全带来的潜在风险。

表 9 – 1　我国转基因食品安全管理立法进程

颁布时间	名称	主要内容	备注
1992 年	《新资源食品卫生管理办法》	规定对转基因食品审批和标识制度	废止
1993 年	《基因工程安全管理办法》	提出了转基因申报、审批和安全控制,对转基因的研究进行规制	废止
1996 年	《农业生物基因工程安全管理实施办法》	对生物基因工程的安全等级和安全性评价、申报、审批、安全控制及法律责任做了规定	废止
2001 年	《农业转基因生物安全管理条例》	建立转基因生物安全管理部际联席会议制度,实行分级管理评价制度,建立转基因生物安全评价制度和标识制度	2017 年修订
2002 年	《农业转基因生物安全评价管理办法》、《农业转基因生物标识管理办法》、《农业转基因生物进口安全管理办法》	对国务院《农业转基因生物安全管理条例》进行细化	2017 年修订
2002 年	《农业转基因生物安全评价管理程序》、《农业转基因生物标识审查认可程序》、《农业转基因生物进口安全管理程序》	对转基因生物安全评价、标识、审查、进口程序做了明确规定	2017 年修订
2002 年	《转基因食品卫生管理办法》	建立转基因食品安全性和营养质量评价制度,并颁布相关评价规程及评价原则,并对转基因食品和转基因产物为原料的食品标识问题做了规定	废止
2004 年	《进出境转基因产品检验检疫管理办法》	对通过各种方式出入境的转基因产品的检验检疫做了规定	2018 年修订
2006 年	《农业转基因生物加工审批办法》	明确从事农业转基因生物加工应具备的条件	2019 年修订
2007 年	《新资源食品管理办法》	将转基因食品纳入新资源的范畴,对新资源食品的申请、安全性评价制度做了规定	
2007 年	《食品标识管理规定》	规定转基因食品需要标注中文说明	2009 年修订
2009 年	《中华人民共和国食品安全法》	对食品安全的风险监测与评估、许可、标签、召回等做了规定,第一次为转基因食品安全规制提供宏观法律依据	2018 年修订

参考文献

[1] 陆兆新. 现代食品生物技术[M]. 2 版. 北京:中国农业出版社,2002.

[2] 罗云波. 食品生物技术导论[M]. 北京:中国农业大学出版社,2011.

[3] 杨玉珍,刘开华. 现代生物技术概论[M]. 武汉:华中科技大学出版社,2012.

[4] 孟宪刚. 食品生物技术双语阅读教程[M]. 兰州:甘肃人民出版社,2011.

[5] 彭志英. 食品生物技术导论[M]. 北京:中国轻工业出版社,2008.

[6] 杨昌鹏. 生物分离技术[M]. 北京:中国农业出版社,2008.

[7] 张兰威. 发酵食品原理与技术[M]. 北京:科学出版社,2014.

[8] 赵兴绪. 转基因食品生物技术及其安全评价[M]. 北京:中国轻工业出版社,2009.

[9] 马贵民,徐光龙. 生物技术导论[M]. 北京:中国环境科学出版社,2006.

[10] 廖威. 食品生物技术概论[M]. 北京:化学工业出版社,2008.

[11] 张忠民. 转基因食品法律规制研究[M]. 北京:中国政法大学出版社,2014.